DVD 教学光盘使用说明

如何打开光盘

将随书赠送的 DVD 光盘放入光驱中，几秒钟后在桌面上双击"我的电脑"图标，在打开的窗口中右键单击光盘所在的盘符，从弹出的快捷菜单中选择"打开"命令，即可进入光盘主窗界面。

 教学视频　 实例素材文件　 TSCC

光盘中的文件夹

光盘包含内容

TSCC

观看视频前请先安装"解码程序"文件 TSCC.exe

"DVD \ 实例素材文件"文件夹，里面包含有 499 个 DWG 素材和实例文件

"DVD \ 教学视频"文件夹，里面包含有 870 分钟的多媒体视频教学

实例素材效果预览

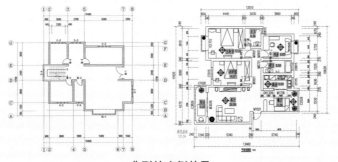

各章节的实例素材源文件　　　　　　典型的实例效果

教学视频效果预览

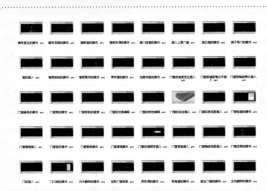
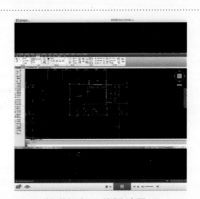

各章教学视频效果预览　　　　　　教学视频文件播放界面

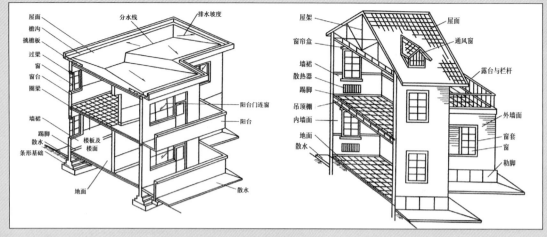

实例004 建筑工程的基本结构

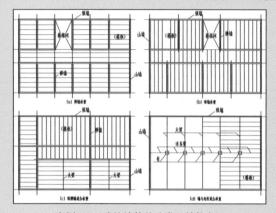

实例008 建筑墙体的分类及结构布置

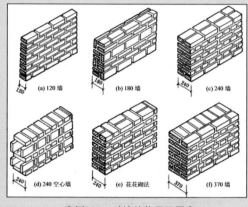

实例009 砖墙的作用及厚度

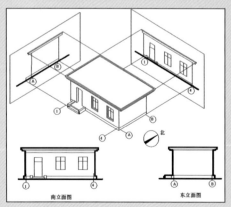

实例017 建筑施工图的内容及形成

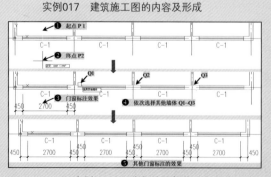

实例021 建筑施工图的文字

实例297 门窗标注的操作

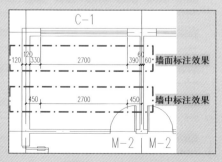

实例299 两点标注的操作

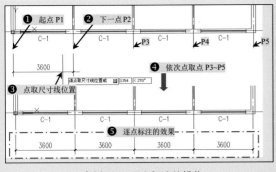

实例302　逐点标注的操作

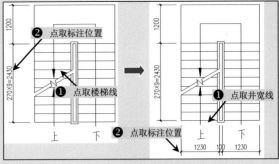

实例303　楼梯标注的操作

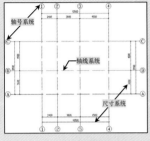

实例072　建筑轴网的概念

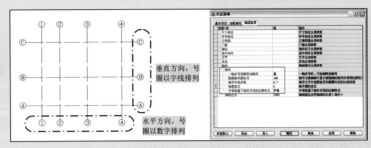

实例074　建筑轴号系统

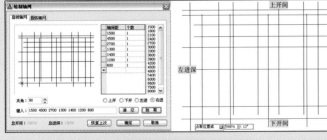

实例077　轴网数据的输入方法

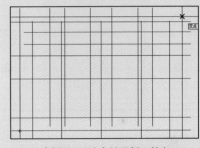

实例078　改变轴网插入基点

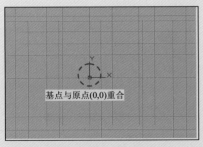

实例079　轴网插入点为原点(0,0)

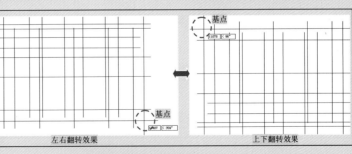

实例081　将轴网进行翻转

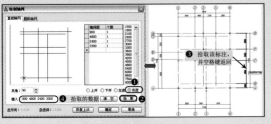

实例083　拾取已有轴网来创建

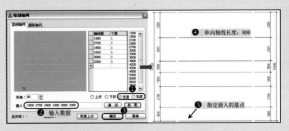

实例084　直线单向轴网的创建

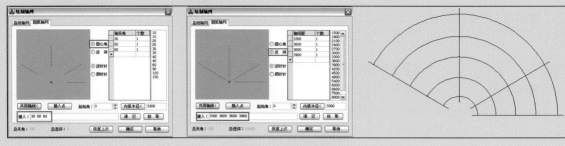

实例085　圆弧轴网的创建

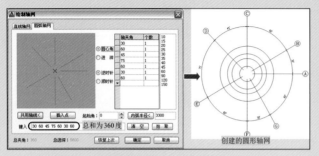

实例087　圆形轴网的创建

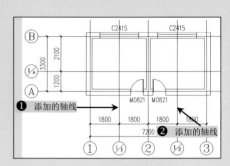

实例089　轴线的添加

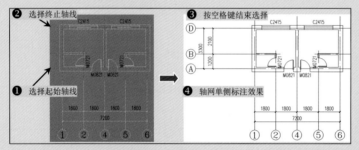

实例092　轴网的单侧标注

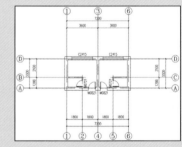

实例094　轴网的双侧标注

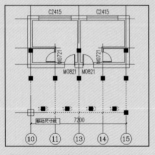

实例096　调整轴网标注的位置

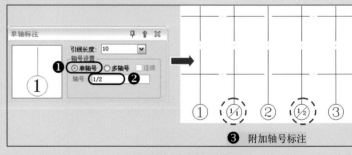

实例097　单轴的标注

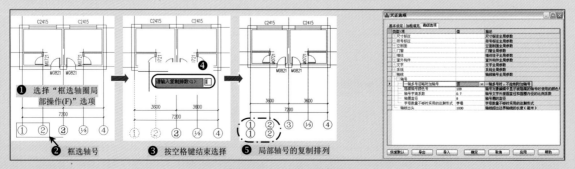

实例101　一轴多号的操作

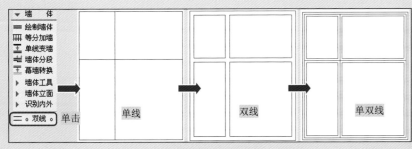

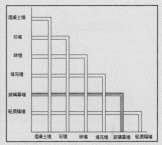

实例115　墙基线的概念与转换

实例116　墙体的分类与特性

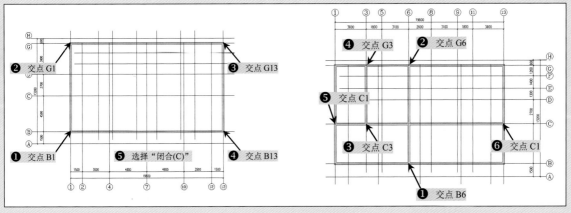

实例117　天正直墙的创建

实例119　天正弧墙的创建

实例120　天正矩形墙的创建

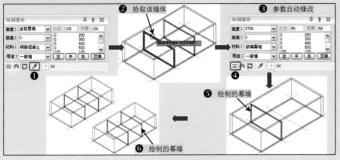

实例121　拾取墙体参数绘墙

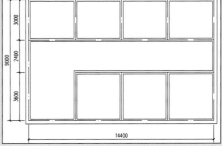

实例124　墙体分段操作

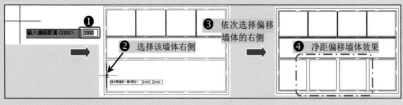

实例127　净距偏移操作　　　　　实例128　倒墙角操作

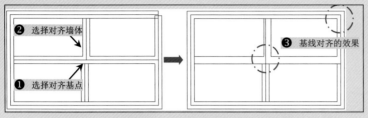

实例131　基线对齐操作　　　　　实例132　墙柱保温操作

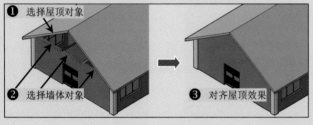

实例134　墙齐屋顶操作　　　　　实例137　玻璃幕墙的编辑

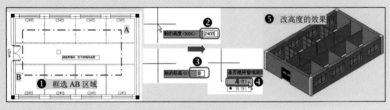

实例141　改高度操作　　　　　实例148　指定内墙操作

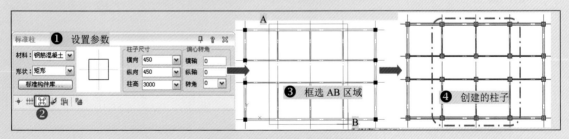

实例161　指定区域内交点创建柱子

实例165　角柱的创建

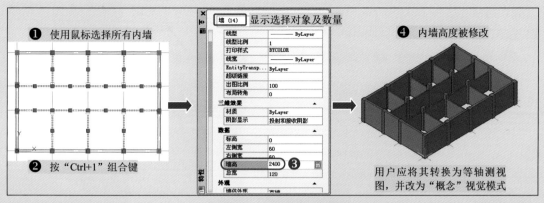

实例169 一次修改多个对象

实例172 门窗的自由插入

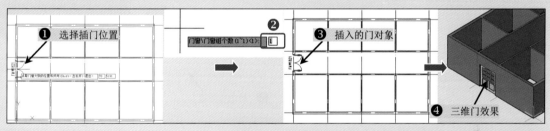

实例171 门的插入

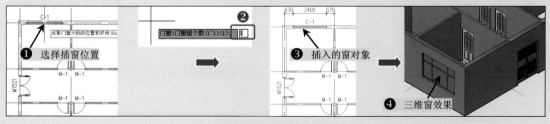

实例185 窗的插入方法

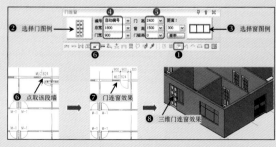

实例186 插门连窗的操作

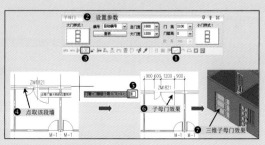

实例187 插子母门的操作

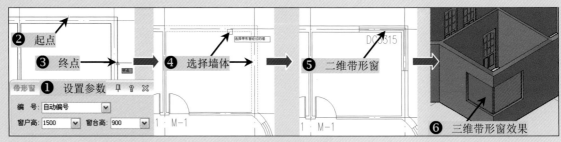

实例192 带形窗的操作

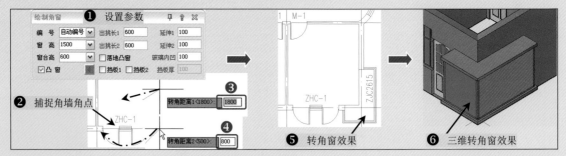

实例193 转角窗的操作

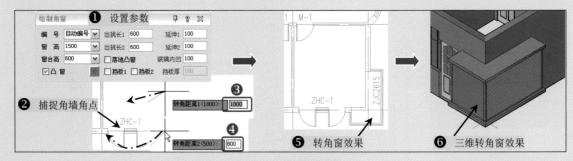

实例194 异形洞的操作

实例213 窗棂映射的操作

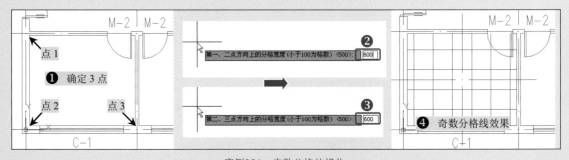

实例231 奇数分格的操作

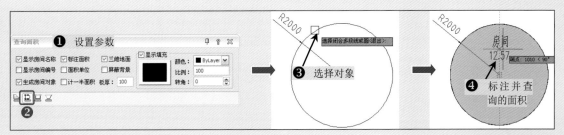

实例222　查询面积的其他方式

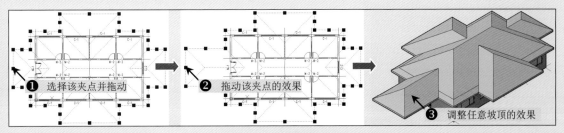

实例241　任意坡顶的操作

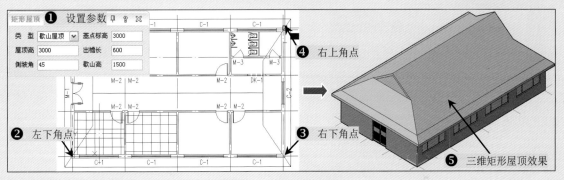

实例243　矩形屋顶的操作

实例248　圆弧梯段的操作

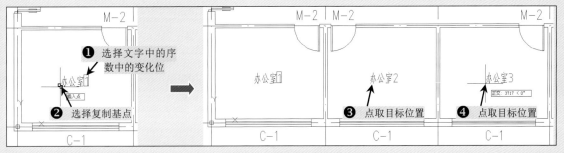

实例274　递增文字的操作

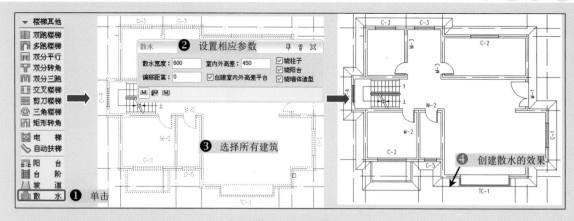

实例262　散水的操作

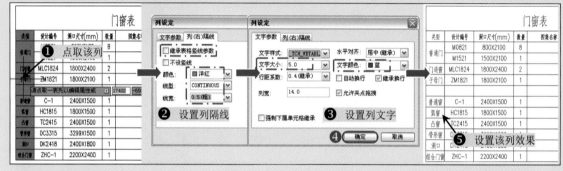

实例286　表列/行编辑的操作

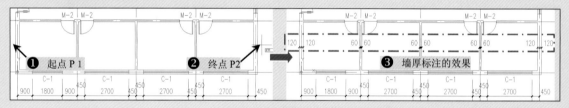

实例298　墙厚标注的操作

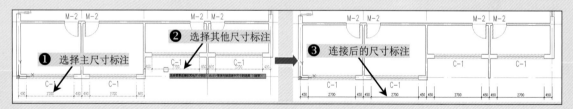

实例313　连接尺寸的操作

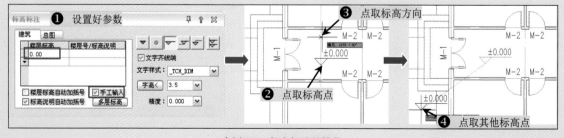

实例325　标高标注的操作

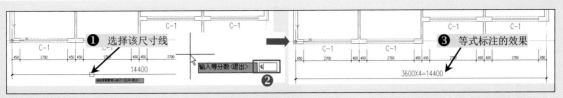

实例317　等式标注的操作

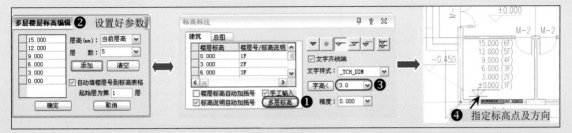

实例326　多层标高的操作

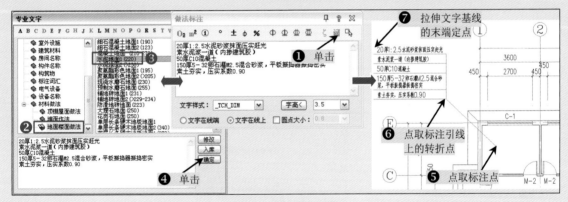

实例334　做法标注的操作

实例340　加折断线的操作

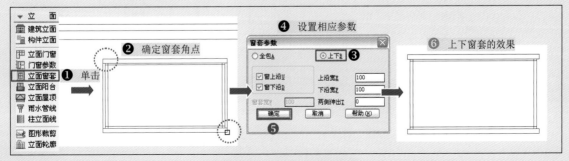

实例351　门窗参数和立面窗套

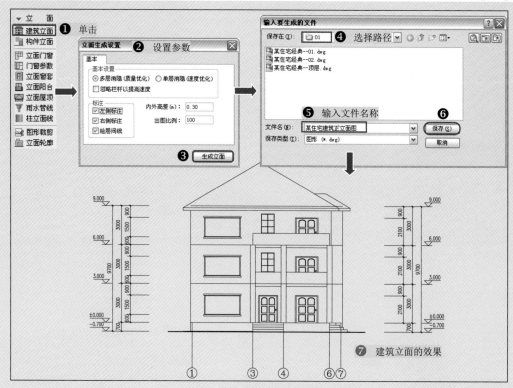

实例347 新建立面的操作

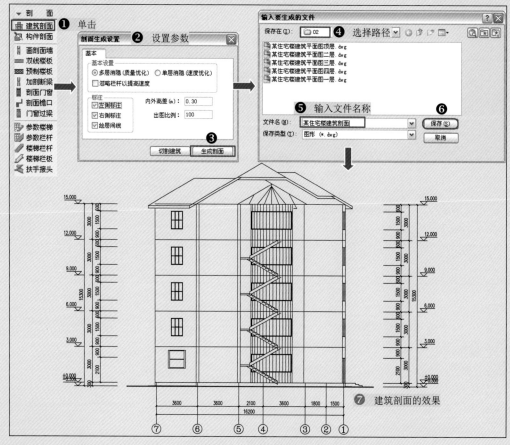

实例354 建筑剖面的操作

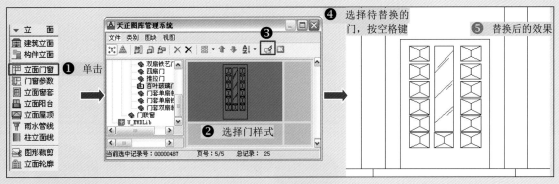

实例349　立面门窗的操作

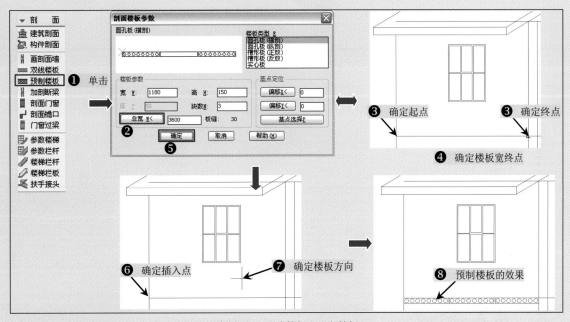

实例357　双线楼板和预制楼板

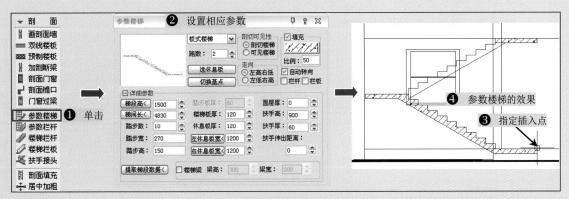

实例359　参数楼梯的操作

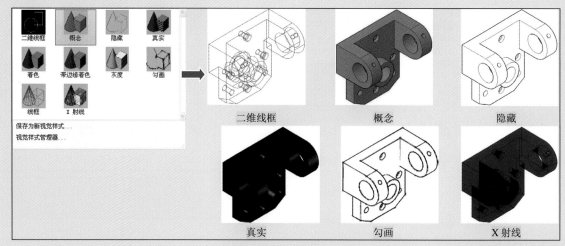

实例368　三维视觉样式的操作

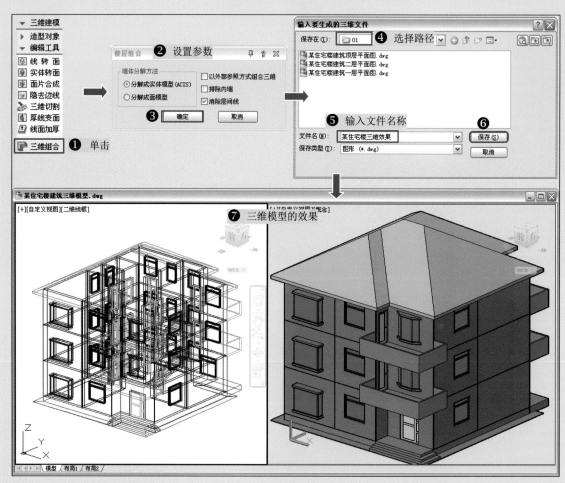

实例381　三维组合的操作

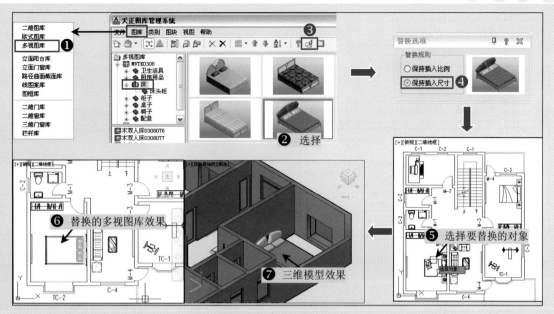

实例391　多视图库的操作

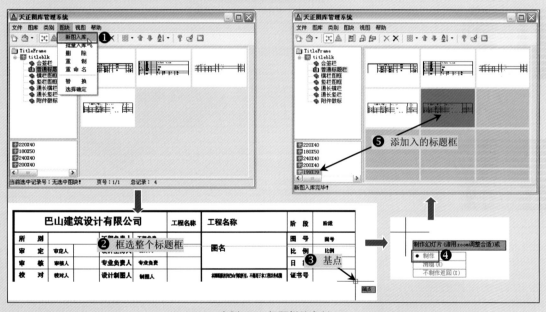

实例405　标题栏的定制

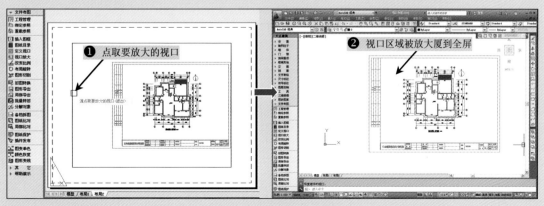

实例409　放大视口的操作

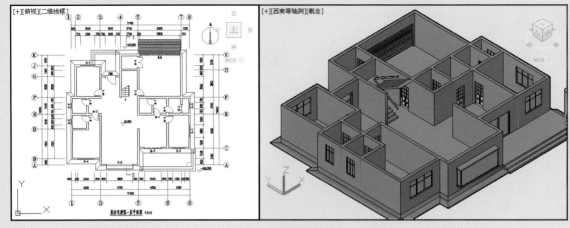

实例416　分解对象的操作

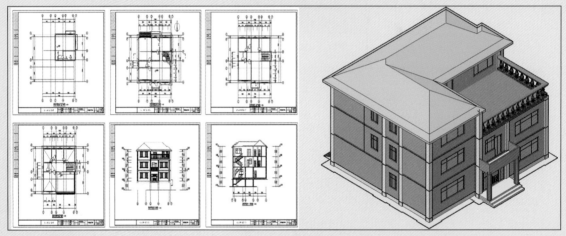

第14章　别墅全套建筑施工图纸的绘制

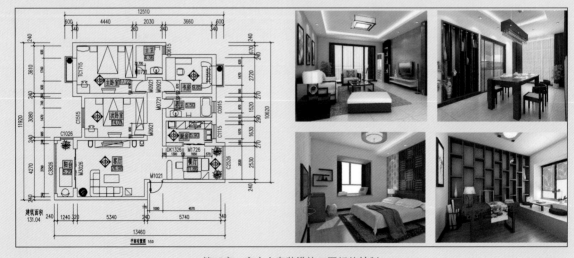

第15章　室内全套装潢施工图纸的绘制

设计师梦工厂

从入门
到精通

TArch 2013
天正建筑设计
从入门
到精通

李波◎编著

人民邮电出版社
北　京

图书在版编目（CIP）数据

TArch 2013天正建筑设计从入门到精通 / 李波编著
-- 北京：人民邮电出版社，2014.5
（设计师梦工厂. 从入门到精通）
ISBN 978-7-115-34582-0

Ⅰ. ①T… Ⅱ. ①李… Ⅲ. ①建筑设计—计算机辅助
设计—应用软件 Ⅳ. ①TU201.4

中国版本图书馆CIP数据核字(2014)第031000号

内 容 提 要

本书以 TArch 2013 For AutoCAD 2013 为蓝本，对软件操作的每个知识要点都精选了具有代表性的小型实例来进行全方位的讲解，并以"专业技能"、"软件技能"、"技巧提示"等版块来进行穿插讲解。

本书共 15 章，第 1 章讲解了建筑设计的专业基础知识；第 2～13 章，讲解了 TArch 2013 软件的各种操作命令及使用方法，包括 TArch 天正建筑软件基础，轴网的创建及其标注，墙体的创建与编辑，柱子的创建与编辑，门窗的创建与编辑，房间与屋顶的创建与编辑，楼梯及其他构件的操作，文字与表格的操作，尺寸与符号的标注，立面和剖面的操作，三维建模与图库图案操作，工程管理与文件布图等操作；第 14～15 章，以某别墅建筑施工图和室内装潢施工图纸的绘制为例，贯穿前面所学的知识要点来进行整套施工图纸的绘制。附赠的 DVD 光盘中包含本书所有的视频教学及相关的案例素材，与此同时还附赠了建筑制图标准图例、室外建筑设计图库资料等，对有一定基础的设计人员会有很大的帮助。

本书实例经典、内容丰富、图文并茂、操作性强，不仅可作为中、高等职业院校建筑设计、建筑工程、装潢设计、土木工程等专业师生的指导教材，还可作为工程类从业人员的自学参考用书。

◆ 编　著　李　波
　　责任编辑　郭发明
　　责任印制　方　航

◆ 人民邮电出版社出版发行　　北京市丰台区成寿寺路 11 号
　　邮编 100164　电子邮件 315@ptpress.com.cn
　　网址 http://www.ptpress.com.cn
　　三河市海波印务有限公司印刷

◆ 开本：787×1092　1/16
　　印张：25　　　　　　　　　彩插：8　插页：12
　　字数：794 千字　　　　　　2014 年 5 月第 1 版
　　印数：1 – 4 000 册　　　　　2014 年 5 月河北第 1 次印刷

定价：59.00 元（附 1DVD）

读者服务热线：**(010)81055410**　印装质量热线：**(010)81055316**
反盗版热线：**(010)81055315**
广告经营许可证：京崇工商广字第 0021 号

前　言
Preface

关于本系列图书

感谢您翻开本系列图书。在茫茫的书海中，或许您曾经为寻找一本技术全面、案例丰富的计算机图书而苦恼，或许您为担心自己是否能做出书中的案例效果而犹豫，或许您为了自己应该买一本入门教材而仔细挑选，或许您正在为自己进步太慢而缺少信心……

现在，我们就为您奉献一套优秀的学习用书—"从入门到精通"系列，它采用完全适合自学的"教程+案例"和"完全案例"两种形式编写，兼具技术手册和应用技巧参考手册的特点，随书附带的 DVD 或 CD 多媒体教学光盘包含书中所有案例的视频教程、源文件和素材文件。希望通过本系列书能够帮助您解决学习中的难题，提高技术水平，快速成为高手。

■　自学教程。书中设计了大量案例，由浅入深、从易到难，可以让您在实战中循序渐进地学习到相应的软件知识和操作技巧，同时掌握相应的行业应用知识。

■　技术手册。一方面，书中的每一章都是一个专题，不仅可以让您充分掌握该专题中提到的知识和技巧，而且举一反三，掌握实现同样效果的更多方法。

■　应用技巧参考手册。书中把许多大的案例化整为零，让您在不知不觉中学习到专业应用案例的制作方法和流程；书中还设计了许多技巧提示，恰到好处地对您进行点拨，到了一定程度后，您就可以自己动手，自由发挥，制作出相应的专业案例效果。

■　老师讲解。每本书都附带了 CD 或 DVD 多媒体教学光盘，每个案例都有详细的语音视频讲解，就像有一位专业的老师在您旁边一样，您不仅可以通过本系列图书研究每一个操作细节，而且还可以通过多媒体教学领悟到更多的技巧。

本系列图书包括三维艺术设计、平面艺术设计和产品辅助设计三大类，近期已推出以下品种。

三维艺术设计类	
22076　3ds Max 2009 中文版效果图制作从入门到精通（附光盘）	3ds Max 2013/VRay 效果图制作实战从入门到精通（附光盘）
25980　3ds Max 2011 中文版效果图制作实战从入门到精通（附光盘）	23644　Flash CS5 动画制作实战从入门到精通（附光盘）
29394　3ds Max 2012/VRay 效果图制作实战从入门到精通（附光盘）	30092　Flash CS6 动画制作实战从入门到精通（附光盘）
29393　会声会影 X5 DV 影片制作/编辑/刻盘实战从入门到精通（附光盘）	33800　SketchUp Pro 8 从入门到精通（全彩印刷）
33845　会声会影 X6 DV 影片制作/编辑/刻盘实战从入门到精通	22902　3ds Max+VRay 效果图制作从入门到精通全彩版（附光盘）
31509　After Effects CS6 影视后期制作实战从入门到精通（附光盘）	27802　Flash CS5 动画制作实战从入门到精通（全彩超值版）（附光盘）
30495　Premiere Pro CS6 影视编辑剪辑制作实战从入门到精通	27809　3ds Max 2011 中文版/VRay 效果图制作实战从入门到精通（全彩超值版）（附光盘）
29479　3ds Max 2012 中文版从入门到精通（附光盘）	31312　3ds Max 2012+VRay 材质设计实战从入门到精通（全彩印刷）（附光盘）
30488　Maya 2013 从入门到精通（附光盘）	

平面艺术设计类	产品辅助设计类
22966 Photoshop CS5 中文版从入门到精通（附光盘）（附光盘）	30047 AutoCAD 2013 中文版辅助设计从入门到精通（附光盘）
29225 Photoshop CS6 中文版从入门到精通（附光盘）	21518 AutoCAD 2013 中文版机械设计实战从入门到精通（附光盘）
33545 Illustrator CS6 中文版图形设计实战从入门到精通	30760 AutoCAD 2013 中文版建筑设计实战从入门到精通（附光盘）
27807 Photoshop CS5 平面设计实战从入门到精通（全彩超值版）（附光盘）	30358 AutoCAD 2013 室内装饰设计实战从入门到精通（附光盘）
32449 Photoshop CS6 中文版平面设计实战从入门到精通（附光盘）	30544 AutoCAD 2013 园林景观设计实战从入门到精通（附光盘）
29299 Photoshop CS6 照片处理从入门到精通（全彩印刷）（附光盘）	31170 AutoCAD 2013 水暖电气设计实战从入门到精通（附光盘）
33812 RAW 格式数码照片处理技法从入门到精通	33030 UG 8.5 产品设计实战从入门到精通（附光盘）
30953 DIV+CSS 3.0 网页布局实战从入门到精通（附光盘）	29411 Creo 2.0 辅助设计从入门到精通（附光盘）
32481 Photoshop+Flash+Dreamweaver 网页与网站制作从入门到精通（附光盘）	26639 CorelDRAW 现代服装款式设计从入门到精通（附光盘）
29564 PPT 设计实战从入门到精通（附光盘）	33369 高手速成：EDIUS 专业级视频与音频制作从入门到精通
34424 Photoshop 热门手机 APP 与网页游戏界面设计从入门到精通（附光盘）	33707 Cubase 与 Nuendo 音乐编辑与制作从入门到精通
	33639 JewelCAD Pro 珠宝设计从入门到精通
	34582 TArch 2013 天正建筑设计从入门到精通（附光盘）
	Rhino 珠宝首饰设计从入门到精通（附光盘）

作者信息

本书由资深作者李波编写，另外参与编写的人员还有冯燕、师天锐、李松林、石小银、王利、汪琴、刘冰、王敬艳、王洪令、姜先菊、李友、郝德全、荆月鹏、黄妍、牛姜等。

感谢您选择了本书，希望我们的努力对您的工作和学习有所帮助，也希望您把对本书的意见和建议告诉我们（邮箱：helpkj@163.com　QQ 高级群：329924658、15310023）。书中难免有疏漏与不足之处，敬请专家和读者批评指正。

编者

2014 年 3 月

目　录
Contents

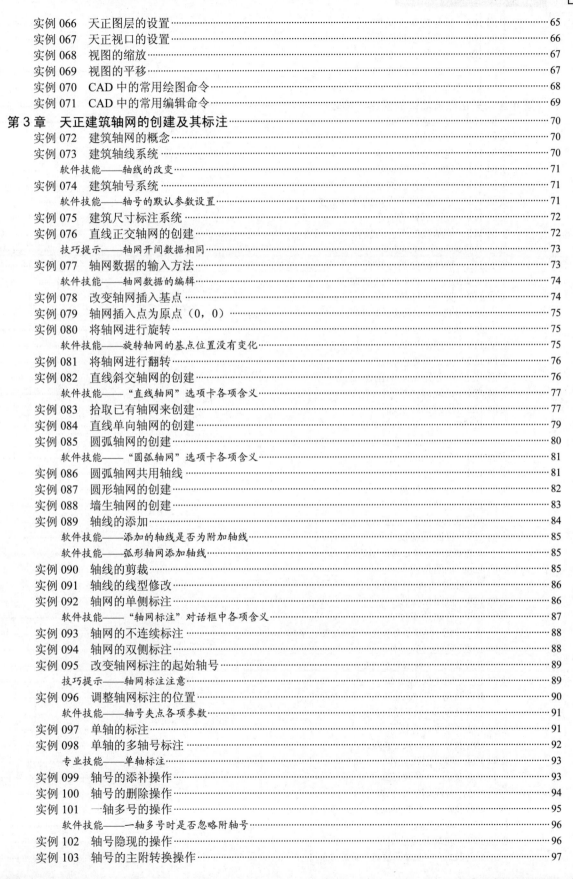

第1章　建筑设计专业基础知识

● **本章导读**

　　随着社会的发展和科学技术的进步，建筑所包含的内容、所要解决的问题越来越复杂，涉及的相关学科越来越多；材料、技术的变化越来越迅速，单纯依靠师徒相传、经验积累的方式，已不能适应这种客观现实。另外再加上建筑物往往要在很短时期内竣工使用，客观上需要更为细致的社会分工，这就促使建筑设计逐渐形成专业，成为一门独立的分支学科。

● **本章内容**

■ 建筑工程设计的概述　　　■ 窗的作用和类型　　　　　■ 建筑施工图的详图符号
■ 建筑设计的设计依据　　　■ 楼梯的不同分类　　　　　■ 建筑施工图的引出线
■ 建筑设计的过程　　　　　■ 楼梯的组成与构造　　　　■ 建筑施工图的标高符号
■ 建筑工程的基本结构　　　■ 屋顶的作用和类型　　　　■ 建筑施工图的其他符号
■ 建筑设计的常用术语　　　■ 建筑施工图的内容及形成　■ 建筑施工图的定位轴线
■ 建筑工程图设计的国家标准■ 建筑施工图的图纸幅面　　■ 尺寸界线、尺寸线及尺寸起
■ 民用建筑的分类　　　　　　规格　　　　　　　　　　　止符号
■ 建筑墙体的分类及结构布置■ 建筑施工图的编排顺序　　■ 建筑施工图中的尺寸数字
■ 砖墙的作用及厚度　　　　■ 建筑施工图的图线　　　　■ 半径、直径、球的尺寸标注
■ 圈梁与过梁的作用　　　　■ 建筑施工图的文字　　　　■ 角度、弧长、弦长的标注
■ 楼地层的结构及分类　　　■ 建筑施工图的比例　　　　■ 薄板厚度、正方形、坡度等
■ 门的作用和类型　　　　　■ 建筑施工图的剖切符号　　　尺寸标注
　　　　　　　　　　　　　■ 建筑施工图的索引符号　　■ 尺寸的简化标注

Example 实例 **001**　建筑工程设计的概述

实例概述

　　建筑工程设计是指设计建筑物所要做的全部工作，包括建筑设计、结构设计、设备设计等三个方面的内容。但是人们习惯上将这三部分统称为建筑设计。

　　建筑设计，在满足总体规划的前提下，根据建设单位提供的任务书，综合考虑基地环境、建筑艺术、使用功能、材料设备、结构施工及建筑经济等问题，在整个工程设计中起着主导和先行的作用，建筑设计的重点是解决建筑物内部使用功能和使用空间的合理安排，建筑物与各种外部条件、与周围环境的协调配合；内部和外表的艺术效果，各个细部的构造方式等。建筑设计施工图如图 1-1 所示。

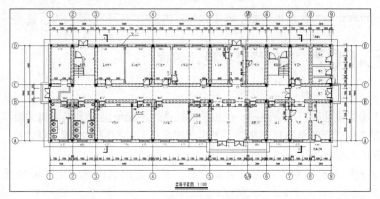

图 1-1　建筑设计施工图

专业技能——结构设计和设备设计

结构设计，其主要任务是配合建筑设计选择切实可行的结构方案，进行结构构件的计算和设计，并用结构设计图表示，如图1-2所示，它通常由结构工程师完成。

设备设计，是指建筑物的给排水、采暖、通风和电气照明等方面的设计，一般由有关的工程师配合建筑设计完成，并分别用水、暖、电等设计图表示，如图1-3所示。

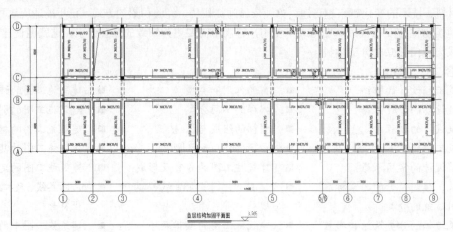

图1-2　建筑结构施工图

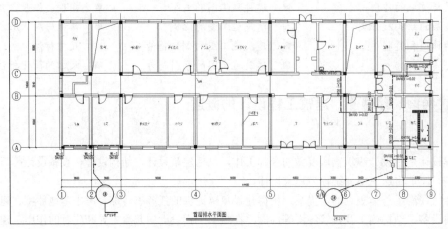

图1-3　建筑设备施工图

实例总结

本实例除了主要讲解建筑设计的作用和主要内容外，还讲解了建筑结构和设备施工图的表现内容。

Example 实例 **002** 建筑设计的设计依据

实例概述

在进行建筑施工图的设计时，还应遵循一些相关的依据，才能使设计出来的施工图符合要求。

（1）人体尺度及人体活动的空间尺度是确定民用建筑内部各种空间尺度的主要依据。我国成年男子平均身高及活动尺度如图1-4所示。

（2）家具、设备尺寸和使用它们所需的必要空间，是确定房间内部使用面积的重要依据，如图1-5所示。

（3）要适时根据当地的温度、湿度、日照、雨雪、风向、风速等气候条件来进行设计。

（4）要进行综合的地形、地质条件和地震烈度进行设计。

（5）要遵循我国的建筑模数和模数制。

专业技能——建筑模数

　　建筑模数是指建筑设计中选定的标准尺寸单位。它是建筑设计、建筑施工、建筑材料与制品、建筑设备、建筑组合件等各部门进行尺度协调的基础。目前我国采用的基本模数数值规定为100mm，以m表示，即1m= 1000mm。导出模数分为扩大模数和分模数，扩大模数的基数为3m、6m、12m、15m、30m、60m共6个；分模数的基数为1/10m、1/5m、1/2m共3个。使用3m是《中华人民共和国国家标准建筑统一模数制》中为了既能满足适用要求，又能减少构配件规格类型而规定的。

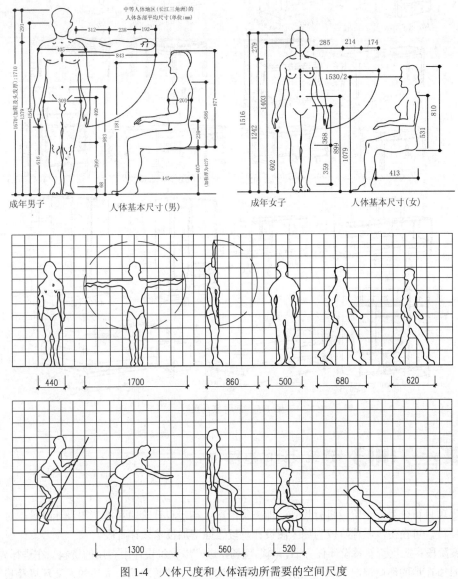

图 1-4　人体尺度和人体活动所需要的空间尺度

实例总结

　　本实例主要讲解了建筑设计所要遵循的依据，另外还讲解了建筑模数的规定。

图 1-5　常用家具尺寸

Example 实例 003　建筑设计的过程

实例概述

　　一般建设项目可分为三个阶段进行设计，即方案阶段、初步设计阶段和施工图设计阶段。对于技术要求复杂的建设项目，可在初步设计阶段与施工图设计阶段之间增加技术设计阶段。

　　（1）方案阶段：应重新熟悉设计任务书，踏勘现场，进一步收集设计中有用的资料。在进行异地操作时，详细了解项目所在地的环境情况，如气候条件、抗震设防烈度、建筑现状、周边的人文环境及施工条件等；了解当地的有关地方性法规，以便在设计中予以充分的重视。

　　（2）初步设计阶段：要求建筑专业的图纸文件一般包括：总平面图、建筑平面图、立面、剖面，标明建筑的定位轴线和轴线尺寸、总尺寸、建筑标高、总高度，以及与技术工种有关的一些定位尺寸。在设计说明中则应标明主要的建筑用料和构造做法；结构专业的图纸需要提供房屋结构的布置方案图和初步计算说明，以及结构构件的断面基本尺寸；各设备专业也应提供相应的设备图纸、设备估算数量及说明书。根据这些图纸和说明书，工程概算人员应当在规定的期限内完成工程概算及主要材料用料。

（3）施工图设计阶段：施工图设计阶段的图纸和设计文件，要求建筑专业的图纸应提供所有构配件的详细定位尺寸及必要的型号、数量等资料，还应绘制工程施工中所涉及的建筑细部详图。其他各专业则亦应提交相关的详细设计文件及其设计依据，例如结构专业的详细计算书等，并且协同调整各专业的设计以达到完全一致。

专业技能——施工图的审查内容

在完成施工图文件后，设计单位应当将其经由建设单位报送有关施工图审查机构，进行强制性标准、规范执行情况等内容的审查。审查内容主要涉及：建筑物的稳定性、安全性，包括地基基础和主体结构是否安全可靠；是否符合消防、卫生、环保、人防、抗震、节能等有关强制性标准、规范；施工图是否达到规定的深度要求；是否损害公共利益等几个方面。施工图经由审图单位认可或按照其意见修改，并通过复审且提交规定的建设工程质量监督部门备案后，施工图设计阶段则算全部完成。

实例总结

本实例主要讲解了建筑设计过程的三个阶段，以及讲解了建筑施工图的审核内容。

Example 实例 **004** 建筑工程的基本结构

实例概述

建筑物是由基础、墙或柱、楼地层、屋顶、楼梯等主要部分组成的，此外还有门窗、采光井、散水、勒脚和窗帘盒等附属部分组成，如图1-6～图1-9所示。

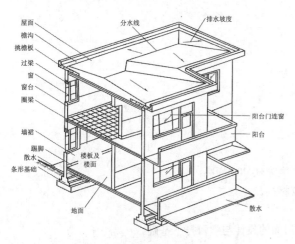

图1-6 房屋各部位名称（1）

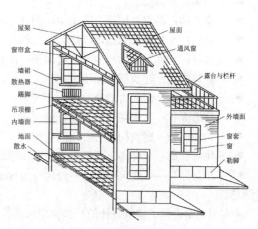

图1-7 房屋各部位名称（2）

建筑施工图就是把这些组成的构造、形状及尺寸等表示清楚。要想表示清楚这些建筑内容，就需要少则几张，多则几十张或几百张的施工图纸。阅读这些图纸要先粗看后细看，要先从建筑平面图看起，再看立面图、剖面图和详图。在看图的过程中，要将这些图纸反复对照，了解图中的内容，并将其牢记在心中。

专业技能——建筑设计的要求

满足建筑功能要求，采用合理的技术措施，具有良好的经济效果，考虑建筑美观要求，符合总体规划要求。

实例总结

本实例主要讲解了建筑工程中建筑物的基本结构及各部分构件的名称，以及其施工图的阅读方法。

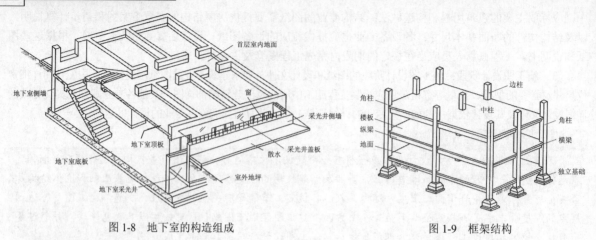

图 1-8　地下室的构造组成　　　　　　　　　　图 1-9　框架结构

Example 实例 005　建筑设计的常用术语

实例概述

除前面所讲解的房屋结构外，还包括其他房屋建筑中所涉及到的一些常用术语。

- 横墙：沿建筑宽度方向的墙。
- 纵墙：沿建筑长度方向的墙。
- 进深：纵墙之间的距离，以轴线为基准。
- 开间：横墙之间的距离，以轴线为基准。
- 山墙：外横墙。
- 女儿墙：外墙从屋顶上高出屋面的部分。
- 层高：相邻两层的地坪高度差。
- 净高：构件下表面与地坪（楼地板）的高度差。
- 建筑面积：建筑所占面积×层数。
- 使用面积：房间内的净面积。
- 交通面积：建筑物中用于通行的面积。
- 构件面积：建筑构件所占用的面积。
- 绝对标高——青岛市外黄海海平面年平均高度为+0.000 标高。
- 相对标高——建筑物底层室内地坪为+0.000 标高。

实例总结

本实例主要讲解了建筑设计的一些常用术语，为后面的设计与学习打下基础。

Example 实例 006　建筑工程图设计的国家标准

实例概述

工程图纸被称为"工程技术界的语言"。建筑工程图纸是施工的主要依据，为了能够使建筑工程图样规格统一、图面清晰，提高制图质量和制图效率，便于阅读，满足设计、施工及存档的要求，又便于技术交流，国家质量监督检验检疫总局、建设部联合发布了有关建筑制图的 6 种国家标准：

《房屋建筑制图统一标准》GB/T 50001-2010、《总图制图标准》GB/T 50103-2010、《建筑制图标准》GB/T 50104-2010、《建筑结构制图标准》GB/T 50105-2010、《给水排水制图标准》GB/T 50106-2010 和《暖通空调制图标准》GB/T 50114-2010。制图国家标准（简称国标）中详细规定了图样的画法、图线的线型及线宽、图中尺寸标注、图例、字体等，供设计绘图时参照执行。

实例总结

本实例主要讲解了建筑工程图的有关建筑制图的 6 种国家标准。

Example 实例 007　民用建筑的分类

实例概述

对于民用建筑来讲，可以按照不同的方法来进行分类，即按照使用功能、按照层数或高度、按照工程规模、按照使用年限等来进行分类。

（1）民用建筑按使用功能可分为居住建筑和公共建筑两大类，如表 1-1 所示。

表 1-1　　　　　　　　　　　　民用建筑按功能分类

分类	建筑类别	建筑物示例
居住建筑	住宅建筑	住宅、公寓、别墅、老年人住宅等
	宿舍建筑	集体宿舍、职工宿舍、学生宿舍、学生公寓等
公共建筑	办公建筑	各级党政、团体、企事业单位办公楼、商务写字楼等
	商业建筑	商场、购物中心、超市等
	饮食建筑	餐馆、饮食店、食堂等
	休闲、娱乐建筑	洗浴中心、歌舞厅、休闲会馆等
	金融建筑	银行、证券等
	旅馆建筑	旅馆、宾馆、饭店、度假村等
	科研建筑	实验楼、科研楼、研发基地等
	教育建筑	托幼、中小学校、高等院校、职业学校、特殊教育学校等
	观演建筑	剧院、电影院、音乐厅等
	博物馆建筑	博物馆、美术馆等
	文化建筑	文化馆、图书馆、档案馆、文化中心等
	纪念建筑	纪念馆、名人故居等
	会展建筑	展览中心、会议中心、科技展览馆等
	体育建筑	各类体育场（馆）、游泳馆、健身场馆等
	医疗建筑	各类医院、疗养院、急救中心等
	卫生、防疫建筑	动植物检疫、卫生防疫站等
	邮电、通讯建筑	邮电局、通讯站等
	广播、电视建筑	电视台、广播电台、广播电视中心等
	商业综合体	商业、办公、酒店或公寓等为一体的建筑
	宗教建筑	道观、寺庙、教堂等
	殡葬建筑	殡仪馆、墓地建筑等
	惩戒建筑	劳教所、监狱等
	园林建筑	各类公园、绿地中的亭、台、楼、树等
	市政建筑	变电站、热力站、锅炉房、垃圾站等
	临时建筑	售楼处、临时展览、世博会建筑

注：本表的分类仅供设计时参考。

（2）民用建筑按地上层数或高度可分为低层、多层、中高层、高层、超高层等，如表 1-2 所示。

表 1-2   民用建筑按层数或高度分类

建筑类别	名称	层高或高度	备注
住宅建筑	低层住宅	1~3 层	包括首层设置商业服务网点的住宅
	多层住宅	4~6 层	
	中高层住宅	7~9 层	
	高层住宅	10 层及以上	
	超高层住宅	>100m	
公共建筑	单层和多层建筑	≤24m	不包括建筑高度大于 24m 的单层公共建筑
	高层建筑	>24m	
	超高层建筑	>100m	

（3）民用建筑按工程规模可分为小型、中型、大型和特大型，如表 1-3 所示。

表 1-3   民用建筑按工程规模分类

建筑分类 ＼ 分类	特大型	大型	中型	小型
展览建筑（总展览面积 S）	S>100000m²	3000m²<S≤100000m²	1000m²<S≤30000m²	S≤10000m²
博物馆（建筑面积）		>10000m²	4000~10000m²	<4000m²
剧场（座席数）	>1601 座	1201~1600 座	801~1200 痤	300~800 座
电影院（座席数）	>1800 座	1201~1800 座	701~1200 座	<700 座
体育馆（座席数）	>10000 座	6001~10000 座	3001~6000 座	<3000 座
体育场（座席数）	>60000 座	40000~600000 座	20000~40000 座	<20000 座
游泳馆（座席数）	>6000 座	3000~6000 座	1500~3000 座	<1500 座
汽车库（车位数）	>500 辆	301~500 辆	51~300 辆	<50 辆
幼儿园（班数）	—	10~12 班	6~9 班	<5 班
商场（建筑面积）	—	>15000m²	3000~15000m²	<3000m²
专业商店（建筑面积）	—	>5000m²	1000~5000m²	<1000m²
菜市场（场地面积）	—	>6000m²	1200~6000m²	<1200m²

注：本表依据各相关建筑设计规范编制。

（4）民用建筑按设计使用年限，可分为 5 年、25 年、50 年和 100 年几个等级，如表 1-4 所示。

表 1-4   民用建筑按使用年限分类

类别	设计使用年限	示例
1	5	临时性建筑
2	25	易于替换结构构件的建筑
3	50	普通建筑和构筑物
4	100	纪念性建筑和特别重要的建筑

实例总结

本实例主要讲解了民用建筑的分类方法，即按照功能、按照层数或高度、按照规模大小、按照使用年限等不同的分类方法。

Example 实例 **008** 建筑墙体的分类及结构布置

实例概述

墙体是建筑物的重要组成部分，它的作用是承重、围护或分隔空间。

按其在平面中的位置可分为内墙和外墙。凡位于房屋四周的墙称为外墙，其中位于房屋两端的墙称为山墙。凡位于房屋内部的墙称为内墙。外墙主要起围护作用，内墙主要起分隔房间的作用。另外沿建筑物短轴布置的墙称为横墙，沿建筑物长轴布置的称为纵墙。

● 按其受力情况可分为：承重墙和非承重墙。直接承受上部传来荷载的墙称为承重墙，而不承受外荷载的墙称为非承重墙。

● 按其使用的材料分为：砖墙、石墙、土墙及砌块和大型板材墙等。

● 按其构造分为：实体墙、空体墙和复合墙。实体墙由普通黏土砖或其他实心砖砌筑而成，空体墙是由实心砖砌成中空的墙体或空心砖砌筑的墙体，复合墙是指由砖与其他材料组合成的墙体。

● 对墙面进行装修的墙称为混水墙，墙面只做勾缝不进行其他装饰的墙称为清水墙。

一般民用建筑有两种承重方式，一种是框架承重；另一种是墙体承重。墙体承重又可分为横墙承重、纵墙承重、纵横墙混合承重、墙与内柱混合承重等结构布置方案，如图1-10所示。

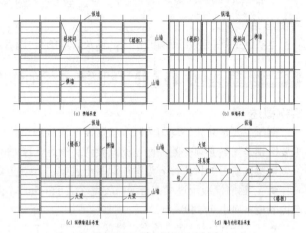

图1-10 墙体结构的布置

实例总结

本实例主要讲解了墙体的分类及结构的布置方法。

Example 实例 009 砖墙的作用及厚度

实例概述

用砖块砌筑的墙，具有较好的承重、保温、隔热、隔声、防火、耐久等性能，为低层和多层房屋所广泛采用。砖墙可作承重墙、外围护墙和内分隔墙。

砖墙的厚度符合砖的规格。砖墙的厚度一般以砖长表示，例如半砖墙、3/4砖墙、1砖墙、2砖墙等，其相应厚度为115mm（称12墙）、178mm（称18墙）、240mm（称24墙）、365mm（称37墙）、490mm（称50墙），如图1-11所示。

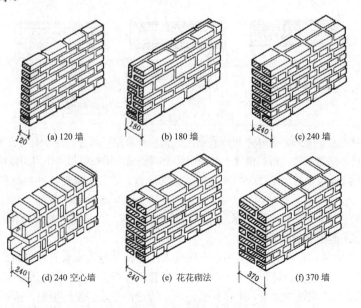

图1-11 砖墙的尺寸及砌法

墙厚应满足砖墙的承载能力。一般说来，墙体越厚，承载能力越大，稳定性越好。砖墙的厚度应满足一定的保温、隔热、隔声、防火要求。一般讲，砖墙越厚，保温隔热效果越好。

实例总结

本实例主要讲解了砖墙的作用，以及砖墙的尺寸和砌法。

Example 实例 010 圈梁与过梁的作用

实例概述

圈梁主要是防止不均匀沉降和抗震要求的构造设计。过梁主要是承受构件上部荷载的结构设计。两者的主要区别是圈梁必须交圈，而过梁只要两头满足支撑即可。

过梁按使用的材料可分为钢筋混凝土过梁、砖砌过梁和钢筋砖过梁。

- 钢筋混凝土过梁：当洞口较宽（大于 1.5m），上部荷载较大时，宜采用钢筋混凝土过梁，两端深入墙内长度不应小于 240 mm。
- 砖砌过梁：常见的有平拱砖过梁和弧拱砖过梁。
- 钢筋砖过梁：钢筋砖过梁是在门窗洞口上方的砌体中，配置适量的钢筋，形成能够承受弯矩的加筋砖砌体。

为了增强房屋的整体刚度，防止由于地基不均匀沉降或较大的震动荷载对房屋引起的不利影响，常在房屋外墙和部分内墙中设置钢筋混凝土或钢筋砖圈梁。其一般设在外墙、内纵墙和主要内横墙上，并在平面内形成封闭系统。圈梁的位置和数量根据楼层高度、层数、地基等状况确定。

实例总结

本实例主要讲解了圈梁与过梁的作用及两者的主要区别，过梁的分类，以及圈梁的位置及数量情况。

Example 实例 011 楼地层的结构及分类

实例概述

建筑物的使用荷载主要由楼板层和地坪层承受，楼板层一般由面层、楼板、顶棚组成，地坪层由面层、垫层、基层组成，如图 1-12 所示。

图 1-12 楼地层的组成

地面，是指建筑物底层的地坪，其基本组成有面层、垫层和基层三部分。对于有特殊要求的地面，还设有防潮层、保温层、找平层等构造层次。每层楼板上的面层通常叫楼面，楼板所起的作用类似地面中的垫层和基层。

- 面层：是人们日常生活、工作、生产直接接触的地方，是直接承受各种物理和化学作用的地面与楼面表层。
- 垫层：在面层之下、基层之上，承受由面层传来的荷载，并将荷载均匀地传至基层。
- 基层：垫层下面的土层就是基层。

楼板，是分隔承重构件，它将房屋垂直方向分隔为若干层，并把人和家具等竖向荷载及楼板自重通过墙体、梁或柱传给基层。按其使用的材料可分为砖楼板、木楼板和钢筋混凝土楼板等。砖楼板的施工麻烦，抗震性能较差，楼板层过高，现很少采用。木楼板自重轻，构造简单，保温性能好，但耐久和耐火性差，一般也较少采用。钢筋混凝土楼板具有强度高、刚性好、耐久、防火、防水性能好的优点，又便于工业化生产，是现在广为使用的楼板类型。

钢筋混凝土楼板按照施工方法可分为现浇和预制两种。

● 现浇钢筋混凝土楼板：其楼板整体性、耐久性、抗震性好，刚度大，能适应各种形状的建筑平面，设备留洞或设置预埋件都较方便，但模板消耗量大，施工周期长。按照构造不同又可分为钢筋混凝土现浇楼板、钢筋混凝土肋型楼板和无梁楼板三种。

● 预制钢筋混凝土楼板：采用此类楼板是将楼板分为梁、板若干构件，在预制厂或施工现场预先制作好，然后进行安装。它的优点是可以节省模板，改善制作时的劳动条件，加快施工进度；但整体性较差，并需要一定的起重安装设备。

实例总结

本实例主要讲解了楼地层的结构，再分别讲解了地面层的结构，以及楼板的分类。

Example 实例 **012** 门的作用与类型

实例概述

门是建筑物中不可缺少的部分，主要用于疏散，同时也起采光和通风作用。门的尺寸、位置、开启方式和立面形式，应考虑人流疏散、安全防火、家具设备的搬运安装及建筑艺术等方面的要求来综合确定。

门的宽度按使用要求可做成单扇、双扇及四扇等多种。当宽度在 1m 以内时为单扇门，1.2m～1.8m 时为双扇门，宽度大于 2.4m 时为四扇门。

门的种类很多，按使用材料分，有木门、钢门、钢筋混凝土门、铝合金门、塑料门等。各种木门使用仍然比较广泛，钢门在工业建筑中普遍应用。

按用途可分为：普通门、纱门、百叶门，以及特殊用途的保温门、隔声门、防火门、防盗门、防爆门、防射线门等。

按开启方式分为：平开门、弹簧门、折叠门、推拉门、转门、圈帘门等。

平开木门是当前民用建筑中应用最广的一种形式，它由门框、门扇、亮子及五金零件所组成。

实例总结

本实例主要讲解了门的作用和分类，以及平开木门的结构。

Example 实例 **013** 窗的作用与类型

实例概述

窗主要是起到采光与通风的作用，并可作围护和眺望之用，对建筑物的外观也有一定的影响。

窗的采光作用主要取决于窗的面积。窗洞口面积与该房间地面面积之比称为窗地比。此比值越大，采光性能越好。一般居住房间的窗地比为 1/7 左右。

作为围护结构的一部分，窗应有适当的保温性，在寒冷地区使用双层窗，以利于冬季防寒。

窗的类型很多，按使用的材料可分为木窗、钢窗、铝合金窗、玻璃钢窗等，其中以木窗和钢窗应用最广。

按窗所处的位置分为侧窗和天窗。侧窗是安装在墙上的窗；开在屋顶上的窗称为天窗，在工业建筑中应用较多。

按窗的层数可分为单层窗和双层窗。

按窗的开启方式可分为固定窗、平开窗、悬窗、立转窗、推拉窗等。

实例总结

本实例主要讲解了窗的作用和不同的分类。

Example 实例 **014** 楼梯的不同分类

实例概述

楼梯是房屋各层之间交通连接的设施，一般设置在建筑物的出入口附近，也有一些楼梯设置在室外。室外楼梯的优点是不占室内使用面积，但在寒冷地区易积雪结冰，不宜采用。

楼梯按位置分为：室内楼梯和室外楼梯。

按使用性质分为：室内有主要楼梯和辅助楼梯，室外有安全楼梯和防火楼梯。

按使用材料分为：木楼梯、钢筋混凝土楼梯和钢楼梯。

按楼梯的布置方式分为：单跑楼梯、双跑楼梯、三跑楼梯和双分、双合式楼梯。

● 单跑楼梯：当层高较低时，常采用单跑楼梯，从楼下起步一个方向直达楼上。它只有一个梯段，中间不设休息平台，因此踏步不宜过多，不适用于层高较大的房屋，如图1-13所示。

● 双跑楼梯：是应用最为广泛的一种形式。在两个楼板层之间，包括两个平行而方向相反的梯段和一个中间休息平台。经常两个梯段做成等长，节约面积，如图1-14所示。

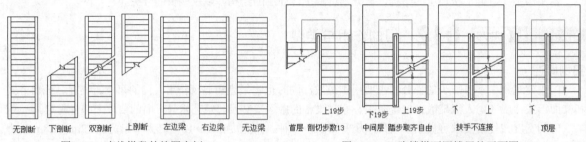

图1-13 直线梯段的绘图实例　　　　　　　　图1-14 双跑楼梯不同楼层的平面图

● 三跑楼梯：在两个楼板层之间，由三个梯段和两个休息平台组成，常用于层高较大的建筑物中，其中央可设置电梯井，如图1-15所示。

● 双分、双合式楼梯：双分式就是由一个较宽的楼梯段上至休息平台，再分成两个较窄的梯段上至楼层，如图1-16所示；双合式则相反，先由两个较窄的梯段上至休息平台，再合成一个较宽的梯段上至楼层。

实例总结

本实例主要讲解了楼梯的不同分类方法，并针对布置方式所划分的楼梯进行了详细讲解。

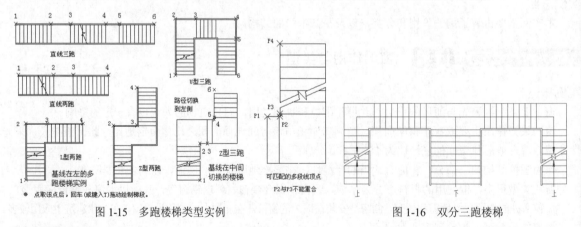

图1-15 多跑楼梯类型实例　　　　　　　　　图1-16 双分三跑楼梯

Example 实例 015　楼梯的组成与构造

实例概述

楼梯由楼梯段、休息平台、栏杆和扶手等部分组成。

● 楼梯段：是联系两个不同标高平台的倾斜构件，由连续的一组踏步所构成。其宽度应根据人流量的大小、家具和设备的搬运，以及安全疏散的原则确定。其最大坡度不宜超过38°，以26°～33°较为适宜。

● 休息平台：也称中间平台，是两层楼面之间的平台。当楼梯踏步超过18步时，应在中间设置休息平台，起缓冲休息的作用。休息平台由台梁和台板组成。平台的深度应使在安装暖气片以后的净宽度不小于楼梯段的宽度，以便于人流通行和搬运家具。

● 　栏杆、栏板和扶手：栏杆和栏板是布置在楼梯段和平台边缘有一定刚度和安全度的拦隔设施。通常楼梯段一侧靠墙，一侧临空。在栏板上面安置扶手，扶手的高度应高出踏步 900mm 左右。

钢筋混凝土楼梯是目前应用最广泛的一种楼梯，它有较高的强度和耐久性、防火性。按施工方法可分为现浇和装配式两种。

现浇钢筋混凝土楼梯是将楼梯段、平台和平台梁现场浇筑成一个整体，其整体性好，抗震性强。其按构造的不同又分为板式楼梯和梁式楼梯两种。

● 　板式楼梯：是一块斜置的板，其两端支承在平台梁上，平台梁支承在砖墙上。

● 　梁式楼梯：是指在楼梯段两侧设有斜梁，斜梁搭置在平台梁上。荷载由踏步板传给斜梁，再由斜梁传给平台梁。

装配式钢筋混凝土楼梯的使用有利于提高建筑工业化程度，改善施工条件，加快施工进度。根据预制构件的形式，可分为小型构件装配式和大型构件装配式两种。

● 　小型构件装配式楼梯：这种楼梯是将踏步、斜梁、平台梁和平台板分别预制，然后进行装配。这种形式的踏步板是由砖墙来支承而不用斜梁，随砌砖随安装，可不用起重设备。

● 　大型构件装配式楼梯：这种楼梯是将预制的楼梯段、平台梁和平台板组成。斜梁和踏步板可组成一块整体，平台板和平台梁也可组成一块整板，在工地上用起重设备吊装。

实例总结

本实例主要讲解了楼梯的组成及钢筋混凝土楼梯的构造。

Example 实例 **016**　屋顶的作用与类型

实例概述

屋顶是房屋最上层的覆盖物，由屋面和支撑结构组成。屋顶的围护作用是一方面防止自然界雨、雪和风沙的侵袭及太阳辐射的影响；另一方面还要承受屋顶上部的荷载，包括风雪荷载、屋顶自重及可能出现的构件和人群的重量，并把它传给墙体。因此，对屋顶的要求是坚固耐久，自重要轻，具有防水、防火、保温及隔热的性能，同时要求构件简单、施工方便，并能与建筑物整体配合，具有良好的外观。

按屋面形式大体可分为四类：平屋顶、坡屋顶、曲面屋顶及多波式折板屋顶。

● 　平屋顶：屋面的最大坡度不超过 10%，民用建筑常用坡度为 1%～3%。一般是用现浇和预制的钢筋混凝土梁板做承重结构，屋面上做防水及保温处理。

● 　坡屋顶：屋面坡度较大，在 10% 以上。有单坡、双坡、四坡和歇山等多种形式。单坡用于小跨度的房屋，双坡和四坡用于跨度较大的房屋。常用屋架做承重结构，用瓦材做屋面。

● 　曲面屋顶：屋面形状为各种曲面，如球面、双曲抛物面等。承重结构有网架、钢筋混凝土整体薄壳、悬索结构等。

● 　多波式折板屋顶：是由钢筋混凝土薄板制成的一种多波式屋顶。折板厚约 60mm，折板的波长为 2m～3m，跨度为 9m～15m，折板的倾角为 30°～38° 之间。按每个波的截面形状分又有三角形及梯形两种。

实例总结

本实例主要讲解了屋顶的作用和要求，以及屋顶的不同分类。

Example 实例 **017**　建筑施工图的内容及形成

实例概述

对一般建筑工程来讲，建筑专业施工图一般包括以下图纸内容。

建
筑
专
业
图

建筑平面图
（反映长和宽尺寸）

总平面图：是从空中向下对新建筑物及其周围建筑、道路和绿化等的俯视图。

设备层平面图
首层平面图
标准层平面图
顶层平面图

是从本层门窗洞口略高处水平剖切，俯视到下一层的水平剖切面以上的内容。建筑平面图的形成如图1-17所示。

屋顶平面图：是从屋面以上向下俯视到顶层的水平剖切面以上的内容。

顶棚平面图：是用镜像投影法绘制，即假想从本层门窗洞口略高处作水平剖切面，此剖切面能起到镜子的作用，将顶棚的内容都如实反映在镜子里，再将镜子里的图像表现在图纸上（注：顶棚平面图用直接正投影法不易表达清楚）。

建筑立面图
（反映长和高或宽和高尺寸）

东立面图
南立面图
西立面图
北立面图

用于表示建筑的外形轮廓及外装修做法。建筑立面图的形成如图 1-18 所示。当建筑物不是正北方向建造时，其图名也可用首尾轴线号来确定，如❶~❿轴立面图、❿~❶轴立面图。

建筑剖面图
（反映长和高或宽和高尺寸）

1-1 剖面图
2-2 剖面图
·
·
·

是对建筑做垂直剖切后，做剩余部分的正投影图。用于表示建筑物内部的上下分层、梁板柱与墙之间的关系和屋顶形式等。建筑剖面图的剖切位置及剖视方向，见标注在建筑首层平面图上的剖切符号。其建筑剖面图的形成如图 1-19 所示。

建筑详图

外墙详图
楼梯详图
·
·
·

是对建筑平面、立面、剖面图中的内容做局部放大的图。

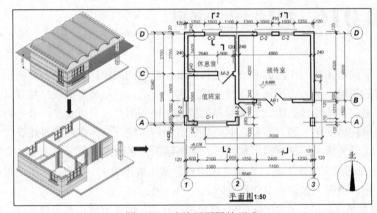

图 1-17　建筑平面图的形成

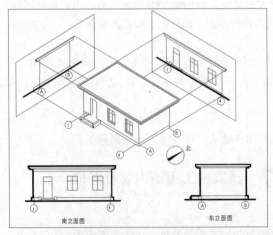

图 1-18　建筑立面图的形成

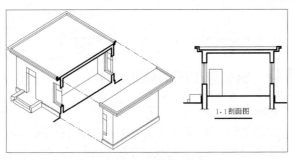

图 1-19 建筑剖面图的形成

实例总结

本实例主要讲解了建筑专业施工图的内容及形成。

Example 实例 018 建筑施工图的图纸幅面规格

实例概述

图纸幅面是指图纸本身的大小规格。图框是图纸上所供画图范围的边线，为了合理使用图纸并便于管理装订，所有图纸大小必须符合表 1-5 所示的规定。同一项工程的图纸不宜多于两种幅面。表中代号的含义如图 1-20 所示，其图纸分为横式幅面和竖式幅面两种。

表 1-5   幅面及图框尺寸   单位: mm

图纸幅面 尺寸代号	A0	A1	A2	A3	A4
B×L	841×1189	594×841	420×594	297×420	210×297
c	10			5	
a	25				

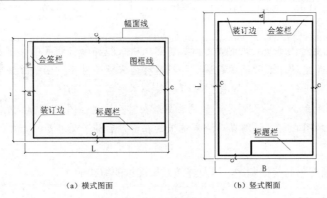

(a) 横式图面   (b) 竖式图面

图 1-20 图幅格式

专业技能——建筑装饰图纸的组成

建筑装饰工程图由效果图、建筑装饰施工图和室内设备施工图组成。从某种意义上讲，效果图也应该是施工图。在施工制作中，它是形象、材质、色彩、光影与氛围等艺术处理的重要依据，是建筑装饰工程所特有的、必备的施工图样。

由于建筑装饰工程涉及面广，不仅与建筑有关，与水、暖、电等设备有关，与家具、陈设、绿化及各种室内配套产品有关，还与钢、铁、铝、铜、木等不同材质的结构处理有关，在此将着重介绍建筑装饰施工图。

建筑装饰施工图也分为基本图和详图两部分，基本图包括装饰平面图、装饰立面图、装饰剖面图，详图包括装饰构配件详图和装饰节点详图。

实例总结

本实例讲解了建筑施工图的图纸幅面规格，以及建筑装饰图纸的组成。

Example 实例 019 建筑施工图的编排顺序

实例概述

建筑工程施工图是用来指导施工的一整套图纸，它将拟建房屋的内外形状、大小以及各部分的构造、结构、装饰、设备等，按照建筑工程制图的规定，用投影方法详细准确地表示出来。建筑工程施工图按照专业分工不同，可分为建筑施工图、结构施工图、设备施工图和电气施工图。

在图纸编排顺序这方面要求也是非常严格的，通过图纸的编排顺序能让读图者更直观地了解各个图纸的含义和用途。

建筑施工图的编排顺序一般为：

（1）图纸目录，从中了解该建筑的类型建筑物的名称性质、建筑面积、建设单位、设计单位。图纸目录包括每张图纸的名称、内容、图号等，该工程由哪几个专业的图纸所组成，以便于查找图纸。图纸的编排顺序是：总说明、总平面、建筑施工图、结构施工图、设施（水、暖、电）施工图。各工种图纸的编排，一般是全局性图纸在前，说明局部的图纸在后。

（2）建筑施工图，包括建筑总面积图、各层平面图、各个方向的立面图、剖面图和建筑施工详图，在图类中以建筑设施 XX 标志。

（3）结构施工图，包括基础平面图、基础详图、结构平面图、楼梯结构图、结构构件详图及其说明等，在图类中以结构设施 XX 标志。

（4）设施（水、电、暖）施工图，包括设施（水、电、暖）平面图、系统图和施工详图，在图类中以设施（电气设施）XX 标志。在识读施工图前，必须掌握正确的识读认识方法和步骤，看图的一般方法应该按照"总体了解、顺序识读、前后对照、重点细读"的读图方法。

另外，各专业的施工图，应按图纸内容的主次关系、逻辑顺序系统地排列。基本图在前，详图在后；总体图在前，局部图在后；主要部分在前，次要部分在后；布置图在前，构件图在后；先施工的图在前，后施工的图在后等。

专业技能——建筑装饰图纸编排顺序

建筑装饰施工图也要对图纸进行归纳与编排。将图纸中未能详细标明或图样不易标明的内容写成设计施工总说明，将门、窗和图纸目录归纳成表格，并将这些内容放于首页。由于建筑装饰工程是在已经确定的建筑实体上或其空间内进行的，因而其图纸首页一般都不安排总平面图。

建筑装饰工程图纸的编排顺序原则是：表现性图纸在前，技术性图纸在后；装饰施工图在前，室内配套设备施工图在后；基本图在前，详图在后；先施工的在前，后施工的在后。

实例总结

本实例讲解了建筑施工图的编排顺序，以及建筑装饰图纸的编排顺序。

Example 实例 020 建筑施工图的图线

实例概述

图线的宽度 b，宜从 1.4mm、1.0mm、0.7mm、0.5mm、0.35mm、0.25mm、0.18mm、0.13mm 线宽系列中选取，但图线宽度不应小于 0.1mm。每个图样，应根据复杂程度与比例大小，先选定基本线宽 b，再选用表 1-6 中相应的线宽组。

表 1-6	线宽组			单位：mm
线宽比	线宽组			
b	1.4	1.0	0.7	0.5

续表

线宽比	线宽组			
0.7b	1.0	0.7	0.5	0.35
0.5b	0.7	0.5	0.35	0.25
0.25b	0.35	0.25	0.18	0.13

注：（1）需要微缩的图纸，不宜采用 0.18mm 及更细的线宽。

　　（2）同一张图纸内，各不同线宽中的细线，可统一采用较细的线宽组的细线。

在工程建设制图中，应选用表 1-7 所示的图线。

表 1-7　　　　　　　　　　　　　图线的线型、宽度及用途

名称		线型	线宽	一般用途
实线	粗	——————	b	主要可见轮廓线 剖面图中被剖着部分的主要结构构件轮廓线、结构图中的钢筋线、建筑或构筑物的外轮廓线、剖切符号、地面线、详图标志的圆圈、图纸的图框线、新设计的各种给水管线、总平面图及运输中的公路或铁路线等
	中	——————	0.5b	可见轮廓线 剖面图中被剖着部分的次要结构构件轮廓线、未被剖面但仍能看到而需要画出的轮廓线、标注尺寸的尺寸起止 45° 短画线、原有的各种水管线或循环水管线等
	细	——————	0.25b	可见轮廓线、图例线 尺寸界线、尺寸线、材料的图例线、索引标志的圆圈及引出线、标高符号线、重合断面的轮廓线、较小图形中的中心线
虚线	粗	▬ ▬ ▬ ▬	b	新设计的各种排水管线、总平面图及运输图中的地下建筑物或构筑物等
	中	- - - - -	0.5b	不可见轮廓线 建筑平面图运输装置（例如桥式吊车）的外轮廓线、原有的各种排水管线、拟扩建的建筑工程轮廓线等
	细	- - - - -	0.25b	不可见轮廓线、图例线
单点长画线	粗	—·—·—·—	b	结构图中梁或框架的位置线、建筑图中的吊车轨道线、其他特殊构件的位置指示线
	中	—·—·—	0.5b	见各有关专业制图标准
	细	—·—·—·—	0.25b	中心线、对称线、定位轴线 管道纵断面图或管系轴测图中的设计地面线等
双点长画线	粗	—··—··—	b	预应力钢筋线
	中	—··—··—	0.5b	见各有关专业制图标准
	细	—··—··—	0.25b	假想轮廓线、成型前原始轮廓线
折断线		—～—	0.25b	断开界线
波浪线		～～～	0.25b	断开界线
加粗线		▬▬▬	1.4b	地平线、立面图的外框线等

专业技能——图线不得与文字、数字重叠与混淆

　　图线不得与文字、数字或符号重叠与混淆，不可避免时，应首先保证文字等的清晰。

实例总结

　　本实例先讲解了建筑施工图中图纸的常用线宽，然后讲解了不同线型的线宽及一般用途。

Example 实例 **021** 建筑施工图的文字

实例概述

文字说明是图样内容的重要组成部分。在一幅完整的工程图中用图线方式表现得不充分和无法用图线表示的地方，就需要进行文字说明，例如材料名称、构配件名称、构造方法、统计表及图名等。

图纸上所需书写的文字、数字或符号等，均应笔画清晰、字体端正、排列整齐，标点符号应清楚正确。文字的字高以字体的高度 h（单位为 mm）表示，最小高度为 3.5mm，应从如下系列中选用：3.5mm、5mm、7mm、10mm、14mm、20mm。如需书写更大的字，其高度应按 $\sqrt{2}$ 的比值递增。

长仿宋汉字、拉丁字母、阿拉伯数字或罗马数字，应符合国家现行标准《技术制图——字体》GB/T 14691 的有关规定，即写成竖笔铅垂的直体字或竖笔与水平线成 75°的斜体字，如图 1-21 所示。

图 1-21　字母和数字示例

专业技能——数字、分数、百分比和比例数的注写

当注写的数字小于 1 时，必须写出个位的"0"，小数点应采用圆点，齐基准线书写，例如 0.01。

分数、百分数和比例数的注写，应采用阿拉伯数字和数学符号，例如，四分之三、百分之二十五和一比二十，应分别写成 3/4、25%和 1：20。

实例总结

本实例讲解了建筑施工图中文字的使用及规定要求。

Example 实例 **022** 建筑施工图的比例

实例概述

工程图样中图形与实物相对应的线性尺寸之比，称为比例。比例的大小，是指其比值的大小，如 1：50 大于 1：100。

比例的符号为"："，不是冒号"："，比例应以阿拉伯数字表示，如 1：1、1：2、1：100 等。

比例宜注写在图名的右侧，字的基准线应取平；比例的字高宜比图名的字高小一号或二号。

一般情况下，一个图样应选用一种比例。根据专业制图需要，同一图样可选用两种比例。

特殊情况下也可自选比例，这时除应注出绘图比例外，还必须在适当位置绘制出相应的比例尺。

实例总结

本实例讲解了建筑施工图中比例的注写要求。

Example 实例 **023** 建筑施工图的剖切符号

实例概述

剖视的剖切符号应由剖切位置线及剖视方向线组成，均应以粗实线绘制。剖视的剖切符号应符合下列规定。

（1）剖切位置线的长度宜为 6mm～10mm；剖视方向线应垂直于剖切位置线，长度应短于剖切位置线，宜为 4mm～6mm，如图 1-22 所示。也可采用国际统一和常用的剖视方法，如图 1-23 所示。绘制时，剖视剖切符号不应与其他图线相接触。

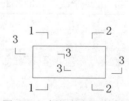

图 1-22　剖视的剖切符号（1）

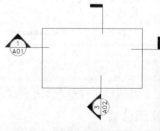

图 1-23　剖视的剖切符号（2）

（2）剖视剖切符号的编号宜采用阿拉伯数字，按顺序由左至右、由下至上连续编排，并应注写在剖视方向线的端部。

（3）需要转折的剖切位置线，应在转角的外侧加注与该符号相同的编号。

（4）建（构）筑物剖面图的剖切符号宜注在±0.00 标高的平面图上。

断面的剖切符号应符合下列规定。

（1）断面的剖切符号应只用剖切位置线表示，并应以粗实线绘制，长度宜为 6～10mm。

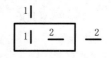

（2）断面剖切符号的编号宜采用阿拉伯数字，按顺序连续编排，并应注写在剖切位置线的一侧；编号所在的一侧应为该断面的剖视方向，如图 1-24 所示。

图 1-24　断面的剖切符号

剖面图或断面图，如与被剖切图样不在同一张图内，可在剖切位置线的另一侧注明其所在图纸的编号，也可以在图上集中说明。

实例总结

本实例讲解了建筑施工图中剖切符号的使用规定。

Example 实例 024　建筑施工图的索引符号

实例概述

图样中的某一局部或构件，如需另见详图，应以索引符号索引（如图 1-25（a）所示）。索引符号由直径为 8mm～10mm 的圆和水平直径组成，圆及水平直径应以细实线绘制。

索引符号应按下列规定编写。

（1）索引出的详图，如与被索引的详图同在一张图纸内，应在索引符号的上半圆中用阿拉伯数字注明该详图的编号，并在下半圆中间画一段水平细实线，如图 1-25（b）所示。

（2）索引出的详图，如与被索引的详图不在同一张图纸内，应在索引符号的上半圆中用阿拉伯数字注明该详图的编号，在索引符号的下半圆中用阿拉伯数字注明该详图所在图纸的编号，如图 1-25（c）所示。数字较多时，可加文字标注。

（3）索引出的详图，如采用标准图，应在索引符号水平直径的延长线上加注该标准图册的编号，如图 1-25（d）所示。需要标注比例时，文字在索引符号右侧或延长线下方，与符号下对齐。

（4）索引符号如用于索引剖视详图，应在被剖切的部位绘制剖切位置线，并以引出线引出索引符号，引出线所在的一侧应为剖视方向，如图 1-26 所示。

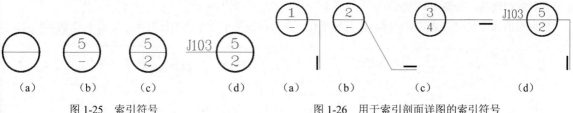

（a）　　　（b）　　　（c）　　　　（d）　　　　　（a）　　　（b）　　　（c）　　　　（d）

图 1-25　索引符号　　　　　　　图 1-26　用于索引剖面详图的索引符号

（5）零件、钢筋、杆件、设备等的编号直径宜以 5mm～6mm 的细实线圆表示，同一图样应保持一致，其编号应用阿拉伯数字按顺序编写，如图 1-27 所示。消火栓、配电箱、管井等的索引符号，直径以 4mm～6mm 为宜。

图 1-27　零件、钢筋等的编号

专业技能——索引符号中圆直径与字高的大小

在 AutoCAD 的索引符号中，其圆的直径为 ø12mm（在 A0、A1、A2、图纸）或 ø10mm（在 A3、A4 图纸），其字高 5mm（在 A0、A1、A2、图纸）或字高 4mm（在 A3、A4 图纸），如图 1-28 所示。

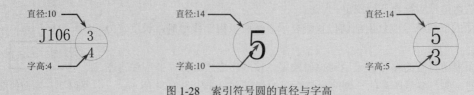

图 1-28　索引符号圆的直径与字高

实例总结

本实例讲解了建筑施工图中索引符号的作用，以及在不同情况下的索引方法。

Example 实例 025　建筑施工图的详图符号

实例概述

详图的位置和编号，应以详图符号表示。详图符号的圆应以直径为 14mm 的粗实线绘制。详图应按下列规定编号。

（1）详图与被索引的图样同在一张图纸内时，应在详图符号内用阿拉伯数字注明详图的编号，如图 1-29 所示。

（2）详图与被索引的图样不在同一张图纸内时，应用细实线在详图符号内画一水平直径，在上半圆中注明详图编号，在下半圆中注明被索引的图纸的编号，如图 1-30 所示。

图 1-29　同在一张图上的详图符号　　图 1-30　不在一张图上的详图符号

实例总结

本实例讲解了建筑施工图中详图符号的作用及规定，以及在不同情况下的详图方法。

Example 实例 026　建筑施工图的引出线

实例概述

引出线应以细实线绘制，宜采用水平方向的直线、与水平方向成 30°、45°、60°、90°的直线，或经上述角度再折为水平线。文字说明宜注写在水平线的上方，也可注写在水平线的端部。索引详图的引出线，应与水平直径线相连接，如图 1-31 所示。

同时引出几个相同部分的引出线，宜互相平行，也可画成集中于一点的放射线，如图 1-32 所示。

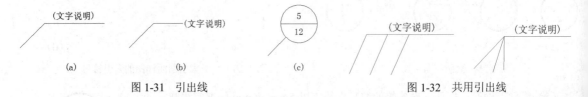

图 1-31　引出线　　　　　　　　　　　　图 1-32　共用引出线

多层构造或多层管道共用引出线，应通过被引出的各层。文字说明宜注写在水平线的上方，或注写在水平线的端部，说明的顺序应由上至下，并应与被说明的层次相互一致，如层次为横向排序，则由上至下的说明顺序应与左至右的层次相互一致，如图 1-33 所示。

实例总结

本实例讲解了建筑施工图中引出线的作用及画法，以及共用和多层构造引出线的标注方法。

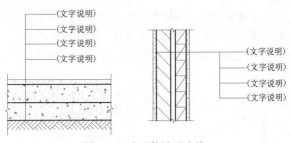

图 1-33　多层构造引出线

Example 实例 **027**　建筑施工图的标高符号

实例概述

标高用来表示建筑物各部位高度的一种尺寸形式。标高符号用细实线画出，短横线是需标注高度的界线，长横线之上或之下注出标高数字（如图 1-34（a）所示）。总平面图上的标高符号，宜用涂黑的三角形表示（如图 1-31（b）所示），标高数字可注明在黑三角形的右上方，也可注写在黑三角形的上方或右面。不论哪种形式的标高符号，均为等腰直角三角形，高 3mm。如图 1-31（b）、（c）所示用以标注其他部位的标高，短横线为需要标注高度的界限，标高数字注写在长横线的上方或下方。

标高数字以米为单位，注写到小数点以后第三位（在总平面图中可注写到小数点后第二位）。零点标高应注写成"±0.000"，正数标高不注"+"，负数标高应注"−"，例如 3.000、−0.600。图 1-35 所示为标高注写的几种格式。

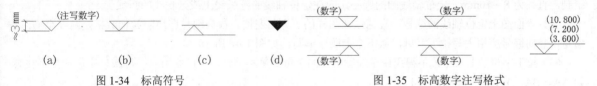

图 1-34　标高符号　　　　　　　　　　　　　图 1-35　标高数字注写格式

标高有绝对标高和相对标高两种。绝对标高是指把青岛附近黄海的平均海平面定为绝对标高的零点，其他各地标高都以它作为基准，如在总平面图中的室外整平标高即为绝对标高。

相对标高是指在建筑物的施工图上要注明许多标高，用相对标高来标注，容易直接得出各部分的高差。因此除总平面图外，一般都采用相对标高，即把底层室内主要的地坪标高定为相对标高的零点，标注为"±0.000"，而在建筑工程图的总说明中说明相对标高和绝对标高的关系，再根据当地附近的水准点（绝对标高）测定拟建工程的底层地面标高。

专业技能——标高符号在室内设计中的规定要求

在 AutoCAD 室内装饰设计标高中，其标高的数字字高为 2.5mm（在 A0、A1、A2 图纸）或字高为 2mm（在 A3、A4 图纸）。

实例总结

本实例讲解了建筑施工图中标高符号的画法及注定格式，以及绝对标高和相对标高的使用情况。

Example 实例 **028**　建筑施工图的其他符号

实例概述

对称符号由对称线和两端的两对平行线组成。对称线用细点画线绘制；平行线用细实线绘制，其长度宜为 6～10mm，每对的间距宜为 2～3mm；对称线垂直平分于两对平行线，两端超出平行线宜为 2～3mm，如图 1-36 所示。

指北针的形状如图 1-37 所示，其圆的直径宜为 24mm，用细实线绘制，指针尾部的宽度宜为 3mm，指针头部应注"北"或"N"字。需用较大直径绘制指北针时，指针尾部宽度宜为直径的 1/8。

连接符号应以折断线表示需连接的部位。两部位相距过远时，折断线两端靠图样一侧应标注大写拉丁字母表示连接编号。两个被连接的图样必须用相同的字母编号，如图1-38所示。

对图纸中局部变更部分宜采用云线，并注明修改版次，如图1-39所示。

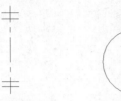

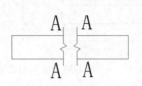

图1-36　对称符号　　　图1-37　指北针　　　图1-38　连接符号　　　图1-39　变更云线（注：1为修改次数）

实例总结

本实例讲解了建筑施工图中其他符号使用情况及画法，包括对称符号、指北针符号、连接符号、变更云线等。

Example 实例 **029**　　建筑施工图的定位轴线

实例概述

定位轴线是用来确定建筑物主要结构及构件位置的尺寸基准线。在施工时凡承重墙、柱、大梁或屋架等主要承重构件都应画出轴线以确定其位置。对于非承重的隔断墙及其他次要承重构件等，一般不画轴线，只需注明它们与附近轴线的相关尺寸以确定其位置。

（1）定位轴线应用细点画线绘制。定位轴线一般应编号，编号应注写在轴线端部的圆内。圆应用细实线绘制，直径为8～10mm。定位轴线圆的圆心，应在定位轴线的延长线上或延长线的折线上。

（2）平面图上定位轴线的编号，宜标注在图样的下方与左侧。横向编号应用阿拉伯数字，从左至右顺序编写，竖向编号应用大写拉丁字母，从下至上顺序编写，如图1-40所示。

（3）拉丁字母的I、O、Z不得用做轴线编号。如字母数量不够使用，可增用双字母或单字母加数字注脚，如AA、BA...YA或A1、B1...Y1。

（4）组合较复杂的平面图中的定位轴线也可采用分区编号，如图1-41所示，编号的注写形式应为"分区号—该分区编号"，分区号采用阿拉伯数字或大写拉丁字母表示。

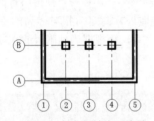

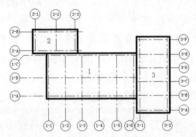

图1-40　定位轴线及编号　　　　　　　　图1-41　分区定位轴线及编号

（5）附加定位轴线的编号，应以分数形式表示。两根轴线间的附加轴线，应以分母表示前一轴线的编号，分子表示附加轴线的编号，编号宜用阿拉伯数字顺序编写，如图1-42所示。1号轴线或A号轴线之前的附加轴线的分母应以01或0A表示，如图1-43所示。

$\frac{1}{2}$ 表示2号轴线之后附加的第一根轴线　　　　　$\frac{1}{01}$ 表示1号轴线之前附加的第一根轴线

$\frac{3}{C}$ 表示C号轴线之后附加的第三根轴线　　　　　$\frac{3}{0A}$ 表示A号轴线之前附加的第三根轴线

图1-42　在轴线之后附加的轴线　　　　　　图1-43　在1或A号轴线之前附加的轴线

（6）通用详图中的定位轴线，应只画圆，不注写轴线编号。

（7）圆形平面图中定位轴线的编号，其径向轴线宜用阿拉伯数字表示，从左下角开始，按逆时针顺序编写；其圆周轴线宜用大写拉丁字母表示，从外向内顺序编写，如图 1-44 所示。折线形平面图中的定位轴线如图 1-45 所示。

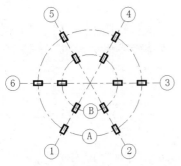

图 1-44　圆形平面图定位轴线及编号

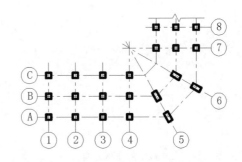

图 1-45　折线形平面图定位轴线及编号

实例总结

本实例讲解了建筑施工图中定位轴线的画法，以及各种情况的使用规定。

Example 实例 **030**　尺寸界线、尺寸线及尺寸起止符号

实例概述

在建筑工程施工图中，要想使所绘制的工程图符合标准及要求，应对其尺寸界线、尺寸线及尺寸起止符号等严格规定。

图样上的尺寸，包括尺寸线、尺寸线、尺寸起止符号和尺寸数字，如图 1-46 所示。

尺寸界线应用细实线绘制，一般应与被注长度垂直，其一端应离开图样轮廓线不小于 2mm，另一端宜超出尺寸线 2～3mm。图样轮廓线可用作尺寸界线，如图 1-47 所示。

尺寸线应用细实线绘制，应与被注长度平行。图样本身的任何图线均不得用作尺寸线。

尺寸起止符号一般用中粗斜短线绘制，其倾斜方向应与尺寸界线成顺时针 45° 角，长度宜为 2～3mm。半径、直径、角度与弧长的尺寸起止符号，宜用箭头表示，如图 1-48 所示。

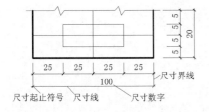

图 1-46　尺寸组成

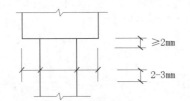

图 1-47　尺寸界线

图 1-48　用箭头表示的尺寸起止符号

实例总结

本实例讲解了建筑施工图中尺寸界线、尺寸线及尺寸起止符号的规定画法。

Example 实例 **031**　建筑施工图中的尺寸数字

实例概述

图样上的尺寸，应以尺寸数字为准，不得从图上直接量取。图样上的尺寸单位，除标高及总平面以米为单位外，其他必须以毫米（mm）为单位。

尺寸数字的方向，应按图 1-49（a）所示的规定注写。若尺寸数字在 30° 斜线区内，宜按图 1-49（b）所示的形式注写。

尺寸数字一般应依据其方向注写在靠近尺寸线的上方中部。如没有足够的注写位置，最外边的尺寸数字可注写在尺寸界线的外侧，中间相邻的尺寸数字可错开注写，如图 1-50 所示。

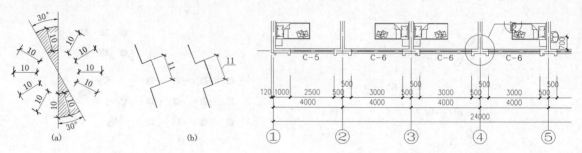

图 1-49　尺寸数字的注写方向　　　　　　　　图 1-50　尺寸数字的注写位置

实例总结

本实例讲解了建筑施工图中尺寸数字的标注方法。

Example 实例 032　半径、直径、球的尺寸标注

实例概述

标注半径、直径和球，尺寸起止符号不用 45° 斜短线，而用箭头表示。半径的尺寸线一端从圆心开始，另一端画箭头，指向圆弧。半径数字前应加半径符号"R"。标注直径时，应在直径数字前加符号"ϕ"。在圆内标注的直径尺寸线应通过圆心，两端画箭头指至圆弧。当圆的直径较小时，直径数字可以用引出线标注在圆外。直径标注也可以用尺寸起止短线是 45° 斜短线的形式标注在圆外，如图 1-51 所示。

专业技能——球的直径或半径标注

标注球的半径与直径时，应在尺寸数字前面加注符号"SR"或是"Sϕ"，注写方法与圆弧半径和圆直径的尺寸标注方法相同。

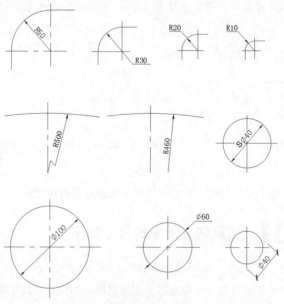

图 1-51　半径、直径的标注方法

实例总结

本实例讲解了建筑施工图中不同半径、直径的标注方法，以及讲解了球体直径或半径的标注方法。

Example 实例 **033** 角度、弧长、弦长的标注

实例概述

角度的尺寸线以圆弧线表示，以角的顶点为圆心，角度的两边为尺寸界线，尺寸起止符号用箭头表示，如果没有足够的位置画箭头，也可以用圆点代替，角度数字一律水平方向书写，如图 1-52 所示。

标注圆弧的弧长时，尺寸线应以圆弧线表示，该圆弧与被标注圆弧为同心圆，尺寸界线应垂直于该圆弧的弦，尺寸起止符号应用箭头表示，弧长数字的上方应加注圆弧符号"⌒"。标注圆弧的弦长时，尺寸线应以平行于该弦的直线表示，尺寸界线垂直于该弦，尺寸起止符号用中粗斜短线表示。

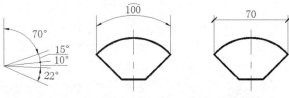

图 1-52　角度、弧长、弦长的标注方法

实例总结

本实例讲解了建筑施工图中角度、弧长、弦长的标注方法。

Example 实例 **034** 薄板厚度、正方形、坡度等尺寸标注

实例概述

在薄板板面标注板厚尺寸时，应在厚度数字前加厚度符号"t"，如图 1-53 所示。

标注正方形的尺寸，可用"边长×边长"的形式，也可在边长数字前加正方形符号"□"，如图 1-54 所示。

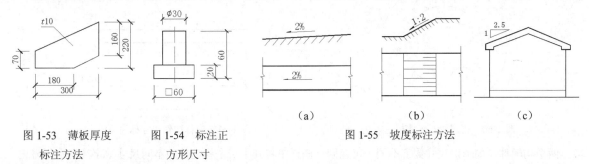

（a）　　　　　　　（b）　　　　　　　（c）

图 1-53　薄板厚度　　　图 1-54　标注正　　　图 1-55　坡度标注方法
　　　　标注方法　　　　　　方形尺寸

标注坡度时，应加注坡度箭头符号，如图 1-55（a）和（b）所示，该符号为单面箭头，箭头应指向下坡方向。坡度也可用直角三角形形式标注，如图 1-55（c）所示。

外形为非圆曲线的构件，可用坐标形式标注尺寸，如图 1-56 所示。复杂的图形，可用网格形式标注尺寸，如图 1-57 所示。

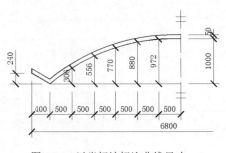

图 1-56　以坐标法标注曲线尺寸

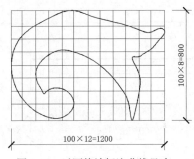

图 1-57　以网格法标注曲线尺寸

实例总结

本实例讲解了建筑施工图中薄板厚度、正方形、坡度等尺寸标注方法。

Example 实例 035 尺寸的简化标注

实例概述

杆件或管线的长度，在单线图（桁架简图、钢筋简图、管线简图）上，可直接将尺寸数字沿杆件或管线的一侧注写，如图1-58所示。

连续排列的等长尺寸，可用"个数×等长尺寸=总长"的形式标注，如图1-59所示。

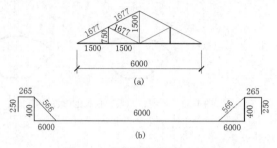

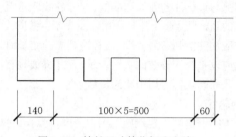

图1-58 单线图尺寸标注方法　　图1-59 等长尺寸简化标注方法

构配件内的构造因素（如孔、槽等）如相同，可仅标注其中一个要素的尺寸，如图1-60所示。

对称构配件采用对称省略画法时，该对称构配件的尺寸线应略超过对称符号，仅在尺寸线的一端画尺寸起止符号，尺寸数字应按整体全尺寸注写，其注写位置宜与对称符号对齐，如图1-61所示。

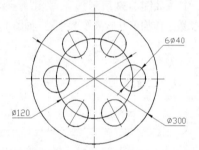

图1-60 相同要素尺寸标注方法　　图1-61 对称构件尺寸标注方法

两个构配件，如个别尺寸数字不同，可在同一图样中将其中一个构配件的不同尺寸数字注写在括号内，该构配件的名称也应注写在相应的括号内，如图1-62所示。

专业技能——相似构配件尺寸表格式标注方法

数个构配件，如仅某些尺寸不同，这些有变化的尺寸数字，可用拉丁字母注写在同一图样中，另列表格写明其具体尺寸，如图1-63所示。

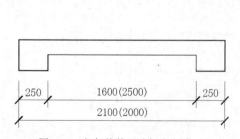

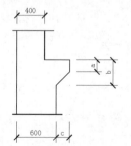

构件编号	a	b	c
Z-1	200	200	200
Z-2	250	250	200
Z-3	200	250	250

图1-62 相似构件尺寸标注方法　　图1-63 相似构配件尺寸表格式标注方法

实例总结

本实例讲解了建筑施工图中尺寸的简化标注方法，包括单线图、等长、相同要素、对称构件、相似构件等。

第2章 TArch 2013 天正建筑软件基础知识

- **本章导读**

TArch 2013 软件是一款面向建筑节能设计、分析的专业软件。由天正公司独立研发并独立拥有知识产权。它既能进行建筑围护结构规定性指标的检查，又能进行全年 8760 小时的动态能耗指标的计算，也能进行采暖地区耗煤量和耗电量计算，并与国家标准和地方标准进行一致性判定。

2013 版本采用全新的架构设计，大幅调整了工程构造库、工程材料库、节能分析、工程设置和建筑信息等功能；新增遮阳库功能，提供常用的遮阳模板，并能够自由进行修改和扩充；删除旧版节能中热工设置下的改外墙、改内墙等命令，采用全新的集成式设置方式，一个命令即可解决所有的热工参数的设置；模块化报告输出系统，全面支持 AutoCAD 2013 平台。多种可配置的报告输出方式，直接生成 Word 格式的符合节能设计和施工图审查要求的节能分析报告。

- **本章内容**

■ 天正建筑软件的概述	■ 天正绘图窗口	■ 天正高级选项设置
■ 天正建筑软件的软硬件环境	■ 天正建筑软件的绘图特点	■ 天正在线帮助
■ 天正各种版本的安装选项	■ TArch 2013 的新增功能	■ 天正的教学演示
■ TArch 2013 天正建筑的下载	■ TArch 与 AutoCAD 的关联区别	■ 天正的日积月累
■ TArch 2013 天正建筑的安装	■ TArch 建筑与室内设计流程	■ 天正的常见问题
■ 天正图库的安装方法	■ 天正屏幕菜单的设置	■ 天正的问题报告
■ 天正建筑的启动方法	■ 天正主要配置设置	■ 天正图层的设置
■ 天正建筑的操作界面	■ 天正基本界面设置	■ 天正视口的设置
■ 标题栏与天正屏幕菜单	■ 天正工具条设置	■ 视图的缩放
■ 天正图纸标签的切换	■ 天正快捷键设置	■ 视图的平移
■ 天正命令行与状态栏	■ 天正基本设定选项	■ CAD 中的常用绘图命令
■ 天正工程管理界面图纸集	■ 天正加粗填充选项	■ CAD 中的常用编辑命令

Example 实例 **036** 天正建筑软件的概述

实例概述

TArch 2013 天正建筑软件，是以美国 Autodesk 公司开发的软件 AutoCAD 为平台，在国内被广泛应用的优秀的国产建筑设计软件。

十多年来，天正公司的建筑 CAD 软件在全国范围内取得了极大的成功，可以说天正建筑软件已成为国内建筑 CAD 的行业规范，它的建筑对象和图档格式已经成为设计单位与甲方之间图形信息交流的基础。近年来，随着建筑设计市场的需要，天正日照、建筑节能、规划、土方、造价等软件也相继推出，公司还应邀参与了《房屋建筑制图统一标准》、《建筑制图标注》等多项国家标准的编制。

天正开发了一系列专门面向建筑专业的自定义对象表示专业构件，具有使用方便、通用性强的特点。例如，预先建立了各种材质的墙体构件，具有完整的几何和物理特征。可以像 AutoCAD 的普通图形对象一样进行操作，可以用夹点随意拉伸，改变位置和几何形状。各种构件可按相互关系智能联动，大大提高了编辑效率。

建筑设计信息模型化和协同设计化是当前建筑设计行业的需求，天正建筑 8.5 在这两个领域也取得了重要成果，表现为一是在建筑设计一体化方面，为建筑节能、日照、环境等分析软件提供了基础信息模型，同时也为建筑结构、给排水、暖通、电气等专业提供了数据交流平台；二是为协同设计提供了完全基于外部参照绘图模式下的全专业协同解决技术。

TArch 2013 天正建筑软件提供了方便读者的操作模式，使得软件更加易于掌握，可轻松完成各个设计阶段的任务，包括体量规划模型和单体建筑方案比较，适用于从初步设计直到最后阶段的施工图设计，同时可

为天正日照设计软件和天正节能软件提供准确的建筑模型，大大推动了建筑节能设计的普及。

实例总结

本实例讲解了 TArch 2013 天正建筑软件的开发平台、在市场中的地位、依据的标准规范和模型化处理。

Example 实例 **037** 天正建筑软件的软硬件环境

实例概述

TArch 2013 天正建筑，是基于 AutoCAD 2000 以上版本的应用而开发的，因此对软、硬件环境要求取决于 AutoCAD 平台的要求。

由于用户的工作范围不同，硬件的配置也应有所区别。对于只绘制工程图的用户，可用 Pentium 4＋512MB 内存这一档次就足够了；如果要用于三维建模，而在本机中使用 3ds Max 渲染的用户，则推荐使用双核 Pentium D/2GMz 以上＋2GB 以上内存，以及使用支持 OpenGL 加速的显示卡，如 NVidia 公司 Quadro 系列芯片的专业卡，可让用户在真实感的着色环境下顺畅进行三维设计。

显示器屏幕分辨率设置对绘图效率是很重要的，用户可设置显示器在 1024×768 以上的分辨率工作，使用 LCD 显示器时应设置该面板的物理分辨率（达到点对点），否则显示器会采用插值算法显示比较模糊的图形，绘图的区域也很小。

CAD 应用软件倚重于滚轮进行缩放与平移，鼠标附带滚轮十分重要，而市面上现在也基本采用三键式鼠标。如果用户想让中键变为捕捉功能，则可在天正建筑 TArch 环境的命令行中输入"Mbuttonpan"命令，并设置该变量值为 1。

本软件支持以下图形平台：AutoCAD R15（2000/200i/2002）和 R16（2004/2005/2006）、R17（2007-2009）、R18（2010-2012）四代 dwg 图形格式，在本文档中简称为 AutoCAD 201X 版本。

本软件目前支持 Windows XP、Windows Vista 和 Windows7（包括 32 位和 64 位版本），不支持 MacOS，尽管 AutoCAD 最近发布了在 MacOS 上运行的版本。由于从 AutoCAD 2004 开始，Autodesk 官方已经不再正式支持 Windows 98 操作系统，因此用户在 Windows 98 上运行这些平台后，所带来的问题将无法获得有效的技术支持；此外，由于 Windows Vista 和 Windows 7 操作系统不能运行 AutoCAD2000-2002，本软件在上述操作系统支持的平台限于 AutoCAD 2004 以上版本。

实例总结

本实例讲解了 TArch 2013 天正建筑运行的软、硬件环境，包括对主板、CPU、内存、显卡、显示器、鼠标等硬件要求，以及倚重 AutoCAD 版本要求和对操作系统的运行等。

Example 实例 **038** 天正各种版本的安装选项

实例概述

天正软件提供了多种版本，即网络版、单机版、试用版等，对于不同版本在安装的时候，有一些要求。

对于网络版本的用户，需要先在网络服务器上安装、启动网络版服务程序，然后再在各工作站安装天正软件。服务器上需要安装的网络版授权服务程序在光盘 NetServer 文件夹下，网络版用户需要在服务器上运行 NetServer\Setup.exe，授权方式选择网络锁，将授权服务程序安装到服务器。

从 TArch 8.0 版本开始，天正公司已经解决了版本对用户权限要求过高的一些问题。试用版（含注册版）、单机版、网络版均只需要在普通用户 User 权限下即可使用。

> **软件技能——天正网络版的安装说明**
>
> 安装前一定要阅读 NetServer 目录下的安装说明！安装过程严格按安装说明所述步骤进行。
>
> （1）网络版无法在 User 权限下直接安装，但可以先将用户权限临时由 User 改为 Administrator，然后在这个用户下进行安装，安装过后再改成 User 权限，就可以正常使用。
>
> （2）需要注册试用版时应在管理员权限下启动，然后才能在启动后出现的注册界面输入注册码。

实例总结

本实例讲解了 TArch 2013 天正建筑软件不同版本的安装要求，包括网络版、单机版、试用版等。

Example（实例）039　TArch 2013 天正建筑的下载

实例概述

要获取 TArch 2013 天正建筑软件，强烈建议通过正规渠道购买正版软件，方能使该软件能够正常、稳定、安全、高效地运行。如果用户是作为学习之用，用户可以在网络上进行下载，其下载方法如下。

步骤① 启动网页浏览器，并打开百度官方网址（http://www.baidu.com）。

步骤② 在百度搜索框中输入"TArch 2013 下载"关键字，并单击"百度一下"按钮。

步骤③ 此时即可看到很多相关的链接，辨别可信下载的链接并单击，即可看到下载页面，如图 2-1 所示。

图 2-1　找到下载源

步骤④ 单击"立即下载"按钮，即可打开下载任务窗口，并选择下载的路径，然后单击"下载"按钮即可。

步骤⑤ 此时系统进行下载，根据网速的快慢请用户等待。当下载完成后，即可看到下载的是一个压缩包，用户右键单击该压缩包，并选择"解压文件"选项，如图 2-2 所示。

步骤⑥ 解压完成后，即可看到天正建筑 TArch 2013 的安装、注册机和破解补丁文件，如图 2-3 所示。

图 2-2　下载并解压

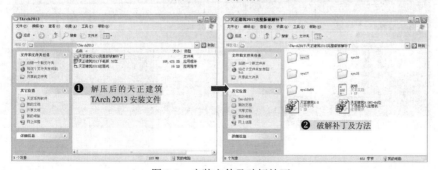

图 2-3　安装文件及破解补丁

实例总结

本实例讲解了 TArch 2013 天正建筑软件在网络上的下载方法。

Example 实例 040　TArch 2013 天正建筑的安装

实例概述

同大多数应用软件一样，要想正常使用天正建筑软件，就必须将其安装在计算机上。但首先要确认计算机上已安装 AutoCAD 2004～2013 版本，并能够正常运行才行。

步骤 ① 打开下载并解压后的软件包，双击"天正建筑 2013 下载版 32 位"安装文件，随后会弹出"许可证协议"对话框，选择"我接受许可协议中的条款"单选项，然后单击"下一步"按钮，如图 2-4 所示。

图 2-4　执行安装文件

步骤 ② 这时将弹出"选择授权方式"界面，随后弹出"选择功能"对话框，在这里选择目的文件夹后，再单击"下一步"按钮，如图 2-5 所示。

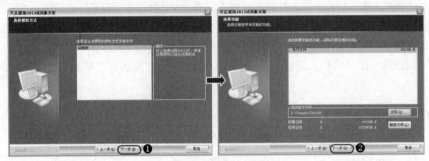

图 2-5　选择授权方式及路径

步骤 ③ 随后弹出"选择程序文件夹"对话框，直接单击"下一步"按钮，此时系统将对天正建筑 TArch 2013 软件进行安装，直至安装完成，然后单击"完成"按钮即可，如图 2-6 所示。

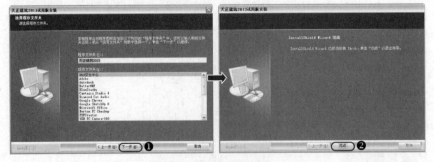

图 2-6　选择安装功能

实例总结

本实例讲解了 TArch 2013 天正建筑软件的安装方法。

Example 实例 **041**　天正图库的安装方法

实例概述

对于天正建筑软件来讲，其中最大的一个特点就是图库丰富，从而使绘制施工图时更加高效方便。TArch 2013 天正建筑软件本身自带有一些图库，用户也可以自行安装其他的图库在其内，其安装方法如下。

步骤 ①　参照 TArch 2013 天正建筑软件的下载方法一样，在网上下载"天正建筑完整图库.exe"。

步骤 ②　下载完成后，运行该图库的安装程序，将会弹出"安装说明"窗口，单击"下一步"按钮即可。

步骤 ③　随后弹出"请选择目标目录"窗口，选择 TArch 2013 的安装目录（D:\Tangent\TArch9），然后单击"下一步"按钮即可，如图 2-7 所示。

步骤 ④　此时系统会自动将一些图库对象安装到"D:\Tangent\TArch9\Dwb"位置，如图 2-8 所示。

图 2-7　选择安装目录　　　　　　图 2-8　TArch 2013 的图库位置

实例总结

本实例讲解了 TArch 2013 天正建筑的图库安装方法，其安装的路径为"D:\Tangent\TArch9\Dwb"。

Example 实例 **042**　天正建筑的启动方法

实例概述

当成功安装并注册 TArch 2013 天正建筑软件后，即可启动该软件。用户可以通过以下两种方法来启动 TArch 2013 天正建筑软件。

方法 ①　安装天正建筑软件后，系统会在桌面上自动创建其图标，用户双击图标即可，如图 2-9 所示。

方法 ②　选择"开始|程序|天正建筑 2013|天正建筑 2013"选项即可，如图 2-10 所示。

不论通过哪种方法启动 TArch 2013 天正建筑软件，稍后都会出现"天正建筑启动平台选择"窗口，用户根据需要选择所要运行的 AutoCAD 平台，然后单击"确定"按钮即可，如图 2-11 所示。

图 2-9　双击桌面快捷图标　　　图 2-10　通过"开始"菜单运行　　　图 2-11　天正建筑启动平台选择

实例总结

本实例讲解了 TArch 2013 天正建筑软件的两种启动方法，一是双击桌面快捷图标，二是通过开始菜单运行。

Example 实例 **043**　TArch 2013 的操作界面

实例概述

针对建筑设计的实际需要，本软件对 AutoCAD 的交互界面作出了必要的扩充，建立了自己的菜单系统和快捷键，新提供了可由读者自定义的折叠式屏幕菜单、新颖方便的在位编辑框、与选取对象环境关联的右键菜单和图标工具栏，保留 AutoCAD 的所有下拉菜单和图标菜单，从而保持 AutoCAD 的原有界面体系，便于读者同时加载其他软件，如图 2-12 所示。

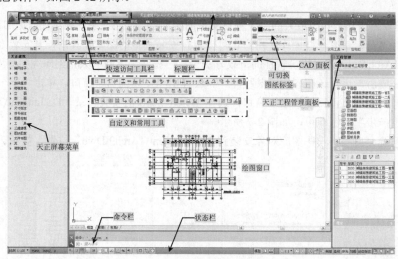

图 2-12　TArch 2013 天正建筑操作界面

实例总结

本实例讲解了 TArch 2013 天正建筑软件操作界面中各部分元素的名称。

Example 实例 044　标题栏与天正屏幕菜单

实例概述

TArch 2013 标题栏左边与 CAD 中文件菜单内容差不多，设有新建、打开、保存、另存为、 打印等，正中为当前所操作图形文件的名称，往右有天正独特的搜索按键，Autodesk OnLine 服务可以访问与桌面软件的集成服务，标题栏右边有三个按钮，分别为 — 最小化、 ▢ 最大化（还原 ▢ ）按钮和 ✕ 关闭按钮，单击这些按钮可以对其进行最大化（还原）、最小化和关闭操作。

天正建筑 TArch 软件提供了一个专用的菜单，称为"天正屏幕菜单"，一般放置在屏幕绘图窗口的左侧或右侧，包括设置、轴网柱子、墙体、门窗、房间屋顶、楼梯其他、立面、剖面、文字表格、尺寸标注、符号标注、图层控制、工具、三维建模、图块图案、文件布图、其他、帮助演示等，如图 2-13 所示。

如果用户在天正屏幕菜单的顶部按住鼠标左键并进行拖动，从而可以将天正屏幕菜单以浮动方式显示出来，如图 2-14 所示。

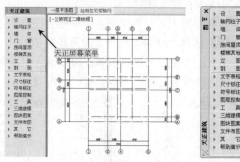

图 2-13　天正屏幕菜单　　图 2-14　浮动式
天正屏幕菜单

软件技能——天正屏幕菜单的显示与隐藏

有时用户发现天正屏幕菜单没有显示出来，这时可以按"Ctrl+ +"组合键，将天正屏幕菜单显示出来；反之，按"Ctrl+ +"组合键将其菜单隐藏。

天正屏幕菜单有两个风格，即"折叠"和"推拉"菜单两种（在本书中全部采用"折叠"风格），界面图标使用了 256 色，在每个面板中有各种不同的菜单可供选择，这些菜单都支持鼠标滚动，在选择下一菜单时，被打开的上一菜单下的命令自动隐藏。视图控件可对展开的屏幕菜单进行隐藏，把鼠标指针放置在隐藏条上会自动显示屏幕菜单。

软件技能——"折叠"和"推拉"菜单的设置

在天正建筑 TArch 软件的屏幕菜单中选择"设置 | 自定义"命令，打开"天正自定义"对话框，在"屏幕菜单"选项卡中可以设置菜单的命令，即"折叠"和"推拉"风格，如图 2-15 所示。

实例总结

本实例先讲解了 TArch 2013 天正建筑软件的标题栏内容，再讲解了天正屏幕菜单的放置位置，以及屏幕菜单的显示/隐藏操作方法，最后讲解了天正屏幕菜单的风格。

图 2-15　设置天正菜单风格

Example（实例）045　天正图纸标签的切换

实例概述

AutoCAD 200X 支持打开多个 dwg 文件，为方便在几个 dwg 文件之间切换，本软件提供了文档标签功能，为打开的每个图形在界面上方提供了显示文件名的标签，单击标签即可将标签代表的图形切换为当前图形；右键单击文档标签，可显示多文档专用的关闭文档、保存所有图形、图形导出等命令，如图 2-16 所示。

图 2-16　文件标签操作

实例总结

本实例讲解了 TArch 2013 天正建筑软件中文档图纸标签的切换方法，以及各标签文件的其他操作。

Example（实例）046　天正命令行与状态栏

实例概述

命令行位于绘图窗口的下方，用于输入命令并显示所输入命令及相关操作步骤，可以根据绘图时的要求，对命令栏进行大小调节来控制所输入命令的行数，与改变一般 Windows 窗口大小的方式差不多。另外，可以将命令栏拖动到屏幕的上方或其他位置，也可以用快捷键的方式让命令栏成为文本窗口的模式，显示于操作的上方，如图 2-17 所示。

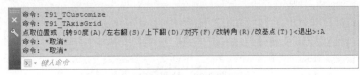

图 2-17　天正命令栏的样式

位于天正窗口最底部的一栏为状态栏，在最左边 比例 1:100 ▼ 可以选择比例的大小， -21664, 4152, 0 为当前十字光标所在位置的坐标，后面还设有各种模式的开关状态等。单击最左边的比例按钮，可对新创建对象的比例进行调整，"基线"按钮为控制墙和柱的基线显示情况，"填充"按钮用于控制是否显示墙柱的填充方式，"加粗"按钮是对墙柱的加粗显示和关闭控制，"动态标注"按钮能控制移动和复制坐标或标高时是否改变原值，并自动获取新值，如图 2-18 所示。

图 2-18　状态栏的图形样式

实例总结

本实例讲解了 TArch 2013 天正建筑软件中命令行的作用和位置，再讲解了状态栏中各组按钮的作用。

Example 实例 **047** 天正工程管理界面图纸集

实例概述

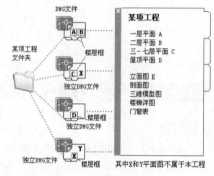

天正工程管理的概念，是把用户所设计的大量图形文件按"工程"或者说"项目"区别开来。首先要求用户把同属于一个工程的文件放在同一个文件夹下进行管理，这是符合用户日常工作习惯的，只是以前在天正建筑软件中没有强调这样一个操作要求。工程管理允许用户使用一个 DWG 文件通过楼层框保存多个楼层平面，通过楼层框定义自然层与标准层关系，也可以使用一个 DWG 文件保存一个楼层平面，直接在楼层表面定义楼层关系，通过对齐点把各楼层组装起来，如图 2-19 所示。

实例总结

本实例讲解了 TArch 2013 天正建筑软件工程管理的概念，以及工程文件夹、独立 DWG 文件、楼层框的关系。

图 2-19　工程管理示意图

Example 实例 **048** 天正绘图窗口

实例概述

绘图窗口是用于绘制图形、编辑图形和显示图形的区域，本窗口可以通过滚动鼠标的方式来放大缩小，按住鼠标中键来平移。在当前的绘图情况下，除了会显示所绘制的图形外，在窗口左上角还有"视图"和"视图样式"两个控件，分别可以设置视图的显示方式和视觉效果；十字光标是显示在绘图窗口中由鼠标控制的十字交叉形状，如图 2-20 所示。

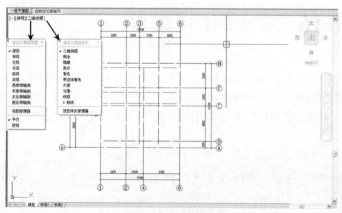

图 2-20　绘图窗口

实例总结

本实例讲解了 TArch 2013 天正绘图窗口的作用，以及左上角"视图"和"视图样式"两个控件的作用。

Example 实例 049　天正建筑软件的绘图特点

实例概述

使用天正建筑软件绘制图形，总体上来讲有三大特点：一是可以直接调用大量的图形对象，二是增加了相应的运用工具和相应模块的编辑等工具，三是可以自动生成三维图形，无需另行建模。

（1）在以前的 AutoCAD 中，任何的图块及新设置的图元素都必须进行绘制，然后进行设置块的操作，这样使得读者在绘图时会花大量的时间和精力，也会常常因为操作失误出现很多的错误，而在天正建筑软件中，这些新的元素可以直接调用插入即可，它提供了大量的绘图元素可供读者直接使用，这样也大大降低了读者因任务繁重而导致的细小错误。

通过天正的屏幕菜单，选择相应的命令即可直接调用建筑元素及构件对象，如图 2-21 所示。

（2）在绘制图形时最大程度地使用天正绘制，小地方使用 CAD 补充与修饰。而这里天正建筑软件在 CAD 的平台上针对建筑专业增加了相应的运用工具和相应模块的编辑等工具。CAD 有的天正都有，使天正满足各种绘图的需要，从而使读者通过几个简单的按钮就可以完成对相应图块的编辑和修改，省略了繁琐的修改命令及操作步骤，如图 2-22 所示。

图 2-21　天正建筑软件的绘图元素

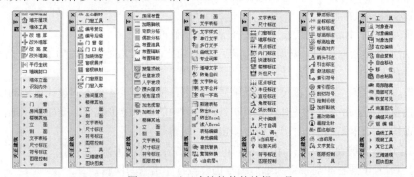

图 2-22　天正建筑软件的编辑工具

（3）在天正建筑 TArch 软件中绘制二维图形时同时可以生成三维图形，无需另行建模，其中自带了快速建模工具，减少了绘图量，对绘图的规范性也大大提高，这是天正开发的重要成就。在二维与三维的保存中，不存在具体的二维和三维表现所要用到的所有空间坐标和线条，天正绘图时运用二维视口比三维视口快一些，三维视口表现的线条比二维表现的线条更多，如图 2-23 所示。

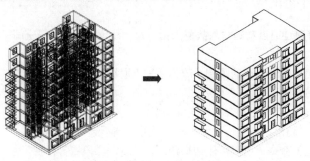

图 2-23　三维线框与消隐后的效果

实例总结

本实例讲解了 TArch 2013 天正建筑软件的三大绘图特点：即直接调用绘图元素、增加了相应模块的编辑工具、自动生成三维模型。

Example 实例 050 TArch 2013 的新增功能

实例概述

最新版的天正建筑 TArch 2013，经过天正公司的精心努力和研发，终于在 2012 年 11 月正式出台了。在 TArch 2013 天正建筑中，其最新升级功能包括以下几个方面。

1. 墙、柱

（1）解决墙体线图案填充存在的某些显示问题。

（2）修改柱子的边界计算方式，以解决在某些位置无法正常插入柱子的问题。

（3）解决墙柱保温在某些情况下的显示问题。

（4）改进墙柱相连位置的相交处理。

（5）【墙体分段】命令采用更高效的操作方式，允许在墙体外取点，可以作用于玻璃幕墙对象。

（6）将原【转为幕墙】命令更名为【幕墙转换】，增加玻璃幕墙转为普通墙的功能。

（7）【修墙角】命令支持批量处理墙角。

2. 门窗

（1）解决带形窗在通过丁字相交的墙时，在相交处的显示问题。

（2）解决删除与带形窗所在墙体相交的墙，带形窗也会被错误删除的问题。

（3）转角凸窗支持在两段墙上设置不同的出挑长度。

（4）普通凸窗支持修改挑板尺寸。

（5）编辑门窗对象时，同编号的门窗支持选择部分编辑修改。

（6）【门窗】增加参数拾取按钮，增加智能插入门窗的功能，当点取墙中段时自动居中插入，点取墙端头的时候按指定垛宽插入。

（7）改进门窗、转角窗、带形窗按尺寸自动编号的规则，使其满足各个不同设计单位的要求。

（8）改进【门窗检查】命令，支持对块参照和外部参照中的门窗定位观察、提取二三维门窗样式等。

（9）解决门窗图层关闭后在打印时仍会被打印出来的问题。

（10）解决门窗编号图层设为不可打印后在打印时编号仍会被打印出来的问题。

（11）解决门窗编号图层在布局视口冻结后编号仍会被打印出来的问题。

3. 尺寸标注

（1）角度、弧长标注支持修改箭头大小。

（2）弧长标注可以设置其尺寸界线是指向圆心（新国标）还是垂直于该圆弧的弦（旧国标）。

（3）尺寸标注支持文字带引线的形式。

（4）尺寸标注时文字显示方向根据国标按当前 UCS 确定，解决在 90°～91°范围内文字翻转方向错误的问题。

（5）【逐点标注】支持通过键盘精确输入数值来指定尺寸线位置，在布局空间操作时支持根据视口比例自动换算尺寸值。

（6）【角度标注】取消逆时针点取的限制，改为手工点取标注侧。

（7）【连接尺寸】支持框选。

（8）修改尺寸自调方式，使其更符合工程实际需要。

（9）解决标注样式中"超出尺寸线值"较小时，尺寸自调不起作用的问题。

（10）增加【楼梯标注】命令，用于标注楼梯踏步、井宽、梯段宽等楼梯尺寸。

（11）增加【尺寸等距】命令，用于把多道尺寸线在垂直于尺寸线方向按等距调整位置。

4．符号标注

（1）可单独控制某根轴号的起始位置，轴号文字增加隐藏特性。

（2）【添补轴号】和【添加轴线】时，轴号可以选择是否重排。

（3）坐标标注增加线端夹点，用于修改文字基线长度。

（4）【坐标标注】命令增加特征点批量标注的功能。

（5）坐标在动态标注状态下按当前 UCS 换算坐标值。

（6）建筑标高在"楼层号/标高说明"项中支持输入"/"。

（7）总图标高提供 2010 新总图制图标准中的新样式，增加三角空心总图标高的绘制，当未勾选"自动换算绝对标高"时，绝对标高处允许输入非数字字符。

（8）标高符号在动态标注状态下按当前 UCS 换算标高值。

（9）【标高检查】支持带说明文字的标高和多层标高，增加根据标高值修改标高符号位置的操作方式。

（10）增加【标高对齐】命令，用于把选中标高按新点取的标高位置或参考标高位置竖向对齐。

（11）箭头引注支持通过格式刷和基本设定中"符号标注文字距基线系数"来修改"距基线系数"，解决手工修改过位置的箭头文字在某些操作时非正常移位的问题。

（12）引出标注提供引出线平行的表达方式。

（13）索引图名采用无模式对话框，增加对文字样式、字高等的设置，增加比例文字夹点。

（14）【剖面剖切】和【断面剖切】命令合并，支持非正交剖切符号的绘制，添加剖面图号的说明。

（15）折断线增加锁定角度的夹点操作模式，增加双折断线的绘制，解决切割线整体拉伸变形的问题。

（16）指北针文字纳入对象内部。

（17）增加【绘制云线】命令。

5．文字表格

（1）天正文字支持插入三角标高符号。

（2）解决在 64 位系统下"读入 EXCEL"的问题。

6．解决导出低版本的问题

（1）解决带有布局转角的尺寸标注在导出成 T3 格式后文字发生翻转的问题。

（2）解决尺寸标注在导出成 T3 格式后，会在原图生成多余尺寸标注的问题。

（3）改善天正尺寸和文字在导出成 T3 格式后，其图面显示与导出前不一致的问题。

（4）解决图形导出后，图中的 UCS 用户坐标系会出现不同程度的丢失或错误的问题。

（5）解决包含隐藏对象的图纸导出成低版本格式时存在的显示及导出速度问题。

（6）增加选中图形"部分导出"的功能。

（7）【图形导出】和【批量转旧】增加保存的 CAD 版本的选择，支持拖曳修改对话框大小。

（8）添加天正符号在导出时分解出来的文字是随符号所在图层，还是统一到文字图层，中英文混排的文字在导出成天正低版本时文字是否需要断开的设置。

7．其他新增及改进功能

（1）【绘制轴网】增加通过拾取图中的尺寸标注得到轴网开间和进深尺寸的功能。

（2）房间面积对象的轮廓线添加"增加顶点"的功能，支持 CAD 的"捕捉"设置。

（3）解决当图中存在完全包含在柱内的短墙时，房间轮廓和查询面积命令无法正常执行的问题。

（4）【查询面积】当没有勾选"生成房间对象"一项时，生成的面积标注支持屏蔽背景，其数字精度受天正基本设定的控制。

（5）增加【踏步切换】命令，用于设置台阶某边是否有踏步。

（6）增加【栏板切换】命令，用于设置阳台某边是否有栏板。

（7）增加【图块改名】命令，用于修改图块名称。

（8）增加【长度统计】命令，用于查询多个线段的总长度。

（9）增加【布停车位】命令，用于布置直线与弧形排列的车位。

（10）增加【总平图例】命令，用于绘制总平面图的图例块。

（11）增加【图纸比对】和【局部比对】命令用于对比两张 DWG 图纸内容的差别。

（12）增加【备档拆图】命令，用于把一张 dwg 中的多张图纸按图框拆分为多个 dwg 文件。

（13）【图层转换】解决某些对象内部图层以及图层颜色和线型无法正常转换的问题。

（14）解决打开文档时，原空白的 drawing1.dwg 文档不会自动关闭的问题。

（15）支持把图纸直接拖曳到天正图标处打开。

实例总结

本实例讲解了 TArch 2013 天正建筑的新增功能，包括墙柱、门窗、尺寸与符号标注、文字表格、与低版本赚容问题，以及其他改进的功能等。

Example 实例 **051**　**TArch 与 AutoCAD 的关联区别**

实例概述

TArch 天正建筑软件是建立在 CAD 基础之上的，天正不能独立存在。从本质上来讲没有什么区别，都是为了达到共同的目的，只是天正在功能上更加智能方便化。两者绘图的方式基本差不多，相比之下天正绘图更快，更容易规范图纸。天正中很多图形图块都能自动生成与调用，而 CAD 则需要一笔一画绘制，天正能方便快捷地统计图中数据，CAD 需人工计数等。

1．绘图要素的变化

运用 AutoCAD 绘制图形的元素为：点、线、面等几何元素，图形图块根据几何要素拼接组合而成；而运用天正建筑 TArch 绘制图形的元素为：墙体、门、窗、楼道等建筑类元素，是根据图形需求直接调用图形图块，直接绘制出具有专业含义、可反复修改的图形对象，使设计效率大大提高。

软件技能——点、线、面、体的关系

点动成线（1维），线动成面（2维），面动成体（3维），体动空间（4维），也就是说，线由点组成，面由线组成，面组成各种物体，而空间则由体组成。

2．尽量保证天正作图的完整性

在绘制图形时最大程度地使用天正绘制，小地方使用 AutoCAD 补充与修饰。天正建筑 TArch 软件在 AutoCAD 的平台上针对建筑专业增加了相应的运用工具和图库，其 AutoCAD 有的工具和图库，其天正建筑 TArch 都有，从而使天正满足了各种绘图的需求。

3．天正与 CAD 的文档特性

AutoCAD 不能打开天正建筑 TArch 所设计的文档，打开后会出现乱码，纯粹的 AutoCAD 不能完全显示天正建筑 TArch 所绘制的图形，如需打开并完全显示，需要对天正文件进行导出，而天正可以打开 CAD 的任何文档。

软件技能——天正文件导入 CAD 中的方法

如何把天正文件导入 CAD 中，可以使用三种方法。方法 1：在天正屏幕菜单中选择"文件布图 | 图形导出"命令，将图形文件保存为 t3.dwg 格式，此时就把文件转换成了天正 3。方法 2：选择所绘制的全部图形，在天正屏幕菜单中选择"文件布图 | 分解对象"命令，再进行保存即可。方法 3：在天正屏幕菜单中选择"文件布图 | 批量转旧"命令，从而把图形文件转换成 t3.dwg 格式。

4．二维绘图三维对像

运用 CAD 所绘制的图形为二维图形，使用天正绘制二维图形的同时可以生成三维图形，不需另行建模，其中自带了快速建模工具，减少了绘图量，对绘图的规范性也大大提高，这是天正开发的重要成就。在二维与三维的保存中，不存在具体的二维和三维表现所要用到的所有空间坐标点和线条，天正绘图时运用二维视口比三维视口快一些，三维视口表现的线条比二维表现的线条更多。

实例总结

本实例讲解了 TArch 与 CAD 软件的关联与区别，包括绘图要素的变化、天正作图的完整性、文档特性的兼容、二维与三维对象同时生成。

 Example 实例 052　TArch 建筑与室内设计流程

实例概述

TArch 运用范围很广，CAD 能绘制的建筑图和室内设计 TArch 都能绘制，天正在 CAD 基础上新增加了相应的运用工具和图库，满足了建筑设计的各个阶段，天正公司所开发的软件在不断更新，所绘图形的需求都是根据设计而定的，绘制图形有一定的步骤，按正规步骤操作会让图形更为完善。下面介绍一下建筑图的设计流程，如图 2-24 所示。

运用天正绘制室内设计图，也是行业中众多设计师的首选，室内设计虽然不会对各楼层进行复制与组合，但是室内设计的内容相当广泛，室内设计泛指能够实际在室内建立的任何相关物件，包括墙、顶面、地面、窗户、窗帘、门、表面处理、材质、灯光、空调、水电、环境控制系统、视听设备、家具与装饰品的规划，在室内的设计都要有一定的使用意思。下面为运用 TArch 绘制室内设计图的流程，如图 2-25 所示。

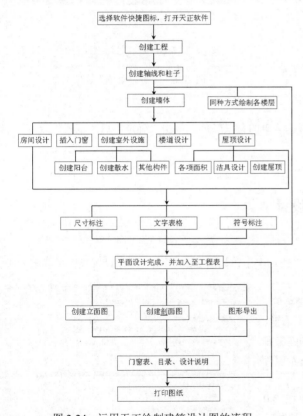

图 2-24　运用天正绘制建筑设计图的流程

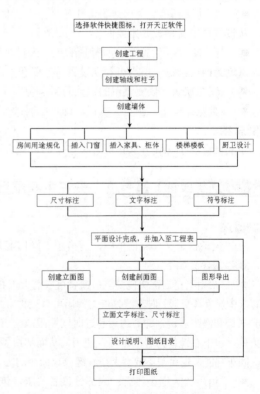

图 2-25　运用天正绘制室内设计图的流程

实例总结

本实例讲解了运用 TArch 软件来进行建筑和室内设计图的操作流程。

Example 实例 053　天正屏幕菜单的设置

实例概述

在天正建筑 TArch 环境中，其软件的基本设置可从天正屏幕菜单的"设置"菜单下进行操作，包括"自定义"和"天正选项"命令。

在天正屏幕菜单中选择"设置 | 自定义"命令，将打开"天正自定义"对话框，用于设置并自定义天正屏幕菜单、操作配置、基本界面、工具条和快捷键等操作。而 "屏幕菜单"选项卡则用于设置菜单的风格、背景颜色等，如图 2-26 所示。

在"天正自定义"对话框的"屏幕菜单"选项卡中，其各项含义如下。

● 显示天正屏幕菜单：默认勾选，启动时显示天正的屏幕菜单，也能用热键"Ctrl+"随时开关。

● 折叠风格：折叠式子菜单样式 1，单击打开子菜单 A 时，A 子菜单展开全部可见，在菜单总高度大于屏幕高度时，根菜单在顶层滚动显示，动作由滚轮或滚动条控制。

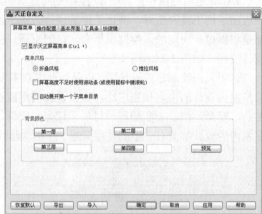

● 推拉风格：折叠式子菜单样式 2，展开子菜单时所有上级菜单项保持可见，在菜单总高度大于屏幕高度时，子菜单可在本层内推拉显示，动作由滚轮或滚动条控制。

● 使用滚动条：勾选此项时如果屏幕高度小于菜单高度，在菜单右侧自动出现滚动条，适用笔记本触屏、指点杆等无滚轮的定位设备，用于菜单的上下移动，不管是否勾选此项，在有滚轮的定位设备中均可使用滚轮移动菜单。

● 自动展开第一菜单：默认打开第一个"设置"菜单，从设置自定义参数开始绘图。

图 2-26 "屏幕菜单"选项卡

● 第 X 层：设置菜单的背景颜色，天正屏幕菜单最大深度为四层，每一层均可独立设置背景颜色。

● 恢复默认：恢复菜单的默认背景颜色。

● 预览：单击"预览"按钮，即可临时改变屏幕菜单的背景颜色，单击"确定"后才正式生效。

实例总结

本实例讲解了 TArch 天正屏幕菜单中的设置方法。

Example 实例 **054** 天正主要配置设置

实例概述

在"天正自定义"对话框中，切换至"操作配置"选项卡中，如图 2-27 所示，可以设置天正主要配置操作，其各项含义如下。

● 启用天正右键快捷菜单：读者可取消天正右键菜单，没有选中对象（空选）时右键菜单的弹出可有三种方式：右键、Ctrl+右键和慢击右键，即右击后超过时间期限放松右键弹出右键菜单，快击右键作为"回车键"使用，从而解决了既希望有右键回车功能，也希望不放弃天正右键菜单命令的需求。

● 启用放大缩小热键：应部分读者要求，恢复在 3.0 版本提供的热键，"TAB 键"和"～键"分别作为放大和缩小屏幕范围使用。

● 启用选择预览：光标移动到对象上方时对象即可亮显，表示执行选择时要选中的对象，同时智能感知该对象，此时右击鼠标即可激活相应的对象编辑菜单，使对象编辑更加快捷方便。当图形太大选择预览影响效率时会自动关闭，在此也可人工关闭。

图 2-27 "操作配置"选项卡

● 自动恢复十字光标：控制在光标移出对话框时，当前控制自动设回绘图区，恢复十字光标，仅对天正命令有效。

● 启动时自动加载工程环境：勾选此项后，启动时自动加载最近使用的工程环境，在 2006 以上平台上还具有自动打开上次关闭软件时所打开的所有 dwg 图形功能。

● 动态拖动绘制使用模数：勾选此复选框后，在动态拖动构件长度与定位门窗时按照下面编辑框中输入的墙体与门窗模数定位。

● 虚拟漫游距离步长：分为"距离步长"和"角度步长"两项，设置虚拟漫游时按一次方向键虚拟相机所运行的距离和角度。

实例总结

本实例讲解了 TArch 天正软件的主要配置操作。

Example 实例 055 天正基本界面设置

实例概述

在"天正自定义"对话框中，切换至"基本界面"选项卡，如图 2-28 所示，可以设置天正界面、在位编辑操作等，其各项含义如下。

● 启用文档标签：控制打开多个 dwg 文档时，对应于每个打开的图形，在图形编辑区上方各显示一个标有文档名称的按钮，单击"文档标签"可以方便把该图形文件切换为当前文件，在该区域右击显示右键菜单，方便多文档的存盘、关闭和另存，热键为"Ctrl-"。

● 启动时显示平台选择界面：勾选此处，下次双击TArch 2013 快捷图标时，可在软件启动界面重新选择AutoCAD 平台启动天正建筑。

● 字体和背景颜色："在位编辑"激活后，控制在位编辑框中使用的字体本身的颜色和在位编辑框的背景颜色。

● 字体高度："在位编辑"激活后，控制在位编辑框中的字体高度。

图 2-28　"基本界面"选项卡

实例总结

本实例讲解了 TArch 天正软件界面元素、在位编辑操作等。

Example 实例 056 天正工具条设置

实例概述

在"天正自定义"对话框中，切换至"工具条"选项卡，如图 2-29 所示，可以设置添加或删除各菜单中的命令，并进行排序等，其各项含义如下。

● 加入>>：从下拉列表中选择菜单组的名称，在左侧显示该菜单组的全部图标，每次选择一个图标，单击"加入>>"按钮，即可把该图标添加到右侧读者自定义工具区。

● <<删除：在右侧读者自定义工具区中选择图标，单击"<<删除"按钮，可把已经加入的图标删除。

● 图标排序↑↓：在右侧读者自定义工具区中选择图标，单击右边的箭头，即可上下移动该工具图标的位置，每次移动一格。

图 2-29　"工具条"选项卡

技巧提示——自定义工具条

除了使用自定义命令定制工具条外，还可以使用 AutoCAD 的 toolbar 命令，在“命令”页面中选择 AutoCAD 命令的图标，拖放到天正自定义工具栏，在“自定义”对话框出现时，还可以把天正的图标命令和 AutoCAD 图标命令从任意工具栏拖放到预定义的两个“常用快捷功能”工具栏中。

天正图标工具栏兼容的图标菜单，由四条默认工具栏及一条读者自定义工具栏组成，默认工具栏 1 和 2 使用时停靠于界面右侧，把分属于多个子菜单的常用天正建筑命令收纳其中，本软件提供了“常用图层快捷”工具栏，避免反复的菜单切换，进一步提高工作效率，如图 2-30 所示。

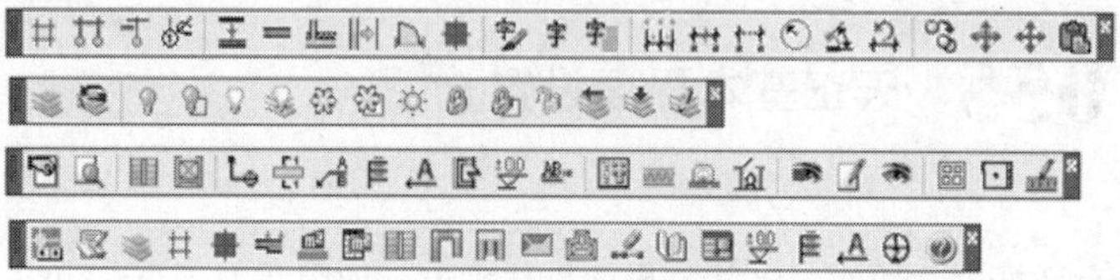

图 2-30　常用工具栏

实例总结

本实例讲解了 TArch 天正菜单组和工具条的自定义操作等。

Example 实例 057　天正快捷键设置

实例概述

在“天正自定义”对话框中，切换至“快捷键”选项卡，如图 2-31 所示，用于设置天正各屏幕菜单命令所对应的快捷键，以及一键快捷键的配置等，其各项含义如下。

- 普通快捷键：选择该单选项时，在其下侧的图表中，单击左侧“快捷键”列的“+”可以依次展开相应的工具命令，从而可以看出命令名及对应的快捷键。如“绘图轴网”所对应的命令为“T91_TAxisGrid”，对应的快捷键为“HZZW”，如果用户需要修改相应的快捷键，直接在对应的“快捷键”列中进行修改即可。

技巧提示——修改普通快捷键的注意要点

这里请读者注意，当修改普通快捷键后，并不能马上启用该快捷键定义，请执行 Reinit 命令，在其中勾选“PGP 文件”复选框才能启用该快捷键，否则需要退出天正建筑再次启动进入。

- 一键快捷：选择该单选项时，在其下侧的图表中，即可看到相应的工具命令，以及所对应的命令名及快捷键，而这里的快捷键一般只有一个字母或数字键，如图 2-32 所示，如“关闭图层”所对应的命令为“T91_TOffLayer”，对应的一键快捷键为“1”，这里用户只需要在键盘上按“1”键，即可关闭图层对象。

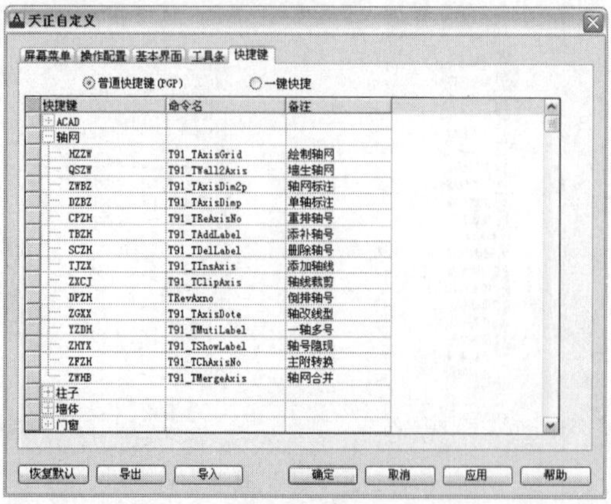

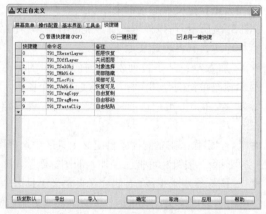

图 2-31　“快捷键”选项卡（1）

图 2-32　“快捷键”选项卡（2）

● 启用一键快捷：勾选该复选框，则所设置的一键快捷命令才能被启用，否则所设置的一键快捷命令将无效。

实例总结

本实例讲解了 TArch 天正普通快捷键和一键快捷键的设置方法。

Example 实例 **058**　天正基本设定选项

实例概述

在天正屏幕菜单中选择"设置|天正选项"命令，将打开"天正选项"对话框，可以对天正的一些基本选项进行设置，包括基本设定、加粗选项和高级选项。而 "基本设定"选项卡，用于设置天正图形和符号等，如图 2-33 所示。

图 2-33　"基本设定"选项卡

在"天正选项"对话框的"基本设定"选项卡中，其部分选项含义如下。

● 当前比例：设定此后新创建的对象所采用的出图比例，同时显示在 AutoCAD 状态栏的最左边。默认的初始比例为 1：100。本设置对已存在的图形对象的比例没有影响，只被新创建的天正对象所采用。

● 当前层高：设定本图的默认层高。本设定不影响已经绘制的墙、柱子和楼梯的高度，只是作为以后生成的墙和柱子的默认高度。读者不要混淆了当前层高、楼层表的层高、构件高度三个概念。

● 显示模式：当选择"2D"时，在视口中始终以二维平面图显示，而不管该视口的视图方向是平面视图还是轴测、透视视图。尽管观察方向是轴测方向，仍然只是显示二维平面图；当选择"3D"时，当前图和各个视口内视图按三维投影规则进行显示；当选择"自动"时，系统自动确定显示方式，二维图或三维图。

● 楼梯：系统默认按照制图标准提供了单剖断线画法，这里读者可根据实际情况选择"双剖段"或是"单剖段"。

● 单位换算：提供了适用于在米（m）单位图形中进行尺寸标注和坐标标注以及道路绘制、倒角的单位换算设置，其他天正绘图命令在米（m）单位图形下并不适用。

实例总结

本实例讲解了 TArch 天正基本选项的设置，包括天正图形和符号的设置等。

Example 实例 059 天正加粗填充选项

实例概述

在"天正选项"对话框中，切换至"加粗填充"选项卡，如图2-34所示，可以设置各种材质图案的填充、填充方式、填充颜色、线宽、出图比例等，其各项含义如下。

● 材料名称：在墙体和柱子中使用的材料名称，读者可根据材料名称选择不同的加粗宽度和国标填充图例。

● 标准填充图案：设置在建筑平面图和立面图中的标准比例，如以1：100显示的墙柱填充图案。

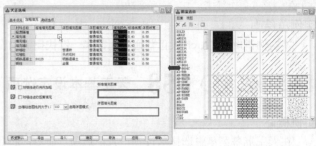

图2-34 "加粗填充"选项卡

● 详图填充图案：设置在建筑详图中的比例，如以1：50显示的墙柱填充图案，由读者在本界面下设置比例界限，默认为1：100。

● 详图填充方式：提供了"普通填充"与"线图案填充"两种方式，专用于填充沿墙体长度方向延伸的线图案。

● 填充颜色：提供了墙柱填充颜色的直接选择功能，避免因设置不同颜色更改墙柱的填充图层的麻烦，默认256色，单击此处可修改为其他颜色。

● 标准线宽：设置在建筑平面图和立面图中的非详图比例，如以1：100显示的墙柱加粗线宽。

● 详图线宽：设置在建筑详图中的比例，如以1：50显示的墙柱加粗线宽。

技巧提示——加粗填充注意事项

为了使图面清晰以方便操作，加快绘图处理速度，平时不要填充墙柱，出图前再开启填充开关，最终打印在图纸上的墙线实际宽度=加粗宽度+1/2墙柱在天正打印样式表中设定的宽度。

针对AutoCAD 2004以上平台，在命令行下的状态栏添加了两个按钮，专门切换墙线加粗和详图填充图案。但由于编程接口的限制，此功能不能用于AutoCAD 2002及以下平台。

实例总结

本实例讲解了TArch天正加粗填充的设置，包括材质图案的填充、填充方式、填充颜色、线宽等。

Example 实例 060 天正高级选项设置

实例概述

在"天正选项"对话框中，切换至"高级选项"选项卡，如图2-35所示，这是控制天正建筑全局变量和自定义参数的设置界面，除了尺寸样式需专门设置外，这里定义的参数保存在初始参数文件中，不仅用于当前图形，对新建的文件也起作用，高级选项和选项是结合使用的。

单击"导出"按钮，创建选项设置定义的XML格式文件，这项文件可以经过仔细设计后导出，然后由一个设计团队统一"导入"，方便读者的参数统一设置，提高设计图纸质量。

实例总结

本实例讲解了TArch天正高级选项的设置。

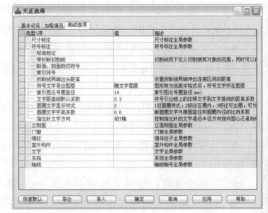

图2-35 "高级选项"选项卡

Example （实例） **061**　天正在线帮助

实例概述

作为一款成熟的软件，都会提供软件的操作说明，以及在线帮助信息，从而能够为用户的自学和使用作好铺垫。同样，在 TArch 2013 建筑设计软件中，也提供了相当丰富的帮助资源。

在屏幕菜单下选择"帮助演示|在线帮助"菜单命令，显示出"天正建筑"对话框，如图 2-36 所示，其中介绍了此软件的最新命令和操作方法，它是掌握天正建筑的必不可少的入门读物。

图 2-36　"天正建筑"对话框

技巧提示——天正帮助文件的存放位置

天正的在线帮助文件，实质上存放在"X:\Tangent\TArch9\SYS"文件夹下，其文件名称为 TArch.chm。如果需要单独执行该帮助文件的话，直接双击也能够打开该帮助信息文件。

实例总结

本实例讲解了 TArch 2013 的"在线帮助"文件的调用，以及该帮助文件存放的位置。

Example （实例） **062**　天正的教学演示

实例概述

通过天正提供的"教学演示"命令，用户在网上可以进行 Flash 动画教学演示。

在 TArch 2013 软件屏幕菜单下选择"帮助演示|教学演示"菜单命令，将显示"天正建筑 TArch 教学演示"窗口，如图 2-37 所示。选择相应的命令项，即可进行教学演示。它提供的实时录制教学演示过程，一般是用动画文件格式存储和播放的。

图 2-37　"天正建筑 TArch 教学演示"窗口

技巧提示——天正教学演示的下载及存放位置

执行"教学演示"命令启动 IE 浏览器，观察 Flash 动画教学演示，如果没有在安装时选择安装本软件的教学演示文件"index.htm"，本命令执行无效，网上下载的试用版本由于文件大小的限制，不包含本教学演示内容，用户可以从天正官方网站下载单独的教学演示，然后将其安装在"X:\tangent\tarch9\FlashTut\"文件夹下。

实例总结

本实例讲解了 TArch 2013 的"教学演示"的调用，以及该演示文件运行的前提条件和网络下载及安装位置。

实例概述

TArch 天正建筑软件的开发人员，将一些重要的功能及要点以"日积月累"的方式展示给用户，使用户能够更加快捷地掌握其中的精髓。

在 TArch 2013 软件屏幕菜单下选择"帮助演示｜日积月累"菜单命令，将显示"日积月累"对话框，如图 2-38 所示。用户可以单击"下一条"或"上一条"按钮来进行阅读。当勾选"启动时显示"复选框时，每次启动 TArch 天正建筑软件时，都会显示该窗口。

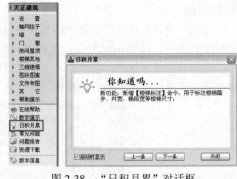

图 2-38 "日积月累"对话框

技巧提示——天正日积月累的文本文件

其实天正"日积月累"中所显示的内容，保存在天正建筑的系统目录下（X:\Tangent\TArch9\SYS）名为 TCHTIPS.TXT 的文本文件中，用户可以使用文本编辑工具修改该文件，为天正增加一些新功能的简介，如图 2-39 所示。

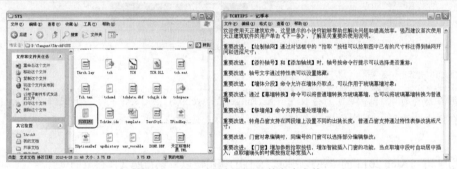

图 2-39 天正"日积月累"的文本文件

实例总结

本实例讲解了 TArch 2013 的"日积月累"的调用，以及该文件存放位置及文件名称。

实例概述

TArch 天正建筑软件的开发人员，列出了一些天正的常见问题的解决方案。

在 TArch 2013 软件屏幕菜单下选择"帮助演示｜常见问题"菜单命令，将打开"faq"的 Word 格式文件，如图 2-40 所示。用户根据自己所碰到的问题，在此文档中找到相关主题，并能够得到完美的解决方案。

图 2-40 "faq"的 Word 文件

　　常见问题集中在一个名为"faq"的 Word 格式文件里，此文件保存在安装目录的"SYS"子目录下，用户可在天正网站与特约论坛了解最新情况。

实例总结

　　本实例讲解了 TArch 2013 的"常用问题"的调用，以及该文件的存放位置。

Example 实例 **065** 天正的问题报告

实例概述

　　如果用户在使用天正软件的过程中，碰到一些问题，或者说软件存在一些漏洞，用户可以通过邮件的方式向天正公司发送，天正公司经过研发人员的仔细研究和实践，会尽快反馈给用户。

　　在 TArch 2013 软件屏幕菜单下选择"帮助演示|问题报告"菜单命令，即可弹出图 2-41 所示的 Outlook 的"新邮件"写作框，在其中编写邮件内容，然后单击"发送"按钮即可发出相关信息的邮件。

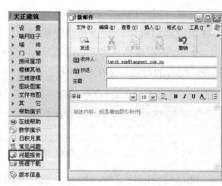

图 2-41　"新邮件"写作框

　　用户在执行天正的"问题报告"命令时，前提条件是当前要与 Internet 联网，而且用户的 Outlook 软件已经设置好可发送邮件的账户。

实例总结

　　本实例讲解了 TArch 2013 的"问题报告"的调用，以及发送该问题报告的邮件发送前提条件。

Example 实例 **066** 天正图层的设置

实例概述

　　在 AutoCAD 软件环境下绘制图形对象时，需要事先建立图层对象，并将所绘制的图形对象置于指定的图层；而在 TArch 天正建筑环境中绘制图形对象时，不需要事先建立图层对象，软件会自动判断所绘制对象的类别来建立较为规范的图层对象，包括图层名称、颜色、线型等。然后，用户可以根据天正软件所提供的"图层管理"命令，对今后所要创建图形对象所建立的图层来修改颜色、图层名称、线型等。

　　在天正 TArch 2013 软件屏幕菜单中执行"设置|图层管理"命令，打开"图层管理"对话框，读者可对天正的图层进行设置，如图 2-42 所示。

　　在"图层管理"对话框中，各主要选项的含义如下。

● 　图层标准：默认在此列表中保存有两个图层标准，一个是天正自己的图层标准，二是国标 GBT18112-2000 推荐的中文图层标准，如图 2-43 所示，下拉列表可以把其中的标准调出来，在界面下部的编辑区进行编辑。

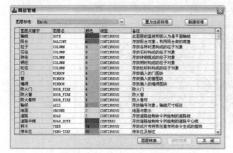

图 2-42　"图层管理"对话框

图 2-43　GBT18112-2000 中文图层标准

● 置为当前标准：单击该按钮后，新的图层标准开始生效，同时弹出图 2-44 所示的对话框。

单击"是"，表示将当前使用中的 TArch 图层定义 LAYERDEF.DAT 数据覆盖到 TArch.lay 文件中，保存读者在 TArch 下做的新图层定义。如果读者没有做新的图层定义，单击"否"，不保存当前标准，TArch.lay 文件没有被覆盖，把新图层标准 GBT18112-2000 改为当前图层定义 LAYERDEF.DAT 执行。如果没有修改图层定义，单击"是"和"否"的结果都是一样的。

● 新建标准：接着会弹出图 2-45 所示的对话框，读者在其中输入新的标准名称，这个名称代表下面的列表中的图层定义。

此时，以"确定"回应表示以旧标准名称保存当前定义；以"取消"回应，读者对图层定义的修改不保存在旧图层标准中，而仅在新建标准中出现。

● 图层转换：尽管单击"置为当前标准"按钮后，新对象将会按新图层标准绘制，但是已有的旧标准图层还在，已有的对象还是在旧标准图层中，单击"图层转换"按钮后，会显示图层转换对话框，如图 2-46 所示。

图 2-44　提示对话框　　　　图 2-45　提示对话框　　　　图 2-46　提示对话框

把已有的旧标准图层转换为新标准图层，TArch 2013 中提供了图层冲突的处理，详见图层转换命令。

● 颜色恢复：自动把当前打开的 dwg 中所有图层的颜色恢复为当前标准使用的图层颜色。

● 图层关键字：图层关键字是系统用于对图层进行识别用的，读者不能修改。

● 图层名：读者可以对提供的图层名称进行修改或者取当前图层名与图层关键字对应。

● 颜色：读者可以修改选择的图层颜色，单击此处可输入颜色号或单击按钮进入界面选取颜色。

● 线型：读者可以修改选择的图层线型，单击此处可输入线型名称或单击下拉列表选取当前图形已经加载的线型。

● 备注：读者自己输入对本图层的描述。

实例总结

本实例讲解了 TArch 2013 天正建筑软件的图层设置方法，实质上用户可以根据习惯来选择"GBT18112-2000 中文图层标准"。

Example 实例 067　天正视口的设置

实例概述

用户在绘制图形对象时，根据实际情况，为了方便读者编辑并观察视图，常常需要将图形的局部进行放大，以显示细节。当需要观察图形的整体效果时，仅使用单一的绘图视口已无法满足需要了，此时，可使用 AutoCAD 平铺视口功能，将绘图窗口划分为若干视口。

在 AutoCAD 菜单中选择"视图 | 视口"命令，从中可以新建视口，或者选择视口的数量，从而将当前打开图形中的不同对象，通过缩放的方式在不同的视口中显示出来，以方便图形对象的对照与绘制，如图 2-47 所示。

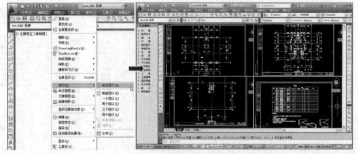

图 2-47　天正视口的操作

实例总结

本实例讲解了 TArch 2013 天正建筑软件中视口的操作方法。

 068　视图的缩放

实例概述

在天正建筑软件环境中，要对视图进行缩放或平移操作，可采用 CAD 环境中的缩放或平移命令。

缩放视图可以增加或减少图形对象的屏幕显示尺寸，同时对象的真实尺寸保持不变，通过改变显示区域和图形对象的大小，读者可以更准确和更详细地绘图。

在 AutoCAD 菜单中选择"视图|缩放"命令，或者在"视图"面板的"范围"子菜单下，将会弹出相关的缩放操作命令，如图 2-48 所示。

● 实时缩放，可以通过向上或向下移动定点设备进行动态缩放。单击鼠标右键，可以显示包含其他视图选项的快捷菜单。

● 窗口缩放，是通过指定要查看区域的两个对角，可以快速缩放图形中的某个矩形区域。确定要查看的区域后，该区域的中心成为新的屏幕显示中心，该区域内的图形被放大到整个显示屏幕。在使用窗口缩放后，图形中所有对象均以尽可能大的尺寸显示，同时又能适应当前视口或当前绘图区域的大小。

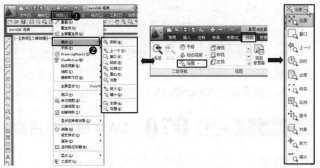

图 2-48　缩放操作命令

● 动态缩放，可以缩放显示在读者设定的视图框中的图形。视图框表示视口，可以改变它的大小，或在图形中移动。移动视图框或调整它的大小，将其中的图像平移或缩放，以充满整个绘图窗口。

● 比例缩放，命令以读者指定的比例因子缩放显示图形。

● 中心缩放，可以缩放显示由中心点和放大比例（或高度）所定义的窗口。

实例总结

本实例讲解了 TArch 2013 天正建筑中视图的缩放操作方法。

 069　视图的平移

实例概述

平移视图可以重新定位图形，以便看清图形的其他部分，此时不会改变图中对象的位置或比例，只改变视图。"平移"工具处于活动状态时，会显示四向箭头的光标样式，拖动定点设备可以沿拖动方向移动模型。

在 AutoCAD 的菜单中选择"视图|平移"命令，或者单击"标准"工具栏中的"实时平移"按钮，即可以多种方式对视图进行平移操作，如图 2-49 所示。

实质上用户也可以通过多种方式来进行平移操作。

● 选择功能区中的"视图"选项卡，单击"平移"图标，启动平移功能，之后，光标会变成手状，如图 2-50 所示。

● 执行平移命令后，在绘图区域中按住鼠标左键并拖动，移动视图。

● 平移操作一般与缩放操作配合使用，在平移的过程中，可以随时松开鼠标左键，然后滚动鼠标中键以缩小或放大视图。

● 在命令行输入"PAN"或直接输入"P"并回车，可以快速启动平移功能。

● 直接按住鼠标中键并拖动，可快速移动视图。也推荐初学者使用这种操作，因为直接按住鼠标中键比调用功能区上的命令更方便。

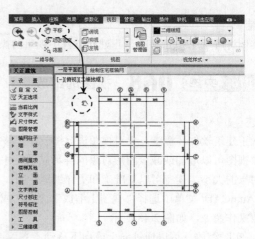

图 2-49　平移工具　　　　　　　　　　图 2-50　平移操作

- 在操作的过程中，可随时配合鼠标中键的滚动来实现视图的缩放。

实例总结

本实例讲解了 TArch 2013 天正建筑中视图的平移操作方法。

Example 实例 **070**　CAD 中的常用绘图命令

实例概述

　　AutoCAD 的绘图工具主要是由一些图形元素组成的，它们是 CAD 中最基础、最简单的命令，同样也是最常用的命令。根据物体组成几何体的不同，组成元素的不同，例如，直线、矩形、圆和多段线等元素，运用的命令也不同，其绘制图形方法也都各不一样。

　　在 AutoCAD 的"常用"选项卡的"绘图"面板中，或者在 CAD 经典模式下的"绘图"菜单中，或者在"绘图"工具栏中，均提供了一些常用的绘图命令，如图 2-51 示。

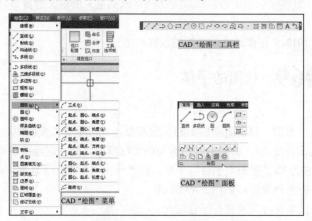

图 2-51　CAD 的绘图命令

　　AutoCAD 的常用绘图命令使用很简单，用户可以通过菜单栏、面板、工具栏、命令行等方式来调用这些命令。例如，要执行"矩形"命令，用户可以通过以下几种方式来执行。

- 菜单栏：选择"绘图 | 矩形"菜单命令。
- 面板：在"面板"选项板中单击"矩形"按钮□。
- 工具栏：在"绘图"工具栏中单击"矩形"按钮□。
- 命令行：在命令行中输入"rectang"命令，快捷键为"REC"。

下面以绘制一个 100mm×50mm 的矩形为例，来讲解 CAD 常用绘图命令的操作方法。

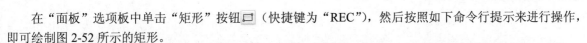

在"面板"选项板中单击"矩形"按钮□（快捷键为"REC"），然后按照如下命令行提示来进行操作，即可绘制图 2-52 所示的矩形。

```
命令: _rectang                                      \\单击"矩形"按钮□
指定第一个角点或[倒角(C)/标高(E)/圆角(F)/厚度(T)/宽度(W)]:  \\确定矩形角点1
指定另一个角点或[面积(A)/尺寸(D)/旋转(R)]: @100,50    \\确定矩形对角点2
```

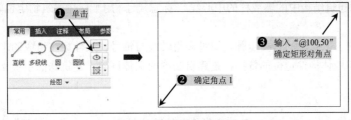

图 2-52　绘制矩形的方法

实例总结

本实例讲解了 AutoCAD 环境中常用绘图命令的调用方法。

Example 实例 071　CAD 中的常用编辑命令

实例概述

在 AutoCAD 中，系统提供了两种编辑图形的途径，一是先执行编辑命令，后选择需要被编辑的对象；二是先选择需要被编辑的对象，后执行编辑命令。

执行以上两种方法后的结果都是相同的，都是在选取文件的基础上进行的，所以选取文件是进行编辑的前提。AutoCAD 中系统提供了多种选择文件的方法，还可以将多个选取的对象组合成整体，进行整体的编辑和修改。

在 AutoCAD 的"常用"选项卡的"修改"面板中，或者在 CAD 经典模式的"修改"菜单中，或者在"修改"工具栏中，均提供了一些常用的修改命令，如图 2-53 所示。

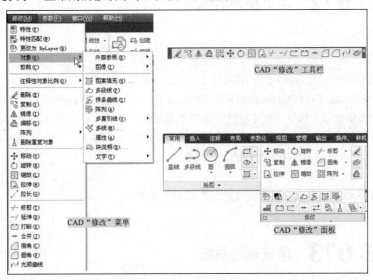

图 2-53　CAD 的修改命令

实例总结

本实例讲解了 AutoCAD 环境中常用修改命令的调用方法。

第3章 天正建筑轴网的创建及其标注

● **本章导读**

　　轴网由定位轴线（建筑结构中的墙或柱的中心线）、标志尺寸（用于标注建筑物定位轴线之间的距离大小）和轴号组成。

　　创建轴网是建筑施工图绘制的首要步骤，通过多组轴线与轴号、尺寸标注组成的平面网格；同时它也是建筑物单体平面布置和墙体构件定位的依据，是建筑制图的主体框架。建筑物的主要支承构件按照轴网定位排列，达到井然有序。

● **本章内容**

■ 建筑轴网的概念	■ 直线单向轴网的创建	■ 调整轴网标注的位置
■ 建筑轴线系统	■ 圆弧轴网的创建	■ 单轴的标注
■ 建筑轴号系统	■ 圆弧轴网共用轴线	■ 单轴的多轴号标注
■ 建筑尺寸标注系统	■ 圆形轴网的创建	■ 轴号的添补操作
■ 直线正交轴网的创建	■ 墙生轴网的创建	■ 轴号的删除操作
■ 轴网数据的输入方法	■ 轴线的添加	■ 一轴多号的操作
■ 改变轴网插入基点	■ 轴线的剪裁	■ 轴号隐现的操作
■ 轴网插入点为原点（0，0）	■ 轴线的线型修改	■ 轴号的主附转换操作
■ 将轴网进行旋转	■ 轴网的单侧标注	■ 轴号的重排操作
■ 将轴网进行翻转	■ 轴网的不连续标注	■ 轴号的倒排操作
■ 直线斜交轴网的创建	■ 轴网的双侧标注	■ 轴号的在位编辑
■ 拾取已有轴网来创建	■ 改变轴网标注的起始轴号	■ 轴圈半径的修改

Example 实例 **072** 建筑轴网的概念

实例概述

　　在绘制建筑平面图之前，首先要绘制轴网，它是由建筑轴线组成的网，是人为地在建筑图纸中为了标示构件的详细尺寸，按照一般的习惯标准虚设的，习惯上标注在对称界面或截面构件的中心线上。

　　轴网是由两组到多组轴线与轴号、尺寸标注组成的平面网格，是建筑物单体平面布置和墙柱构件定位的依据。完整的轴网是由轴线、轴号和尺寸标注三个相对独立的系统构成的，如图3-1所示。

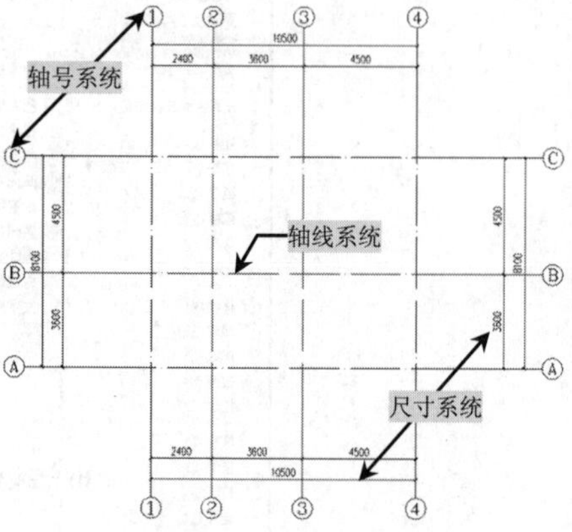

实例总结

　　本实例讲解了建筑轴网的概念，以及轴网的三大组成：轴线、轴号和尺寸标注。

图3-1　轴网结构

Example 实例 **073** 建筑轴线系统

实例概述

　　在天正建筑环境中绘制轴线系统时，考虑到轴线的操作比较灵活，为了使用时不至于给用户带来不必要的限制，轴网系统没有做成自定义对象，而是把位于轴线图层上的 AutoCAD 的基本图形对象，包括 LINE、ARC、CIRCLE 识别为轴线对象。

　　在天正屏幕菜单中选择"设置|图层管理"菜单命令，从弹出的"图层管理"对话框中来设置不同的图层标准，

即可看到在天正软件中所绘制的轴线系统的图层为
"DOTE",或者是"建筑-轴网",如图3-2所示。

例如,用户使用 AutoCAD 中所绘制的直线、
圆弧、圆等对象,将其转换为"DOTE"或者是"建
筑-轴网"图层上,则天正建筑系统就会将此识别
为轴线系统。

图3-2 不同图层标准下的图层名称

软件技能——轴线的改变

建筑轴线默认使用的线型是细实线,这是为了在绘图过程中方便捕捉,当然,用户可执行天正屏幕菜单的"轴网柱子|轴改线型"菜单命令来进行细实线和点划线的修改,如图3-3所示。

图3-3 轴网的不同线型

实例总结

本实例讲解了建筑轴线系统的自定义设置,以及轴线的线型转换。

Example 实例 074 建筑轴号系统

实例概述

轴号是内部带有比例的自定义专业对象,是按照《房屋建筑制图统一标准》(GB/T50001-2001)的规定编制的,它默认在轴线两端成对出现,可以通过对象编辑,单独控制隐藏单侧轴号或者隐藏某一个别轴号的显示,在 TArch 环境中通过"轴号隐现"命令管理轴号的隐藏和显示。

轴号号圈的轴号顺序,默认是水平方向,且号圈以数字排序,而垂直方向号圈以字符排序,如图3-4所示。

但是,按标准规定 I、O、Z 不用于轴线编号,1 号轴线和 A 号轴线前不排主轴号,附加轴号分母分别为 01 和 0A。

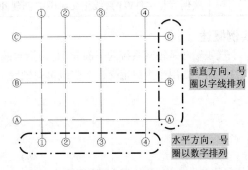

图3-4 轴号号圈的顺序

软件技能——轴号的默认参数设置

其实,轴号系统中的轴号字高及轴圈直径大小是可以改变的。在天正屏幕菜中选择"设置|天正选项"菜单命令,弹出"天正选项"对话框,切换至"高级选项"选项卡中,展开"轴线|轴号"项目,即可看到轴号字高系统、轴圈直径可修改的值,如图3-5所示。

图3-5 轴号参数的修改

实例总结

本实例讲解了建筑轴号系统的规定，以及轴号参数的设置。

Example 实例 **075** 建筑尺寸标注系统

实例概述

尺寸标注系统由自定义尺寸标注对象构成，在标注轴网时自动生成于轴标图层 AXIS 或 "建筑-轴标" 上，除了图层不同外，与其他命令的尺寸标注没有区别。

在建筑施工图的尺寸标注中，有三道尺寸标注，第一道：门窗洞口尺寸，第二道：轴线尺寸，第三道：总长，如图 3-6 所示。

实例总结

本实例讲解了建筑尺寸标注系统所在的图层，以及建筑的三道尺寸标注的作用。

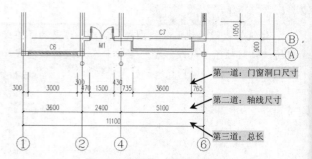

图 3-6　建筑的三道尺寸标注

Example 实例 **076** 直线正交轴网的创建

素材	教学视频\03\直线正交轴网的创建.avi
	实例素材文件\03\直线正交轴网的创建.dwg

实例概述

直线轴网是轴网系统的一部分，是由指定的直线通过横向和纵向相互交叉生成的正交和斜交的网纹结构。直线轴网主要用于生成正交、斜交或单向轴网，如图 3-7 所示。

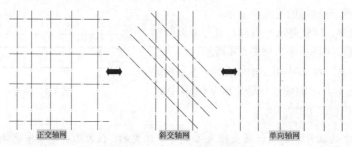

正交轴网　　　　斜交轴网　　　　单向轴网

图 3-7　三种直线轴网

例如，下面以表 3-1 所示的轴网数据来创建直线正交轴网对象。

表 3-1　　　　　　　　　　　　　　　　　　轴网数据

上开间（mm）	3600	1800	2600	3100	1800	3600	
下开间（mm）	1500	3500	4800	4800	3500	1500	
左进深（mm）	1500	4500	2700	3900	600		
右进深（mm）	1500	4500	2700	1300	1400	1200	600

操 作 步 骤

步骤① 正常启动 TArch 2013 软件，系统自动创建一个空白文档。

步骤 ② 在天正屏幕菜单中执行"轴网柱子 | 绘制轴网"命令（HZZW），弹出"绘制轴网"对话框，切换至"直线轴网"选项卡，选择"上开"单选项，然后在"键入"文本框中输入表 3-1 所示上开间数据，如图 3-8 所示。

步骤 ③ 再选择"下开"单选项，然后在"键入"文本框中输入表 3-1 所示下开间数据，如图 3-9 所示。

步骤 ④ 再选择"左进"单选项，然后在"键入"文本框中输入表 3-1 所示左进深数据，如图 3-10 所示。

图 3-8　输入上开数据　　　　图 3-9　输入下开数据　　　　图 3-10　输入左进数据

步骤 ⑤ 再选择"右进"单选项，然后在"键入"文本框中输入表 3-1 所示右进深数据，如图 3-11 所示。

步骤 ⑥ 待上开、下开、左进、右进的数据输入完成后，单击"确定"按钮，系统提示插入的点取位置，并在命令行中显示如下的相关选项，这时用户可以在视图中任意位置点取即可，从而完成直线轴网的创建，如图 3-12 所示。

点取位置或[转 90 度(A)/左右翻(S)/上下翻(D)/对齐(F)/改转角(R)/改基点(T)]<退出>：

步骤 ⑦ 至此，其直线正交轴网已经创建完成，按"Ctrl+S"组合键将该文件保存为"实例素材文件\03\直线正交轴网.dwg"文件即可。

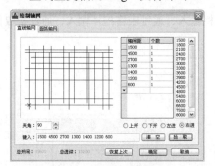
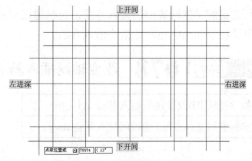

图 3-11　输入右进数据　　　　　　图 3-12　创建的直线正交轴网

　　用户在"绘制轴网"对话框中输入轴网数据时，如果上开与下开的数据相同，这时用户只需要指出其中一项的数据即可；同样，如果左进与右进的数据相同，也只需要输入其中的一项数据即可。

实例总结

　　本实例讲解了直线正交轴网的创建方法，以及轴网上开、下开、左进、右进尺寸数据的输入方法。

Example 实例 077 轴网数据的输入方法

素材	教学视频\03\轴网数据的输入方法.avi
	实例素材文件\03\轴网数据的输入方法.dwg

实例概述

　　用户在输入轴网的上下开间、左右进深数据时，用户可以采用多种方法来输入。

一是直接在"键入"栏内键入轴网数据，每个数据之间用空格或英文逗号隔开，输入完毕后回车生效。

二是在电子表格中输入"轴间距"和"个数"，而常用值可直接点取右方数据栏或下拉列表的预设数据。

三是切换到对话框单选按钮"上开"、"下开"、"左进"、"右进"之一，单击"拾取"按钮，在已有的标注轴网中拾取尺寸对象获得轴网数据。

而对于其中相邻的几个数据是相同的，这时用户可以采用"数量*间距"的方式来输入，或者可以直接在电子表格中输入"轴间距"及"个数"值，如图3-13所示。

软件技能——轴网数据的编辑

用户在输入轴网数据的时候，使用鼠标右键单击电子表格的行头位置，将会弹出一快捷菜单，从而可以对其电子表格中所在行进行插入、删除、复制与剪切等操作，如图3-14所示。

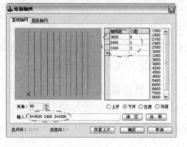
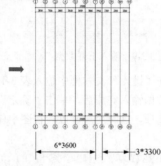

图 3-13　几个相同数据的输入

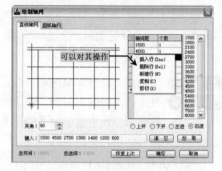

图 3-14　轴网数据的编辑

实例总结

本实例先讲解了轴网数据的输入方法，包括通过"键入"栏输入、通过表格控件输入、通过拾取按钮获取；再讲解了相邻间距中相同数据的输入方法。

Example 实例 078　改变轴网插入基点

素材	教学视频\03\改变轴网插入基点.avi
	实例素材文件\03\改变轴网插入基点.dwg

实例概述

当用户按照前面实例的方法输入好轴网的数据，并单击"确定"按钮后，系统提示插入点，并给出一些选项，这时用户选择"改基点（T）"选项，使用鼠标重新指定轴网的插入基点，可以是四角点，也可以是任意轴网的交点，如图3-15所示。

当指定好基点后，移动鼠标时，则整个轴网就是以重新指定的基点来进行移动的，且插入的基点位置也跟随变化，如图3-16所示。

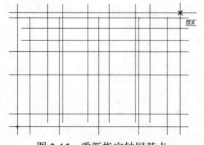
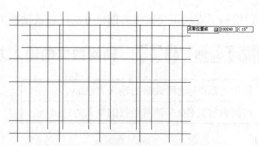

图 3-15　重新指定轴网基点　　　　　图 3-16　改变轴网基点后的效果

实例总结

本实例讲解了轴网基点的改变方法，即选择"改基点（T）"选项即可。

Example 实例 079 轴网插入点为原点（0，0）

素材	教学视频\03\轴网插入点为原点.avi
	实例素材文件\03\轴网插入点为原点.dwg

实例概述

有时用户需要将所创建的轴网，以其基点插入到原点（0，0）位置，当在"绘制轴网"对话框中设置好轴网数据，并单击"确定"按钮后，命令行提示"点取位置："时，这时用户可以输入"#0，0"，则所插入的轴网基点与原点（0，0）重合，如图 3-17 所示。

同样，如果在插入基点之前，选择了"改基点（T）"命令，并重新设置基点为其他轴网的交点位置，然后再输入"#0，0"，则同样以其基点与原点（0，0）重合，如图 3-18 所示。

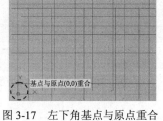 

图 3-17　左下角基点与原点重合　　图 3-18　指定的基点与原点重合

实例总结

本实例讲解了轴网基点置行坐标原点（0，0）的方法，在"点取位置："时，用户输入"#0，0"即可。

Example 实例 080 将轴网进行旋转

素材	教学视频\03\将轴网进行旋转.avi
	实例素材文件\03\将轴网进行旋转.dwg

实例概述

同样，当用户设置好轴网数据，并单击"确定"按钮后，这时用户可以选择"转 90 度（A）"选项，则当前视图中的轴网效果会进行旋转；如再次按"A"项，则轴网对象会依次进行旋转，如图 3-19 所示。

软件技能——旋转轴网的基点位置没有变化

在旋转轴网的过程中，其轴网的基点位置也跟随变化，但轴网的基点位置仍然是原来轴线的交点处。

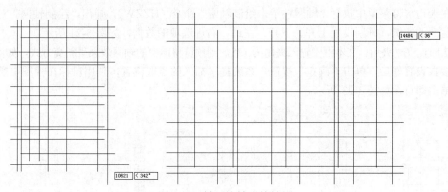

图 3-19　轴网旋转后的效果

实例总结

本实例讲解了轴网的旋转方法，即选择"转 90 度（A）"选项即可。

Example 实例 081 将轴网进行翻转

素材	教学视频\03\将轴网进行翻转.avi
	实例素材文件\03\将轴网进行翻转.dwg

实例概述

在插入轴网的过程中，其命令行中有"左右翻（S）/上下翻（D）"项，这样可以将所创建的轴网进行左右、上下翻转，其左右、上下翻转的效果如图 3-20 所示。

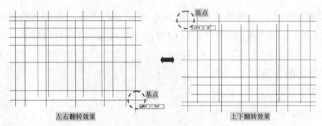

图 3-20　轴网左右、上下翻转的效果

实例总结

本实例讲解了轴网的翻转方法，即选择"左右翻（S）/上下翻（D）"选项即可。

Example 实例 082 直线斜交轴网的创建

素材	教学视频\03\直线斜交轴网的创建.avi
	实例素材文件\03\直线斜交轴网.dwg

实例概述

有时用户所设计的建筑施工图并非直线正交的方式，而是轴网有一定的夹角，这时就应通过设置"夹角"值来创建斜交轴网。

同样，借助前面表 3-1 所示的轴网数据，然后将夹角设置为一定的角度来创建斜交轴网。

操 作 步 骤

步骤 ① 正常启动 TArch 2013 软件，系统自动创建一个空白文档。

步骤 ② 在天正屏幕菜单中执行"轴网柱子 | 绘制轴网"命令（HZZW），弹出"绘制轴网"对话框，按照前面的实例，分别设置上开、下开、左进、右进选项的数据，如图 3-21 所示。

步骤 ③ 这时，在"夹角"文本框中输入夹角为 135，则预览窗口中的轴网效果呈斜交方式，如图 3-22 所示。

步骤 ④ 参数设置好后，单击"确定"按钮，系统提示插入的点取位置，使用鼠标在视图中所指定的位置单击即可，如图 3-23 所示。

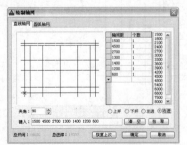

图 3-21　输入轴网数据

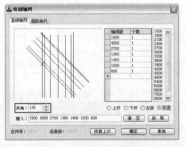

图 3-22　输入夹角值

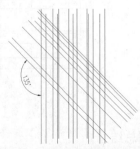

图 3-23　创建的直线斜交轴网

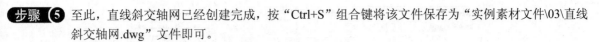

步骤 5 至此，直线斜交轴网已经创建完成，按"Ctrl+S"组合键将该文件保存为"实例素材文件\03\直线斜交轴网.dwg"文件即可。

在"绘制轴网"对话框的"直线轴网"选项卡中，各选项的含义如下。

■　轴间距：表示开间或进深的尺寸数据，点击右方数值栏或下拉列表获得，也可以键入。

■　个数/尺寸：表示栏中数据的重复次数，点击右方数值栏或下拉列表获得，也可以键入。

■　夹角：表示输入开间与进深轴线之间的夹角数据，默认为夹角90度的正交轴网，根据实际情况，如果轴线与轴线间出现一定的角度，单击"夹角"微调按钮，调节出相应的角度即可。

■　上开：在轴网上方进行轴网标注的开间尺寸。

■　下开：在轴网下方进行轴网标注的开间尺寸。

■　左进：表示在轴网左侧进行轴网标注的进深尺寸。

■　右进：表示在轴网右侧进行轴网标注的进深尺寸。

■　键入：键入一组尺寸数据，用空格或英文逗点隔开，按下回车键后数据输入到电子表格中。

■　拾取：单击"拾取"可以将已有的轴线尺寸显示到"绘制轴网"对话框的电子表格中。

■　清空：表示把某一组开间或者某一组进深数据栏清空，保留其他组的数据。

■　恢复上次：把上次绘制直线轴网的参数恢复到对话框中。

■　确定/取消：单击"确定"开始绘制直线轴网并保存数据，单击"取消"则取消绘制轴网并放弃输入数据。

实例总结

本实例讲解了直线斜交轴网的创建方法，其参数通过"夹角"来进行设置。

Example 实例 **083** 拾取已有轴网来创建

素材	教学视频\03\拾取已有轴网来创建.avi
	实例素材文件\03\拾取已有轴网.dwg

实例概述

用户在创建轴网的过程中，发现当前图形中的有些轴网数据正好是所要创建轴网的数据，这时可以通过"拾取"按钮来实现。

操 作 步 骤

步骤 1 正常启动 TArch 2013 软件，按"Ctrl+O"组合键，将"实例素材文件\03\别墅平面轴网柱.dwg"文件打开，如图 3-24 所示。

步骤 2 在键盘上按"Ctrl+Shift+S"组合键，将其另存为"实例素材文件\03\拾取轴网.dwg"文件。

步骤 3 在天正屏幕菜单中执行"轴网柱子 | 绘制轴网"命令（HZZW），弹出"绘制轴网"对话框。

步骤 4 选择"上开"选项，再单击"拾取"按钮，这时使用鼠标拾取当前图形中上侧的第二道尺寸标注对象，拾取到的对象则呈虚线选中状态，然后按空格键到"绘制轴网"对话框，则在"键入"文本框中会将拾取的数据自动填入其内，如图 3-25 所示。

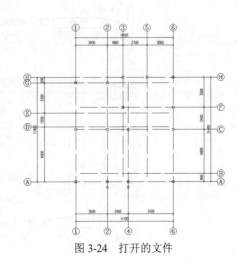

图 3-24　打开的文件

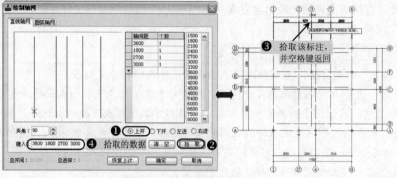

图 3-25 拾取上开间数据

步骤 ⑤ 再按照上一步相同的方法来拾取下开间、左进深和右进深数据，如图 3-26～图 3-28 所示。

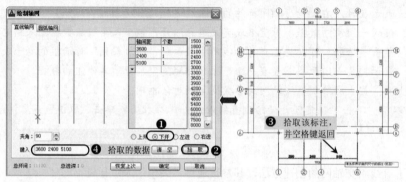

图 3-26 拾取下开间数据

步骤 ⑥ 当用户拾取完轴网后，单击"确定"按钮，即可创建与所拾取对象一样的轴网，如图 3-29 所示。

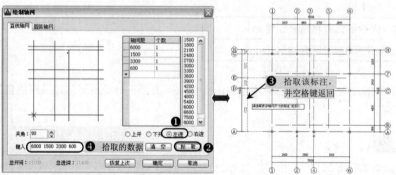

图 3-27 拾取左进深数据

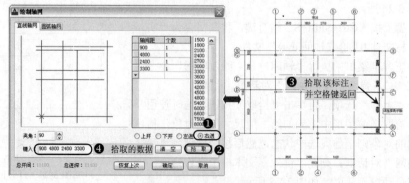

图 3-28 拾取右进深数据

TArch 2013

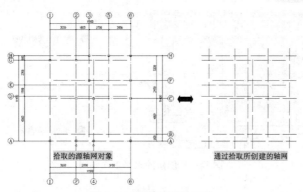

图 3-29 拾取轴网的效果

实例总结

本实例讲解了创建轴网对象时，拾取现有轴网数据的方法。

Example 实例 **084** 直线单向轴网的创建

素材	教学视频\03\直线单向轴网的创建.avi
	实例素材文件\03\直线单向轴网.dwg

实例概述

有时用户在绘制建筑施工图时，如果只需要单纯的几条水平线，或者几条垂直线段，这时用户也可以使用天正的轴网功能来创建，这就叫做直线单向轴网。

操 作 步 骤

步骤 **❶** 正常启动 TArch 2013 软件，系统自动创建一个空白文档。按 "Ctrl+S" 组合键，将该空白文档保存为 "实例素材文件\03\直线单向轴网.dwg" 文件。

步骤 **❷** 在天正屏幕菜单中执行 "轴网柱子|绘制轴网" 命令（HZZW），弹出 "绘制轴网" 对话框。

步骤 **❸** 如果用户需要绘制几条垂直的单向轴网，那么用户只需要选择 "上开" 或 "下开" 单选项，然后在 "键入" 文本框中输入单向轴网的数据即可。

步骤 **❹** 此时用户单击 "确定" 按钮，这时命令行中将提示 "单向轴线长度:"，用户根据需要输入单向轴网的长度 8000 即可，然后再指定插入基点，如图 3-30 所示。

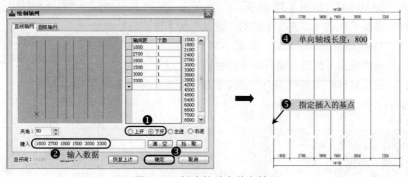

图 3-30 创建的垂直单向轴网

步骤 **❺** 如果用户要创建的是水平单向轴网，这时用户只需要选择 "左进" 或 "右进" 单选项，并在 "键入" 文本框中输入单向轴网的数据，如图 3-31 所示。

实例总结

本实例讲解了直线单向轴网的创建方法，以及单向轴网的长度的确定。

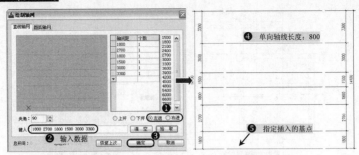

图 3-31　创建的水平单向轴网

Example 实例 085　圆弧轴网的创建

素材	教学视频\03\圆弧轴网的创建.avi
	实例素材文件\03\圆弧轴网.dwg

实例概述

圆弧轴网由一组同心弧线和不过圆心的径向直线组成。

例如，下面以表 3-2 所示的轴网数据来创建圆弧轴网对象。

表 3-2　　　　　　　　　　　　　轴网数据

圆心角（°）	30　60　60
进深（mm）	3300　3600　3600　3900

操作步骤

步骤 1　正常启动 TArch 2013 软件，系统自动创建一个空白文档；按"Ctrl+S"组合键，将该文件保存为"实例素材文件\03\圆弧轴网.dwg"文件即可。

步骤 2　在天正屏幕菜单中执行"轴网柱子｜绘制轴网"命令（HZZW），弹出"绘制轴网"对话框，切换至"圆弧轴网"选项卡。

步骤 3　选择"圆心角"单选项，并在下侧的"键入"文本框中输入"30 60 60"，如图 3-32 所示。

步骤 4　再选择"进深"单选项，并在下侧的"键入"文本框中输入"3300 3600 3600 3900"，如图 3-33 所示。

步骤 5　这时，单击"确定"按钮，随后命令行会提示"点取位置："，使用鼠标在当前视图的任意位置单击即可，如图 3-34 所示。

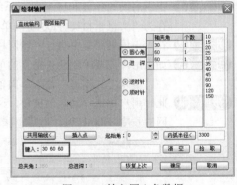

图 3-32　输入圆心角数据

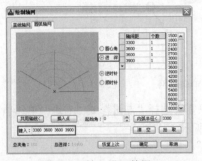

图 3-33　输入进深数据

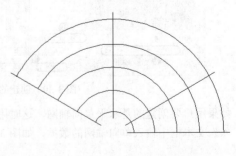

图 3-34　插入的圆弧轴网

步骤 6 最后，按 "Ctrl+S" 组合键，将该文件保存。

在"绘制轴网"对话框的"圆弧轴网"选项卡中，各选项的含义如下。

- 圆心角：由起始角起算，按旋转方向排列的轴线开间序列，单位为角度。
- 进深：在轴网径向，由圆心起算到外圆的轴线尺寸序列，单位为毫米。
- 逆时针/顺时针：径向轴线的旋转方向。
- 共用轴线<：在与其他轴网共用一根径向轴线时，从图上指定该径向轴线不再重复绘出，点取时通过拖动圆轴网确定与其他轴网连接的方向。
- 插入点：单击该按钮，可改变默认的轴网插入基点位置。
- 起始角：x 轴正方向到起始径向轴线的夹角（按旋转方向定）。
- 内弧半径<：从圆心起算的最内侧环向轴线圆弧半径，可从图上取两点获得，也可以为 0。
- 键入：键入一组尺寸数据，用空格或英文逗点（,）隔开，按回车键后数据输入到电子表格中。
- 清空：把某一组圆心角或者某一组进深数据栏清空，保留其他数据。
- 拾取：提取图上已有的某一组圆心角或者进深尺寸标注对象来获得数据。
- 轴间距：进深的尺寸数据，点击右方数值栏或下拉列表获得，也可以键入。
- 个数：栏中数据的重复次数，点击右方数值栏或下拉列表获得，也可以键入。
- 恢复上次：把上次绘制圆弧轴网的参数恢复到对话框中。
- 确定/取消：单击后开始绘制圆弧轴网并保存数据，或者取消绘制轴网并放弃输入数据。

实例总结

本实例讲解了圆弧轴网的创建方法。

Example 实例 **086** 圆弧轴网共用轴线

素材	教学视频\03\圆弧轴网共用轴线.avi
	实例素材文件\03\圆弧轴网共用轴线.dwg

实例概述

用户在创建圆弧轴网的过程中，有一个"共用轴线"功能，可以使所创建的圆弧轴网与已有轴网的某一条线共用，从而可以将几个轴网组合起来。

操 作 步 骤

步骤 1 正常启动 TArch 2013 软件，按 "Ctrl+O" 组合键，打开前面所绘制好的"实例素材文件\03\圆弧轴网.dwg"文件。

步骤 2 在天正屏幕菜单中执行"轴网柱子丨绘制轴网"命令（HZZW），弹出"绘制轴网"对话框，切换至"直线轴网"选项卡。

步骤 3 选择"上开"项，并在"键入"文本框中输入 "5*3600"；再选择"左进"项，并在"键入"文本框中输入 "3000 2400 4500"，然后单击"确定"按钮，在视图中插入一直线正交轴网，如图 3-35 所示。

步骤 4 再在天正屏幕菜单中执行"轴网柱子丨绘制轴网"命令（HZZW），弹出"绘制轴网"对话框，切换至"圆弧轴网"选项卡。

步骤 5 选择"圆角心"单选项，并在"键入"文本框中输入 "30 30 30"，再单击"共用轴网"按钮，然后在视图中选择最右侧的垂直轴线，这时返回到"绘制轴网"对话框中，即可看到预览框中的进深效果已经有了，然后单击"确定"按钮即可，如图 3-36 所示。

步骤 6 最后，按 "Ctrl+S" 组合键保存该文件。

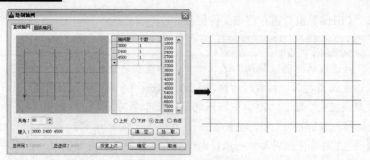

图 3-35 创建的直线轴网

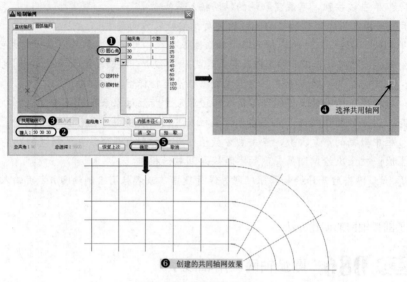

图 3-36 创建的共用轴网

实例总结

本实例讲解了圆弧与直线共同轴网的创建方法，即在"圆弧轴网"选项卡中单击"共用轴网"按钮。

Example 实例 **087** 圆形轴网的创建

素材	教学视频\03\圆形轴网的创建.avi
	实例素材文件\03\圆形轴网.dwg

实例概述

用户在输入圆心角的时候，如果几个圆心角的总和加起来为 360 度，则形成了圆形轴网效果，如图 3-37 所示。

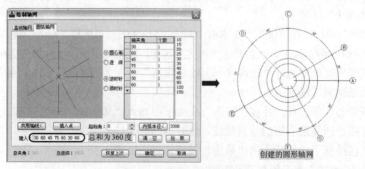

图 3-37 创建的圆形轴网

实例总结

本实例讲解了圆形轴网的创建方法，即所有圆心角的总和必须为 360 度才能创建圆形轴网。

 Example **实例** **088** 墙生轴网的创建

素材	教学视频\03\墙生轴网的创建.avi
	实例素材文件\03\墙生轴网.dwg

实例概述

在方案设计中，读者有时需反复修改平面图，如加轴线、删墙体，改开间、进深等，用轴线定位有时并不方便，为此天正提供根据墙体生成轴网的功能，读者可以在参考栅格点上直接进行设计，待平面方案确定后，再用本命令生成轴网，也可用墙体命令绘制平面草图，然后生成轴网。

操 作 步 骤

步骤 ① 正常启动 TArch 2013 软件，按 "Ctrl+O" 组合键，打开本书配套光盘 "实例素材文件\03\墙生轴网平面图.dwg" 文件，如图 3-38 所示。

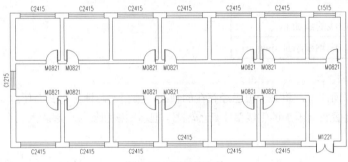

图 3-38　打开的文件

步骤 ② 执行 "文件 | 另存为" 菜单命令，将该文件另存为 "实例素材文件\03\墙生轴网.dwg" 文件。

步骤 ③ 在 TArch 2013 屏幕菜单中执行 "轴网柱子 | 墙生轴网" 命令（QSZW），然后根据命令行提示操作。

命令：QSZW　// 执行 "墙生轴网" 命令

请选取要从中生成轴网的墙体：// 选择相应的墙体

请选取要从中生成轴网的墙体：// 按空格键结束选择

指定对角点：找到 44 个　// 按空格键即可,如图 3-39 所示

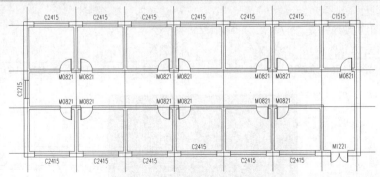

图 3-39　选择需要生成轴网的墙体

步骤 ④ 选定好待生成轴网的墙体后，按空格键或回车键即可，其效果如图 3-40 所示。

步骤 ⑤ 至此，该实例的墙生轴网已经绘制完成，按 "Ctrl+S" 组合键进行保存。

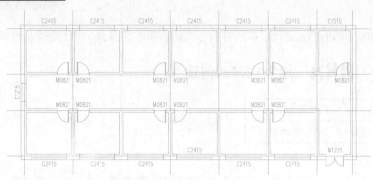

图 3-40　墙生轴网效果

实例总结

本实例讲解了某建筑墙生轴网的绘制，并详细介绍了执行该命令时，相应命令栏所提示的字样，这样可以让读者更简单明了地了解该命令的使用方法。

Example 实例 **089**　轴线的添加

素材	教学视频\03\轴线的添加.avi
	实例素材文件\03\轴线添加.dwg

实例概述

在绘制好的轴网平面图中，将某一根已经存在的轴线，根据实际情况将其向任意一侧添加一根新轴线，同时根据读者的选择是否将新添加的轴线赋予新的轴号，把新轴线和轴号一起融入到存在的参考轴号系统中，使之变成一整体。

操 作 步 骤

步骤①　正常启动 TArch 2013 软件，按 "Ctrl+O" 组合键，打开本书配套光盘 "实例素材文件\03\添加轴线平面图.dwg" 文件，如图 3-41 所示。

步骤②　执行 "文件│另存为" 菜单命令，将该文件另存为 "实例素材文件\03\添加轴线.dwg" 文件。

步骤③　在屏幕菜单中选择 "轴网柱子│添加轴线" 命令，在其 A 号轴线上方 1200mm 的距离添加一根轴线，其命令行如下，其操作步骤如图 3-42 所示。

命令：TJZW	// 执行 "添加轴网" 命令
选择参考轴线 <退出>：	// 选择 A 号参考轴线
新增轴线是否为附加轴线？[是(Y)/否(N)]<N>：**Y**	// 键入 "**Y**"
是否重排轴号？[是(Y)/否(N)]<Y>：**Y**	// 键入 "**Y**"
距参考轴线的距离<退出>：**1200**	// 鼠标指向上，并键入距离数值 **1200**

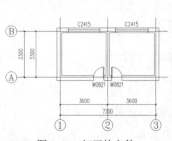

图 3-41　打开的文件

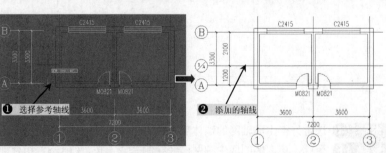

图 3-42　添加的轴线 1

此时命令栏提示，新增轴线是否为附加轴线?[是（Y）/否（N）]。其含义如下。

回应 Y，添加的轴线作为参考轴线的附加轴线，按规范要求标出附加轴号，如 1/1、2/1 等。

回应 N，添加的轴线作为一根主轴线插入到指定的位置，标出主轴号，其后轴号自动重排。

步骤 4 同样，在屏幕菜单中选择"轴网柱子 | 添加轴线"命令，按照前面的方法，在其 1、3 号轴线的内侧距 1800mm 的距离各添加一根轴线，效果如图 3-43 所示。

步骤 5 至此，添加的轴线已经完成，按"Ctrl+S"组合键进行保存。

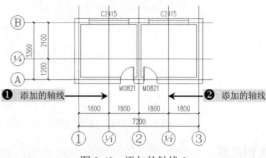

图 3-43　添加的轴线 2

单击"添加轴线"菜单命令后，对于圆弧轴网，与直线轴网添加轴线相似。

在"选择参考轴线<退出>:"提示下时，选取圆弧轴网上一根径向轴线即可，此时将显示"输入转角<退出>:"提示，输入转角度数或在图中点取即可。

在点取转角时，程序实时显示，可以随时拖动预览添加的轴线情况，点取后就会在指定位置处新增一条轴线。

实例总结

本实例讲解了在已有建筑平面图的基础上来添加轴线，以及弧形轴网中轴线的添加方法。

Example 实例 **090**　轴线的剪裁

素材	教学视频\03\轴线的剪裁.avi
	实例素材文件\03\轴线的剪裁.dwg

实例概述

对于平面图中已经生成的轴线对象，用户可以采用天正提供的"轴线剪裁"命令来对其一些轴线进行修剪操作，从而使其符合建筑施工图的要求。

操 作 步 骤

步骤 1 接前例，将已经保存的"添加轴线.dwg"文件另存为"轴线剪裁.dwg"。

步骤 2 在天正屏幕菜单中选择"轴网柱子 | 轴线剪裁"命令，再使用鼠标框选"1/1"附加轴线上部分的区域，使之被剪裁，如图 3-44 所示。

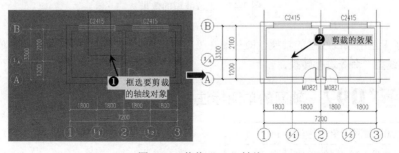

图 3-44　剪裁"1/1"轴线

步骤 ③ 按照前面相同的方法，再选择"轴网柱子 | 轴线剪裁"命令，使用鼠标框选"1/2"附加轴线上部分的区域，使之被剪裁，如图 3-45 所示。

步骤 ④ 同样，对"1/A"附加轴线中间部分的区域进行剪裁，如图 3-46 所示。

步骤 ⑤ 至此，该实例的轴线剪裁已经完成，按"Ctrl+S"组合键进行保存。

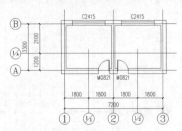
图 3-45　剪裁"1/2"轴线

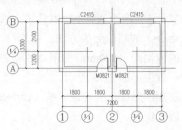
图 3-46　剪裁"1/A"轴线

实例总结

　　本实例讲解了某建筑的轴网平面图轴线剪裁的操作，即选择"轴网柱子 | 轴线剪裁"命令。

Example 实例 **091**　轴线的线型修改

素材	教学视频\03\轴线的线型修改.avi
	实例素材文件\03\轴线剪裁.dwg

实例概述

　　用户在创建轴网的过程中，系统自动创建轴网图层，默认情况下，其天正建筑软件采用的是"TArch"标准图层，其轴网图层的名称为"DOTE"；用户可以修改当前的图层标准为"GBT18112-2001"，其轴网图层的名称为"建筑-轴网"。

　　不论用户采用哪个图层标准，系统自动将创建的轴线对象以实线的方式显示出来，然后在建筑施工图中，轴网应以短划线的形式存在，这样以便与其他实线有区分。

　　幸好天正软件为用户提供了这么一个实线与虚线的转换功能，只要在"DOTE"或"建筑-轴网"图层中的对象，执行天正屏幕菜单中的"轴网柱子 | 轴改线型"命令，则该图层中的对象就会以实线与短划线的方式进行不断转换，如图 3-47 所示。

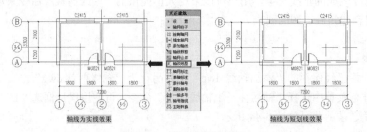
图 3-47　轴改线型的效果

实例总结

　　本实例讲解了天正中轴线线型的转换，即只要在"DOTE"或"建筑-轴网"图层中的对象，都可以通过"轴网柱子 | 轴改线型"命令进行转换。

Example 实例 **092**　轴网的单侧标注

素材	教学视频\03\轴网的单侧标注.avi
	实例素材文件\03\轴网的单侧标注.dwg

实例概述

　　轴网的标注包括轴号标注和尺寸标注，轴号可按规范要求用数字、大写字母、小写字母、双字母、双字母间隔连字符等方式标注，可适应各种复杂分区轴网的编号规则，系统按照《房屋建筑制图统一标准》7.0.4 条的规定，字母 I、O、Z 不用于轴号，这样会与数字中的 1、0、2 混淆，所以在排序时系统会自动跳过这些字母。

操作步骤

步骤 ① 正常启动 TArch 2013 软件，按"Ctrl+O"组合键，打开本书配套光盘"实例素材文件\03\客房平面图.dwg"文件，如图 3-48 所示。

步骤 ② 执行"文件 | 另存为"菜单命令，将该文件另存为"实例素材文件\03\轴网的单侧标注.dwg"文件。

步骤 ③ 在天正屏幕菜单中选择"轴网柱子 | 轴网标注"命令（ZWBZ），弹出"轴网标注"对话框，选择"单侧标注"单选项。

步骤 ④ 使用鼠标在视图中选择最左侧和最右侧的两条垂直轴线，所相邻的垂直轴线呈现被选中状态，按空格键结束，则即可在下侧对其进行轴网标注，如图 3-49 所示。

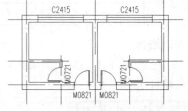

图 3-48　打开的文件

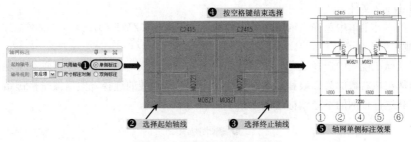

图 3-49　轴网下侧的标注效果

步骤 ⑤ 紧接着继续选择左侧的最下方和最上方的两条水平轴线，然后按空格键结束，即可在左侧进行轴网标注，如图 3-50 所示。

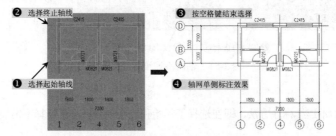

图 3-50　轴网左侧的标注效果

步骤 ⑥ 至此，该实例的轴网单侧标注已经完成，按"Ctrl+S"组合键进行保存。

实例总结

　　本实例讲解了某轴网单侧的轴网标注方法，即选择"单侧标注"选项。

软件技能——"轴网标注"对话框中各项含义

　　在"轴网标注"对话框中，其各项含义如下。

● 起始轴号：希望起始轴号不是默认值 1 或者 A 时，可在此处键入自定义的起始轴号，可以使用字母和数字组合轴号。

● 共用轴号：勾选后表示起始轴号由所选择的已有轴号后继数字或字母决定。

● 轴号规则：使用字母和数字的组合表示分区轴号，共有两种情况，"变前项"和"变后项"，一般默认"变后项"。

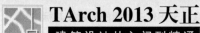

- 尺寸标注对侧：用于单侧标注，勾选此复选框，尺寸标注不在轴线选取一侧标注，而在另一侧标注。
- 单侧标注：表示在当前选择一侧的开间（进深）标注轴号和尺寸。
- 双侧标注：表示在两侧的开间（进深）均标注轴号和尺寸。

Example 实例 **093** 轴网的不连续标注

素材	教学视频\03\轴网的不连续标注.avi
	实例素材文件\03\轴网的不连续标注.dwg

实例概述

在进行轴网标注时，如果对某一轴线不需要标注时，可根据命令栏提示选择不需要被标注的轴线，取消选择即可。

操 作 步 骤

步骤 ① 正常启动 TArch 2013 软件，按"Ctrl+O"组合键，打开本书配套光盘"实例素材文件\03\客房平面图.dwg"文件。

步骤 ② 在天正屏幕菜单中选择"轴网柱子 | 轴网标注"命令（ZWBZ），弹出"轴网标注"对话框，选择"单侧标注"单选项。

步骤 ③ 使用鼠标在视图中选择最左侧和最右侧的两条垂直轴线，所相邻的垂直轴线呈现被选中状态，再选择从左往右数的第 2 根和第 5 根轴线，即取消该轴线的选择，然后按空格键结束，则即可在下侧对其进行轴网的不连续标注，如图 3-51 所示。

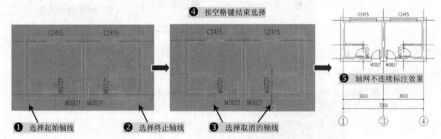

图 3-51　轴网不连续标注效果

实例总结

本实例讲解了轴网的不连续标注方法，即在选择了起始和终止轴线后，再选择不需要标注的轴线对象即可。

Example 实例 **094** 轴网的双侧标注

素材	教学视频\03\轴网的双侧标注.avi
	实例素材文件\03\轴网的双侧标注.dwg

实例概述

用户在对建筑施工图进行标注时，有时需要对其进行双侧的标注，TArch 天正建筑软件为用户提供了"双侧标注"选项功能。

操 作 步 骤

步骤 ① 正常启动 TArch 2013 软件，按"Ctrl+O"组合键，打开本书配套光盘"实例素材文件\03\客房平

面图.dwg"文件

步骤② 执行"文件 | 另存为"菜单命令，将该文件另存为"实例素材文件\03\轴网的双侧标注.dwg"文件。

步骤③ 在天正屏幕菜单中选择"轴网柱子 | 轴网标注"命令（ZWBZ），弹出"轴网标注"对话框，选择"双侧标注"单选项。

步骤④ 使用鼠标在视图中选择最左侧和最右侧的两条垂直轴线，所相邻的垂直轴线呈现被选中状态，按空格键结束，则即可在上、下两侧对其进行轴网标注，如图 3-52 所示。

步骤⑤ 同样，再对其左右两侧进行尺寸标注，如图 3-53 所示。

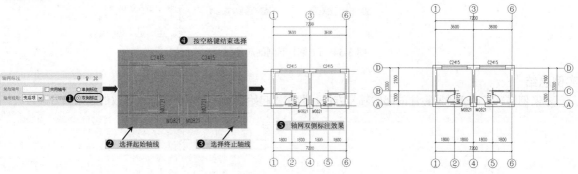

图 3-52　轴网双侧的标注效果　　　　　图 3-53　轴网双侧的标注效果

步骤⑥ 至此，该实例的轴网双侧标注已经完成，按"Ctrl+S"组合键进行保存。

实例总结

本实例讲解了某轴网双侧的轴网标注方法，即选择"双侧标注"选项。

Example 实例 095　改变轴网标注的起始轴号

素材	教学视频\03\改变轴网标注的起始轴号.avi
	实例素材文件\03\改变起始轴号.dwg

实例概述

在进行轴网标注时，其上下侧的起始轴号为 1，左右侧的起始轴号为 A。而"轴网标注"对话框中提供了"起始轴号"选项，用户可以根据需要来改变起始轴号。

操 作 步 骤

步骤① 正常启动 TArch 2013 软件，按"Ctrl+O"组合键，打开本书配套光盘"实例素材文件\03\客房平面图.dwg"文件

步骤② 执行"文件 | 另存为"菜单命令，将该文件另存为"实例素材文件\03\改变始起轴号.dwg"文件。

步骤③ 在天正屏幕菜单中选择"轴网柱子 | 轴网标注"命令（ZWBZ），弹出"轴网标注"对话框，在"始起轴号"文本框中输入 10，再选择"双侧标注"单选项。

步骤④ 使用鼠标在视图中选择最左侧和最右侧的两条垂直轴线，所相邻的垂直轴线呈现被选中状态，按空格键结束，则即可在上、下两侧对其进行轴网标注，如图 3-54 所示。

步骤⑤ 同样，修改"始起轴号"为"D"，然后对其左右侧的轴线进行轴网标注，其效果如图 3-55 所示。

步骤⑥ 至此，改变轴网标注的起始轴号已经完成，按"Ctrl+S"组合键进行保存。

技巧提示——轴网标注注意

在进行轴网标注时，根据相关的统一标准，其上下两侧起始和终点轴号是从左至右的，则左右两侧起始和终点轴号是从下至上的，这里请读者注意。

如是带弧形的轴网需要标注，同样与标注直线轴网方法一样，选定起始和终点轴线即可。

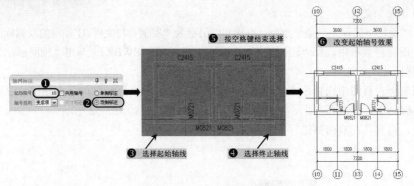

图 3-54　改变上下侧的起始轴号

实例总结

本实例讲解了改变轴网标注的起始轴号方法，即在"起始轴号"文本框中输入修改的起始轴号即可。

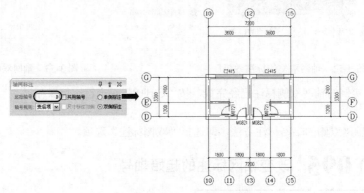

图 3-55　改变左右侧的起始轴号

Example 实例 **096**　调整轴网标注的位置

素材	教学视频\03\调整轴网标注的位置.avi
	实例素材文件\03\调整轴网标注的位置.dwg

实例概述

用户在进行轴网标注的时候，默认情况下只标注轴网的第二、三道尺寸，而第一道尺寸标注并没有标注出来，从而就显得轴线与尺寸标注之间的间隔比较大，这时用户可以选择该标注对象，通过夹点的方式来改变位置。

操 作 步 骤

步骤 ① 正常启动 TArch 2013 软件，按"Ctrl+O"组合键，打开本书配套光盘"实例素材文件\03\改变始起轴号.dwg"文件

步骤 ② 执行"文件 | 另存为"菜单命令，将该文件另存为"实例素材文件\03\调整轴网标注的位置.dwg"文件。

步骤 ③ 使用鼠标选择下侧的第二道尺寸标注对象，则该标注对象被选中，且显示多个夹点对象，使用鼠标选择"移动尺寸线"夹点对象，如图 3-56 所示。

步骤 ④ 这时用户将其夹点选中并向上拖动，如图 3-57 所示，使之符合用户的要求后单击"确定"按钮，如图 3-58 所示。

步骤 ⑤ 按照相同的方法，对其下侧的第三道尺寸线也作相应的调整，如图 3-59 所示。

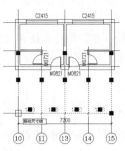
图 3-56　显示标注夹点

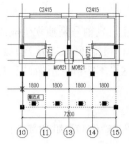
图 3-57　拖动"移动尺寸线"夹点

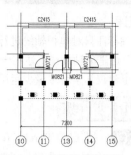
图 3-58　改变位置的标注

步骤 6　按照相同的方法，对上侧的第二、三道尺寸线也作相应的调整，如图 3-60 所示。

步骤 7　再使用鼠标选择上侧轴号标注对象，使用鼠标选中"改单侧线线长度"夹点，并向下拖动到合适的位置后单击，如图 3-61 所示。

步骤 8　同样，再将下侧的轴号标注对象向上拖动到合适的位置后单击，如图 3-62 所示。

步骤 9　至此，该实例通过夹点方式来修改轴网标注的位置已经完成，按"Ctrl+S"组合键进行保存。

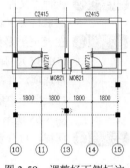
图 3-59　调整好下侧标注

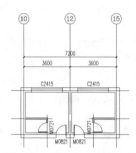
图 3-60　调整好上侧标注

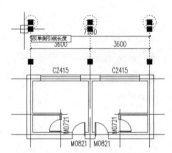
图 3-61　调整好上侧轴号标注

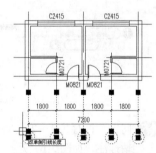
图 3-62　调整好下侧轴号标注

软件技能——轴号夹点各项参数

　　轴号在位编辑支持夹点操作，其夹点各项含义如图 3-63 所示。

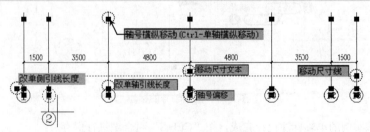
图 3-63　夹点各项含义说明

实例总结

　　本实例讲解了调整轴网标注位置的方法，即通过标注对象的相应夹点来进行拖动调整。

Example 实例 **097**　单轴的标注

素材	教学视频\03\单轴的标注.avi
	实例素材文件\03\单轴标注.dwg

实例概述

单轴标注只对单根轴线进行轴号的标注，且轴号是独立生成的，不与已经存在的轴号系统和尺寸系统发生关联。这里单轴标注不适用于一般的平面图的轴网，常用于立面图与剖面图、详图等个别单独的轴线标注。因此这里建议初学者尽量少运用该命令，这里本实例也不做过多的讲解。

操 作 步 骤

步骤 ① 正常启动 TArch 2013 软件，按"Ctrl+O"组合键，打开本书配套光盘"实例素材文件\03\客房立面图.dwg"文件，如图 3-64 所示。

步骤 ② 执行"文件 | 另存为"菜单命令，将该文件另存为"实例素材文件\03\单轴标注.dwg"文件。

步骤 ③ 在天正屏幕菜单中选择"轴网柱子 | 单轴标注"命令（DZBZ），弹出"单轴标注"对话框，选择"单轴号"单选项，并在"轴号"文本框中输入 3，然后使用鼠标捕捉图形中最右侧下端的轴号，即可进行单轴标注，如图 3-65 所示。

图 3-64 打开的文件

步骤 ④ 同样，再分别对其他另外两根轴线进行单轴标注，如图 3-66 所示。

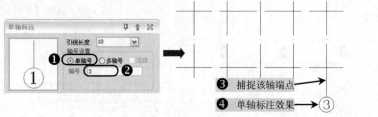

图 3-65 单轴标注 1

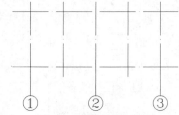

图 3-66 单轴标注 2

步骤 ⑤ 同样，再对其 1～2 之间的轴线进行"1/1"的单轴标注，对其 2～3 之间的轴线进行"1/2"的单轴标注，如图 3-67 所示。

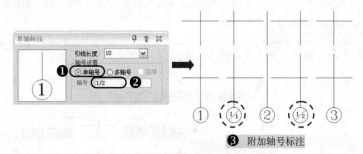

图 3-67 附加轴号的标注

步骤 ⑥ 至此，该实例的单轴标注已经完成，按"Ctrl+S"组合键进行保存。

实例总结

本实例讲解了轴网单轴标注的方法，即执行"轴网柱子 | 单轴标注"命令（DZBZ）。

Example 实例 098 单轴的多轴号标注

素材	教学视频\03\单轴的多轴号标注.avi
	实例素材文件\03\单轴的多轴号标注.dwg

实例概述

在建筑施工图的立面、剖面和详图中，经常会看见其一根轴线上有多个轴号，在天正中可以通过单轴标注的多轴号标注来完成该功能。

操 作 步 骤

步骤① 正常启动 TArch 2013 软件，按"Ctrl+O"组合键，打开本书配套光盘"实例素材文件\03\客房立面图.dwg"文件。

步骤② 执行"文件 | 另存为"菜单命令，将该文件另存为"实例素材文件\03\单轴的多轴号标注.dwg"文件。

步骤③ 在天正屏幕菜单中选择"轴网柱子 | 单轴标注"命令（DZBZ），弹出"单轴标注"对话框。

步骤④ 当选择"多轴号"单选项后，进行标注的轴号有以下几种效果，如图 3-68 所示。

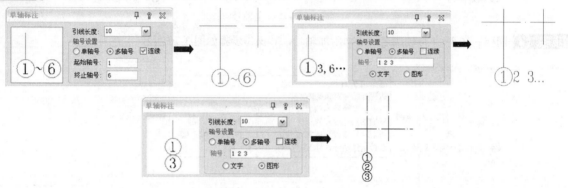

图 3-68　"多轴号"标注效果

专业技能——单轴标注

单轴标注不适用于一般的平面图轴网，常用于立面与剖面、详图等个别单独的轴线标注，按照制图规范的要求，可以选择几种图例进行表示，如果轴号编辑框内不填写轴号，则创建空轴号。

本命令创建的对象编号是独立的，其编号与其他轴号没有关联，如需要与其他轴号对象有编号关联，请使用"添补轴号"命令。

步骤⑤ 至此，该实例的单轴的多轴号标注已经完成，按"Ctrl+S"组合键进行保存。

实例总结

本实例讲解了轴网单轴多轴号标注的方法，即在"单轴标注"对话框中选择"多轴号"单选项即可。

Example 实例 **099**　轴号的添补操作

素材	教学视频\03\轴号的添补操作.avi
	实例素材文件\03\添补的轴号.dwg

实例概述

用户在绘制好的平面图中，可根据图形的需要进行适当的修改，以及添加一些轴线及轴号对象，这时用户可以通过"添补轴号"命令来进行操作。

操 作 步 骤

步骤① 正常启动 TArch 2013 软件，按"Ctrl+O"组合键，打开本书配套光盘"实例素材文件\03\轴号的不连续标注.dwg"文件。

步骤② 执行"文件 | 另存为"菜单命令，将该文件另存为"实例素材文件\03\添补的轴号.dwg"文件。

步骤 ③ 在天正屏幕菜单中选择"轴网柱子 | 添补轴号"命令（TBZH），根据命令行提示进行操作，其操作步骤如图 3-69 所示。

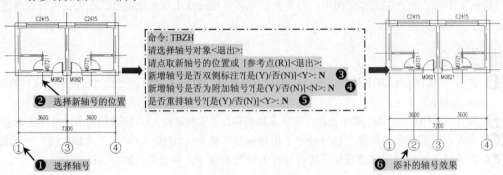

图 3-69　添补主轴号

步骤 ④ 同样，在 3～4 号轴线之间添加附加轴号，其操作步骤如图 3-70 所示。

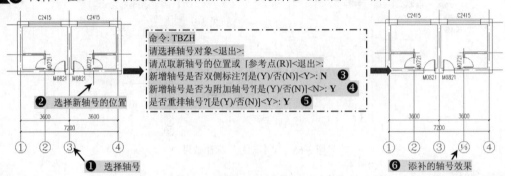

图 3-70　添补附加轴号

步骤 ⑤ 至此，该实例添补的轴号已经完成，按"Ctrl+S"组合键进行保存。

实例总结

　　本实例讲解了添补轴号的操作方法，即选择"轴网柱子 | 添补轴号"命令（TBZH）即可。

Example 实例 **100** 轴号的删除操作

素材	教学视频\03\轴号的删除操作.avi
	实例素材文件\03\删除的轴号.dwg

实例概述

　　在建筑施工图中，如果某些轴号是多余的，这时可以将其删除，天正软件中提供了"删除轴号"命令。

操 作 步 骤

步骤 ① 正常启动 TArch 2013 软件，按"Ctrl+O"组合键，打开本书配套光盘"实例素材文件\03\添补的轴号.dwg"文件。

步骤 ② 执行"文件 | 另存为"菜单命令，将该文件另存为"实例素材文件\03\删除的轴号.dwg"文件。

步骤 ③ 在天正屏幕菜单中选择"轴网柱子 | 删除轴号"命令（SCZH），根据命令行提示进行操作，其操作步骤如图 3-71 所示。

步骤 ④ 至此，该实例轴号的删除已经操作完成，按"Ctrl+S"组合键进行保存。

实例总结

　　本实例讲解了删除轴号的操作方法，即选择"轴网柱子 | 删除轴号"命令（SCZH）即可。

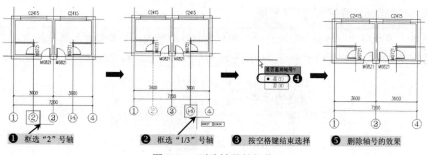

❶ 框选 "2" 号轴　　❷ 框选 "1/3" 号轴　❸ 按空格键结束选择　　❺ 删除轴号的效果

图 3-71　删除轴号的操作

Example 实例 **101**　一轴多号的操作

素材	教学视频\03\一轴多号的操作.avi
	实例素材文件\03\一轴多号.dwg

实例概述

　　"一轴多号"用于平面图中同一部分由多个分区公用的情况，利用多个轴号共用一根轴线可以节省图面和工作量，本命令将已有轴号作为源轴号进行多排复制，用户进一步对各排轴号编辑以获得新轴号系列。

操 作 步 骤

步骤 ❶ 正常启动 TArch 2013 软件，按 "Ctrl+O" 组合键，打开本书配套光盘 "实例素材文件\03\添补的轴号.dwg" 文件。

步骤 ❷ 执行 "文件｜另存为" 菜单命令，将该文件另存为 "实例素材文件\03\一轴多号.dwg" 文件。

步骤 ❸ 在天正屏幕菜单中选择 "轴网柱子｜一轴多号" 命令（YZDH），按照图 3-72 所示的操作，即可进行一轴多号操作。

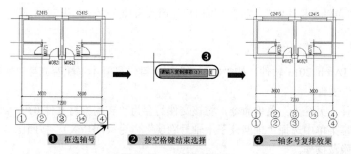

❶ 框选轴号　　　❷ 按空格键结束选择　　　❹ 一轴多号复排效果

图 3-72　一轴多号操作

步骤 ❹ 框选轴号的过程中，如果在命令行中选择 "框选轴圈局部操作（F）" 选项，这时只框选 "1"、"2" 号轴，则只对框选的局部轴圈进行复排轴号，如图 3-73 所示

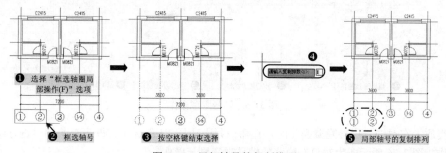

❶ 选择 "框选轴圈局部操作(F)" 选项　　❸ 按空格键结束选择　　❺ 局部轴号的复制排列
❷ 框选轴号

图 3-73　局部轴号的复制排列

软件技能——一轴多号时是否忽略附轴号

默认情况下，在执行"一轴多号"操作时，不会复制附加轴号。如果需要复制附加轴号，请先在"天正选项"对话框的"高级选项"选项卡中将"轴线→轴号→一轴多号忽略附加轴号"设为否，如图3-74所示。

图 3-74   一轴多号时是否忽略附轴号

步骤 ⑤ 至此，该实例一轴多号的操作已经完成，按"Ctrl+S"组合键进行保存。

实例总结

本实例讲解了一轴多号的操作方法，即选择"轴网柱子 | 一轴多号"命令（YZDH）即可。

Example 实例 102   轴号隐现的操作

素材	教学视频\03\轴号隐现的操作.avi
	实例素材文件\03\轴号隐现.dwg

实例概述

"轴号隐现"命令用于在平面轴网中控制单个或多个轴号的隐藏与显示，其功能相当于轴号的对象编辑操作中的"变标注侧"和"单轴变标注侧"，为了方便用户使用改为独立命令，从2013开始两者功能完全兼容。

操 作 步 骤

步骤 ① 正常启动 TArch 2013 软件，按"Ctrl+O"组合键，打开本书配套光盘"实例素材文件\03\添补的轴号.dwg"文件。

步骤 ② 执行"文件 | 另存为"菜单命令，将该文件另存为"实例素材文件\03\一轴多号.dwg"文件。

步骤 ③ 在天正屏幕菜单中选择"轴网柱子 | 轴号隐现"命令（DHYX），按照图3-75所示的操作，即可进行轴号隐藏操作。

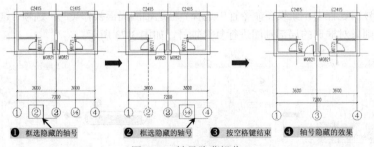

❶ 框选隐藏的轴号   ❷ 框选隐藏的轴号   ❸ 按空格键结束   ❹ 轴号隐藏的效果

图 3-75   轴号隐藏操作

步骤 ④ 实质上在对轴号进行隐藏操作时，在命令行中选择"F"选项，即可对其轴号进行隐藏或显示操作。图3-76所示即为对已有隐藏的轴号进行显示操作。

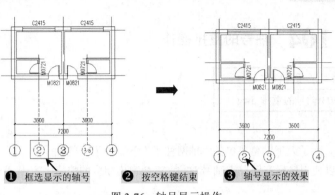

❶ 框选显示的轴号　　**❷** 按空格键结束　　**❸** 轴号显示的效果

图 3-76　轴号显示操作

步骤 ❺ 至此，该实例轴号隐藏操作已经完成，按 "Ctrl+S" 组合键进行保存。

实例总结

本实例讲解了轴号隐现的操作方法，即选择 "轴网柱子 | 轴号隐现" 命令（DHYX）即可。

Example 实例 103　轴号的主附转换操作

素材	教学视频\03\轴号的主附转换操作.avi
	实例素材文件\03\轴号的主附转换.dwg

实例概述

"主附转换" 命令用于在平面图中将主轴号转换为附加轴号，或者反过来将附加轴号转换回主轴号，本命令的重排模式可对轴号编排方向的所有轴号进行重排。

操 作 步 骤

步骤 ❶ 正常启动 TArch 2013 软件，按 "Ctrl+O" 组合键，打开本书配套光盘 "实例素材文件\03\添补的轴号.dwg" 文件。

步骤 ❷ 执行 "文件 | 另存为" 菜单命令，将该文件另存为 "实例素材文件\03\轴号的主附转换.dwg" 文件。

步骤 ❸ 在天正屏幕菜单中选择 "轴网柱子 | 主附转换" 命令（ZFZH），按照图 3-77 所示的操作，即可进行轴号的主附转换操作。

步骤 ❹ 如果在命令行中选择 "主号变附（F）" 选项，则将选择的主号转换为附号，如图 3-78 所示。

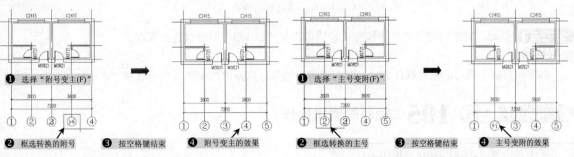

图 3-77　附号变主操作　　　　　　　图 3-78　主号变附操作

步骤 ❺ 至此，该实例轴号主附转换操作已经完成，按 "Ctrl+S" 组合键进行保存。

实例总结

本实例讲解了轴号主附转换的操作方法，即选择 "轴网柱子 | 主附转换" 命令（ZFZH）即可。

Example 实例 104 轴号的重排操作

素材	教学视频\03\轴号的重排操作.avi
	实例素材文件\03\轴号的重排.dwg

实例概述

在天正软件环境中，除了天正屏幕菜单的"轴网柱子"下提供了一些轴号编辑功能外，用户可以使用鼠标右键单击轴号对象，将会弹出相应的快捷菜单，如图 3-79 所示。

"重排轴号"命令在所选择的一个轴号对象（包括轴线两端）中，从所选轴号开始，对轴网的开间（或进深）按输入的新轴号重新排序，方向默认从左到右或从下到上，在此新轴号左（下）方的其他轴号不受本命令影响。应注意：轴号对象事先执行过倒排轴号，则重排轴号的排序方向按当前轴号的排序方向。

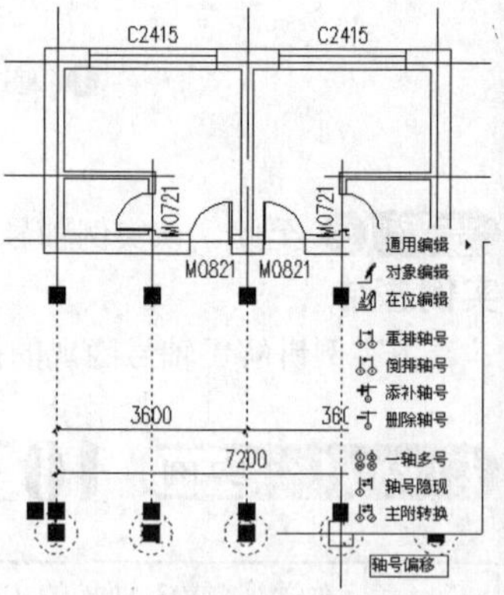

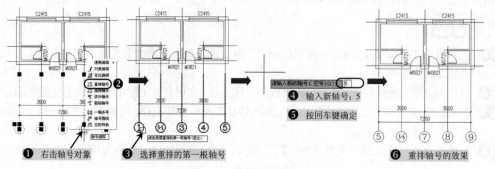

图 3-79 轴号相应的编辑命令

操作步骤

步骤 ① 正常启动 TArch 2013 软件，按"Ctrl+O"组合键，打开本书配套光盘"实例素材文件\03\轴号的主附转换.dwg"文件。

步骤 ② 执行"文件 | 另存为"菜单命令，将该文件另存为"实例素材文件\03\轴号的重排.dwg"文件。

步骤 ③ 使用鼠标右键单击已经标注的轴号对象，从弹出的快捷菜单中选择"重排轴号"命令，选择左侧第一个轴号"1"，然后输入新的轴号为 5，再按回车键即可，如图 3-80 所示。

❶ 右击轴号对象　　❸ 选择重排的第一根轴号　　❹ 输入新轴号：5　　❺ 按回车键确定　　❻ 重排轴号的效果

图 3-80 重排轴号操作

步骤 ④ 至此，该实例轴号的重排操作已经完成，按"Ctrl+S"组合键进行保存。

实例总结

本实例讲解了轴号的重排操作方法，即右键单击轴号，从弹出的快捷菜单中选择"重排轴号"命令即可。

Example 实例 105 轴号的倒排操作

素材	教学视频\03\轴号的倒排操作.avi
	实例素材文件\03\轴号的倒排.dwg

实例概述

在进行轴网标注的时候，其轴号一般是按从左向右、从下至上的编排顺序来的，然后天正为用户提供了"倒排轴号"命令，使之轴号的编排顺序从右向左、从上至下。

接前例，右键单击下侧的轴号对象，从弹出的快捷菜单中选择"倒排轴号"命令，即对当前的轴号进行了倒排操作，如图 3-81 所示。

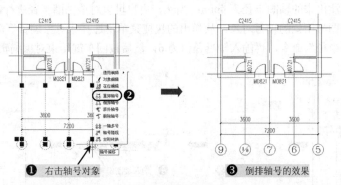

❶ 右击轴号对象　　　　　　　　❸ 倒排轴号的效果

图 3-81　倒排轴号操作

实例总结

本实例讲解了轴号的倒排操作方法，即右键单击轴号，从弹出的快捷菜单中选择"倒排轴号"命令即可。

Example 实例 **106** 轴号的在位编辑

素材	教学视频\03\轴号的在位编辑.avi
	实例素材文件\03\轴号的重排.dwg

实例概述

对于一些轴号对象，用户可以通过手工的方式来输入其中的轴号。

接前例，右键单击图形下侧"1/8"轴号对象，从弹出的快捷菜单中选择"在位编辑"命令，该轴号即呈在位编辑状态，然后手工输入"1/7"，然后按"Tab"键，跳转至"9"号轴，在其手工输入"8"，然后按回车键结束在位编辑状态，如图 3-82 所示。

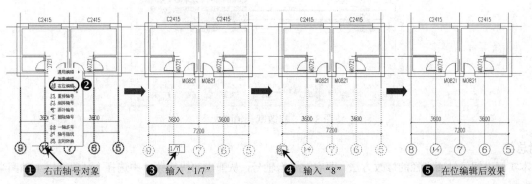

❶ 右击轴号对象　　❸ 输入"1/7"　　❹ 输入"8"　　❺ 在位编辑后效果

图 3-82　轴号的在位编辑

实例总结

本实例讲解了轴号的在位编辑操作方法，即右键单击轴号，从弹出的快捷菜单中选择"在位编辑"命令即可。

Example 实例 **107** 轴圈半径的修改

素材	教学视频\03\轴圈半径的修改.avi
	实例素材文件\03\轴号的重排.dwg

实例概述

建筑施工图中的轴圈大小是有一定规定的，如果不按照规定来操作的话，所制作出来的图形就不规范。默认情况下，天正所标注出来的轴圈半径为4mm；当然，用户可以对该轴圈半径进行修改。

接前例，右键单击图形下侧的轴号对象，从弹出的快捷菜单中选择"对象编辑"命令，随后会弹出另一浮动菜单，选择"轴圈半径"命令，再输入轴半径值为6，然后按回车键结束对象编辑，如图3-83所示。

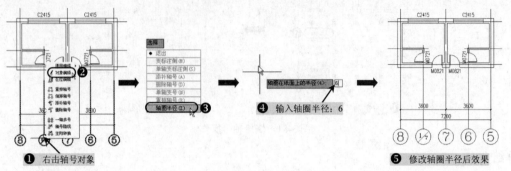

图3-83　修改轴圈半径

软件技能——默认轴圈大小的调整

实质上用户可以通过"天正选项"对话框来对其轴圈的大小进行调整，在"高级选项"选项卡中，展开"轴线 | 轴号 | 轴圈直径"，在其后输入轴圈直径值即可，如图3-84所示。

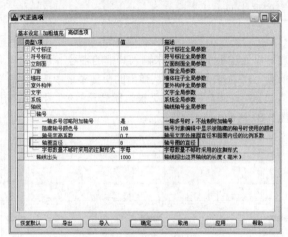

图3-84　修改默认轴圈大小

实例总结

本实例讲解了轴圈半径的修改方法，即右键单击轴号，从弹出的快捷菜单中选择"对象编辑 | 轴圈半径"命令即可。

第4章 天正建筑墙体的创建与编辑

- **本章导读**

墙体是天正建筑软件中的核心对象，它模拟实际墙体的专业特性构建而成，因此可实现墙角的自动修剪、墙体之间按材料特性连接、与柱子和门窗互相关联等智能特性。墙体是建筑房间的划分依据，因此理解墙对象的概念非常重要。

一个墙对象是指柱间或墙角间具有相同特性的一段直墙或弧墙单元，墙对象与柱子围合而成的区域就是房间，墙对象中的"虚墙"作为逻辑构件，围合建筑中挑空的楼板边界与功能划分的边界（如同一空间内餐厅与客厅的划分），可以查询得到各自的房间面积数据。

- **本章内容**

■ 建筑墙体的概述	■ 等分加墙操作	■ "玻璃幕墙编辑"对话框的含义
■ 建筑墙体的分类	■ 墙体分段操作	■ 改墙厚操作
■ 建筑墙体的厚度	■ 幕墙转换操作	■ 改外墙厚操作
■ 建筑砖墙的砌法	■ 墙体造型操作	■ 改高度操作
■ 建筑墙体的细部构造	■ 净距偏移操作	■ 改外墙高操作
■ 建筑墙体工程量计算方法	■ 倒墙角操作	■ 平行生线操作
■ 天正墙体的概念	■ 倒斜角操作	■ 墙端封口操作
■ 墙基线的概念与转换	■ 修墙角操作	■ 墙面 UCS 操作
■ 墙体的分类与特性	■ 基线对齐操作	■ 异形立面操作
■ 天正直墙的创建	■ 墙柱保温操作	■ 矩形立面操作
■ "绘制墙体"对话框的含义	■ 边线对齐操作	■ 识别内外墙操作
■ 天正弧墙的创建	■ 墙齐屋顶操作	■ 指定内墙操作
■ 天正矩形墙的创建	■ 普通墙的编辑操作	■ 指定外墙操作
■ 拾取墙体参数绘墙	■ 特性匹配操作	■ 加亮外墙操作
■ 通过单线变墙	■ 玻璃幕墙的编辑	

Example 实例 **108** 建筑墙体的概述

实例概述

墙体是建筑物的重要组成部分，它的作用是承重、围护或分隔空间。墙体按墙体受力情况和材料分为承重墙和非承重墙，按墙体构造方式分为实心墙、烧结空心砖墙、空斗墙和复合墙。

在进行建筑墙的设计时，要符合以下的要求。

（1）具有足够的承载力和稳定性。

（2）具有保温、隔热性能。

（3）具有隔声性能。

（4）符合防火要求。

（5）符合防潮、防水要求。

（6）符合建筑工业化要求。

在建筑结构方面，应满足横墙承重方案、纵墙承重方案、纵横墙承重方案、半框架承重方案、墙体承载力和稳定性等要求。

在建筑墙体的功能方面，应满足保温要求、隔热要求、隔声要求及其他方面要求（防火、防潮、防水、建筑工业化要求）。

实例总结

本实例讲解了建筑墙体的作用，以及建筑墙体的设计和结构设计应满足的要求。

Example 实例 109 建筑墙体的分类

实例概述

建筑墙体按照不同的方法有多种分类方法，下面就按照不同的分类方法来进行讲解。

1. 按墙体材料分类

● 砖墙。用作墙体的砖有普通黏土砖、黏土多孔砖、黏土空心砖、焦碴砖等。黏土砖用黏土烧制而成，有红砖、青砖之分；焦渣砖用高炉硬矿渣和石灰蒸养而成。

● 加气混凝土砌块墙。加气混凝土是一种轻质材料，其成分是水泥、砂子、磨细矿渣、粉煤灰等，用铝粉作发泡剂，经蒸养而成。加气混凝土具有体积质量轻、隔音、保温性能好等特点，这种材料多用于非承重的隔墙及框架结构的填充墙。

● 石材墙。石材是一种天然材料，主要用于山区和产石地区。石材墙分为乱石墙、整石墙和包石墙等。

● 板材墙。板材墙以钢筋混凝土板材、加气混凝土板材为主，玻璃幕墙亦属此类。

● 整体墙。框架内现场制作的整块式墙体，无砖缝、板缝，整体性能突出，主要用材以轻集料钢筋混凝土为主，操作工艺为喷射混凝土工艺，整体强度略高于其他结构，再加上合理的现场结构设计，特适用于地震多发区、大跨度厂房建设和大型商业中心隔断。

各种材料的砖墙效果如图 4-1～图 4-5 所示。

图 4-1 砖墙　　图 4-2 加气混凝土砌墙　　图 4-3 石材墙　　图 4-4 板材墙　　图 4-5 整体墙

2. 按墙体位置分类

墙体按所在位置一般分为外墙及内墙两大部分，每部分又各有纵、横两个方向，这样共形成四种墙体，即纵向外墙、横向外墙（又称山墙）、纵向内墙、横向内墙。

3. 按墙体受力分类

墙体根据结构受力情况不同，有承重墙和非承重墙之分。凡直接承受上部屋顶、楼板所传来荷载的墙称为承重墙；凡不承受上部荷载的墙称为非承重墙，非承重墙包括隔墙、填充墙和幕墙。隔墙起分隔室内空间的作用，应满足隔声、防火等要求，其重量由楼板或梁承受；填充墙一般填充在框架结构的柱墙之间；幕墙则是悬挂于外部骨架或楼板之间的轻质外墙。外部的填充墙和幕墙承受风荷载和地震荷载。

4. 按墙体构造分类

墙体按构造方式不同，可以分为实体墙、空体墙，复合墙。实体墙：单一材料（砖、石块、混凝土和钢筋混凝土等）和复合材料（钢筋混凝土与加气混凝土分层复合、黏土砖与焦渣分层复合等）砌筑的不留空隙的墙体；空体墙内留有空腔，如空斗墙；复合墙：是由两种或两种以上材料组合而成的墙体。

实例总结

本实例讲解了建筑墙体的不同分类介绍，即按墙体材料分类、按墙体位置分类、按墙体受力分类、按墙体构造分类。

Example 实例 110 建筑墙体的厚度

实例概述

砖墙的厚度以我国标准黏土砖的长度为单位，我国现行黏土砖的规格是 240mm×115mm×53mm（长×

宽×厚），连同灰缝厚度 10mm 在内，砖的规格形成"长：宽：厚=4：2：1"的关系。同时，在 1m 长的砌体中有 4 个砖长、8 个砖宽、16 个砖厚，这样在 1m 的砌体中的用砖量为 4×8×16=512 块，用砂浆量为 0.26m。

现行墙体厚度用砖长作为确定依据，常用的有以下几种。

- 半砖墙：图纸标注为 120mm，实际厚度为 115mm。
- 一砖墙：图纸标注为 240mm，实际厚度为 240mm。
- 一砖半墙：图纸标注为 370mm，实际厚度为 365mm。
- 二砖墙：图纸标注为 490mm，实际厚度为 490mm。
- 3/4 砖墙：图纸标注为 180mm，实际厚度为 180mm。

其他墙体，如钢筋混凝土板墙、加气混凝土墙体等均应符合模数的规定。钢筋混凝土板墙用作承重墙时，其厚度为 160mm 或 180mm；用作隔断墙时，其厚度为 50mm。加气混凝土墙体用于外围护墙时，其厚度为 200mm～250mm；用于隔断墙时，其厚度为 100mm～150mm。

实例总结

本实例先讲解了黏土砖的规格、形成关系、用砖量的计算，再讲解了常用墙体的厚度，最后讲解了钢筋混凝土板墙、加气混凝土墙体等的规格厚度。

Example 实例 111　建筑砖墙的砌法

实例概述

砖墙的砌法是指砖块在砌体中的排列组合方法，应满足横平竖直、砂浆饱满、错缝搭接、避免通缝等基本要求，以保证墙体的强度和稳定性。

- 一顺一丁式。这种砌法是一层砌顺砖、一层砌丁砖，相间排列，重复组合。在转角部位要加设 3/4 砖（俗称七分头）进行过渡。这种砌法的特点是搭接好、无通缝、整体性强，因而应用较广。
- 全顺式。这种砌法每皮均为顺砖组砌。上下皮左右搭接为半砖，它仅适用于半砖墙。
- 顺丁相间式。这种砌法是由顺砖和丁砖相间铺砌而成的。这种砌法的墙厚至少为一砖墙，它整体性好，且墙面美观。
- 多顺一丁式。这种砌法通常有三顺一丁和五顺一丁之分，其做法是每隔三皮顺砖或五皮顺砖加砌一皮丁砖相间叠砌而成。多顺一丁砌法的问题是存在通缝。

实例总结

本实例讲解了建筑砖墙的砌法要求，以及不同砖墙的砌法要点。

Example 实例 112　建筑墙体的细部构造

实例概述

在建筑墙体的构造当中，若开启洞口、所处位置等不同时，会采用其他的建筑构件来进行辅助。

1．过梁

当墙体上开设门窗洞口时，为了支撑洞口上部砌体所传来的各种荷载，并将这些荷载传给两侧墙体，常在门窗洞口上设置横梁，即过梁。过梁上的荷载一般呈三角形分布，为计算方便，可以把三角形折算成 1/3 洞口宽度，过梁只承受其上部 1/3 洞口宽度的荷载，因而过梁的断面不大，梁内配筋也较少。过梁一般可分为钢筋混凝土过梁、砖拱（平拱、弧拱和半圆拱）、钢筋砖过梁等几种。

2．窗台

窗洞口的下部应设置窗台。窗台分悬挑窗台和不悬挑窗台，根据窗的安装位置可形成内窗台和外窗台。外窗台是为了防止在窗洞底部积水，并流向室内。内窗台则是为了排除窗上的凝结水，以保护室内墙面，以及存放东西、摆放花盆等。窗台的底面檐口处，应做成锐角形或半圆凹槽（叫"滴水"），便于排水，以免污染墙面。

3．勒脚

外墙墙身下部靠近室外地坪的部分叫勒脚。勒脚的作用是防止地面水、屋檐滴下的雨水对墙面的侵蚀，从而保护墙面，保证室内干燥，提高建筑物的耐久性；同时，还有美化建筑外观的作用。勒脚经常采用抹水泥砂浆、水刷石或加大墙厚的办法做成。勒脚的高度一般为室内地坪与室外地坪之高差，也可以根据立面的需要而提高勒脚的高度尺寸。

4．防潮层

在墙身中设置防潮层的目的是防止土壤中的潮气沿墙身上升和勒脚部位的地面水影响墙身。它的作用是提高建筑物的耐久性，保持室内干燥卫生。防潮层的高度应在室内地坪与室外地坪之间，标高相当于 - 0.060m，以地面垫层中部为最理想。防潮层有水平防潮层和垂直防潮层之分；根据不同的材料做法可以分为防水砂浆防潮层、油毡防潮层和混凝土防潮层。在抗震设防地区一般选用防水砂浆防潮层。

5．散水

散水是指靠近勒脚下部的排水坡。它的作用是为了迅速排除从屋檐下滴的雨水，防止因积水渗入地基而造成建筑物的下沉。散水的宽度应稍大于屋檐的挑出尺寸，且不应小于 600mm。散水坡度一般在 5%左右。散水的常用材料为混凝土、砖、炉渣等。

建筑墙体的细部构造效果如图 4-6～图 4-10 所示。

图 4-6　过梁　　　　图 4-7　窗台　　　　图 4-8　勒脚　　　　图 4-9　防潮层　　　　图 4-10　散水

实例总结

本实例讲解了建筑墙体的细部构造，包括过梁、窗台、勒脚、防潮层和散水。

Example 实例 **113** 建筑墙体工程量的计算方法

实例概述

在进行建筑设计、预算、造价、施工的过程中，经常会涉及到墙体工程量的计算方法，方能算出房屋的造价。

（1）墙体体积=长×宽×高-门窗洞口体积-墙内过梁-墙内柱-墙内梁等。

① 实心砖墙、空心砖墙及石墙均按设计图示尺寸以体积计算。扣除门窗洞口、过人洞、空圈、嵌入墙内的钢筋混凝土柱、梁、圈梁、挑梁、过梁及凹进墙内的壁龛、管槽、暖气槽、消火栓箱所占体积。不扣除梁头、板头、檩头、垫木、木楞头、沿缘木、木砖、门窗走头、砖墙内加固钢筋、木筋、铁件、钢管及单个面积 0.3m^2 以内的孔洞所占体积。凸出墙面的腰线、挑檐、压顶、窗台线、虎头砖、门窗套的体积亦不增加，凸出墙面的砖垛并入墙体体积内。

② 现浇混凝土墙按设计图示尺寸以体积计算。不扣除构件内钢筋、预埋铁件所占体积，扣除门窗洞口及单个面积 0.3m^2 以外的孔洞所占体积，墙垛及突出墙面部分并入墙体体积计算内。

（2）砼墙体的模板=墙体的外露面积+洞口侧壁面积 。

（3）砼墙高度超过 3.6m，增价=砼墙高度超过 3.6m 的墙体体积总和 。

（4）内外脚手架按墙面垂直投影面积计算。外墙脚手架长度按外墙外边线计算，内墙脚手架长度按内墙净长计算。高度按自然地坪至墙顶的总高计算。

实例总结

本实例讲解了建筑墙体工程量的计算方法，包括墙体体积、砼墙体的模板、砼墙高度、内外脚手架等。

Example 实例 **114** 天正墙体的概念

实例概述

墙体是天正建筑软件中的核心对象，它不仅包含位置、高度、厚度这样的几何信息，还包括墙类型、材料、内外墙这样的内在属性。

一个墙对象是柱间或墙角间具有相同特性的一段直墙或弧墙单元，墙对象与柱子围合而成的区域就是房间，墙对象中的"虚墙"作为逻辑构件，围合建筑中挑空的楼板边界与功能划分的边界（如同一空间内餐厅与客厅的划分），可以查询得到各自的房间面积数据。

实例总结

本实例讲解了墙体的作用，以及在天正建筑软件中墙体的相关概念。

Example 实例 115　墙基线的概念与转换

素材	教学视频\04\墙基线的概念与转换.avi
	实例素材文件\04\墙体基线.dwg

实例概述

墙基线是指墙体的定位线，通常位于墙体内部并与轴线重合，但必要时也可以在墙体外部（此时左宽和右宽有一为负值），墙体的两条边线就是依据基线按左右宽度确定的。墙基线同时也是墙内门窗测量基准，如墙体长度指该墙体基线的长度，弧窗宽度指弧窗在墙基线位置上的宽度。应注意墙基线只是一个逻辑概念，出图时不会打印到图纸上。

例如，在天正软件环境中，打开本书配套光盘"实例素材文件\04\墙体基线.dwg"文件，这时在天正屏幕菜单中选择"墙体 | 单线\双线\单双线"命令，这时视图中的图形会根据选择的命令进行变化，如图 4-11 所示。

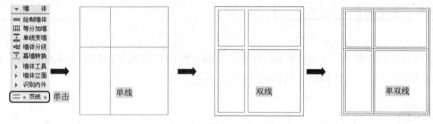

图 4-11　基线三种状态

技巧提示——墙体基线

通常不需要显示基线，选中墙对象后显示的三个夹点位置就是基线的所在位置。

实例总结

本实例首先讲解了墙体基线的概念，并且介绍了墙体基线的表现形式。

Example 实例 116　墙体的分类与特性

实例概述

通过以下的介绍和讲解，分别介绍墙体类别，并会讲解墙体材质的类别，使读者掌握墙体的分类与特性的相关知识。

在天正建筑软件中定义的墙体按用途分为以下几类，可由对象编辑改变。

- 一般墙：包括建筑物的内外墙，参与按材料的加粗和填充。
- 虚墙：用于空间的逻辑分隔，以便于计算房间面积。
- 卫生隔断：卫生间洁具隔断用的墙体或隔板，不参与加粗填充与房间面积计算。
- 矮墙：表示在水平剖切线以下的可见墙（如女儿墙），不会参与加粗和填充。矮墙的优先级低于其他所有类型的墙，矮墙之间的优先级由墙高决定，但依然受墙体材料影响，因此希望定义矮墙时，事先都为各矮墙选择同一种材料。

"女儿墙"是指建筑物屋顶外围的矮墙，主要用于防止栏杆坠落，为维护安全，另于底处施作防水压砖收头，避免防水层渗水及防止屋顶雨水漫流。女儿墙高度依建筑技术规则规定，视为栏杆的作用，如果建筑物在二层楼以下不得小于 1m，三层楼以上不得小于 1.1m，十层楼以上不得小于 1.2m。另外亦规定女儿墙高度不得超过 1.5m，主要为避免于建筑物兴建时，建筑业者可以加高女儿墙，预留以后搭盖违建使用。

墙体的材料类型用于控制墙体的二维平面图效果。相同材料的墙体在二维平面图上墙角连通一体，系统约定按优先级高的墙体打断优先级低的墙体的预设规律处理墙角清理。优先级由高到低的材料依次为钢筋混凝土墙、石墙、砖墙、填充墙、玻璃幕墙和轻质隔墙，它们之间的连接关系如图 4-12 所示。

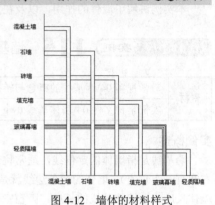

图 4-12 墙体的材料样式

实例总结

本实例讲解了在天正建筑软件中墙体的分类与特性，并特别介绍了墙体材料的相关知识，读者在绘制墙体时，可根据实际情况绘制相应的墙体。

Example 实例 117 天正直墙的创建

素材	教学视频\04\天正直墙的创建.avi
	实例素材文件\04\直线墙体.dwg

实例概述

TArch 天正软件为用户提供了创建墙体的命令，从而方便用户根据不同的要求来创建适合需求的墙体对象，这与在 CAD 软件中绘制墙体相比，可以提高 3～5 倍的速率。

操作步骤

步骤 ① 正常启动 TArch 2013 软件，按"Ctrl+O"组合键，打开本书配套光盘"实例素材文件\04\墙体轴网.dwg"文件，如图 4-13 所示。

步骤 ② 按"Ctrl+Shift+S"组合键，将该文件另存为"实例素材文件\04\直线墙体.dwg"文件。

步骤 ③ 在天正屏幕菜单中选择"墙体|绘制墙体"命令（HZQT），会弹出"绘制墙体"对话框，设置相应的参数，单击左下侧的"绘制直墙"按钮，如图 4-14 所示。

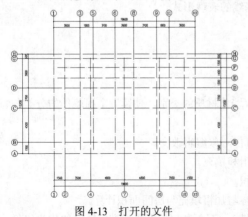

图 4-13 打开的文件

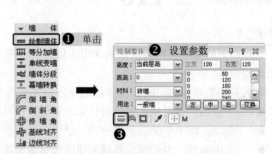

图 4-14 设置参数

步骤 ④ 接着使用鼠标分别捕捉 B1、G1、G13、B13 轴网交点，再选择"闭合（C）"选项，从而绘制外围墙体，如图 4-15 所示。

用户在捕捉轴线交点时，用户应按 "F3" 键启用 "对象捕捉"；如果 "对象捕捉" 启用后仍然无法捕捉其轴网交点的话，估计就是在 "对象捕捉" 选项卡中没有选择 "交点" 项，如图 4-16 所示。

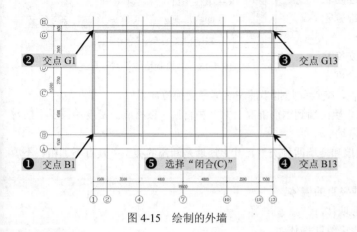

图 4-15 绘制的外墙　　　　　　　　　　图 4-16 启用对象捕捉（交点）

步骤 5 接着，再依次捕捉 B6 与 G6、C3 与 G3 轴网交点来绘制两条垂直墙体，再捕捉 C1、C3 轴网交点来绘制一条水平墙体，如图 4-17 所示。

步骤 6 至此，该实例的墙体已经绘制完成，按 "Ctrl+S" 组合键进行保存。

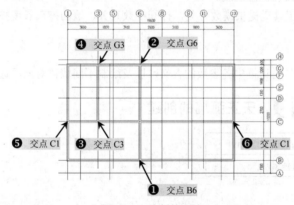

图 4-17 绘制的内墙

用户在绘制直线墙体的时候，最后按 "F8" 键切换到 "正交" 模式。

实例总结

本实例讲解了墙体命令的执行方法，再讲解了外围墙体的绘制方法，以及内部直线墙体的绘制方法。

Example 实例 118 "绘制墙体" 对话框的含义

实例概述

用户在绘制墙体的过程中，将会弹出 "绘制墙体" 对话框，如图 4-18 所示，其中可以设置墙体的相关参数。

● 高度/底高：高度是墙高，从墙底到墙顶计算的高度；底高是墙底标高，从本图零标高（Z=0）到墙底的高度。

● 墙宽参数：包括左宽、右宽两个参数，其中墙体的左、右宽度，指沿墙体定位点顺序，基线左侧和右侧部分的宽度，对话框相应提示改为内宽、外宽。其中左宽（内宽）、右宽（外宽）可以是正数，也可以是负数，也可以为 0。

- 墙宽组：在数据列表预设有常用的墙宽参数，每一种材料都有各自常用的墙宽组系列供选用，可以在新的墙宽组定义使用后会自动添加进列表中，也可以选择其中某组数据，按<Delete>键删除当前这个墙宽组。

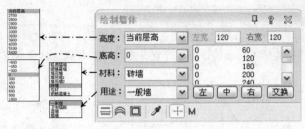

图 4-18　"绘制墙体"对话框

- 墙基线：基线位置设左、中、右、交换共四种控制，左、右是计算当前墙体总宽后，全部左偏或右偏的设置，中是当前墙体总宽居中设置，交换就是把当前左右墙厚交换方向。

- 材料：包括从轻质隔墙、玻璃幕墙、填充墙到钢筋混凝土共 8 种材质，按材质的密度预设了不同材质之间的遮挡关系，通过设置材料绘制玻璃幕墙。

- 用途：包括一般墙、卫生隔断、虚墙和矮墙四种类型，其中矮墙是新添的类型，具有不加粗、不填充、墙端不与其他墙融合的新特性。

- 绘制直墙▤：沿选定点绘制水平或竖直的墙体。

- 绘制弧墙▨：按指定的点绘制弧形墙体。

- 矩形绘墙▢：按指定的矩形区域内来绘制墙体。

- 拾取墙体参数✐：用于从已经绘制的墙中提取其中的参数到本对话框，按已有墙一致的参数继续绘制。

- 自动捕捉✛：用于自动捕捉墙体基线和交点绘制新墙体，自动捕捉不按下时执行 AutoCAD 默认捕捉模式，此时可捕捉墙体边线和保温层线。

- 模数开关Ⓜ：在工具栏提供模数开关，打开模数开关，墙的拖动长度按"自定义 | 操作配置"页面中的模数变化。

实例总结

本实例讲解了"绘制墙"对话框中各参数的含义，以及绘制不同墙体对象的选择方法。

Example (实例) **119**　天正弧墙的创建

素材	教学视频\04\天正弧墙的创建.avi
	实例素材文件\04\墙体.dwg

实例概述

在采用天正建筑软件绘制墙体对象时，还可以选择"弧墙"▨的方式来绘制弧形墙体对象，以适应建筑施工图的要求。

例如，打开"墙体.dwg"文件，在天正屏幕菜单中选择"墙体 | 绘制墙体"命令（HZQT），会弹出"绘制墙体"对话框，设置相应的参数，单击左下侧的"绘制弧墙"按钮▨，然后捕捉弧墙的起点、终点，再输入半径值即可，其操作步骤如图 4-19 所示。

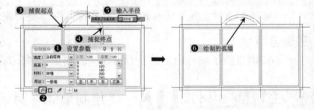

图 4-19　绘制弧墙的步骤

实例总结

本实例讲解了弧形墙体的绘制方法，即在"绘制墙体"对话框中单击左下侧的"绘制弧墙"按钮▨。

Example (实例) **120**　天正矩形墙的创建

素材	教学视频\04\天正矩形墙的创建.avi
	实例素材文件\04\墙体.dwg

实例概述

在采用天正建筑软件绘制墙体对象时，还可以选择"矩形绘墙" 的方式来绘制矩形墙体对象，以适应建筑施工图的要求。

例如，打开"墙体.dwg"文件，在天正屏幕菜单中选择"墙体丨绘制墙体"命令（HZQT），会弹出"绘制墙体"对话框，设置相应的参数，单击左下侧的"矩形绘墙"按钮，然后确定矩形的两个对角点即可绘制矩形墙体，其操作步骤如图 4-20 所示。

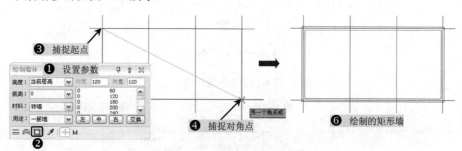

图 4-20　绘制矩形墙的步骤

实例总结

本实例讲解了矩形墙体的绘制方法，即在"绘制墙体"对话框中单击左下侧的"矩形绘墙"按钮。

Example 实例 **121** 拾取墙体参数绘墙

素材	教学视频\04\拾取墙体参数绘墙.avi
	实例素材文件\04\拾取墙体参数.dwg

实例概述

用户有时在绘制墙体的过程中，其墙体的具体参数不知道，而又要参照已有墙体来进行绘制，此时"绘制墙体"对话框为用户提供了"拾取墙体参数"按钮来进行绘制。

操 作 步 骤

步骤 ❶ 正常启动 TArch 2013 软件，按"Ctrl+O"组合键，打开本书配套光盘"实例素材文件\04\拾取墙体参数.dwg"文件，如图 4-21 所示。

步骤 ❷ 在天正屏幕菜单中选择"墙体丨绘制墙体"命令（HZQT），会弹出"绘制墙体"对话框，单击下侧的"拾取墙体参数"按钮。

步骤 ❸ 这时将关闭"绘制墙体"对话框，并在命令行提示"请拾取参考墙体："，且鼠标指针呈拾取状态，这时使用鼠标拾取参照的外围墙体对象，拾取后系统自动显示"绘制墙体"对话框，则其中的参数会根据所拾取的墙体对象而发生变化，这时选择绘制墙体的方式来绘制外围墙体即可，如图 4-22 所示。

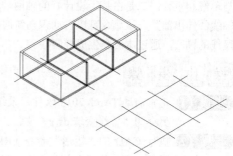

图 4-21　打开的文件

步骤 ❹ 再按照相同的方法来绘制内部的玻璃幕墙，如图 4-23 所示。

实例总结

本实例讲解了通过拾取已有墙体参数来绘制墙体的方法，即在"绘制墙体"对话框中单击下侧的"拾取墙体参数"按钮。

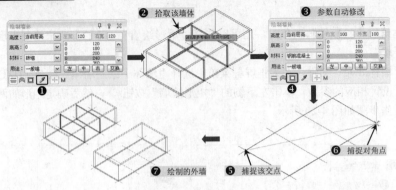

图 4-22 绘制的外墙

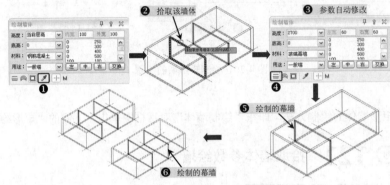

图 4-23 绘制的内部玻璃幕墙

Example 实例 **122** 通过单线变墙

素材	教学视频\04\通过单线变墙.avi
	实例素材文件\04\单线变墙.dwg

实例概述

　　"单线变墙"命令有两个功能：一是将 LINE、ARC、PLINE 绘制的单线转为墙体对象，其中墙体的基线与单线相重合；二是在基于设计好的轴网创建墙体，然后进行编辑，创建墙体后仍保留轴线，智能判断清除轴线的伸出部分。该命令可以自动识别新旧两种多段线。通过将系统变量 PELLIPSE 设置为 1，创建基于多段线的椭圆，通过本命令生成椭圆墙。

操 作 步 骤

步骤 ① 正常启动 TArch 2013 软件，系统自动创建一个新的空白文档；再按"Ctrl+S"组合键，将该文件另存为"单线变墙.dwg"文件。

步骤 ② 执行 CAD 的"矩形"命令（REC），在视图中绘制 14400mm×9000mm 的矩形对象，如图 4-24 所示，再执行"分解"命令（X），将该矩形对象进行打散操作。

步骤 ③ 执行 CAD 的"定数等分"命令（DIV），将下侧的水平线段等分 4 段，即在下侧的水平线段上显示等分的点效果，如图 4-25 所示。

步骤 ④ 执行 CAD 的"直线"命令（L），捕捉下侧等分点，并按"F8"键切换到"正交"模式，然后绘制 3 条垂直线段，如图 4-26 所示。

步骤 ⑤ 执行 CAD 的"偏移"命令（O），将下侧的水平线段向上偏移 3600mm 和 2400mm，如图 4-27 所示。

步骤 ⑥ 执行 CAD 的"修剪"命令（TR），将多余的线段进行修剪，以及删除等分点对象，如图 4-28 所示。

图 4-24　绘制的矩形　　　　图 4-25　等分的线段　　　　图 4-26　绘制的垂直线段

图 4-27　偏移线段　　　　　　　　图 4-28　修剪的效果

步骤 7 执行 CAD 的"图层"命令（LA），将打开"图层特性管理器"面板，在其中新建 DOTE 图层，如图 4-29 所示。

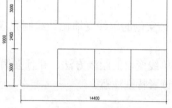

图 4-29　新建 DOTE 图层

技巧提示——天正轴网图层"DOTE"

在天正软件中，系统会将 DOTE 图层作为轴网图层，所以在此我们必须要建立 DOTE 图层。当然，天正软件在执行"绘制轴网"命令时会自动创建 DOTE 图层。

步骤 8 按照图 4-30 所示选择图形对象，将其转换为 DOTE 图层。

图 4-30　转换图层

专业技能——"轴网生墙"与"DOTE"图层

如果要将直线、圆弧和多段线绘制的单线转为墙体，读者必须保证所有绘制出的单线对象与绘制好的轴线"DOTE"在同一图层上，否则系统不会将其作为墙体对象。

步骤 9 在天正屏幕菜单中选择"墙体|单线变墙"命令（DXBQ），会弹出"单线变墙"对话框，在其中设置参数，且选择"轴网生墙"单选项，再使用鼠标框选整个视图对象，并按回车键结束，则部分线段生成了墙体，如图 4-31 所示。

图 4-31　轴网生墙步骤

步骤 ⑩ 如果在"单线变墙"对话框中选择"单线变墙"单选项，并选择"保留基线"复选框，这时所选择的（LINE、ARC、PLINE）图形对象都会生成墙体，如图 4-32 所示。

图 4-32 单线变墙步骤

步骤 ⑪ 至此，该实例的单线变墙已经绘制完成，按"Ctrl+S"组合键进行保存。

实例总结

本实例讲解了单线变墙的绘制方法，并且强调了"单线变墙"对话框中，"轴网生墙"和"单线变墙"两项的区别，这里请读者特别注意。

Example 实例 **123** 等分加墙操作

素材	教学视频\04\等分加墙操作.avi
	实例素材文件\04\等分加墙.dwg

实例概述

"等分加强"命令用于在已有的大房间按等分的原则划分出多个小房间。将一段墙在纵向等分，垂直方向加入新墙体，同时新墙体延伸到给定边界。本命令有三种相关墙体参与操作过程，即参照墙体、边界墙体和生成的新墙体。

例如，打开"等分加墙.dwg"文件，在天正屏幕菜单中选择"墙体|等分加墙"命令（DFJQ），这时提示"选择等分所参照的墙段"对象，随后将弹出"等分加墙"对话框，在其中设置等分墙体的参数，然后再选择"另一边界的墙段"对象，系统将自动生成等分墙体对象，如图 4-33 所示。

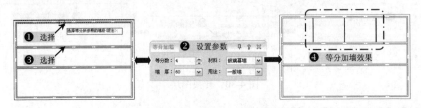

图 4-33 等分加墙操作

实例总结

本实例讲解了等分加墙的操作方法，即在天正屏幕菜单中选择"墙体|等分加墙"命令（DFJQ）。

Example 实例 **124** 墙体分段操作

素材	教学视频\04\墙体分段操作.avi
	实例素材文件\04\等分加墙.dwg

实例概述

"墙体分段"命令在 2013 版本中改进了分段的操作，可预设分段的目标：给定墙体材料、保温层厚度、左右墙宽，然后以该参数对墙进行多次分段操作，不需要每次分段重复输入。新的墙体分段命令既可分段为玻璃幕墙，又能将玻璃幕墙分段为其他墙。

接前例，在天正屏幕菜单中选择"墙体 | 墙体分段"命令（QTFD），从弹出的"墙体分段设置"对话框中设置参数，再根据命令行提示，首先选取需要分段的第一段墙体，再点取要修改的墙起点，然后点取要修改的墙终点（终点超出墙体时命令默认对该墙体第一点以后部分分段），系统将点取的部分墙体进行分段，以及设置为其他墙体效果，如图 4-34 所示。

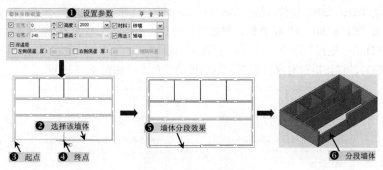

图 4-34　墙体分段操作

实例总结

本实例讲解了墙体分段的操作方法，即在天正屏幕菜单中选择"墙体 | 墙体分段"命令（QTFD）。

Example 实例 125　幕墙转换操作

素材	教学视频\04\幕墙转换操作.avi
	实例素材文件\04\幕墙转换.dwg

实例概述

"幕墙转换"命令是旧版本命令"转为幕墙"的改进，新命令可把各种材料的墙与玻璃幕墙之间作双向转换，常用于节能分析。

例如，打开"幕墙转换.dwg"文件，在天正屏幕菜单中选择"墙体 | 幕墙转换"命令（MQZF），这时提示"请选择要转换为玻璃幕墙的墙或[幕墙转换（Q）]："，使用鼠标选择需要转换为幕墙的其他墙体，然后按空格键或回车键即可，如图 4-35 所示。

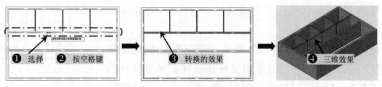

图 4-35　幕墙转换操作

实例总结

本实例讲解了幕墙转换的操作方法，即在天正屏幕菜单中选择"墙体 | 幕墙转换"命令（MQZF）。

Example 实例 126　墙体造型操作

素材	教学视频\04\墙体造型操作.avi
	实例素材文件\04\墙体造型.dwg

实例概述

"墙体造型"命令根据指定多段线外框生成与墙关联的造型，常见的墙体造型是墙垛、壁炉、烟道一类与墙砌筑在一起，平面图与墙连通的建筑构造，墙体造型的高度与其关联的墙高一致，但是可以双击加以修改。墙体造型可用于墙角或墙柱连接处，包括跨过两个墙体端部的情况，除了正常的外凸造型外，还提供了向内开洞的"内凹造型"（仅用于平面）。

操 作 步 骤

步骤① 正常启动 TArch 2013 软件，按"Ctrl+O"组合键，打开"墙体造型-A.dwg"文件，如图 4-36 所示；再按"Ctrl+Shift+S"组合键，将该文件另存为"墙体造型-B.dwg"文件。

步骤② 执行 CAD 的"矩形"命令（REC），在视图中绘制 600mm×600mm 的矩形对象，再执行"复制"命令（CO），将该矩形对象分别复制到图形的四角上，如图 4-37 所示。

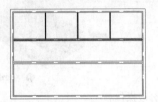
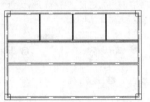

图 4-36 打开的文件　　　　　　图 4-37　在四角位置布置矩形

软件技能——墙体造型注意事项

必须将绘制的曲线移到与墙体合并的位置。在执行"墙体造型"命令时，选择"P"项后，直接选取曲线造型即可。这与放样不同，读者应该注意这一点。

步骤③ 在天正屏幕菜单中选择"墙体|墙体造型"命令（QTZX），随后选择"外凸造型（T）"选项，再选择"点取图中曲线（P）"项，这时使用鼠标选择其中的一个矩形，则该角点的墙体会发生改变，如图 4-38 所示。

图 4-38　对左下角点进行造型操作

步骤④ 按照同样的方法，对其他三个角点进行造型操作，如图 4-39 所示。

步骤⑤ 同样，选择"墙体|墙体造型"命令（QTZX），随后选择"内凹造型（A）"选项，这时使用鼠标依次捕捉造型墙体的几个点（点 1~4），然后按回车键结束，即对该 4 点所围成的墙体进行造型操作，如图 4-40 所示。

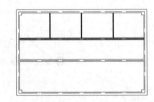

图 4-39　对其他三个角点进行造型操作

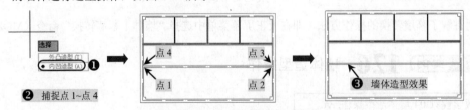

图 4-40　对左下角点进行造型操作

步骤⑥ 至此，该实例的墙体造型操作已经完成，按"Ctrl+S"组合键进行保存。

实例总结

本实例讲解了墙体造型的操作方法，即在天正屏幕菜单中选择"墙体|墙体造型"命令（QTZX）。

Example 实例 **127**　净距偏移操作

素材	教学视频\04\净距偏移操作.avi
	实例素材文件\04\净距偏移.dwg

实例概述

　　本命令可将已有的墙体按照指定的尺寸距离进行定向偏移，同时生成另一段墙体。这时，生成的另一段墙体的材质、尺寸和用途与指定的墙体参数是一致的。

　　例如，打开"墙体造型-A.dwg"文件，在天正屏幕菜单中选择"墙体 | 净距偏移"命令（JJPY），这时在命令行中提示"输入偏移距离："，再提示"请点取墙体一侧："，此时依次点击要偏移墙体的右侧，然后按空格键结束，其操作步骤如图 4-41 所示。

软件技能——净距偏移的要点

　　由于墙体是有一定厚度的，这里所偏移的墙体，是指两墙体之间的净距离，而不是指两墙体基线之间的距离，所以这点要注意。

图 4-41　净距偏移的墙体

实例总结

　　本实例讲解了净距偏移的操作方法，即在天正屏幕菜单中选择"墙体 | 净距偏移"命令（JJPY）。

Example 实例 **128**　倒墙角操作

素材	教学视频\04\倒墙角操作.avi
	实例素材文件\04\倒墙角.dwg

实例概述

　　"倒墙角"命令功能与 AutoCAD 的圆角（Fillet）命令相似，专门用于处理两段不平行的墙体的端头交角，使两段墙以指定圆角半径进行连接。但是，圆角半径按墙中线计算。

　　接前例，打开前面制作好的"净距偏移.dwg"文件，在天正屏幕菜单中执行"墙体 | 倒墙角"命令（DQJ），然后根据命令行提示操作，从而将指定的墙体进行圆角处理，如图 4-42 所示。

```
命令：DQJ                                    // 执行"倒墙角"命令
选择第一段墙或[设圆角半径(R),当前=0]<退出>：R    // 键入 "R"
请输入圆角半径<0>：2000                        // 键入圆角半径数值 "2000"
选择第一段墙或[设圆角半径(R),当前=2000]<退出>：  // 选择第一段墙
选择另一段墙<退出>：                           // 选择另一段墙,按空格键结束命令
```

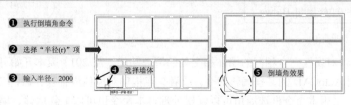

图 4-42　倒墙角操作

当圆角半径不为 0 时，两段墙体的类型、总宽和左右宽（两段墙偏心）必须相同，否则不进行倒角操作。

当圆角半径为 0 时，自动延长两段墙体进行连接，此时两墙段的厚度和材料可以不同，当参与倒角两段墙平行时，系统自动以墙间距为直径加弧墙连接。

在同一位置不应反复进行半径不为 0 的圆角操作，在再次进行圆角操作前，应先把上次圆角操作时创建的圆弧墙删除。

实例总结

本实例讲解了倒墙角的操作方法，即在天正屏幕菜单中选择"墙体丨倒墙角"命令（DQJ）。

Example 实例 **129** 倒斜角操作

素材	教学视频\04\倒斜角操作.avi
	实例素材文件\04\倒斜角.dwg

实例概述

"倒斜角"命令功能与 AutoCAD 的倒角（Chamfer）命令相似，专门用于处理两段不平行的墙体的端头交角，使两段墙以指定倒角长度进行连接。但是，倒角距离按墙中线计算。

接上例，在天正屏幕菜单中执行"墙体丨倒斜角"命令（DXJ），然后根据命令行提示操作，从而将指定的墙体进行倒角处理，如图 4-43 所示。

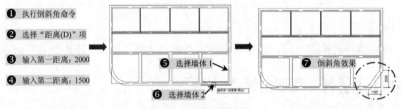

❶ 执行倒斜角命令
❷ 选择"距离(D)"项
❸ 输入第一距离：2000
❹ 输入第二距离：1500
❺ 选择墙体 1
❻ 选择墙体 2
❼ 倒斜角效果

图 4-43　倒斜角操作

```
命令：DXJ                                    // 执行"倒斜角"命令
选择第一段直墙或[设距离(D),当前距离 1=0,距离 2=0]<退出>：D        // 键入"D"
指定第一个倒角距离<0>：2000                    // 确定第一个倒角距离数值"2000"
指定第二个倒角距离<0>：1500                    // 确定第二个倒角距离数值"1500"
选择第一段直墙或[设距离(D),当前距离 1=2000,距离 2=1500]<退出>：   // 选择第一段直墙
选择另一段直墙<退出>：                          // 选择另一段直墙,按空格键结束命令
```

实例总结

本实例讲解了倒斜角的操作方法，即在天正屏幕菜单中选择"墙体丨倒斜角"命令（DXJ）。

Example 实例 **130** 修墙角操作

素材	教学视频\04\修墙角操作.avi
	实例素材文件\04\修墙角-B.dwg

实例概述

"修墙角"命令提供对属性完全相同的墙体相交处的清理功能，从 2013 版本开始可以一次框选多个墙角批量修改。当用户使用 AutoCAD 的某些编辑命令，或者夹点拖动对墙体进行操作后，墙体相交处有时会出现未按要求打断的情况，采用本命令框选墙角可以轻松处理，本命令也可以更新墙体、墙体造型、柱子，以及维护各种自动裁剪关系，如柱子裁剪楼梯、凸窗一侧撞墙情况。

例如，打开"修墙角-B.dwg"文件，在天正屏幕菜单中选择"墙体｜修墙角"命令（XQJ），然后根据命令行提示框选需要修墙角的区域，从而可以将该区域的墙角进行修剪处理，如图 4-44 所示。

软件技能——修墙角取代"更新造型"命令

"修墙角"命令已经取代 6.X 版本中的"更新造型"命令，复制、移动或修改墙体造型后，请执行本命令更新墙体造型。

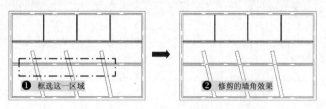

图 4-44　修墙角操作

实例总结

本实例讲解了修墙角的操作方法，即在天正屏幕菜单中选择"墙体｜修墙角"命令（XQJ）。

Example 实例 **131** 基线对齐操作

素材	教学视频\04\基线对齐操作.avi
	实例素材文件\04\基线对齐-B.dwg

实例概述

"基线对齐"命令用于纠正以下两种情况的墙线错误：（1）由于基线不对齐或不精确对齐而导致墙体显示或搜索房间出错；（2）由于短墙存在而造成墙体显示不正确情况下去除短墙并连接剩余墙体。

例如，打开"基线对齐-B.dwg"文件，在天正屏幕菜单中选择"墙体｜基线对齐"命令（JXDQ），首先选择要对齐基线的端点，再选择要对齐的墙体对象，然后按空格键结束，如图 4-45 所示。

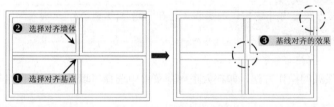

图 4-45　基线对齐操作

软件技能——将墙体基线显示出来

进行"基线对齐"命令操作时，应将墙体的基线显示出来。

另外，墙体基线对齐后，其墙体的位置和墙总宽都不会发生变化，但由于基线的位置发生了变化，所以墙体的左右宽将会发生变化。

实例总结

本实例讲解了基线对齐的操作方法，即在天正屏幕菜单中选择"墙体｜基线对齐"命令（JXDQ）。

Example 实例 **132** 墙柱保温操作

素材	教学视频\04\墙柱保温操作.avi
	实例素材文件\04\墙柱保温-B.dwg

实例概述

"墙柱保温"命令可在图中已有的墙段、墙体造型或柱子指定一侧加入或删除保温层线，遇到门该线自动打断，遇到窗自动增加窗厚度。

例如，打开"墙柱保温-B.dwg"文件，在天正屏幕菜单中选择"墙体|墙柱保温"命令（QZBW），然后按照如下命令行提示设置内外保温及保温层厚度，其步骤如图 4-46 所示。

```
命令：QZBW
指定墙、柱、墙体造型保温一侧或[内保温(I)/外保温(E)/消保温层(D)/保温层厚(当前=80)(T)]<退出>:T
保温层厚<80>:100
指定墙、柱、墙体造型保温一侧或[内保温(I)/外保温(E)/消保温层(D)/保温层厚(当前=100)(T)]<退出>:i
选择外墙:指定对角点：找到 14 个
选择外墙：
```

❶ 执行墙柱保温命令

❷ 选择"厚度(T)"项

❸ 输入保温层厚：100

❹ 选择"内保温(I)"项

❺ 框选所有墙体

❻ 加了保温层的效果

图 4-46　墙柱保温操作

软件技能——"墙柱保温"命令行含义

执行"墙柱保温"命令后，命令栏提示的各项含义如下。

● 内保温（I）/外保温（E）：表示墙柱的保温方向。

● 消保温层（D）：对已存在的保温层对象进行删除，直接框选即可。

● 保温层厚（T）：当执行该命令后，系统保温层的厚度默认值为 80，读者可根据实际需要键入其他的数值。

软件技能——内外墙识别操作

运行本命令前，应已做过内外墙的识别操作（选择"墙体|识别内外|识别内外"命令），届时可以一起为外墙和外柱添加保温层并连通。

实例总结

本实例讲解了墙柱保温的操作方法，即在天正屏幕菜单中选择"墙体|墙柱保温"命令（QZBW）。

Example 实例 **133**　边线对齐操作

素材	教学视频\04\边线对齐操作.avi
	实例素材文件\04\边线对齐.dwg

实例概述

"边线对齐"命令用来对齐墙边，并维持基线不变，边线偏移到给定的位置。换句话说，就是维持基线位置和总宽不变，通过修改左右宽度达到边线与给定位置对齐的目的。该操作通常用于处理墙体与某些特定位置的对齐，特别是和柱子的边线对齐。墙体与柱子的关系并非都是中线对中线，要把墙边与柱边对齐，无非两个途径，直接用基线对齐柱边绘制，或者先不考虑对齐，而是快速地沿轴线绘制墙体，待绘制完毕后用本命令处理。后者可以把同一延长线方向上的多个墙段一次对齐，推荐使用该方法。

例如，打开"边线对齐.dwg"文件，在天正屏幕菜单中选择"墙体|边线对齐"命令（BXDQ），根据命令行提示取墙体边线通过的一点，再选择要对齐边线的墙，其步骤如图 4-47 所示。

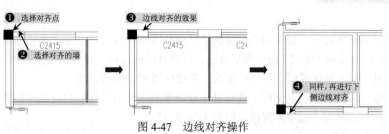

图 4-47　边线对齐操作

　　执行命令后如果墙基线离开墙体，将给出一个提示对话框，单击"是"按钮才能完成操作，单击"否"按钮取消操作，其步骤如图 4-48 所示。

图 4-48　超出基线的操作

实例总结

　　本实例讲解了边线对齐的操作方法，即在天正屏幕菜单中选择"墙体｜边线对齐"命令（BXDQ）。

Example 实例 **134**　墙齐屋顶操作

素材	教学视频\04\墙齐屋顶操作.avi
	实例素材文件\04\墙齐屋顶-B.dwg

实例概述

　　"墙齐屋顶"命令用来向上延伸墙体和柱子，使原来水平的墙顶成为与天正屋顶一致的斜面（柱顶还是平的）。使用本命令前，屋顶对象应在墙平面对应的位置绘制完成，屋顶与山墙的竖向关系应经过合理调整；本命令暂时不支持圆弧墙。除了天正屋顶外，也可以使用三维面和三维网格面作为墙体的延伸边界。

　　例如，打开"墙齐屋顶-B.dwg"文件，在天正屏幕菜单中选择"墙体｜墙齐屋顶"命令（QQWD），根据命令行提示，在平面图上选择天正屋顶对象，再选择墙或柱子对象，则所选择的墙体或柱子对象将对齐天正屋顶，如图 4-49 所示。

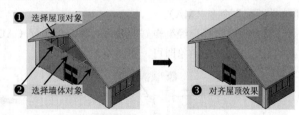

图 4-49　墙齐屋顶操作

　　用户在执行"墙齐屋顶"命令时，应将视图转换为西南等轴侧视图，这样便于墙体对象的选择。

实例总结

　　本实例讲解了墙齐屋顶的操作方法，即在天正屏幕菜单中选择"墙体｜墙齐屋顶"命令（QQWD）。

Example 实例 **135**　普通墙的编辑操作

素材	教学视频\04\普通墙的编辑操作.avi
	实例素材文件\04\墙体编辑-B.dwg

实例概述

　　对于已经创建好的墙体对象，如果用户要对其墙体进行编辑，这时将显示"墙体编辑"对话框。在对话框中修改墙体参数，然后单击"确定"按钮完成修改，新的对话框提供了墙体厚度列表和左右控制，单击"保温层"项，可展开对话框，对保温层参数进行修改，新提供墙端保温的设置。

　　例如，打开"墙体编辑-B.dwg"文件，使用鼠标双击需要编辑的墙体，将弹出"墙体编辑"对话框，从中修改相应的参数，然后单击"确定"按钮，如图4-50所示。

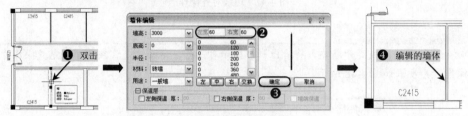

图4-50　墙体编辑操作

软件技能——墙体编辑中不提供"示意幕墙"

　　为后续节能分析考虑，材料中不再提供"示意幕墙"，而仅提供按示意幕墙样式表示的"玻璃幕墙"，因为只有玻璃幕墙对象才能由天正节能软件识别为窗，参与节能计算。

实例总结

　　本实例讲解了普通墙体的编辑操作方法，即双击需要编辑的墙体对象，然后从弹出的对话框中修改相应的参数，最后单击"确定"按钮即可。

Example 实例 **136**　特性匹配操作

素材	教学视频\04\特性匹配操作.avi
	实例素材文件\04\墙体编辑-B.dwg

实例概述

　　对于施工图中，某些诸如墙体、门窗等对象，需要进行多次编辑操作，这时用户可以使用CAD所提供的"特性匹配"命令（MA）。

　　接前例，选择已经编辑好的墙体对象，再执行CAD的"匹配"命令（MA），然后再使用鼠标依次选择其他与之相匹配的对象即可，如图4-51所示。

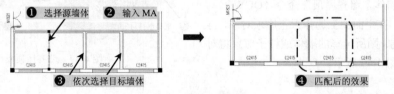

图4-51　特性匹配操作

实例总结

　　本实例讲解了特性匹配的操作方法，即选择目标对象，输入MA命令，再依次选择要匹配的目标对象即可。

Example 实例 **137**　玻璃幕墙的编辑

素材	教学视频\04\玻璃幕墙的编辑.avi
	实例素材文件\04\玻璃幕墙的编辑-B.dwg

实例概述

　　按设计院当前大多数的幕墙绘图习惯，玻璃幕墙以墙体形式绘制，默认三维下按"详细"构造显示，平面下按"示意"构造显示，通过对象编辑可修改幕墙分格形式与参数。

　　例如，打开"玻璃幕墙的编辑-B.dwg"文件，使用鼠标双击需要编辑的玻璃幕墙，将弹出"玻璃幕墙编辑"对话框，从中修改相应的参数，然后单击"确定"按钮，如图 4-52 所示。

软件技能——玻璃幕墙的平面显示方式

　　对于分格后的玻璃幕墙，用户可以通过按"Ctrl + 1"组合键进入"特性编辑"面板中来设置玻璃幕墙的"外观->平面显示->"样式，默认为"示意"，可设置为"详图"，两种平面显示的效果如图 4-53 所示。

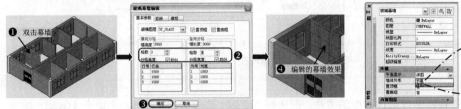

图 4-52　玻璃幕墙编辑操作

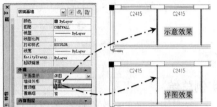

图 4-53　玻璃幕墙的平面显示效果

实例总结

　　本实例讲解了玻璃幕墙的编辑方法，即双击玻璃幕墙对象，从弹出的对话框中修改相应的参数即可。

Example　实例 138　"玻璃幕墙编辑"对话框含义

实例概述

　　当用户在编辑玻璃幕墙对象时，其"玻璃幕墙编辑"对话框中有一些修改参数选项，用户应了解主要参数的含义，方能更加灵活地进行编辑。

　　（1）"幕墙分格"选项卡

　　● 　玻璃图层：确定玻璃放置的图层，如果准备渲染，请单独置于一层中，以便赋予材质。

　　● 　横向分格：高度方向分格设计。缺省的高度为创建墙体时的原高度，可以输入新高度，如果均分，系统自动算出分格距离；不均分，先确定格数，再从序号 1 开始顺序填写各个分格距离。按"Delete"键可删除当前这个墙宽列表。

　　● 　竖向分格：水平方向分格设计，操作程序同"横向分格"一样。

　　（2）"竖梃/横框"选项卡

　　● 　图层：确定竖梃或者横框放置的图层，如果进行渲染，请单独置于一层中，以方便赋予材质。

　　● 　截面宽/截面长：竖梃或横框的截面尺寸，见对话框示意窗口，其中竖梃的"截面长"默认等于幕墙的总宽度（忽略玻璃厚）。

　　● 　垂直/水平隐框幕墙：勾选此项，竖梃或横框向内退到玻璃后面；如果不选择此项，分别按"对齐位置"和"偏移距离"进行设置。

　　● 　玻璃偏移/横框偏移：定义本幕墙玻璃/横框与基准线之间的偏移，默认玻璃/横框在基准线上，偏移为 0。

　　● 　基线位置：在下拉列表中选择预定义的墙基线位置，默认为竖梃中心。

实例总结

　　本实例讲解了"玻璃幕墙编辑"对话框中各主要参数的含义，包括"幕墙分格"选项卡、"竖梃/横框"选项卡。

Example　实例 139　改墙厚操作

素材	教学视频\04\改墙厚操作.avi
	实例素材文件\04\改墙厚.dwg

实例概述

通过双击某单段墙来修改墙厚可使用"对象编辑";而通过"改墙厚"命令,将按照墙基线居中的规则批量修改多段墙体的厚度,但不适合修改偏心墙。

接前例,打开"玻璃幕墙的编辑-B.dwg"文件,在天正屏幕菜单中选择"墙体|墙体工具|改墙厚"命令(GQH),这时选择要修改的一段或多段墙体,然后提示输入新墙宽值,选中墙段按给定墙宽修改,并对墙段和其他构件的连接处进行处理,如图 4-54 所示。

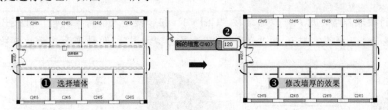

图 4-54 修改墙厚操作

实例总结

本实例讲解了一次性修改多段墙体厚度的方法,即选择"墙体|墙体工具|改墙厚"命令(GQH)即可。

Example **实例 140** 改外墙厚操作

素材	教学视频\04\改外墙厚操作.avi
	实例素材文件\04\改外墙厚.dwg

实例概述

"改外墙厚"命令用于整体修改外墙厚度,但在执行本命令前应事先识别外墙,否则无法找到外墙进行处理。

接前例,在天正屏幕菜单中选择"墙体|墙体工具|改外墙厚"命令(GWQH),使用鼠标框选墙体,只有外墙亮显,然后根据命令行提示输入外墙的内侧宽、外侧宽,交互完毕按新墙宽参数修改外墙,并对外墙与其他构件的连接进行处理,如图 4-55 所示。

实例总结

本实例讲解了一次性修改多段外墙厚度的方法,即选择"墙体|墙体工具|改外墙厚"命令(GWQH)即可。

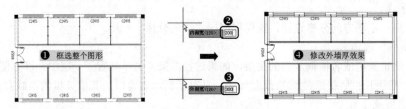

图 4-55 修改外墙厚操作

Example **实例 141** 改高度操作

素材	教学视频\04\改高度操作.avi
	实例素材文件\04\改高度.dwg

实例概述

"改高度"命令可对选中的柱、墙体及其造型的高度和底标高成批进行修改,是调整这些构件竖向位置的主要手段。修改底标高时,门窗底的标高可以和柱、墙联动修改。

接前例,在天正屏幕菜单中选择"墙体|墙体工具|改高度"命令(GGD),使用鼠标选择需要修改的

建筑对象（墙、柱、墙体造型），然后输入新高度、标高即可，再根据要求确定是否维持窗墙底部间距不变?（Y/N），如图 4-56 所示。

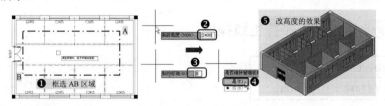

图 4-56　改高度操作

当执行完"改高度"命令后，由于是二维模式，看不出修改后的效果，所以读者可以在命令栏执行"3DO"命令，转为三维模式，即可观察修改的效果。

回应完毕选中的柱、墙体及造型的高度和底标高按给定值修改。如果墙底标高不变，窗墙底部间距不论输入 Y 或 N 都没有关系，但如果墙底标高改变了，就会影响窗台的高度。比如底标高原来是 0，新的底标高是-300，以 Y 响应时各窗的窗台相对墙底标高而言高度维持不变，但从立面图看就是窗台随墙下降了 300; 如以 N 响应，则窗台高度相对于底标高间距就作了改变，而从立面图看窗台却没有下降，详见图 4-57 所示。

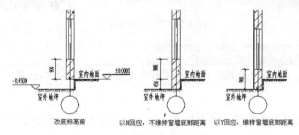

图 4-57　修改标高示意图

实例总结

本实例讲解了修改墙体高度的操作方法，即选择"墙体 | 墙体工具 | 改高度"命令（GGD）。

Example 实例 142　改外墙高操作

素材	教学视频\04\改外墙高操作.avi
	实例素材文件\04\改外墙高.dwg

实例概述

"改外墙高"命令与"改高度"命令类似，只是仅对外墙有效。运行本命令前，应已作过内外墙的识别操作。

接前例，在天正屏幕菜单中选择"墙体 | 墙体工具 | 改外墙高"命令（GWQG），框选整个图形对象，则系统自动识别外墙，并亮显，然后输入新高度、标高即可，再根据要求确定是否维持窗墙底部间距不变?（Y/N），如图 4-58 所示。

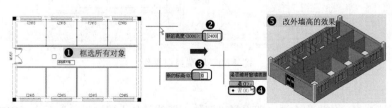

图 4-58　改外墙高操作

实例总结

本实例讲解了改外墙高度的操作方法，即选择"墙体｜墙体工具｜改外墙高"命令（GWQG）。

Example 实例 **143** 平行生线操作

素材	教学视频\04\平行生线操作.avi
	实例素材文件\04\平行生线.dwg

实例概述

"平行生线"命令类似 CAD 中的 offset，生成一条与墙线（分侧）平行的曲线，也可以用于柱子，生成与柱子周边平行的一圈粉刷线。

接前例，在天正屏幕菜单中选择"墙体｜墙体工具｜平行生线"命令（PXSX），再点取墙体的内皮或外皮或者柱子边线，然后输入墙皮到线的净距，如图 4-59 所示。

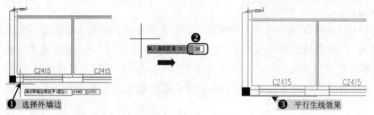

图 4-59 平行生线操作

技巧提示——通过平行生线来生成粉刷线、勒脚线

本命令可以用来生成依靠墙边或柱边定位的辅助线，如粉刷线、勒脚线等，多起辅助作用。

实例总结

本实例讲解了平行生线的操作方法，即选择"墙体｜墙体工具｜平行生线"命令（PXSX）。

Example 实例 **144** 墙端封口操作

素材	教学视频\04\墙端封口操作.avi
	实例素材文件\04\墙端封口.dwg

实例概述

"墙端封口"命令改变墙体对象自由端的二维显示形式，使用本命令可以使其封闭和开口两种形式互相转换。本命令不影响墙体的三维效果，对已经与其他墙相接的墙端不起作用。

例如，打开"修墙角-B.dwg"文件，在天正屏幕菜单中选择"墙体｜墙体工具｜墙端封口"命令（QDFK），选择要改变端头形状的墙段，然后按回车键退出，如图 4-60 所示。

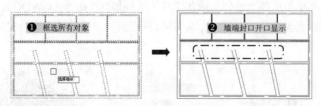

图 4-60 墙端封口操作

实例总结

本实例讲解了墙端封口的操作方法，即选择"墙体｜墙体工具｜墙端封口"命令（QDFK）。

Example 实例 145 墙面 UCS 操作

素材	教学视频\04\墙面 UCS 操作.avi
	实例素材文件\04\墙面 UCS.dwg

实例概述

为了构造异型洞口或构造异型墙立面，必须在墙体立面上定位和绘制图元，需要把 UCS 设置到墙面上。"墙面 UCS"命令临时定义一个基于所选墙面（分侧）的 UCS 用户坐标系，在指定视口转为立面显示。

例如，打开"墙齐屋顶-B.dwg"文件，在天正屏幕菜单中选择"墙体 | 墙体立面 | 墙面 UCS"命令（QMUCS），点取墙体的外皮，如图 4-61 所示。

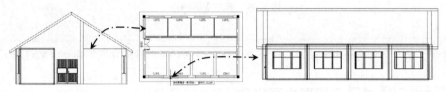

图 4-61 点取不同位置生成的 UCS 墙面

实例总结

本实例讲解了墙面 UCS 的操作方法，即选择"墙体 | 墙体立面 | 墙面 UCS"命令（QMUCS）。

Example 实例 146 异形立面操作

素材	教学视频\04\异形立面操作.avi
	实例素材文件\04\异形立面.dwg

实例概述

"异形立面"命令通过对矩形立面墙的适当剪裁来构造不规则立面形状的特殊墙体，如创建双坡或单坡山墙与坡屋顶底面相交。

操 作 步 骤

步骤① 正常启动 TArch 2013 软件，新建"异形立面.dwg"文件。

步骤② 在天正屏幕菜单中选择"墙体 | 绘制墙体"命令（HZQT），会弹出"绘制墙体"对话框，在视图中绘制 5000mm 的水平墙体对象，如图 4-62 所示。

图 4-62 绘制的墙体

步骤③ 在天正屏幕菜单中选择"墙体 | 墙体立面 | 墙面 UCS"命令（QMUCS），点取墙体的下侧外皮，如图 4-63 所示。

步骤④ 执行 CAD 的"多段线"命令（PL），在墙体立面上绘制一条多段线，如图 4-64 所示。

步骤⑤ 在天正屏幕菜单中选择"墙体 | 墙体立面 | 异形立面"命令（YXLM），点取墙体的下侧外皮，如图 4-65 所示。

步骤⑥ 至此，该异形立面墙已经完成，按"Ctrl+S"键进行保存。

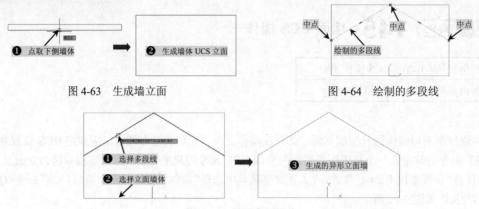

图 4-63　生成墙立面　　　　　　　　　图 4-64　绘制的多段线

图 4-65　异形立面操作

实例总结

　　本实例讲解了异形立面的操作方法，即选择"墙体｜墙体立面｜异形立面"命令（YXLM）。

Example 实例 **147** 矩形立面操作

素材	教学视频\04\矩形立面操作.avi
	实例素材文件\04\矩形立面.dwg

实例概述

　　"矩形立面"命令是异形立面的逆命令，可将异型立面墙恢复为标准的矩形立面墙。

　　例如，打开前面已经生成的"异形立面.dwg"文件对象，在天正屏幕菜单中选择"墙体｜墙体立面｜矩形立面"命令（JXLM），再根据命令行提示，选取要恢复的异形立面墙体（允许多选），从而把所选中的异型立面墙恢复为标准的矩形立面墙，如图 4-66 所示。

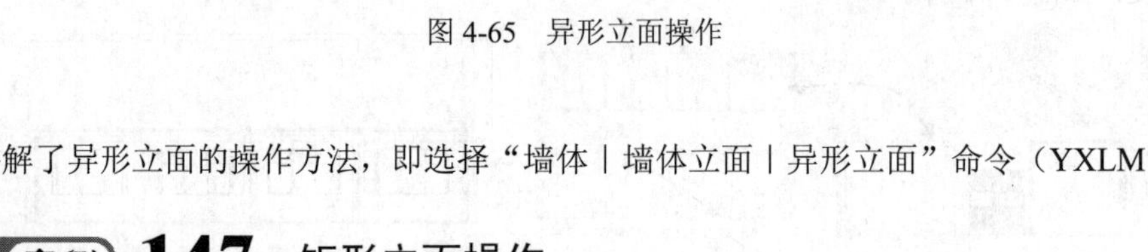

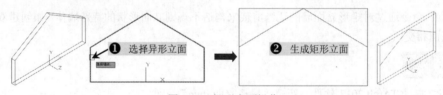

图 4-66　矩形立面操作

实例总结

　　本实例讲解了矩形立面的操作方法，即选择"墙体｜墙体立面｜矩形立面"命令（JXLM）。

Example 实例 **148** 识别内外墙操作

素材	教学视频\04\识别内外墙操作.avi
	实例素材文件\04\识别内外墙-B.dwg

实例概述

　　"识别内外"命令能够自动识别内、外墙，同时可设置墙体的内外特征，在节能设计中要使用外墙的内外特征。

　　例如，打开"识别内外墙-A.dwg"命令，在天正屏幕菜单中选择"墙体｜识别内外｜识别内外"命令（SBNW），再根据命令行提示，选择构成建筑物的墙体或者墙上的门窗，按回车键后系统自动判断所选墙体的内、外墙特性，并用红色虚线亮显外墙外边线，如图 4-67 所示。

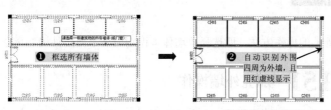

图 4-67　内外墙识别操作

进行了识别内外墙操作后，用户可以用重画（Redraw）命令来消除亮显虚线；如果存在天井或庭院时，外墙的包线是多个封闭区域，要结合"指定外墙"命令进行处理。

实例总结

本实例讲解了内外墙识别的操作方法，即选择"墙体 | 识别内外 | 识别内外"命令（SBNW）。

Example 实例 149　指定内墙操作

素材	教学视频\04\指定内墙操作.avi
	实例素材文件\04\指定内墙-B.dwg

实例概述

"指定内墙"命令用手工选取方式将选中的墙体置为内墙，因为内墙在三维组合时不参与建模，可以减少三维渲染模型的大小与内存开销。

例如，打开"指定内墙-A.dwg"文件，在天正屏幕菜单中选择"墙体 | 识别内外 | 指定内墙"命令（ZDNQ），再根据命令行提示，选取属于内墙的墙体，并以回车结束墙体选取，如图 4-68 所示。

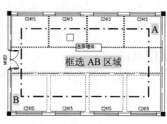

实例总结

本实例讲解了指定内墙的操作方法，即选择"墙体 | 识别内外 | 指定内墙"命令（ZDNQ）。

图 4-68　指定内墙操作

Example 实例 150　指定外墙操作

素材	教学视频\04\指定外墙操作.avi
	实例素材文件\04\指定外墙.dwg

实例概述

"指定外墙"命令将选中的普通墙体内外特性置为外墙，除了把墙指定为外墙外，还能指定墙体的内外特性用于节能计算，也可以把选中的玻璃幕墙两侧翻转，适用于设置了隐框（或框料尺寸不对称）的幕墙，调整幕墙本身的内外朝向。

接前例，在天正屏幕菜单中选择"墙体 | 识别内外 | 指定外墙"命令（ZDWQ），再根据命令行提示，逐段点取外墙的外皮一侧或者幕墙框料边线，选中墙体的外边线将亮显，如图 4-69 所示。

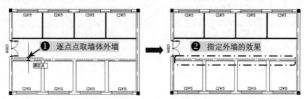

图 4-69　指定外墙操作

实例总结

本实例讲解了指定外墙的操作方法，即选择"墙体｜识别内外｜指定外墙"命令（ZDWQ）。

Example **实例** **151** 加亮外墙操作

素材	教学视频\04\加亮外墙操作.avi
	实例素材文件\04\指定外墙.dwg

实例概述

"加亮外墙"命令可将当前图中所有外墙的外边线用红色虚线亮显，以便用户了解哪些墙是外墙，哪一侧是外侧。用重画（Redraw）命令可消除亮显虚线。

接前例，在天正屏幕菜单中选择"墙体｜识别内外｜加亮外墙"命令（JLWQ），这时系统将当前图形中的外墙用红色虚线亮显出来，如图 4-70 所示。

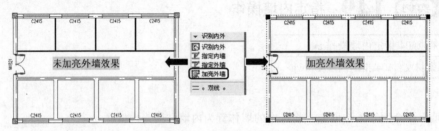

图 4-70　加亮外墙操作

实例总结

本实例讲解了加亮外墙的操作方法，即选择"墙体｜识别内外｜加亮外墙"命令（JLWQ）。

第5章 天正建筑柱子的创建与编辑

● **本章导读**

柱子在建筑设计中主要起到结构支撑作用，有些时候柱子也用于纯粹的装饰。本软件以自定义对象来表示柱子，但各种柱子对象定义不同。标准柱用底标高、柱高和柱截面参数描述其在三维空间的位置和形状；构造柱用于砖混结构，只有截面形状而没有三维数据描述，只服务于施工图。

● **本章内容**

■ 认识柱子　　　　　　　■ 正多边形柱子的创建　　　■ 拾取已有柱来创建柱子
■ 柱子与墙的保温层特性　■ 异形柱子的创建　　　　　■ 角柱的创建
■ 柱子的夹点定义　　　　■ 沿一根轴线布置柱子　　　■ 构造柱的创建
■ 柱子与墙的连接方式　　■ 指定区域内交点创建柱子　■ 柱齐墙边操作
■ 标准柱子的创建　　　　■ 替换图中已插入柱子　　　■ 柱子对象的编辑
■ "标准柱"对话框的含义　■ 选择Pline创建异形柱　　■ 一次修改多个对象

Example 实例 **152** 认识柱子

实例概述

（1）柱与墙相交时，按墙柱之间的材料等级关系决定柱自动打断墙或者墙穿过柱，如果柱与墙体同材料，墙体被打断的同时与柱连成一体。

（2）柱子的填充方式与柱子和墙的当前比例有关，当前比例大于预设的详图模式比例，柱子和墙的填充图案按详图填充图案填充，否则按标准填充图案填充。

（3）柱子的常规截面形式有矩形、圆形、多边形等，异形截面柱由"标准柱"命令中"选择Pline线创建异形柱"图标定义，或从截面下拉列表中的"异形柱"取得，与单击"标准构件库…"按钮相同。

（4）插入图中的柱子，用户如需要移动和修改，可充分利用夹点功能和其他编辑功能。对于标准柱的批量修改，可以使用"替换"的方式，柱同样可采用AutoCAD的编辑命令进行修改，修改后相应墙段会自动更新。此外，柱、墙可同时用夹点拖动编辑。

在TArch 2013天正建筑软件中，对柱子的操作，可使用天正屏幕菜单"轴网柱子"下的相应子命令，如图5-1所示。

另外，在天正建筑TArch 2013软件中，其柱子的新增功能有如下几点。

（1）自动裁剪特性：楼梯、坡道、台阶、阳台、散水和屋顶等对象都可以被柱子所裁剪。

（2）矮柱在平面图假定水平剖切线以下的可见柱，在平面图中这种柱不被加粗和填充，此特性在柱特性表中设置。

（3）柱子填充颜色，新增柱子填充特性，柱子的填充不再单独受各对象的填充图层控制，而是优先由选项中材料颜色控制，更加合理与方便。

图5-1 柱子命令

实例总结

本实例讲解了柱子的概念，以及TArch 2013柱子的新增功能。

Example 实例 **153** 柱子与墙的保温层特性

实例概述

柱子的保温层与墙保温层均通过"墙柱保温"命令（QZBW）添加，柱保温层与相邻的墙保温层的边界自动融合，但两者具有不同的性质。柱保温层在独立柱中能自动环绕柱子一周添加，保温层厚度对每一个柱子可独立设置、独立开关。

但更广泛的应用场合中，柱保温层更多的是被墙(包括虚墙)断开，分别为外侧保温或者内侧保温、两侧保温，但保温层不能设置不同厚度；柱保温的范围可随柱子与墙的相对位置自动调整，如图 5-2 所示。

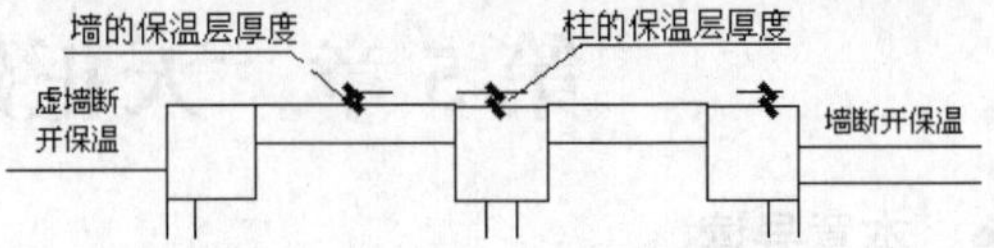

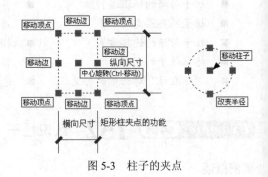

图 5-2　柱子与墙的保温层特性

实例总结

本实例讲解了柱子与墙的保温层特性。

Example 实例 154 柱子的夹点定义

实例概述

柱子的每一个角点处的夹点都可以拖动，以改变柱子的尺寸或者位置，如矩形柱的边中夹点用于拖动改变柱子的边长，对角夹点用于改变柱子的大小，中心夹点用于改变柱子的转角或移动柱子，圆柱的边夹点用于改变柱子的半径，中心夹点用于移动柱子。图 5-3 所示为不同柱子的夹点。

实例总结

本实例讲解了柱子各个夹点的名称，以及不同夹点的功能。

图 5-3　柱子的夹点

Example 实例 155 柱子与墙的连接方式

实例概述

柱子的材料决定了柱与墙体的连接方式，图 5-4 所示的是不同材质墙柱连接关系的示意图。

另外，标准填充模式与详图填充模式的切换，用户可在"天正选项"对话框的"加粗填充"选项卡中来进行设置，如图 5-5 所示。

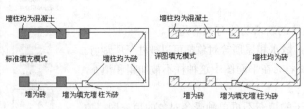

图 5-4　柱子与墙的连接关系

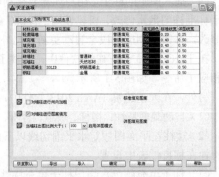

图 5-5　加粗填充的设置

实例总结

本实例讲解了柱子与墙体的连接关系，以及墙体与柱子加粗填充模式的设置。

Example 实例 156 标准柱子的创建

素材	教学视频\05\标准柱子的创建.avi
	实例素材文件\05\标准柱子.dwg

实例概述

　　"标准柱"命令可以在轴线的交点或任何位置插入矩形柱、圆柱或正多边形柱，以及创建异形柱。

　　例如，打开"平面图.dwg"文件，在天正屏幕菜单中选择"轴网柱子｜标准柱"命令（BZZ），将弹出"标准柱"对话框，从中设置柱子的相应参数，然后按照柱子的布置方式来创建标准柱即可，如图 5-6 所示。

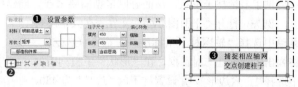

图 5-6　插入的标准柱

软件技能——柱子的基准方向

　　插入柱子的基准方向总是沿着当前坐标系的方向，如果当前坐标系是 UCS，柱子的基准方向自动按 UCS 的 x 轴方向，不必另行设置。

实例总结

　　本实例讲解了标准柱子的创建方法，即选择"轴网柱子｜标准柱"命令（BZZ）。

Example　实例 157　"标准柱"对话框的含义

实例概述

　　用户在创建标准柱的过程中，会弹出"标准柱"对话框，如图 5-7 所示，其中各选项的含义如下。

　　● 　材料：在该下拉列表中可选择柱子的材料，其中包括砖、石材、钢筋混凝土、金属等 4 种材质，可以根据实际情况进行选择。

　　● 　形状：在该下拉列表中选择需创建柱子的形状，可在矩形、圆形等图形中任意选择一种。

图 5-7　"标准柱"对话框

　　● 　标准构件库：单击按钮后，将弹出"天正构件库"对话框，在该对话框中可根据实际情况双击某一截面形状，以此作为异形柱截面。

　　● 　柱子尺寸：该区域有横向、纵向和柱高 3 个参数，可根据实际情况对这 3 个参数进行修改从而达到要求。

　　● 　偏心转角：其中旋转角度在矩形轴网中以 x 轴为基准线；在弧形、圆形轴网中以环向弧线为基准线，以逆时针为正，顺时针为负自动设置。可输入数值来设置柱子的转角。

　　● 　点选插入柱子 ：优先捕捉轴线交点插柱，如未捕捉到轴线交点，则在点取位置按当前 UCS 方向插柱。

　　● 　沿一根轴线布置柱子 ：在选定的轴线与其他轴线的交点处插柱，在轴网中的任意一根轴线上单击，此时即可在所选的轴线的各个节点上分别创建柱子。

　　● 　指定区域内交点创建柱子 ：在指定的矩形区域内所有的轴线交点处插柱。

　　● 　替换图中已插入柱子 ：以当前参数的柱子替换图上的已有柱，可以单个替换或者以窗选成批替换。

　　● 　选择 Pline 创建异形柱 ：将绘制好的闭合 Pline 线或者已有柱子作为当前标准柱读入界面，接着创建成柱子。

　　● 　在图中拾取柱子形状或已有柱子 ：在图中选取要插入柱子的形状或图中已存在的柱子，从而直接绘制成柱子。

实例总结

　　本实例讲解了"标准柱"对话框各选项参数的含义。

Example　实例 158　正多边形柱子的创建

素材	教学视频\05\正多边形柱子的创建.avi
	实例素材文件\05\正多边形柱子.dwg

实例概述

柱子不仅是矩形形状，还可以采用圆形、多边形等其他形状，幸好在天正的"标准柱"对话框中，为用户提供了多种柱子形状，从而可以根据需要来选择创建柱子的形状。

例如，打开"平面图.dwg"文件，在天正屏幕菜单中选择"轴网柱子 | 标准柱"命令（BZZ），将弹出"标准柱"对话框，在"形状"下拉列表框中选择"正六边形"，并设置柱子的"边长"为450，再单击"点选插入柱子" <kbd>+</kbd>，然后捕捉相应的轴网交点来创建柱子，如图5-8所示。

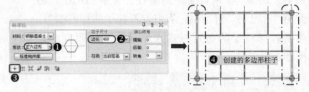

图 5-8　创建的正多边形柱子

实例总结

本实例讲解了多边形柱子的创建方法，即选择"轴网柱子 | 标准柱"命令（BZZ），在其中选择多边形即可。

Example 实例 **159**　异形柱子的创建

素材	教学视频\05\异形柱子的创建.avi
	实例素材文件\05\异形柱子.dwg

实例概述

在实质的建筑施工图中，经常会碰到一些异形柱子对象，这些异形柱子是根据实质情况来确定柱子形状的。幸好天正软件的"标准柱"对话框中，用户可以通过"标准构件库"来选择其中的柱子截面形状，从而来创建异形柱子。

接前例，在天正屏幕菜单中选择"轴网柱子 | 标准柱"命令（BZZ），将弹出"标准柱"对话框，单击"标准构件库"按钮，将会弹出"天正构件库"对话框，从中选择异形柱子的截面并双击，将返回"标准柱"对话框，再单击"点选插入柱子" <kbd>+</kbd>，然后捕捉相应的轴网交点来创建异形柱子，如图5-9所示。

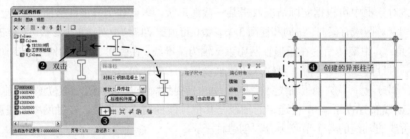

图 5-9　创建的异形柱子

软件技能——插入柱子选项

当用户在插入柱子时，其命令将显示"点取位置或[转90度(A)/左右翻(S)/上下翻(D)/对齐(F)/改转角(R)/改基点(T)/参考点(G)]<退出>:"，这时用户可以根据需要对其柱子进行旋转、翻转、对齐、改基点等操作。

实例总结

本实例讲解了异形柱子的创建方法，即选择"轴网柱子 | 标准柱"命令（BZZ），在其中单击"标准构件库"按钮，从弹出的对话框中选择异形柱子的截面即可。

Example 实例 **160**　沿一根轴线布置柱子

素材	教学视频\05\沿一根轴线布置柱子.avi
	实例素材文件\05\沿一根轴线布置柱子.dwg

实例概述

　　用户在创建柱子对象时，若每次都只能以点一个柱子的方式来布置柱子对象的话，那对于面积比较大且柱子较多的场景，这样子布置起来就比较慢了。幸好天正软件为用户提供了多种柱子的布置方式，如沿一根轴线布置柱子。

　　例如，打开"平面图.dwg"文件，在天正屏幕菜单中选择"轴网柱子｜标准柱"命令（BZZ），将弹出"标准柱"对话框，从中设置柱子的相应参数，再单击下侧"沿一根轴线布置柱子"按钮⌗，然后在视图中拾取相应的轴网，从而在该轴线的交点位置即可快速插入多个柱子对象，如图 5-10 所示。

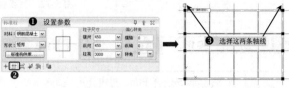

实例总结

　　本实例讲解了沿一根轴线布置柱子的方法，即选择"轴网柱子｜标准柱"命令（BZZ），在其中单击"沿一根轴线布置柱子"按钮⌗。

图 5-10　沿一根轴线布置柱子

Example 实例 **161**　指定区域内交点创建柱子

素材	教学视频\05\指定区域内交点创建柱子.avi
	实例素材文件\05\指定区域内交点创建柱子.dwg

实例概述

　　天正软件真是太人性化了，它还可以在指定区域内的轴网交点上一次性创建更多的柱子对象。

　　接前例，在"标准柱"对话框中设置柱子的相应参数，再单击下侧"指定区域内交点创建柱子"按钮⌘，然后使用鼠标框选一个区域，从而在该区域的轴网交点上一次性创建多个柱子对象，如图 5-11 所示。

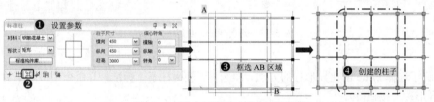

图 5-11　指定区域内交点创建柱子

实例总结

　　本实例讲解了指定区域内交点创建柱子的方法，即选择"轴网柱子｜标准柱"命令（BZZ），在其中单击"指定区域内交点创建柱子"按钮⌘。

Example 实例 **162**　替换图中已插入柱子

素材	教学视频\05\替换图中已插入柱子.avi
	实例素材文件\05\替换图中已插入柱子.dwg

实例概述

　　对于已经创建好的柱子对象，用户可以一次性将多个柱子对象替换为所需的柱子。

　　接前例，在"标准柱"对话框中，重新设置新柱子的相应参数，再单击下侧"替换图中已插入柱子"按钮⟲，然后使用鼠标框选一个区域，从而在该区域的轴网交点上一次性替换多个柱子对象，如图 5-12 所示。

实例总结

　　本实例讲解了替换图中已插入柱子的方法，即选择"轴网柱子｜标准柱"命令（BZZ），在其中单击"替换图中已插入柱子"按钮⟲。

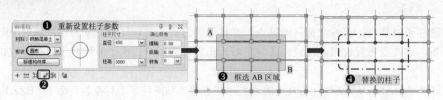

图 5-12　替换图中已插入柱子

Example 实例 163　选择 Pline 创建异形柱

素材	教学视频\05\选择 Pline 创建异形柱.avi
	实例素材文件\05\选择 Pline 创建异形柱.dwg

实例概述

　　在实际的建筑施工图中，经常会碰到由一扇墙来代替柱子对象，即由一封闭的多段线组成的轮廓来生成柱子。

　　例如，打开"平面图.dwg"文件，使用 CAD 的"矩形"命令（REC），在视图中绘制 14 640mm×120mm 的矩形对象，并将其置于从下向上数的第二条水平轴线上。选择"轴网柱子丨标准柱"命令（BZZ），将弹出"标准柱"对话框，单击下侧"选择 Pline 创建异形柱"按钮，然后在视图中拾取所绘制的矩形对象，从而将该矩形对象创建成柱子对象，如图 5-13 所示。

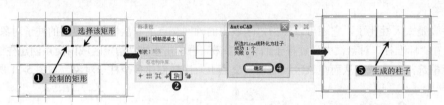

图 5-13　选择 Pline 创建异形柱

实例总结

　　本实例讲解了选择 Pline 创建异形柱的方法，即选择"轴网柱子丨标准柱"命令（BZZ），在其中单击"选择 Pline 创建异形柱"按钮。

Example 实例 164　拾取已有柱来创建柱子

素材	教学视频\05\拾取已有柱来创建柱子.avi
	实例素材文件\05\拾取已有柱来创建柱子.dwg

实例概述

　　在有些复杂的建筑施工图中，经常会涉及到很多种类型的柱子对象；如果用户所要创建的柱子对象的尺寸、形状、材料等与已有的柱子相同，这时就可以拾取该柱子来创建相同的柱子。

　　接前例，在"标准柱"对话框中，单击下侧"在图中拾取柱子形状或已有柱子"按钮，然后使用鼠标拾取所需要的柱子对象，再将该柱子对象布置在新的位置即可，如图 5-14 所示。

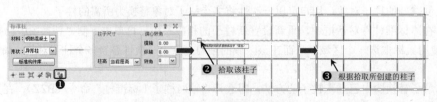

图 5-14　拾取已有柱来创建柱子

实例总结

本实例讲解了在图中拾取柱子形状或已有柱子的方法,即选择"轴网柱子 | 标准柱"命令(BZZ),在其中单击"在图中拾取柱子形状或已有柱子"按钮。

Example **实例** **165** 角柱的创建

素材	教学视频\05\角柱的创建.avi
	实例素材文件\05\角柱.dwg

实例概述

在墙角插入轴线跟形状与墙一致的角柱,可改变其长度及宽度,宽度默认居中,高度为当前层高。生成的角柱与标准柱类似,每一边都有可调整长度和宽度的夹点,可以方便地按要求修改。

例如,打开"平面图.dwg"文件,在天正屏幕菜单中选择"轴网柱子 | 角柱"命令(JZ),根据命令行提示,点取要创建角柱的墙角或键入 R 定位,随后会弹出"转角柱参数"对话框,设置相应参数,最后单击"确定"按钮即可,如图 5-15 所示。

图 5-15 角柱的创建

软件技能——"转角柱参数"对话框中各参数的含义

在"转角柱参数"对话框中,各项参数含义如下。

● 材料:在下拉列表中选择材料,该材料决定了柱子与墙之间的连接形式,目前包括"砖"、"石材"、"钢筋混凝土"和"金属",默认为"钢筋混凝土"。

● 长度:旋转角度在矩形轴网中以 x 轴为基准线;在弧形、圆形轴网中以环向弧线为基准线,以逆时针为正,顺时针为负。

● 取点 A<:单击"取点 A<"按钮,可通过墙上取点得到真实长度。

● 宽度:各分支宽度默认等于墙宽,改变柱宽后默认对中变化,可根据实际情况设置柱宽,如图 5-16 所示。

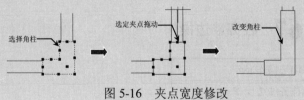

图 5-16 夹点宽度修改

实例总结

本实例讲解了角柱的创建方法,即选择"轴网柱子 | 角柱"命令(JZ),捕捉墙角点,然后从弹出的"转角柱参数"对话框中设置相应的参数即可。

Example **实例** **166** 构造柱的创建

素材	教学视频\05\构造柱的创建.avi
	实例素材文件\05\构造柱.dwg

实例概述

"构造柱"命令在墙角交点处或墙体内插入构造柱，依照所选择的墙角形状为基准，输入构造柱的具体尺寸，指出对齐方向。目前本命令还不支持在弧墙交点处插入构造柱。

例如，打开"平面图.dwg"文件，在天正屏幕菜单中选择"轴网柱子 | 构造角柱"命令（GZZ），根据命令行提示，点取要创建构造柱的墙角或墙中任意位置，随后弹出"构造柱参数"对话框，在其中设置 AC 或 BD 尺寸，最后单击"确定"按钮即可，如图 5-17 所示。

图 5-17　构造柱的创建

软件技能——"构造柱参数"对话框中各参数的含义

在"构造柱参数"对话框中，各项参数含义如下。

- A-C 尺寸：沿着 A-C 方向的构造柱尺寸，在本软件中尺寸数据可超过墙厚。
- B-D 尺寸：沿着 B-D 方向的构造柱尺寸。
- A/C 与 B/D：对齐边的互锁按钮，用于对齐柱子到墙的两边，如图 5-18 所示。

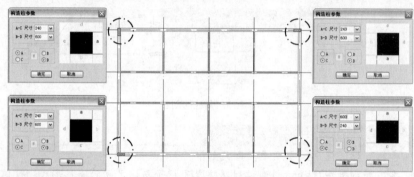

图 5-18　对齐边的互锁状态

提示技巧——构造柱夹点操作

如果构造柱超出墙边，请使用夹点拉伸或移动，拖动夹点到预期位置即可。

实例总结

本实例讲解了构造柱的创建方法，即选择"轴网柱子 | 构造柱"命令（GZZ），捕捉墙角点，然后从弹出的"构造柱参数"对话框中设置相应的参数即可。

Example 实例 **167** 柱齐墙边操作

素材	教学视频\05\柱齐墙边操作.avi
	实例素材文件\05\柱齐墙边操作.dwg

实例概述

"柱齐墙边"命令将柱子边与指定墙边对齐，可一次性选择多个柱子一起完成墙边对齐操作，条件是各柱都在同一墙段，且对齐方向的柱子尺寸相同。

例如，打开"柱齐墙边-A.dwg"文件，在天正屏幕菜单中选择"轴网柱子 | 柱齐墙边"命令（ZQQB），根据命令行，点取作为柱子对齐基准的墙边，再选择对齐方式相同的多个柱子，按回车键结束选择，然后点取这些柱子的对齐边即可，如图 5-19 所示。

实例总结

本实例讲解了柱齐墙边的操作方法，即选择"轴网柱子 | 柱齐墙边"命令（ZQQB）。

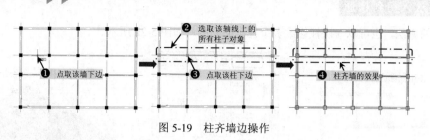

图 5-19　柱齐墙边操作

Example 实例 168　柱子对象的编辑

素材	教学视频\05\柱子对象的编辑.avi
	实例素材文件\05\柱子对象的编辑.dwg

实例概述

当用户创建好柱子对象后，发觉有些参数需要修改，这时用户只需要双击柱子对象，然后从弹出的对话框中修改符合要求的参数即可。

接前例，双击已经柱齐墙边的柱子对象，将弹出"标准柱"对话框，在其中修改参数，然后单击"确定"按钮，则该柱子对象将被修改，如图 5-20 所示（这种方法一次性只能编辑一个对象）。

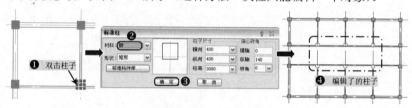

图 5-20　柱子对象的编辑

实例总结

本实例讲解了单个柱子对象的编辑方法，即双击要编辑的柱子对象，然后修改所需的参数即可。

Example 实例 169　一次修改多个对象

素材	教学视频\05\一次修改多个对象.avi
	实例素材文件\05\一次修改多个对象.dwg

实例概述

使用前面的方法，一次只能对一个柱子对象进行编辑修改，如果一幅工程图中若干个对象要进行修改，若通过这种方法的话，效率就会很低；而通过"特性"面板，就可以一次性对多个对象进行修改。

接前例，使用鼠标选择所有内墙，按"Ctrl+1"键打开"特性"面板，则显示出所选择的对象及数量，然后修改墙高为 2400，并按回车键，这时所选择的 14 个墙体对象高度均修改为 2400，如图 5-21 所示。

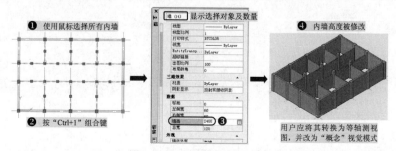

图 5-21　一次性修改多个墙高度

按照同样的方法，也可以一次性修改多个柱子的高度，如图 5-22 所示。

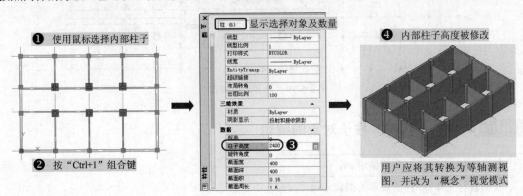

图 5-22　一次性修改多个柱子的高度

实例总结

本实例讲解了一次修改多个对象的方法，即选择多个要修改的对象，再按"Ctrl+1"组合键打开"特性"面板来进行修改。

第6章　天正建筑门窗的创建与编辑

- **本章导读**

　　在 TArch 2013 建筑软件中门窗和墙体建立了智能联动关系，门窗插入墙体后，墙体的外观几何尺寸不变，但墙体对象的粉刷面积、开洞面积已经立刻更新以备查询。门窗和其他自定义对象一样可以用 AutoCAD 2013 的命令和夹点编辑修改。

　　门窗创建对话框中提供输入门窗的所有需要参数，包括编号、几何尺寸和定位参考距离，如果把门窗高参数改为 0，系统在三维下不开该门窗。在新推出的 TArch 2013 中，门窗模块增加了比较实用的多项功能，如连续插入门窗，同一洞口插入多个门窗等，前者用于幕墙和入口门等连续门窗的绘制，后者解决了多年来防火门和户门等的需要。

- **本章内容**

Example 实例 **170** 门窗的认识

实例概述

　　软件中的门窗是一种附属于墙体并需要在墙上开启洞口，并带有编号的 AutoCAD 自定义对象，它包括通透的和不通透的墙洞在内。门窗和墙体建立了智能联动关系，门窗插入墙体后，墙体的外观几何尺寸不变，但墙体对象的粉刷面积、开洞面积已经立刻更新以备查询。门窗和其他自定义对象一样可以用 AutoCAD 的命令和夹点编辑修改，并可通过电子表格检查和统计整个工程的门窗编号。

　　门窗对象附属在墙对象之上，离开墙体的门窗将失去意义。按照和墙的附属关系，软件中定义了两类门窗对象：一类是只附属于一段墙体，即不能跨越墙角，对象 DXF 类型 TCH_OPENING；另一类附属于多段墙体，即跨越一个或多个转角，对象 DXF 类型 TCH_CORNER_WINDOW。前者和墙之间的关系非常严谨，因此系统根据门窗和墙体的位置，能够可靠地在设计编辑过程中自动维护和墙体的包含关系，例如可以把门窗移动或复制到其他墙段上，系统可以自动在墙上开洞并安装上门窗；后者比较复杂，离开了原始的墙体，可能就不再正确，因此不能像前者那样可以随意编辑。

　　在天正屏幕菜单中选择"门窗丨门窗"命令（MC），将弹出"门窗"对话框，如图 6-1 所示，其中提供输入门窗的所有需要参数，包括编号、几何尺寸和定位参考距离。选择不同的选项，其参数将会作相应的改变。

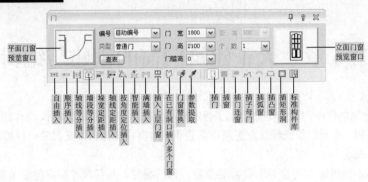

门
编号 自动编号
类型 普通门
查表
门 宽 1800
门 高 2100
门槛高 0
距 高 300
个 数 1
平面门窗预览窗口
立面门窗预览窗口
自由插入
顺序插入
轴线等分插入
墙段等分插入
垛宽定距插入
轴线定距插入
按角度定位插入
智能插入
满墙插入
插入上层门窗
在已有洞口插入多个门窗
门窗替换
参数提取
插门
插窗
插门连窗
插子母门
插弧窗
插凸窗
插矩形洞
标准构件库

图 6-1 “门”对话框

如果把门窗高参数改为 0，系统在三维下不开该门窗。门窗模块现在增加了比较实用的多项功能，如连续插入门窗，在同一洞口插入多个门窗等，前者用于幕墙和入口门等连续门窗的绘制，后者解决了多年来防火门和户门等的需要。

在“门”对话框中，提供了不同类型的门窗，以及门窗插入的不同方法，下面针对各项进行具体讲解。

Example 实例 171 门的插入

素材	教学视频\06\门的插入.avi
	实例素材文件\06\门的插入.dwg

实例概述

“门”指建筑物的出入口或安装在出入口能开关的装置。在建筑施工图中，设置门的宽高及门的形式，是插入门窗的重要参数。

操作步骤

步骤 1 正常启动 TArch 2013 软件，按“Ctrl+O”组合键，打开本书配套光盘“实例素材文件\06\平面图.dwg”文件，如图 6-2 所示。

步骤 2 再按“Ctrl+Shift+S”组合键，将该文件另存为“门的插入.dwg”文件。

步骤 3 在天正屏幕菜单中选择“门窗 | 门窗”命令（MC），将弹出“门窗”对话框，单击“插门”按钮 ，这时其对话框中将显示“插门”的相关参数，如图 6-3 所示。

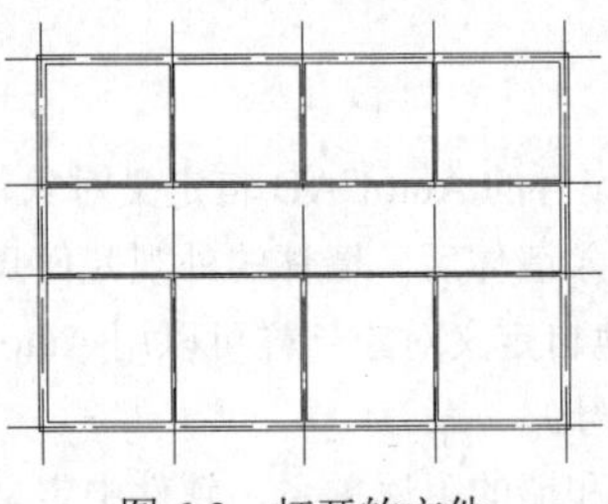

图 6-2 打开的文件

门
编号 自动编号
类型 普通门
查表
门 宽 800
门 高 2100
门槛高 0
距 高 300
个 数 1

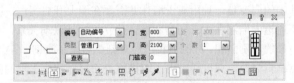

图 6-3 插门相关参数

专业技能——门的分类

门的种类繁多，因此，系统地了解门的种类，有利于提高对门的全面认识，对设计或购买门时做出准确判断有很大的帮助。

按材料分：实木门、钢木门、免漆门、竹木门、安全门、钢质门、装甲门、装饰工艺门、防火门、复合门、模压门、防盗门、铝合金门、木塑门、吸塑门、隔断门、橱柜门、折叠门、推拉门、金属门、保温门、铝塑门、移门、百叶门、铜雕工艺门、镶嵌玻璃木门、自动门、伸缩门、防爆玻璃门、原木门、套装门、铝镁合金门等。

按位置分：外门、内门。

按开户方式分：平开门、弹簧门、推拉门、折叠门、转门、卷帘门、生态门。

按作用分：大门、进户门、室内门、防爆门、抗爆门、防火门等。

步骤 ④ 单击最右侧的"立面门窗"预览窗口，将弹出"天正图库管理系统"对话框，在其中展开"门 | 防盗门"项，选择一种立面门样式，然后单击"OK"按钮 **OK** 返回，如图 6-4 所示。

步骤 ⑤ 单击最左侧的"平面门窗"预览窗口，将弹出"天正图库管理系统"对话框，在其中选择一种平面门样式，然后单击"OK"按钮 **OK** 返回，如图 6-5 所示。

步骤 ⑥ 随后在返回的"门"对话框中，选择下侧的"墙段等分插入"按钮，再设置门的编号、类型、门宽、门高、门窗、门槛高等，如图 6-6 所示。

图 6-4　选择立面门窗样式

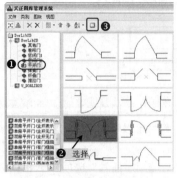
图 6-5　选择平面门窗样式

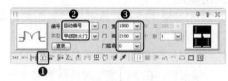
图 6-6　设置好插门参数

步骤 ⑦ 此时，将鼠标指针移至需要插入门的墙体的大致位置后单击，输入门窗个数，然后按回车键，此时即可在该墙段中间位置插入已经设置好的防盗门对象，如图 6-7 所示。

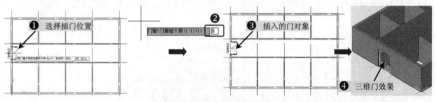
图 6-7　插入的防盗门对象

步骤 ⑧ 至此，防盗门已经插入，最后按"Ctrl+S"组合键进行保存。

实例总结

本实例主要讲解了门的插入方法，即选择"门窗 | 门窗"命令（MC），在弹出的"门窗"对话框中单击"插门"按钮。

Example 实例 172　门窗的自由插入

素材	教学视频\06\门窗的自由插入.avi
	实例素材文件\06\门窗的自由插入.dwg

实例概述

"自由插入"选项，可在墙段的任意位置插入门窗，速度快但不易准确定位，通常用在方案设计阶段。以墙中线为分界内外移动鼠标，可控制内外开启方向，按"Shift"键控制左右开启方向，点击墙体后，门窗的位置和开启方向就完全确定了。

接前例，在"门窗"对话框下侧单击"自由插入"选项，再使用鼠标在需要布置门窗的墙上任意位置单击即可，如图 6-8 所示。

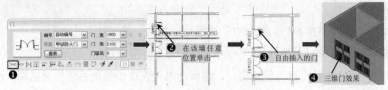

图 6-8　自由插入操作

实例总结

本实例主要讲解了门窗的自由插入方法，即在"门窗"对话框下侧单击"自由插入"选项。

Example 实例 173　门窗沿墙顺序插入

素材	教学视频\06\门窗沿墙顺序插入.avi
	实例素材文件\06\门窗沿墙顺序插入.dwg

实例概述

"沿墙顺序插入"选项，以距离点取位置比较近的墙边端点或基线为起点，按给定的距离插入选定的门窗，此后顺着前进方向连续插入，插入过程中可以随意改变门窗类型和参数。在弧墙对象上顺序插入门窗时，门窗是按照墙基线弧长进行定位的。

接前例，在"门窗"对话框下侧单击"沿墙顺序插入"选项，根据命令行提示，点取要插入门窗的墙线，再键入起点到第一个门窗边的距离，依次键入到前一个门窗边的距离，如图 6-9 所示。

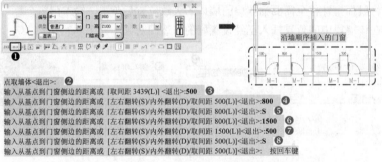

图 6-9　顺序插入门窗操作

实质上，用户也可以使用鼠标在需要插入的墙段上单击，即可在单击的位置上顺序插入门窗，这样插入的话，其两门窗对象之间的距离就靠鼠标来确定了，如图 6-10 所示。

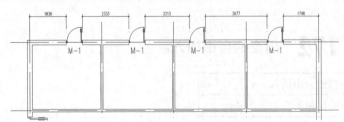

图 6-10　通过鼠标来顺序插入的门窗

软件技能——门窗的翻转操作

不论采用哪种方式来插入门窗，用户都可以根据命令行提示进行左右、内外翻转门窗对象。

实例总结

本实例主要讲解了门窗沿墙顺序插入的方法，即在"门窗"对话框下侧单击"沿墙顺序插入"选项。

Example 实例 **174** 门窗按轴线等分插入

素材	教学视频\06\门窗按轴线等分插入.avi
	实例素材文件\06\门窗按轴线等分插入.dwg

实例概述

"按轴线等分插入"选项 ，可将一个或多个门窗按两根基线间的墙段等分中间插入，如果该墙段没有轴线，则会按墙段基线等分插入。

接前例，在"门窗"对话框下侧单击"按轴线等分插入"选项 ，根据命令行提示，在插入门窗的墙段上任取一点，指定参考轴线（S）或输入门窗个数，如图 6-11 所示。

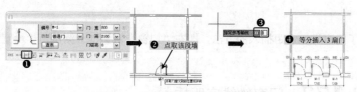

图 6-11　按轴线等分插入门窗操作

实例总结

本实例主要讲解了门窗按轴线等分插入的方法，即在"门窗"对话框下侧单击"按轴线等分插入"选项 。

Example 实例 **175** 门窗按墙段等分插入

素材	教学视频\06\门窗按墙段等分插入.avi
	实例素材文件\06\门窗按墙段等分插入.dwg

实例概述

"按墙段等分插入"选项 ，与轴线等分插入相似，是在一个墙段上墙体较短的一侧边线插入若干个门窗，按墙段等分，使各门窗之间墙垛的长度相等。

接前例，在"门窗"对话框下侧单击"按墙段等分插入"选项 ，根据命令行提示，在插入门窗的墙段上单击一点，输入门窗个数（1～3），如图 6-12 所示（括号中给出按当前墙段与门窗宽度计算可用个数的范围）。

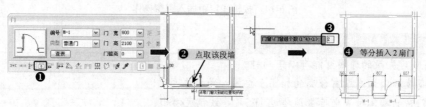

图 6-12　按墙段等分插入门窗操作

实例总结

本实例主要讲解了门窗按墙段等分插入的方法，即在"门窗"对话框下侧单击"按墙段等分插入"选项 。

Example 实例 **176** 门窗垛宽定距插入

素材	教学视频\06\门窗垛宽定距插入.avi
	实例素材文件\06\门窗垛宽定距插入.dwg

实例概述

　　"垛宽定距插入"选项 ⊡，系统自动搜索距离点取位置最近的轴线与墙体的交点，将该点作为参考位置按预定距离插入门窗。

　　接前例，在"门窗"对话框下侧单击"垛宽定距插入"选项 ⊡，输入"距离"值，然后根据命令行提示，点取门窗大致的位置和开向，如图 6-13 所示。

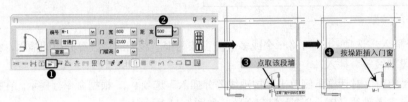

图 6-13　按垛宽定距插入门窗操作

实例总结

　　本实例主要讲解了门窗垛宽定距插入的方法，即在"门窗"对话框下侧单击"垛宽定距插入"选项 ⊡，并输入垛距。

Example 实例 177　门窗轴线定距插入

素材	教学视频\06\门窗轴线定距插入.avi
	实例素材文件\06\门窗轴线定距插入.dwg

实例概述

　　"轴线定距插入"选项 ↤，选择该选项后，在对话框的"距离"文本框中就可以输入一个数值，该值就是门窗左侧距离基线的距离，再在墙体上单击即可插入门窗。

　　接前例，在"门窗"对话框下侧单击"轴线定距插入"选项 ↤，输入"距离"值，然后根据命令行提示，点取门窗大致的位置和开向，如图 6-14 所示。

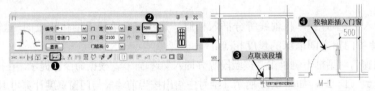

图 6-14　按轴线定距插入门窗操作

软件技能——创建门窗时常遇见的问题

　　出现门窗创建失败的原因可能有以下两种：

　　1. 门窗高度和门槛高或窗台高的和高于要插入的墙体高度；

　　2. 插入门窗的墙体位置坐标数值超过 1E5，导致精度溢出。

实例总结

　　本实例主要讲解了门窗轴线定距插入的方法，即在"门窗"对话框下侧单击"轴线定距插入"选项 ↤，并输入轴距。

Example 实例 178　门窗按角度定位插入

素材	教学视频\06\门窗按角度定位插入.avi
	实例素材文件\06\门窗按角度定位插入.dwg

实例概述

"按角度定位插入"选项，专用于弧墙插入门窗，按给定角度在弧墙上插入直线型门窗。

接前例，首先在天正屏幕菜单中选择"墙体 | 绘制墙体"命令（HZQT），然后按照图 6-15 所示来绘制半径为 1500mm 的弧墙，并删除多余的墙体。

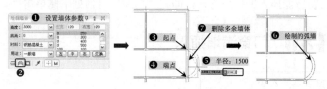

图 6-15　绘制的弧墙

接着，在天正屏幕菜单中选择"门窗 | 门窗"命令（MC），在"门窗"对话框下侧单击"按角度定位插入"选项，根据命令行提示，点取弧线墙段，再键入需插入门窗的角度值，如图 6-16 所示。

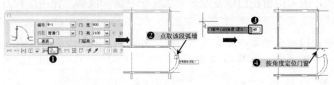

图 6-16　按角度定位插入门窗操作

实例总结

本实例主要讲解了按角度定位插入门窗操作的方法，即在"门窗"对话框下侧单击"按角度定位插入"选项，然后选择弧墙及输入角度。

Example 实例 179　门窗智能插入

素材	教学视频\06\门窗智能插入.avi
	实例素材文件\06\门窗智能插入.dwg

实例概述

"智能插入"选项，用于在墙段中按预先定义的规则自动按门窗在墙段中的合理位置插入门窗，可适用于直墙与弧墙。

智能插入门窗的规则，是把插入门窗的当前墙段以临时分格线预先分为三段，当门窗在墙中段时自动居中插入，在墙边两段时按当前设置的垛宽定距或者轴线定距插入，方式在命令行中可选，两种插入模式在插入时以临时分格线颜色区别，如图 6-17 所示。

接前例，在"门窗"对话框下侧单击"智能插入"选项，输入"距离"值为 300，然后根据命令行提示，点取门窗大致的位置和开向，如图 6-18 所示。

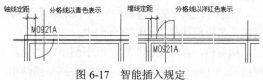

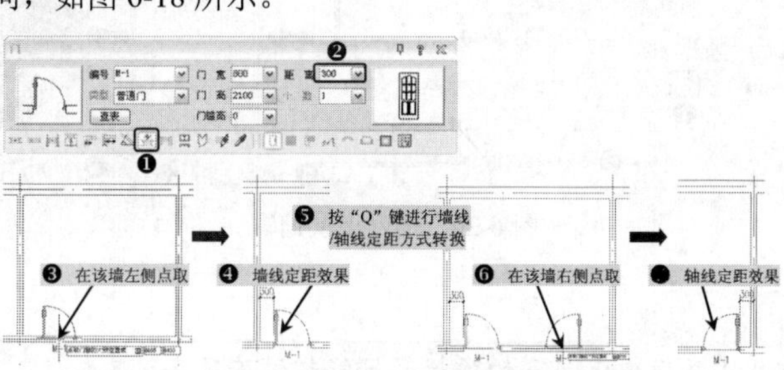

图 6-17　智能插入规定

图 6-18　门窗智能插入操作

选择轴线定距插入，但当前墙段两端无轴线时，会自动把相交墙的墙基线作为轴线。

实例总结

本实例主要讲解了门窗智能插入的操作方法，即在"门窗"对话框下侧单击"智能插入"选项 。

Example （实例）**180** 门窗满墙插入

素材	教学视频\06\门窗满墙插入.avi
	实例素材文件\06\门窗满墙插入.dwg

实例概述

"满墙插入"选项 ，表示门窗在门窗宽度方向上完全充满一段墙，使用这种方式时，门窗宽度参数由系统自动确定。

接前例，将左侧的防盗门对象删除，然后在"门窗"对话框下侧单击"满墙插入"选项 ，根据命令行提示，点取墙段，并按回车键结束，如图 6-19 所示。

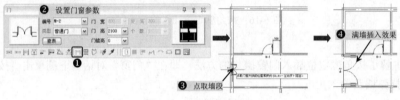

图 6-19　门窗满墙插入

实例总结

本实例主要讲解了门窗满墙插入的操作方法，即在"门窗"对话框下侧单击"满墙插入"选项 。

Example （实例）**181** 插入上层门窗

素材	教学视频\06\插入上层门窗.avi
	实例素材文件\06\插入上层门窗.dwg

实例概述

"插入上层门窗"选项 ，可在墙段上现有的门窗上方再加一个宽度相同、但高度不同的门或窗，这种情况常常出现在高大的厂房外墙中。

接前例，在"门窗"对话框下侧单击"插入上层门窗"选项 ，并选择门窗的名称、样式，再根据命令行提示，选择下层门窗对象，然后按回车键结束，如图 6-20 所示。

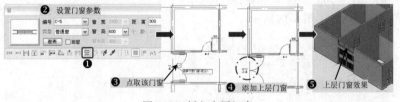

图 6-20　插入上层门窗

使用本方式时，注意尺寸参数中上层窗的顶标高不能超过墙顶高。

实例总结

　　本实例主要讲解了插入上层门窗的操作方法，即在"门窗"对话框下侧单击"插入上层门窗"选项 。

Example 实例 182　门窗替换操作

素材	教学视频\06\门窗替换操作.avi
	实例素材文件\06\门窗替换操作.dwg

实例概述

　　"替换门窗"选项 ，用于批量修改门窗，包括门窗类型之间的转换。将对话框内的当前参数作为目标参数，替换图中已经插入的门窗。单击"替换"按钮，对话框右侧出现参数过滤开关，如果不打算改变某一参数，可去除该参数开关的勾选项，对话框中该参数按原图保持不变。例如将门改为窗，要求宽度不变，应将宽度开关去除勾选。

　　接前例，在"门窗"对话框下侧单击"替换门窗"选项 ，并重新设置新的门窗名称、类型、高度、宽度、样式等，再根据命令行提示，选择需要替换的门窗对象，然后按回车键结束，如图 6-21 所示。

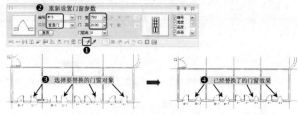

图 6-21　门窗替换操作

实例总结

　　本实例主要讲解了门窗替换的操作方法，即在"门窗"对话框下侧单击"替换门窗"选项 。

Example 实例 183　拾取门窗参数

素材	教学视频\06\拾取门窗参数.avi
	实例素材文件\06\拾取门窗参数.dwg

实例概述

　　"拾取门窗参数"选项 ，可以拾取现有图形中的门窗对象，这些所拾取到的门窗对象参数将会显示在"门"对话框中，然后根据其参数来修改相同的门窗对象。

　　接前例，在"门窗"对话框下侧单击"拾取门窗参数"选项 ，这时使用鼠标拾取现有的门窗对象，则所拾取的门窗参数将显示在"门"对话框中，再单击"智能插入"选项 ，然后在指定的墙体上点取，即可按照所拾取的参数来创建一个相同参数的门窗对象，如图 6-22 所示。

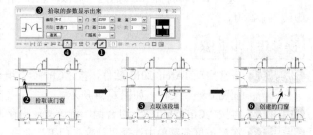

图 6-22　通过拾取参数来创建门窗

实例总结

　　本实例主要讲解了通过拾取参数来创建门窗方法，即在"门窗"对话框下侧单击"拾取门窗参数"选项 。

Example 实例 184　门窗参数的查表

素材	教学视频\06\门窗参数的查表.avi
	实例素材文件\06\门窗参数的查表.dwg

实例概述

在"门窗"对话框中有一个"查表"按钮,单击该按钮可以查看当前图形中已有的门窗参数列表。可单击行首取某个门窗编号,并单击"确定"按钮,把这个编号的门窗参数拾取到当前,注意选择的类型要匹配当前插入的门或者窗,否则会出现"类型不匹配,请选择同类门窗编号!"的警告提示。

接前例,在"门窗"对话框中单击"查表"按钮,将弹出"门窗编号验证表"对话框,在其中选择"M-3"行首,并单击"确定"按钮,这时相应的参数会重新显示在"门窗"对话框中;再单击"智能插入"选项,然后在指定的墙体上点取,即可按照所提取的参数来创建一个相同参数的门窗对象,如图6-23所示。

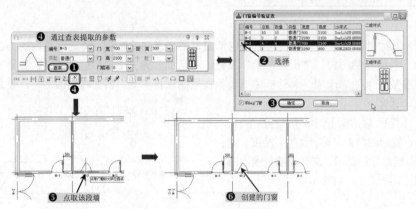

图 6-23   通过查表提取参数来创建门窗

实例总结

本实例主要讲解了通过查表提取参数来创建门窗的方法,即在"门窗"对话框中单击"查表"按钮。

Example 实例 185   窗的插入方法

素材	教学视频\06\窗的插入.avi
	实例素材文件\06\窗的插入.dwg

实例概述

"插窗"选项,其特性和"插门"类似,它比插门多一个"高窗"复选框控件,勾选后按规范图例以虚线表示高窗。

步骤 1 正常启动 TArch 2013 软件,按"Ctrl+O"组合键,打开本书配套光盘"实例素材文件\06\门窗平面图.dwg"文件,如图6-24所示。

步骤 2 再按"Ctrl+Shift+S"组合键,将该文件另存为"窗的插入.dwg"文件。

步骤 3 在天正屏幕菜单中选择"门窗|门窗"命令(MC),将弹出"门窗"对话框,单击"插窗"按钮,这时其对话框中将显示"插窗"的相关参数,如图6-25所示。

图 6-24   打开的文件

图 6-25   插窗相关参数

步骤 ④ 单击最右侧的"立面门窗"预览窗口，将弹出"天正图库管理系统"对话框，在其中展开"窗|有亮子"项，选择一种立面窗样式，然后单击"OK"按钮 **OK** 返回，如图 6-26 所示。

步骤 ⑤ 单击最左侧的"平面门窗"预览窗口，将弹出"天正图库管理系统"对话框，在其中选择一种平面窗样式，然后单击"OK"按钮 **OK** 返回，如图 6-27 所示。

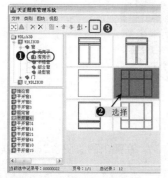

图 6-26　选择立面门窗样式

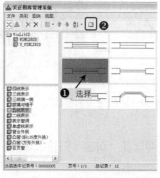

图 6-27　选择平面门窗样式

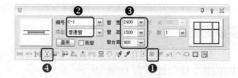

图 6-28　设置好插窗参数

步骤 ⑥ 随后在返回的"窗"对话框中，单击下侧的"墙段等分插入"按钮 **⊞**，再设置窗的编号、类型、窗宽、窗高、窗台高等，如图 6-28 所示。

步骤 ⑦ 此时，将鼠标指针移至需要插入窗的墙体的大致位置后单击，随后输入门窗个数，然后按回车键，此时即可在该墙段中间位置插入已经设置好的门窗对象，如图 6-29 所示。

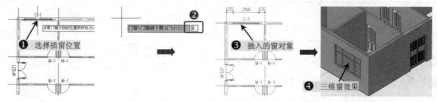

图 6-29　插入的窗对象

步骤 ⑧ 至此，窗已经插入，最后按"Ctrl+S"组合键进行保存。

技巧提示——门窗的打印问题

　　在以前的软件版本中，存在其门窗图层关闭后，在打印时仍会被打印出来的问题，新版本 TArch 2013 中已经针对这个问题得到了很好的解决。另外，还解决了门窗编号图层在布局视口冻结后编号仍会被打印出来的问题。

实例总结

　　本实例主要讲解了插窗的插入方法，即选择"门窗|门窗"命令（MC），在弹出"门窗"对话框中单击"插窗"按钮 **▬**。

Example 实例 186 插门连窗的操作

素材	教学视频\06\插门连窗的操作.avi
	实例素材文件\06\插门连窗.dwg

实例概述

　　"插门连窗"选项 **▯**，门连窗是一个门和一个窗的组合，在门窗表中作为单个门窗进行统计，缺点是门的平面图例固定为单扇平开门，需要选择其他图例时可以使用组合门窗命令代替。

　　接前例，在"门窗"对话框下侧单击"插门连窗"选项 **▯**，设置门连窗的参数，然后在指定的墙段上点取门连窗大致的位置和开向，如图 6-30 所示。

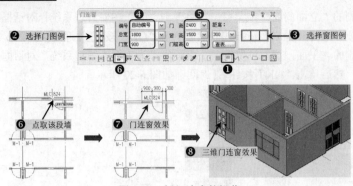

图 6-30　插门连窗的操作

实例总结

　　本实例主要讲解了插门连窗的操作方法，即选择"门窗｜门窗"命令（MC），在弹出的"门窗"对话框中单击"插门连窗"选项 。

Example 实例 187　插子母门的操作

素材	教学视频\06\插子母门的操作.avi
	实例素材文件\06\插子母门.dwg

实例概述

　　"插子母门"选项 ，它是两个平开门的组合，在门窗表中作为单个门窗进行统计，缺点是门的平面图例固定为单扇平开门，优点是参数定义比较简单。

　　接前例，在"门窗"对话框下侧单击"插子母门"选项 ，设置子母门的参数，然后在指定的墙段上点取门连窗大致的位置和开向，如图6-31所示。

实例总结

　　本实例主要讲解了插子母门的操作方法，即选择"门窗｜门窗"命令（MC），在弹出的"门窗"对话框中单击"插子母门"选项 。

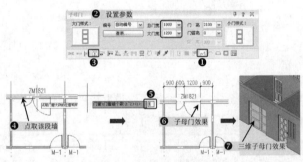

图 6-31　插子母门的操作

Example 实例 188　插弧窗的操作

素材	教学视频\06\插弧窗的操作.avi
	实例素材文件\06\插弧窗.dwg

实例概述

　　"插弧窗"选项 ，在弧墙上安装与弧墙具有相同曲率半径的弧形玻璃。二维用三线或四线表示，缺省的三维为一弧形玻璃加四周边框，用户可以用"窗棂展开"与"窗棂映射"命令来添加更多的窗棂分格。

　　接前例，在图形的右侧绘制半径为 1500mm 的弧墙对象，执行"门窗｜门窗"命令（MC），在其中单击"插弧窗"选项 ，再设置其弧窗的参数，然后在指定的弧墙上点取弧窗大致的位置和开向，如图6-32所示。

实例总结

　　本实例主要讲解了插弧窗的操作方法，即选择"门窗｜门窗"命令（MC），在弹出的"门窗"对话框中单击"插弧窗"选项 。

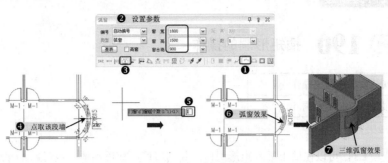

图 6-32　插弧窗的操作

Example 实例 **189** 插凸窗的操作

素材	教学视频\06\插凸窗的操作.avi
	实例素材文件\06\插凸窗.dwg

实例概述

　　"插凸窗"选项，凸窗即外飘窗。二维视图依据用户的选定参数确定，默认的三维视图包括窗楣与窗台板、窗框和玻璃。对于楼板挑出的落地凸窗和封闭阳台，平面图应该使用带形窗来实现。

　　接前例，在"门窗"对话框下侧单击"插凸窗"选项，设置凸窗的参数，然后在指定的墙段上点取凸窗大致的位置和开向，如图 6-33 所示。

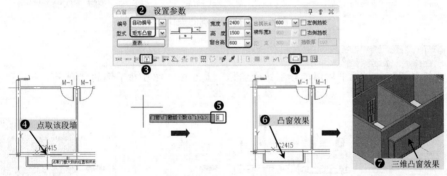

图 6-33　插凸窗的操作

　　天正软件中提供的凸窗类型有梯形、三角形、弧形和矩形，如图 6-34 所示。

图 6-34　不同类型的凸窗效果

软件技能——凸窗挡板的设置

　　矩形凸窗还可以设置两侧是玻璃还是挡板，侧面碰墙时自动被剪裁，获得正确的平面图效果。挡板厚度可在特性栏中修改，是否绘制保温层可在"高级选项"中设置。在 2013 版本中可修改无挡板凸窗窗台板从洞口往两侧延伸的宽度尺寸，选中已经绘制的凸窗（可一次选中多个一起修改）后，在特性栏中修改"两侧窗台板延伸"数值即可，默认是 120。

实例总结

　　本实例主要讲解了插凸窗的操作方法，即选择"门窗｜门窗"命令（MC），在弹出的"门窗"对话框中单击"插凸窗"选项。

Example 实例 **190** 插矩形洞的操作

素材	教学视频\06\插矩形洞的操作.avi
	实例素材文件\06\插矩形洞.dwg

实例概述

"插矩形洞"选项□，可以在墙上插入矩形洞口，其洞口可以穿透墙体，也可以不穿透墙体，有多种二维形式可选，还提供了绘制不穿透墙体的洞口的勾选项。

接前例，在"门窗"对话框下侧单击"插凸窗"选项□，设置矩形洞的参数，然后在指定的墙段上点取门洞大致的位置和开向，如图6-35所示。

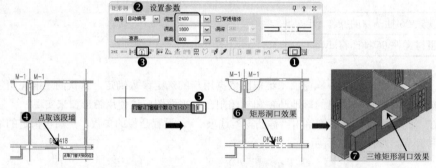

图6-35 插矩形洞的操作

软件技能——洞口未穿透墙体

如果在"矩形洞"对话框中取消选择"穿透墙体"复选框，即可在下侧的"洞深"下拉列表中设置矩形洞的深度，如图6-36所示。

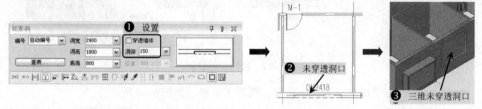

图6-36 插矩形洞未穿透

实例总结

本实例主要讲解了插矩形洞的操作方法，即选择"门窗｜门窗"命令（MC），在弹出的"门窗"对话框中单击"插凸窗"选项□。

Example 实例 **191** 组合门窗的操作

素材	教学视频\06\组合门窗的操作.avi
	实例素材文件\06\组合门窗.dwg

实例概述

"组合门窗"命令不会直接插入一个组合门窗，而是把使用"门窗"命令插入的多个门窗组合为一个整体的"组合门窗"，组合后的门窗按一个门窗编号进行统计，不会自动对各子门窗的高度进行对齐。在三维显示时子门窗之间不再有多余的面片，可以使用构件入库命令把创建好的常用组合门窗并入构件库，使用时从构件库中直接选取。

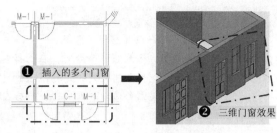

接前例，使用前面插入门窗的方法，在指定的一段墙体上插入多个门窗对象，如图 6-37 所示。

接着，在天正屏幕菜单中选择"门窗 | 组合门窗"命令（ZHMC），根据命令行提示，依次选择某段墙体上的多个门窗对象，并按回车键结束选择，再键入组合门窗的编号，如图 6-38 所示。

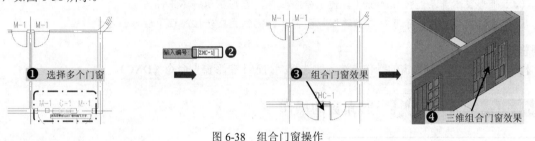

图 6-38　组合门窗操作

"组合门窗"命令操作的前提条件是所选择的门窗对象必须在同一段墙体上，否则将操作失败。

实例总结

本实例主要讲解了组合门窗的操作方法，即选择"门窗 | 组合门窗"命令（ZHMC）。

Example 实例 **192**　带形窗的操作

素材	教学视频\06\带形窗的操作.avi
	实例素材文件\06\带形窗.dwg

实例概述

"带形窗"命令将创建窗台高与窗高相同，沿墙连续的带形窗对象。按一个门窗编号进行统计，带形窗转角可以被柱子、墙体造型遮挡，也可以跨过多道隔墙（请选择级别低于外墙的材料），带形窗的编号可在"编号设置"命令中设为按顺序或按展开长度编号，展开长度按包括保温层在内的墙中线计算，如图 6-39 所示中的 L=L1+L2。

图 6-39　带形窗的长度

接前例，在天正屏幕菜单中选择"门窗 | 带形窗"命令（DXC），将弹出"带形窗"对话框，在其中设置带形窗的参数，再在带形窗开始墙段点取准确的起始和结束位置，选择带形窗经过多个墙段，然后按回车键结束，如图 6-40 所示。

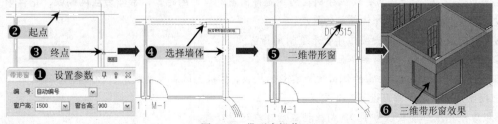

图 6-40　带形窗操作

在插入带形窗时，应注意以下几点。

（1）当读者使用"带形窗"命令时，在选择起点和终点时，必须关闭对象捕捉开关，另外选择的点也必须在相应的墙体上；如果捕捉到的是轴线上的交点，系统不会完成命令任务。

（2）隔墙材料如果与外墙材料相同，加粗后在跨隔墙相交处有微小的尖角，图形导出 T8 到 T5 版本时带形窗会显示错误。

（3）隔墙材料级别即使选择低于外墙的材料，导出 T8 到 T5 版本后，由于低版本不支持带形窗跨隔墙，所以也会导致隔墙处出现豁口。

（4）带形窗本身不能被 Stretch（拉伸）命令拉伸，否则显示将不正确。

（5）在转角处插入柱子可以自动遮挡带形窗，其他位置应先插入柱子后再创建带形窗。

实例总结

本实例主要讲解了带形窗的操作方法，即选择"门窗｜带形窗"命令（DXC）。

Example 实例 **193** 转角窗的操作

素材	教学视频\06\转角窗的操作.avi
	实例素材文件\06\转角窗.dwg

实例概述

"转角窗"命令用于在墙角位置插入窗台高与窗高相同、长度可选的一个角凸窗对象，可输入一个门窗编号，并可设置转角凸窗两侧窗为挡板，以及挡板的厚度参数。

接前例，在天正屏幕菜单中选择"门窗｜转角窗"命令（ZJC），将弹出"绘制角窗"对话框，在其中设置角窗的参数，再根据命令行提示，点取转角窗所在的墙内角，然后分别输入当前转角距离 1、2 的长度，如图 6-41 所示。

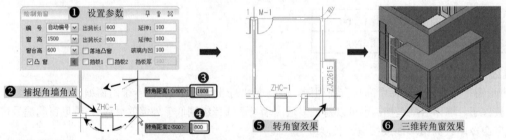

图 6-41 转角窗操作

在"绘制角窗"对话框中，各主要选项的含义如下。

出挑长 1：凸窗窗台凸出于一侧墙面外的距离，在外墙加保温时从结构面算起，单侧无出挑时可输入 0。

出挑长 2：凸窗窗台凸出于另一侧墙面外的距离，在外墙加保温时从结构面算起，单侧无出挑时可输入 0。

延伸 1/延伸 2：窗台板与檐口板分别在两侧延伸出窗洞口外的距离，常作为空调搁板、花台等。

玻璃内凹：凸窗玻璃从外侧算起的厚度。

凸窗：勾选后，单击箭头按钮可展开绘制角凸窗。

落地凸窗：勾选后，墙内侧不画窗台线。

挡板 1/挡板 2：勾选后凸窗的侧窗改为实心的挡板，挡板的保温厚度默认按 30 绘制，是否加保温层在"天正选项｜基本设定｜图形设置"下定义。

挡板厚：挡板厚度默认为 100，勾选挡板后可在这里修改。

软件技能——转角窗创建的注意要点

（1）在侧面碰墙、碰柱时，角凸窗的侧面玻璃会自动被墙或柱对象遮挡；特性表中可设置转角窗"作为洞口"处理；玻璃分格的三维效果请使用"窗棂展开"与"窗棂映射"命令处理。

（2）在有保温层墙上绘制无挡板的转角凸窗前，请先执行"内外识别"或"指定外墙"命令指定外墙外皮位置，这样保温层和凸窗关系才能正确处理，否则保温层线和玻璃的绘制有问题。

（3）转角窗的编号可在"编号设置"命令中设为按顺序或按展开长度编号，展开长度可在"编号设置"命令中设为按墙中线、墙角阴面、墙角阳面计算。

（4）在 TArch 2013 中，角凸窗有了新的改进，转角凸窗两边的出挑长可以不一样，还可以绘制一边出挑为 0 的角凸窗。

（5）转角窗支持外墙保温层的绘制，如外墙带保温时加转角窗，在挡板外侧会根据"天正选项 | 基本设定"的"图形设置"内容决定是否加保温层，如图 6-42 所示。

图 6-42　"基本设定"选项卡

实例总结

本实例先讲解了转角窗的操作方法，即选择"门窗 | 转角窗"命令（ZJC）；然后讲解了"绘制角窗"对话框中各选项的含义。

Example 实例 194　异形洞的操作

素材	教学视频\06\异形洞的操作.avi
	实例素材文件\06\异形洞.dwg

实例概述

"异形洞"命令在直墙面上按给定的闭合 PLINE 轮廓线生成任意形状的洞口。其平面图例与矩形洞相同。建议先将屏幕设为两个或更多视口，分别显示平面和正立面，然后使用"墙面 UCS"命令把墙面转为立面 UCS，在立面用闭合多段线画出洞口轮廓线，最后使用本命令创建异型洞。注意本命令不适用于弧墙。

操 作 步 骤

步骤 ① 接前例，选择"视图 | 视口 | 两个视口"菜单命令，将当前视图分成左右两个视口效果，如图 6-43 所示。

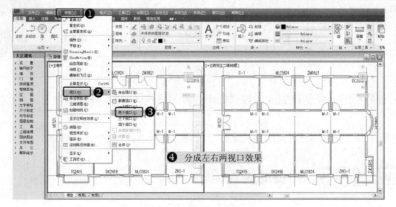

图 6-43　分成两个视口

步骤 ② 选择右侧的视口，使之成为当前视口，在天正屏幕菜单中选择"墙体 | 墙体立面 | 墙面 UCS"命令（QMUCS），根据命令行提示点取左侧垂直墙体的外侧，使之显示出该墙的立面效果，如图 6-44 所示。

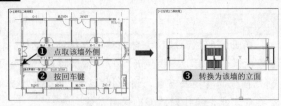

图 6-44　墙面 UCS 操作

步骤 ③ 为了更好的操作及显示异形洞，选择左、右侧的窗对象，将其删除，如图 6-45 所示。

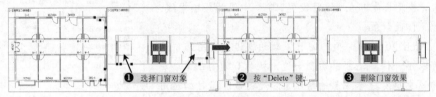

图 6-45　删除门窗操作

步骤 ④ 执行 CAD 的"矩形"命令（REC），在右侧视口中绘制 1500mm×2100mm 的矩形；在矩形的上侧绘制一段圆弧；再执行 CAD 的"绘图 | 边界"命令，将该对象转换为一封闭边界，如图 6-46 所示。

图 6-46　绘制圆弧门轮廓

软件技能——删除多余的轮廓线段

当用户已经创建了一封闭多段线之后,应将之前所绘制的圆弧和矩形轮廓删除,它与封闭多段线是重合的。

步骤 ⑤ 在天正屏幕菜单中选择"门窗 | 异形洞"命令（YXD），根据命令行提示，点取平面视图中开洞墙段，再将鼠标指针移至对应的立面视口中，点取洞口轮廓线，会弹出"异形洞"对话框，在其中设置异形洞表示方法及其他参数，然后单击"确定"按钮，即可创建异形洞，如图 6-47 所示。

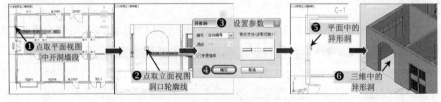

图 6-47　异形洞操作

步骤 ⑥ 至此，该异形洞已经创建完成，按"Ctrl+Shift+S"组合键，将其保存为"异形洞.dwg"文件。

实例总结

本实例主要讲解了异形洞的操作方法，即选择"门窗 | 异形洞"命令（YXD）。

Example 实例 **195** 门窗的夹点编辑

实例概述

普通门、普通窗都有若干个预设好的夹点，拖动夹点时门窗对象会按预设的行为做出动作，熟练操纵夹点进行编辑是用户应该掌握的高效编辑手段，夹点编辑的缺点是一次只能对一个对象操作，而不能一次更新多个对象，为此系统提供了各种门窗编辑命令。

门窗对象提供的编辑夹点功能如图 6-48 所示。需要指出的是，部分夹点通过 Ctrl 键来切换功能。

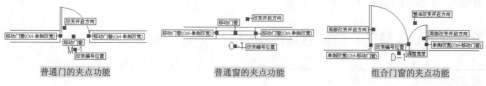

图 6-48　各种门窗的夹点功能

实例总结

本实例主要讲解门窗夹点的功能特点，以及不同门窗对象的夹点名称。

Example 实例 **196**　门窗的对象编辑

素材	教学视频\06\门窗的对象编辑.avi
	实例素材文件\06\门窗的对象编辑.dwg

实例概述

双击门窗对象即可进入"对象编辑"命令，方便对门窗进行参数修改；或者选择门窗对象并右键单击，从弹出的快捷菜单中选择"对象编辑"命令，如图 6-49 所示，在弹出的"门窗"对话框中可进行参数的修改。

接前例，双击左下侧的凸窗对象，或者右键单击门窗对象，从弹出的快捷菜单中选择"对象编辑"命令，将弹出"凸窗"对话框，在其中修改编号、型式等参数，然后单击"确定"按钮，则该凸窗对象已经进行了修改，如图 6-50 所示。

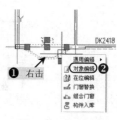

图 6-49　右击对象

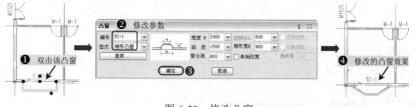

图 6-50　修改凸窗

若当前视图中有多个相同编号的门窗，这时会询问"是否同时参与修改?[全部（A）/部分（S）/否（N）]"，如果是要对所有相同门窗都一起修改，那就回应 A，否则回应 S 或者 N。

例如，双击视图中任一"M-1"门窗对象，将弹出"门"对话框，在其中修改门的平面、立面样式，然后单击"确定"按钮，随后询问"是否同时参与修改?[全部（A）/部分（S）/否（N）]"，选择"全部（A）"项，则当前视图中所有的"M-1"门窗对象都参与了修改，如图 6-51 所示。

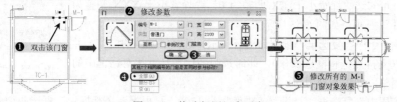

图 6-51　修改相同门窗对象

软件技能——对称变化的门宽

门窗对象编辑对话框与插入对话框类似，只是没有了插入或替换的一排图标，并增加了"单侧改宽"的复选框。如果希望新门窗宽度是对称变化的，不要勾选"单侧改宽"复选框。

实例总结

本实例主要讲解门窗对象的编辑操作，即双击门窗对象，或者右键单击门窗并选择"对象编辑"命令，然后从弹出的相应门窗对话框中修改参数即可。

Example **实例** **197** 门窗的特性编辑

素材	教学视频\06\门窗的特性编辑.avi
	实例素材文件\06\门窗的特性编辑.dwg

实例概述

通过"特性"面板可以批量修改门窗的参数，并且可以控制一些其他途径无法修改的细节参数，如门口线、编号的文字样式和内部图层等，这些参数在门窗对话框中无从修改。

接上例，按"Ctrl+1"组合键打开"特性"面板，单击"选择对象"按钮，在视图中选择所有的 M-1 门窗对象，以回车键结束，则在"特性"面板中显示出当前选择的对象及数量，然后修改其"门口线"为"背开侧"，此时视图中的 M-1 门窗对象添加了门口线，如图 6-52 所示。

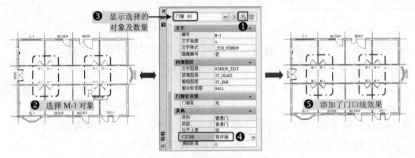

图 6-52 批量设置门口线

实例总结

本实例主要讲解门窗的特性编辑操作，即按"Ctrl+1"组合键打开"特性"面板，在其中修改所选对象的参数即可。

Example **实例** **198** 门窗归整操作

实例概述

"门窗归整"命令，用于调整在做方案时粗略插入墙上的门窗位置，使其按照指定的规则整理获得正确的门窗位置，以便生成准确的施工图。

在天正屏幕菜单中选择"门窗｜门窗归整"命令（MCGZ），将显示"门窗归整"对话框，可勾选"垛宽小于 XX 归整为 0"、"垛宽小于 XXX 归整为 YYY"、"门窗居中"三项，如图 6-53 所示。

图 6-53 "门窗归整"对话框

若勾选"垛宽小于…"复选框，根据命令行提示，选择需归整的门窗，并按鼠标右键结束（支持点选和框选操作），此时选中的门窗马上按对话框中的设置进行位置的调整，如图 6-54 所示。

若勾选"门窗居中"复选框，且设置"中距"为 1200，再根据命令行提示，框选两个要居中规整的窗，并按回车键结束，系统自动按门窗所在墙端相邻墙体的位置自动搜索轴线，对搜索出来轴线间的门窗按中距进行居中操作，如图 6-55 所示。

实例总结

本实例主要讲解门窗归整的操作方法，即选择"门窗｜门窗归整"命令（MCGZ）。

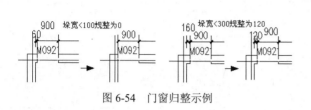

图 6-54 门窗归整示例

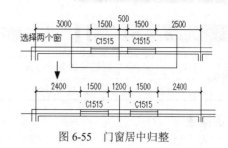

图 6-55 门窗居中归整

Example 实例 199 门窗填墙操作

素材	教学视频\06\门窗填墙操作.avi
	实例素材文件\06\门窗填墙.dwg

实例概述

"门窗填墙"命令，将选中的门窗删除，同时将该门窗所在的位置补上指定材料的墙体，适用除带形窗、转角窗和老虎窗以外的其他所有门窗类别。

例如，打开"带形窗.dwg"文件，在天正屏幕菜单中选择"门窗|门窗填墙"命令（MCTQ），根据命令行提示，选择各个要填充为墙体的门窗，并按回车键结束选择，然后选择需填补的墙体材料，包括有"（无（0）/轻质隔墙（1）/填充墙（2）/填充墙 1（3）/填充墙 2（4）/砖墙（5）"，如图 6-56 所示。

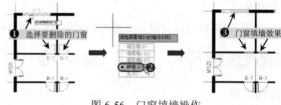

图 6-56 门窗填墙操作

技巧提示——门窗填墙的注意点

当门窗填补的墙材料与门窗所在墙体材料相同时，门窗处墙体和门窗所在墙体合并为同一段墙体，本命令执行前后保温层保持不变。

实例总结

本实例主要讲解门窗填墙的操作方法，即选择"门窗|门窗填墙"命令（MCTQ）。

Example 实例 200 内外翻转的操作

素材	教学视频\06\内外翻转的操作.avi
	实例素材文件\06\门窗翻转.dwg

实例概述

"内外翻转"命令可选择需要内外翻转的门窗，统一以墙中为轴线进行翻转，适用于一次处理多个门窗的情况，方向总是与原来相反。

例如，打开"带形窗.dwg"文件，在天正屏幕菜单中选择"门窗|内外翻转"命令（NWFZ），再根据命令行提示，选择各个要求翻转的门窗，并按回车键结束，则所选择的门窗将进行内外翻转操作，如图 6-57 所示。

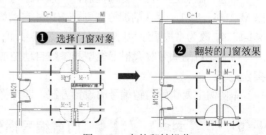

图 6-57 内外翻转操作

实例总结

本实例主要讲解门窗内外翻转的操作方法，即选择"门窗|内外翻转"命令（NWFZ）。

Example 实例 201 左右翻转的操作

素材	教学视频\06\左右翻转的操作.avi
	实例素材文件\06\门窗翻转.dwg

实例概述

"左右翻转"命令可选择需要左右翻转的门窗，统一以门窗中垂线为轴线进行翻转，适用于一次处理多个门窗的情况，方向总是与原来相反。

接前例，选择"门窗 | 左右翻转"命令（ZYFZ），再根据命令行提示，选择各个要求翻转的门窗，并按回车键结束，则所选择的门窗将进行左右翻转操作，如图 6-58 所示。

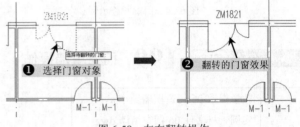

图 6-58 左右翻转操作

技巧提示—— 内外与左右翻转的注意点

内外与左右翻转命令不适用于角窗。

实例总结

本实例主要讲解门窗左右翻转的操作方法，即选择"门窗 | 左右翻转"命令（ZYFZ）。

Example 实例 202 编号设置

实例概述

"编号设置"命令在 2013 版本中作了改进，除了可设置普通门窗自动编号时的编号规则外，还根据不同设计单位的需要，对转角窗窗宽的计算位置提供了多种设置，对门窗编号规则是否按尺寸四舍五入也可进行设置。

在天正屏幕菜单中选择"门窗 | 编号设置"命令（BHSZ），将弹出"编号设置"对话框，如图 6-59 所示。在对话框中已经按最常用的门窗编号规则加入了默认的编号设置，用户可以根据单位和项目的需要增添自己的编号规则，然后单击"确认"按钮完成设置。

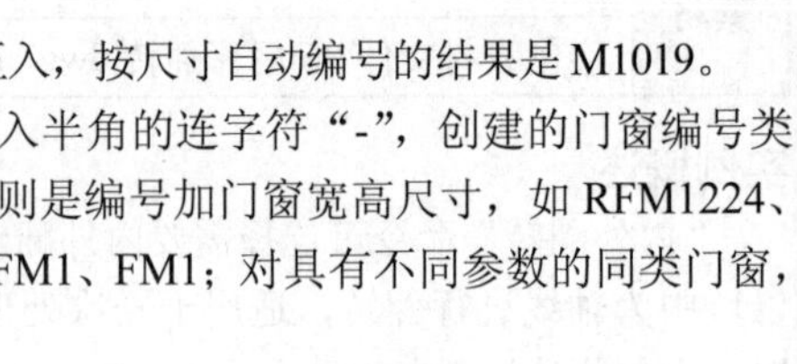

若勾选"四舍五入"复选框，门窗按尺寸自动编号时自动按门窗宽高的首两位数值编号，在首两位取值时考虑后两位的进位，按四舍五入处理。例如，对应宽 1050、高 1950 的门窗，作四舍五入，按尺寸自动编号的结果是 M1120。

若不勾选"四舍五入"复选框，门窗按尺寸自动编号时自动按门窗宽高的首两位数值编号，在首两位取值时不考虑后两位的进位，后

图 6-59 "编号设置"对话框

两位数值直接舍去。例如，对应宽 1050、高 1950 的门窗，不作四舍五入，按尺寸自动编号的结果是 M1019。

勾选"添加连字符"复选框后，可以在编号前缀和序号之间加入半角的连字符"-"，创建的门窗编号类似 M-2115、M-1。默认的编号规则是按尺寸自动编号，此时编号规则是编号加门窗宽高尺寸，如 RFM1224、FM-1224，改为"按顺序"后，编号规则为编号加自然数序号，如 RFM1、FM1；对具有不同参数的同类门窗，门窗命令在自动编号时会根据类型和参数自动增加序号。

实例总结

本实例主要讲解门窗编号的设置方法，即选择"门窗 | 编号设置"命令（BHSZ）。

Example 实例 203 门窗编号操作

素材	教学视频\06\门窗编号操作.avi
	实例素材文件\06\门窗编号.dwg

实例概述

"门窗编号"命令用于生成或者修改门窗编号,根据普通门窗的门洞尺寸大小编号,可以删除(隐去)已经编号的门窗,转角窗和带形窗按默认规则编号,使用"自动编号"选项,可以不需要样板门窗,键入 S 直接按照洞口尺寸自动编号 。

如果该编号范围内的门窗还没有编号,会出现选择要修改编号的样板门窗的提示,本命令每一次执行只能对同一种门窗进行编号,因此只能选择一个门窗作为样板,多选后会要求逐个确认,对与这个门窗参数相同的编为同一个号,如果以前这些门窗有过编号,即使用删除编号,也会提供默认的门窗编号值。

接前例,选择"门窗 | 门窗编号"命令(MCBH),再根据命令行提示,用 CAD 的任何选择方式选取门窗编号范围,并按回车键结束选择,然后输入新的门窗编号(删除编号请输入 NULL),如图 6-60 所示。

图 6-60 门窗编号操作

技巧提示——转角窗与带形窗的编号规则

转角窗的默认编号规则为 ZJC1、ZJC2……,带形窗为 DC1、DC2……,由用户根据具体情况自行修改。

实例总结

本实例主要讲解门窗编号的设置方法,即选择"门窗 | 门窗编号"命令(MCBH)。

Example 实例 **204** 门窗检查操作

素材	教学视频\06\门窗检查操作.avi
	实例素材文件\06\门窗检查.dwg

实例概述

"门窗检查"命令实现了 3 项功能:(1)"门窗检查"对话框中的门窗参数与图中的门窗对象可以实现双向的数据交流;(2)可以支持块参照和外部参照(暂不支持嵌套)内部的门窗对象;(3)支持把指定图层的文字当成门窗编号进行检查。在电子表格中可检查当前图和当前工程中已插入的门窗数据是否合理,并可以即时调整图上指定门窗的尺寸。

接前例,在天正屏幕菜单中选择"门窗 | 门窗检查"命令(MCJC),将显示"门窗检查"对话框,如图 6-61 所示,从而将当前图纸或当前工程中含有的门窗搜索出来,列在右边的表格里面供用户检查。若在此对话框中单击"设置"按钮,将弹出"设置"对话框,用于确定检查的范围,如图 6-62 所示。

另外,普通门窗洞口宽高与编号不一致,同编号的门窗中,二维或三维样式不一致,同编号的凸窗样式或者其他参数(如出挑长等)不一致,都会在表格中显示"冲突",同时在左边下部显示冲突门窗列表,用户可以选择修改冲突门窗的编号及二三维样式,然后单击"更新原图"按钮对图纸中的门窗编号实时进行纠正,然后单击"提取图纸"按钮重新进行检查。

在"门窗检查"对话框中,各主要选项的含义如下。

● 编号:根据门窗编号设置命令的当前设置状态对图纸中已有门窗自动编号。

● 新编号:显示图纸中已编号门窗的编号,没有编号的门窗此项空白。

● 宽度/高度:命令搜索到的门窗洞口宽高尺寸,用户可以修改表格中的宽度和高度尺寸,单击更新原图对图内门窗即时更新,转角窗、带形窗等特殊门窗除外。

图 6-61　"门窗检查"对话框　　　　　　　　　图 6-62　"设置"对话框

● 　更新原图：在电子表格里面修改门窗参数、样式后单击"更新原图"按钮，可以更新当前打开的图形，包括块参照内的门窗。 更新原图的操作并不修改门窗参数表中各项的相对位置，也不修改"编号"一列的数值。但目前还不能对外部参照的门窗进行更新。

● 　提取图纸：单击"提取图纸"按钮后，树状结构图和门窗参数表中的数据按当前图中或当前工程中现有门窗的信息重新提取，最后调入"门窗检查"对话框中的门窗数据受设置中检查内容中四项参数的控制。更新原图后，表格中与原图中不一致的以品红色显示的新参数值在点取"提取图纸"按钮后变为黑色。

● 　选取范围：单击"选取范围"按钮后，"门窗检查"对话框临时关闭，命令行提示：

请选择待检查的门窗：点选或框选待检查的门窗 ……

此步在命令行反复提示，直到右键回车结束选择，返回"门窗检查"对话框。

● 　平面图标/3D图标：对话框右上角的门窗的二维与三维样式预览图标，双击可以进入图库修改。

● 　门窗放大显示：勾选后单击门窗表行首，会自动在当前视口内把当前光标所在表行的门窗放大显示出来，不勾选时会平移图形，把当前门窗加红色虚框显示在屏幕中。但当门窗在块内和外部参照内时，此功能无效。

接前例，在天正屏幕菜单中选择"门窗 | 门窗检查"命令（MCJC），将显示"门窗检查"对话框，展开"门"项，将光标位于主编号行首位置，然后单击平面图标和3D图标，分别修改样式，当然还可以修改门窗的宽度、高度等，然后单击"更新原图"按钮，则原图中的门窗会作相应的更新，如图 6-63 所示。

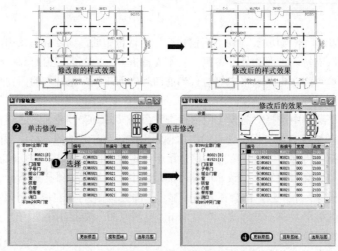

图 6-63　门窗更新操作

技巧提示——门窗样式的选择与修改

在门窗检查过程中，可以双击图标进入门窗库更改门窗样式，当前光标位于子编号行首，表示更改当前门窗的样式；光标位于主编号行首，表示更改属于主编号的所有门窗样式。

（1）文字作为门窗编号要满足三个要求：a.该文字是天正或 AutoCAD 的单行文字对象；b.该文字所在图层是天正建筑当前默认的门窗文字图层（如 WINDOW_TEXT）；c.该文字的格式符合"编号设置"中当前设置的规则。

（2）在"门窗检查"命令右边的表格里面修改门窗的宽高参数，可自动更新门窗表格中的门窗编号，但仍然需要单击"更新原图"按钮才能更新图形中的门窗宽高以及对应的门窗编号。

实例总结

本实例主要讲解门窗检查的操作方法，即选择"门窗 | 门窗检查"命令（MCJC）。

Example 实例 205　门窗表的操作

素材	教学视频\06\门窗表的操作.avi
	实例素材文件\06\门窗表.dwg

实例概述

"门窗表"命令，用于统计本图中使用的门窗参数，检查后生成传统样式门窗表，或者符合国标《建筑工程设计文件编制深度规定》样式的标准门窗表。天正建筑提供了用户定制门窗表的手段，各设计单位可以根据需要来定制自己的门窗表格入库，以及定制本单位的门窗表格样式。

接前例，在天正屏幕菜单中选择"门窗 | 门窗表"命令（MCB），根据命令行提示，点选或框选门窗对象，再点取门窗表的插入位置即可，如图 6-64 所示。

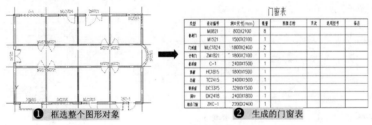

❶ 框选整个图形对象　　　❷ 生成的门窗表

图 6-64　门窗表的生成

如果门窗中有数据冲突的，程序则自动将冲突的门窗按尺寸大小归到相应的门窗类型中，同时在命令行提示哪个门窗编号参数不一致。

如果对生成的表格宽高及标题不满意，可以通过表格编辑或双击表格内容进入在位编辑，直接进行修改，也可以拖动某行到其他位置。

在选择门窗表对象之前，用户可以选择"设置（S）"选项，如图 6-65 所示，此时将显示"选择门窗表样式"对话框，在其中选择其他门窗表表头，勾选"统计作为门窗编号的文字"复选框，还可以把在门窗图层里的单行文字作为门窗编号，这些文字的要求详见门窗检查命令。

单击"选择表头"按钮，或者单击门窗表图像预览框，均可打开"天正构件库"对话框，从而可以选择门窗表的表头样式，如图 6-66 所示。

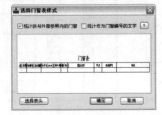

图 6-65　"选择门窗表样式"对话框

图 6-66　"天正构件库"对话框

技巧提示——门窗表样式

各设计单位自己可以根据需要定制自己的门窗表格入库，定制本单位的门窗表格样式。

实例总结

本实例主要讲解门窗表的操作方法，即选择"门窗|门窗表"命令（MCB）。

Example 实例 206 门窗总表的操作

素材	教学视频\06\门窗总表的操作.avi
	实例素材文件\06\门窗表.dwg

实例概述

"门窗总表"命令，用于统计本工程中多个平面图使用的门窗编号，生成门窗总表，可由用户在当前图上指定各楼层平面所属门窗，适用于在一个 dwg 图形文件上存放多楼层平面图的情况，也可指定分别保存在多个不同 dwg 图形文件上的不同楼层平面。

操作步骤

步骤 1 正常启动 TArch 2013 软件，系统将自动新建一个空白文档。

步骤 2 在天正屏幕菜单中选择"文件布图|工程管理"命令（GCGL），将弹出"工程管理"面板，单击"工程名称"组合框，从中选择"打开工程"命令，将建立好的"街房建筑工程.tpr"工程文件打开，如图 6-67 所示。

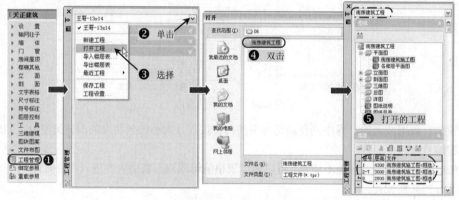

图 6-67 打开的工程

步骤 3 在打开的工程中，展开"平面图"项，双击"街房建筑施工图"文件，即可将该文件打开，如图 6-68 所示。

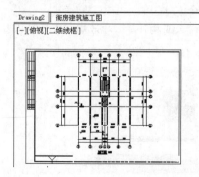
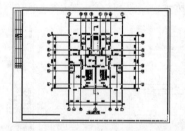
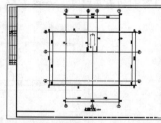

图 6-68 打开的施工图

步骤 ④ 在天正屏幕菜单中选择"门窗|门窗总表"命令（MCZB），系统进行统计，并提示门窗总表在当前图面的排列位置，当确定位置后，即可生成当前工程管理文件中的门窗总表，包括 1 层、2～7 层和 8 层的门窗总表情况，如图 6-69 所示。

步骤 ⑤ 在键盘上按"Ctrl+Shift+S"组合键，将当前所打开的工程文件另存为"门窗总表.dwg"文件。

门窗表

类型	设计编号	洞口尺寸(mm)	数量				图集选用			备注
			1	2～7	8	合计	图集名称	页次	选用型号	
普通门	M0721	700X2000		4X6=24		24				
	M0818	800X1800								
	M0821	800X2100		8X6=48		48				
	M0921	900X2100		2X6=12		12				
	M2730	2700X3000	4			4				
	M3525	3500X2500		2X6=12		12				
普通窗	C0915	900X1500		4X6=24		24				
	C1212	1200X1200		4X6=24		24				
	C1510	1500X1000	1			1				
	C2016	2000X1600	4	4X6=24		28				
洞口	DK1502	1500X200		1X6=6		6				
	DK1505	1500X500	1			1				
	DK1513	1500X1300		1X6=6		6				
	DK2707	2700X700	4			4				

图 6-69　生成的门窗总表

技巧提示——门窗总表的修改

"门窗总表"命令，同样有检查门窗并报告错误的功能，输出时按照国标门窗表的要求，数量为 0 的在表格中以空格表示。

如果需要对门窗总表进行修改，请在插入门窗表后通过表格对象编辑修改。注意由于采用新的自定义表头，不能对表列进行增删，修改表列需要重新制作表头加入门窗表库。

实例总结

本实例主要讲解门窗总表的操作方法，即选择"门窗|门窗总表"命令（MCZB），但前提条件是在一个工程文件中进行操作。

Example 实例 **207**　编号复位的操作

素材	教学视频\06\编号复位的操作.avi
	实例素材文件\06\门窗表.dwg

实例概述

"编号复位"命令，可把门窗编号恢复到默认位置，特别适用于解决门窗"改变编号位置"夹点与其他夹点重合，而使两者无法分开的问题。

例如，打开"门窗表.dwg"文件，选择左上角 C-1 门窗对象，选择"C-1"编号对象，将其编号拖到其他位置，如图 6-70 所示。这时，在天正屏幕菜单中选择"门窗|门窗工具|编号复位"命令（BHFW），再根据命令行提示，点选或窗选门窗对象，这时被改变了位置的门窗编号将恢复到默认位置，如图 6-71 所示。

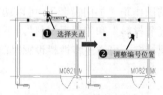

图 6-70　调整编号位置

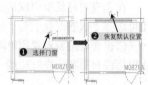

图 6-71　恢复编号位置

实例总结

本实例主要讲解了编号复位的操作方法，即选择"门窗|门窗工具|编号复位"命令（BHFW）。

Example 实例 **208**　编号后缀的操作

素材	教学视频\06\编号后缀的操作.avi
	实例素材文件\06\编号后缀.dwg

实例概述

"编号后缀"命令,可为选定的一批门窗编号添加指定的后缀,适用于对称的门窗在编号后增加"反"缀号的情况,添加后缀的门窗与原门窗独立编号。

接上例,在天正屏幕菜单中选择"门窗|门窗工具|编号后缀"命令(BHHZ),根据命令行提示,点选或窗选门窗对象,再键入新编号后缀或者按回车键增加"反"后缀,如图 6-72 所示。

实例总结

本实例主要讲解了编号后缀的操作方法,即选择"门窗|门窗工具|编号后缀"命令(BHHZ)。

图 6-72　门窗编号后缀操作

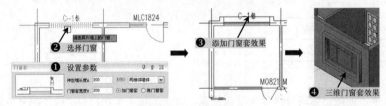

Example 实例 209　门窗套的操作

素材	教学视频\06\门窗套的操作.avi
	实例素材文件\06\门窗套.dwg

实例概述

"门窗套"命令,可在外墙窗或者门连窗两侧添加向外突出的墙垛,三维显示为四周加全门窗框套,其中可单击选项删除添加的门窗套。

接上例,在天正屏幕菜单中选择"门窗|门窗工具|门窗套"命令(MCT),将弹出"门窗套"对话框,设置好相应的参数,再根据命令行提示,选择要加门窗套的门窗对象(如果选择的是内墙上的门窗对象,需要再点取窗套所在的一侧),这时将会根据所设置的参数添加门窗套效果,如图 6-73 所示。

图 6-73　门窗套操作

在无模式对话框中默认的操作是"加门窗套",可以切换为"消门窗套",材料除了"同相邻墙体"外,还可选择"钢筋混凝土"、"轻质材料"和"保温材料",不同的材料有不同的门窗套效果,如图 6-74 所示。

门窗套是门窗对象的附属特性,可通过特性栏设置"门窗套"的有无和参数,如图 6-75 所示;门窗套在加粗墙线和图案填充时与墙一致。

图 6-74　各种材料的门窗套效果

图 6-75　门窗套的特性栏

实例总结

本实例主要讲解了门窗套的操作方法,即选择"门窗|门窗工具|门窗套"命令(MCT)。

Example 实例 **210**　门口线的操作

素材	教学视频\06\门口线的操作.avi
	实例素材文件\06\门口线.dwg

实例概述

"门口线"命令,可在平面图上指定的一个或多个门的某一侧添加门口线,也可以一次为门加双侧门口线,新增偏移距离用于门口有偏移的门口线,表示门槛或者门两侧地面标高不同。门口线是门的对象属性,因此门口线会自动随门复制和移动,门口线与开门方向互相独立,改变开门方向不会导致门口线的翻转。

接上例,在天正屏幕菜单中选择"门窗|门窗工具|门口线"命令(MKX),将弹出"门口线"对话框,设置好相应的参数,再根据命令行提示,选择要加门口线的门对象(可多选),若选择的是单侧,则需要点取门口线所在的一侧,这时将会根据所设置的参数添加门口线效果,如图 6-76 所示。

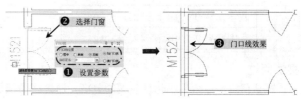

图 6-76　门口线操作

实例总结

本实例主要讲解了门口线的操作方法,即选择"门窗|门窗工具|门口线"命令(MKX)。

Example 实例 **211**　加装饰套的操作

素材	教学视频\06\加装饰套的操作.avi
	实例素材文件\06\装饰套.dwg

实例概述

"加装饰套"命令,用于添加装饰门窗套线。装饰套细致地描述了门窗附属的三维特征,包括各种门套线与筒子板、檐口板和窗台板的组合,主要用于室内设计的三维建模,以及通过立面、剖面模块生成立剖面施工图中的相应部分;如果不要装饰套,可直接删除(Erase)装饰套对象。

接上例,在天正屏幕菜单中选择"门窗|门窗工具|加装饰套"命令(JZST),将弹出"门窗套设计"对话框,在其中分别设置好"门窗套"和"窗台/檐板"选项卡的参数,并单击"确定"按钮,如图 6-77 所示。

这时根据命令行提示,选择需要加门窗套的门窗对象,再点取室内一侧,从而根据所设置的参数来添加门窗套效果,如图 6-78 所示。

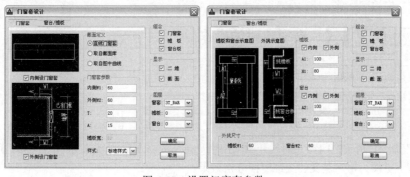

图 6-77　设置门窗套参数

实例总结

本实例主要讲解了加装饰套的操作方法,即选择"门窗|门窗工具|加装饰套"命令(JZST)。

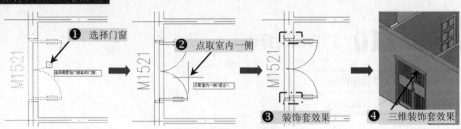

图 6-78　加装饰套操作

Example 实例 212　窗棂展开的操作

素材	教学视频\06\窗棂展开的操作.avi
	实例素材文件\06\窗棂展开.dwg

实例概述

默认门窗三维效果不包括玻璃的分格，通过"窗棂展开"命令把窗玻璃在图上按立面尺寸展开，用户可以在上面以直线和圆弧添加窗棂分格线，通过"窗棂映射"命令创建窗棂分格。

接上例，在天正屏幕菜单中选择"门窗|门窗工具|窗棂展开"命令（CLZK），根据命令行提示，选择要展开的天正门窗，再选择展开到的位置，如图 6-79 所示。

这时，用户使用 LINE、ARC 和 CIRCLE 添加窗棂分格，细化窗棂的展开图，但这些线段要求绘制在图层 0 上，如图 6-80 所示。

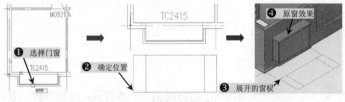

图 6-79　窗棂展开操作

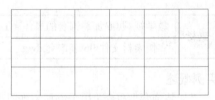

图 6-80　绘制好的分格线

技巧提示——TArch 2013 新功能

在 TArch 2013 版本中，解决了门窗图层关闭后，在打印时仍会被打印出来的问题。

实例总结

本例主要讲解了窗棂展开的操作方法，即选择"门窗|门窗工具|窗棂展开"命令（CLZK），并讲解了在展开图上绘制分格棱线。

Example 实例 213　窗棂映射的操作

素材	教学视频\06\窗棂映射的操作.avi
	实例素材文件\06\窗棂映射.dwg

实例概述

"窗棂映射"命令，用于把门窗立面展开图上由用户定义的立面窗棂分格线，在目标门窗上按默认尺寸映射，在目标门窗上更新为用户定义的三维窗棂分格效果。

接上例，在天正屏幕菜单中选择"门窗|门窗工具|窗棂映射"命令（CLYS），根据命令行提示，指定窗棂要附着的目标门窗（可多选），再选择待映射的棱线，在展开图上点取窗棂展开的基点，则窗棂附着到指定的各窗中，如图 6-81 所示。

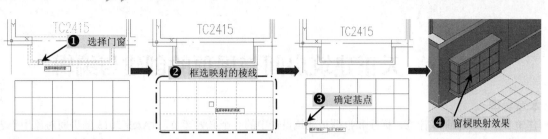

图 6-81　窗棂映射操作

技巧提示——窗棂映射的要点

　　（1）经过窗棂映射后，带有窗棂的窗如果后来修改了窗框尺寸，窗棂不会按比例缩放大小，而是从基点开始保持原尺寸，窗棂超出窗框时，超出部分被截断。

　　（2）使用了窗棂映射后，由门窗库选择的三维门窗样式将被用户的窗棂分格代替。

　　（3）构成带形窗（转角窗）的各窗段是一次分段展开的，定义分格线后一次映射更新。

　　（4）在指定窗棂要附着的目标门窗时，如果空选择，则恢复原始默认的窗框。

实例总结

　　本实例主要讲解了窗棂映射的操作方法，即选择"门窗｜门窗工具｜窗棂映射"命令（CLYS）。

Example 实例 **214**　门窗的右键操作

实例概述

　　当用户在当前视图中创建好门窗对象后，还需要对其进行其他编辑，除了前面所讲解的方法，通过天正屏幕菜单"门窗"子菜单的相关命令来进行操作外，还可以通过右键方式来对其进行编辑操作。

　　接前例，选择左下侧的"TC2415"对象，并右键单击鼠标，将弹出相应的快捷菜单，从而可以对其进行门窗的编辑操作，如图 6-82 所示。

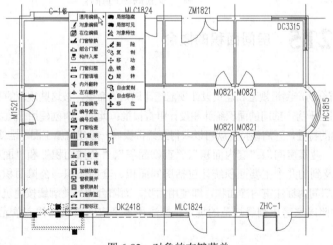

图 6-82　对象的右键菜单

实例总结

　　本实例主要讲解了通过鼠标右键的方式来进行门窗的编辑操作，即选择门窗对象，并右键单击鼠标，从弹出的快捷菜单中选择相应的编辑命令即可。

第7章　天正建筑房间与屋顶的创建与编辑

● **本章导读**

建筑各个区域的面积计算、标注和报批是建筑设计中的一个必要环节，TArch 2013 的房间对象用于表示不同的面积类型，房间描述一个由墙体、门窗、柱子围合而成的闭合区域，按房间对象所在的图层识别为不同的含义，包括房间面积、套内面积、建筑轮廓面积、洞口面积、公摊面积和其他面积，不同含义的房间使用不同的文字标识。基本的文字标识是名称和编号，前者描述对象的功能，后者用来唯一区别不同的房间。

TArch 2013 软件提供了多种屋顶造型功能，人字坡顶包括单坡屋顶和双坡屋顶，任意坡顶是指任意多段线围合而成的四坡屋顶，矩形屋顶包括歇山屋顶和攒尖屋顶，读者也可以利用三维造型工具自建其他形式的屋顶，如用平板对象和路径曲面对象相结合构造带有复杂檐口的平屋顶，利用路径曲面构造曲面屋顶（歇山屋顶）。天正屋顶均为自定义对象，支持对象编辑、特性编辑和夹点编辑等编辑方式，可用于天正节能和天正日照模型。

● **本章内容**

- 房间面积的概念
- 搜索房间的操作
- "搜索房间"对话框中各参数的含义
- 房间对象的编辑方法
- "编辑房间"对话框中各参数的含义
- 房间对象的特性栏编辑
- 查询面积的操作
- 查询面积的其他方式
- 房间轮廓的操作
- 房间排序的操作
- 套内面积的操作

- 面积计算的操作
- 公摊面积的操作
- 面积统计的操作
- 加踢脚线的操作
- "踢脚线生成"对话框中各参数的含义
- 奇数分格的操作
- 偶数分格的操作
- 布置洁具的操作
- 洁具的 4 种布置方式
- 布置隔断的操作

- 布置隔板的操作
- 搜屋顶线的操作
- 人字坡顶的操作
- "人字坡顶"对话框中各参数的含义
- 任意坡顶的操作
- 攒尖屋顶的操作
- 矩形屋顶的操作
- 加老虎窗的操作
- 加雨水管的操作

Example 实例 **215** 房间面积的概念

实例概述

房间面积是一系列符合房产测量规范和建筑设计规范统计规则的命令，按这些规范的不同计算方法，获得多种面积指标统计表格，分别用于房产部门的面积统计和设计审查报批；此外，为创建用于渲染的室内三维模型，房间对象提供了一个三维地面的特性，开启该特性就可以获得三维楼板，一般建筑施工图不需要开启这个特性。

面积指标统计使用"搜索房间"、"套内面积"、"查询面积"、"公摊面积"和"面积统计"命令执行。

建筑施工图中，涉及到的几个主要面积统计包括房间面积、套内面积、公摊面积、建筑面积。

- 房间面积：在房间内标注室内净面积，即使用面积，而阳台用外轮廓线按建筑设计规范标注一半面积；
- 套内面积：按照国家房屋测量规范的规定，标注由多个房间组成的住宅单元住宅，由分户墙及外墙的中线所围成的面积。
- 公摊面积：按照国家房屋测量规范的规定，套内面积以外，作为公共面积由本层各户分摊的面积，或者由全楼各层分摊的面积。
- 建筑面积：整个建筑物的外墙皮构成的区域，可以用来表示本层的建筑总面积，可以按要求选择是否包括墙面的柱子面积。注意，此时建筑面积不包括阳台面积在内，在"面积统计"表格中最终获得的建筑总面积包括按《建筑工程面积计算规范》计算的阳台面积。

在建筑施工图中，面积单位用米（m）表示，标注的精度可以设置，并可提供图案填充。房间夹点激活的时候，还可以看到房间边界，可以通过夹点更改房间边界，房间面积自动更新。

实例总结

本实例主要讲解了房间面积的概念，以及几个关键面积的计算方法，即房间面积、套内面积、公摊面积、建筑面积。

 Example 实例 216 搜索房间的操作

素材	教学视频\07\搜索房间的操作.avi
	实例素材文件\07\搜索房间.dwg

实例概述

"搜索房间"命令，可用来批量搜索建立或更新已有的普通房间和建筑面积，建立房间信息并标注室内使用面积，且标注位置自动置于房间的中心。

例如，打开"办公室.dwg"文件，在天正屏幕菜单中选择"房间屋顶｜搜索房间"命令（SSFJ），将弹出"搜索房间"对话框，设置好相应的参数，同时再根据命令行的提示，选择构成一完整建筑物的所有墙体（或门窗），再点取建筑面积的标注位置，如图 7-1 所示。

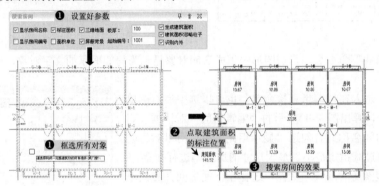

图 7-1　搜索房间的操作

软件技能——搜索房间的要点

如果用户编辑墙体改变了房间边界，房间信息不会自动更新，可以通过再次执行本命令更新房间或拖动边界夹点，和当前边界保持一致。当勾选"显示房间编号"时，会依照默认的排序方式对编号进行排序，编辑删除房间造成房号不连续、重号或者编号顺序不理想，可用后面介绍的"房间排序"命令重新排序。

实例总结

本实例主要讲解了搜索房间的操作方法，即选择"房间屋顶｜搜索房间"命令（SSFJ）。

Example 实例 217 "搜索房间"对话框中各参数的含义

实例概述

选择"房间屋顶｜搜索房间"命令（SSFJ）后，将弹出"搜索房间"对话框，用户可以根据相应的参数来进行设置，如图 7-2 所示。

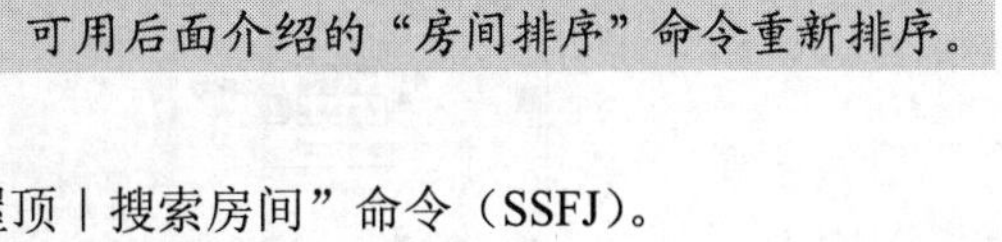

其中各选项的含义如下。

● 标注面积：房间使用面积的标注形式，是否显示面积数值。

● 面积单位：是否标注面积单位，默认以平方米（m^2）单位标注。

图 7-2　"搜索房间"对话框

● 显示房间名称／显示房间编号：房间的标识类型，建筑平面图标识房间名称，其他专业标识房间编号，也可以同时标识。图 7-3 所示为显示房间编号的效果。

- 三维地面：勾选则表示同时沿着房间对象边界生成三维地面。
- 板厚：生成三维地面时，给出地面的厚度。
- 生成建筑面积：在搜索生成房间的同时，计算建筑面积。
- 建筑面积忽略柱子：根据建筑面积测量规范，建筑面积包括凸出的结构柱与墙垛，也可以选择忽略凸出的装饰柱与墙垛。
- 屏蔽背景：勾选利用 Wipeout 功能屏蔽房间标注下面的填充图案。
- 识别内外：勾选后同时执行识别内外墙功能，用于建筑节能。

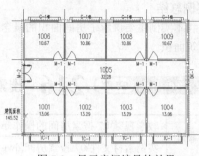

图 7-3　显示房间编号的效果

实例总结

本实例主要讲解了"搜索房间"对话框中各选项的含义。

Example 实例 218　房间对象的编辑方法

素材	教学视频\07\房间对象的编辑方法.avi
	实例素材文件\07\房间对象的编辑.dwg

实例概述

在使用"搜索房间"命令后，当前图形中生成房间对象显示为房间面积的文字对象，但默认的名称需要根据需要重新命名。

双击房间对象，进入在位编辑直接命名，也可以选中后右键单击"对象编辑"命令，弹出图 7-4 所示的"编辑房间"对话框，用于编辑房间编号和房间名称。若勾选"显示填充"后，可以对房间进行图案填充，也可过滤指定最小、最大尺寸的房间不进行搜索。

例如，打开"搜索房间.dwg"文件，选择左下侧房间并右键单击，从弹出的快捷菜单中选择"对象编辑"命令，将弹出"编辑房间"对话框，重新设置名称、粉刷层厚、显示填充、显示轮廓线等参数，然后单击"确定"按钮，即可对选择的房间进行重新编辑，如图 7-5 所示。

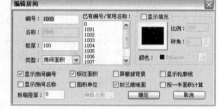

图 7-4　"编辑房间"对话框

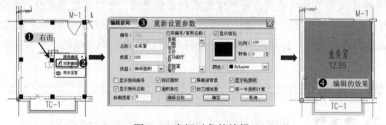

图 7-5　房间对象的编辑

实例总结

本实例主要讲解了房间对象的编辑方式，一是双击房间对象进入在位编辑直接命名；二是选中对象并右键单击，然后选择"对象编辑"命令。

Example 实例 219　"编辑房间"对话框中各参数的含义

实例概述

选择搜索的房间对象后右键单击鼠标，从弹出的快捷菜单中选择"对象编辑"命令，将弹出"编辑房间"对话框，从而可以更加灵活地来搜索房间的一些参数。其各主要参数的含义如下。

- 编号：对应每个房间的自动数字编号，用于其他专业标识房间。

● 名称：用户对房间给出的名称，可从右侧的常用房间列表选取，房间名称与面积统计的厅室数量有关，类型为洞口时默认名称是"洞口"，其他类型为"房间"。

● 粉刷层厚：房间墙体的粉刷层厚度，用于扣除实际粉刷厚度，精确统计房间面积。

● 板厚：生成三维地面时，给出地面的厚度。

● 类型：可以通过本列表修改当前房间对象的类型为"套内面积"、"建筑轮廓面积"、"洞口面积"、"分摊面积"、"套内阳台面积"。

● 封三维地面：勾选则表示同时沿着房间对象边界生成三维地面。

● 标注面积：勾选可标注面积数据。

● 面积单位：勾选可标注面积单位平方米。

● 显示轮廓线：勾选后显示面积范围的轮廓线，否则选择面积对象才能显示。

● 按一半面积计算：勾选后该房间按一半面积计算，用于净高小于 2.1m、大于 1.2m 的房间。

● 屏蔽掉背景：勾选利用 Wipeout 功能屏蔽房间标注下面的填充图案。

● 显示房间编号／名称：选择面积对象，显示房间编号或者房间名称。

● 编辑名称：光标在"名称"编辑框中时，该按钮可用，单击进入对话列表，修改或者增加名称。

● 显示填充：勾选后可以当前图案对房间对象进行填充，图案比例、颜色和图案可选，单击图像框进入图案管理界面，选择其他图案或者通过下拉颜色列表更改颜色。

实例总结

本实例主要讲解了"编辑房间"对话框中各选项的含义。

Example 实例 220　房间对象的特性栏编辑

素材	教学视频\07\房间对象的特性栏编辑.avi
	实例素材文件\07\房间对象的编辑.dwg

实例概述

房间对象还支持特性栏编辑，用户选中需要注写两行的房间名称，按"Ctrl＋1"组合键打开"特性"面板，在名称类型中改为两行名称，即可在名称第二行中写入内容，满足涉外工程标注中英文房间名称的需要。

接前例，选择下侧第二个搜索房间对象，按"Ctrl+1"组合键，打开"特性"面板，然后在其中修改相应的参数，亦可进行搜索房间对象的修改，如图 7-6 所示。

显示控制方式的新特性有"全局控制"和"独立控制"两种，默认是全局控制整个图上的"房间面积"、"房间名称"这些项目的显示，需要时可以选择某些面积对象进入特性栏，修改为独立控制，就可以单独选择这些面积对象的参数的显示方式

图 7-6　通过特性栏编辑

了；可以不勾选房间名称和房间编号，生成仅显示面积的房间对象。

房间面积对象的图案填充，不再与其他图案填充共用图层，而是填充在新建的图层 SPACE_HATCH 中，随时可以通过图层管理关闭。

软件技能——房间边界线的新增功能

2013 版本的房间边界线提供了增加顶点的夹点控制，按"Ctrl"键可使夹点功能从移动切换为增加，拖动夹点可以根据要求增加顶点；各种房间边界线新增可捕捉特性。

实例总结

本实例主要讲解了通过特性栏的方式来编辑搜索房间对象，即选择搜索房间对象，并按"Ctrl+1"键打开

"特性"面板,然后在此修改相应的参数即可。

Example 实例 221 查询面积的操作

素材	教学视频\07\查询面积的操作.avi
	实例素材文件\07\查询面积.dwg

实例概述

"查询面积"命令,可以动态查询由天正墙体组成的房间使用面积、套内阳台面积,以及闭合多段线面积,即时创建面积对象标注在图上,光标在房间内时显示的是使用面积。注意,本命令获得的建筑面积不包括墙垛和柱子凸出部分,命令提供了"计一半面积"的复选框,房间对象可以不显示编号和名称,仅显示面积。

接前例,在天正屏幕菜单中选择"房间屋顶 | 查询面积"命令(CXMJ),将弹出"查询面积"对话框,在其中根据要求设置好相应的参数,再根据命令行提示,使用鼠标两点框选要查询面积的平面图范围(可在多个平面图中选择查询);若将光标移动到房间同时显示面积;如果要标注,请在图上单击确定;当光标移到平面图外面时,会显示和标注该平面图的建筑面积,如图7-7所示。

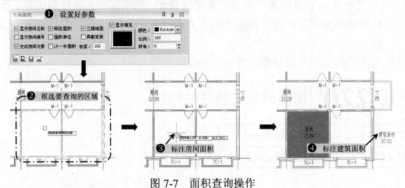

图 7-7 面积查询操作

软件技能——"查询面积"与"搜索房间"命令的比较

"查询面积"与"搜索房间"命令类似,不同点在于显示对话框的同时,可在各个房间上移动光标,动态显示这些房间的面积,不希望标注房间名称和编号时,取消"生成房间对象"复选框,只创建房间的面积标注。

实例总结

本实例主要讲解了房间面积的查询方法,即选择"房间屋顶 | 查询面积"命令(CXMJ),再选择"房间面积查询"📖查询方式即可。

Example 实例 222 查询面积的其他方式

素材	教学视频\07\查询面积的其他方式.avi
	实例素材文件\07\查询面积的其他方式.dwg

实例概述

在"查询面积"对话框中,提供了多种查询面积的方式。在最下侧的4个按钮中,分别是"房间面积查询"📖、"封闭曲线面积查询" 📖、"阳台面积查询"📖和"绘制任意多边形面积查询" 📖。

(1)默认的"房间面积查询"📖方式,在前例中已经讲解过,其命令提示如下:

请选择查询面积的范围:请给出两点框选要查询面积的平面图范围,可在多个平面图中选择查询。

请在屏幕上点取一点<返回>:光标移动到房间同时显示面积,如果要标注,请在图上给点,光标移到平面图外面会显示和标注该平面图的建筑面积。

(2)单击"封闭曲线面积查询"按钮📖时,其操作步骤如图7-8所示。

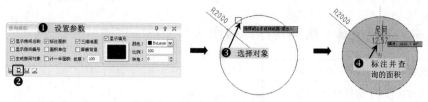

图 7-8　封闭曲线面积查询操作

（3）单击"阳台面积查询"按钮 时，其操作步骤如图 7-9 所示。

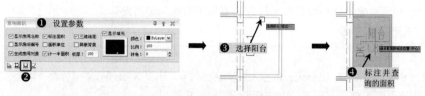

图 7-9　阳台面积查询操作

（4）单击"绘制任意多边形面积查询"按钮 时，其操作步骤如图 7-10 所示。

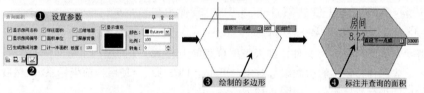

图 7-10　绘制任意多边形面积查询操作

软件技能——不规则阳台面积的查询

　　对于阳台平面不规则，无法用天正阳台对象直接创建阳台面积时，可使用本选项创建多边形面积，然后将对象编辑为"套内阳台面积"。

实例总结

　　本实例主要讲解了房间面积查询的其他方式，即在"查询面积"对话框下侧分别选择不同的方式。

Example **实例** **223**　房间轮廓的操作

素材	教学视频\07\房间轮廓的操作.avi
	实例素材文件\07\房间轮廓.dwg

实例概述

　　"房间轮廓"命令，用于生成指定房间区域的封闭轮廓多段线，以 PLINE 线表示。轮廓线可以用于其他用途，如把它转为地面或用来作为生成踢脚线等装饰线脚的边界。

　　例如，打开"办公室.dwg"文件，在天正屏幕菜单中选择"房间屋顶｜房间轮廓"命令（FJLK），根据命令行提示，点取房间内任意一点，并回答"请是否生成封闭的多段线?[是（Y）/否（N）]<Y>:"，若选择"是（Y）"，则在 SPACE_SHARE 图层生成房间轮廓线，如图 7-11 所示。

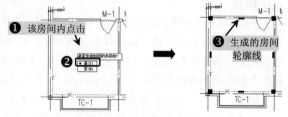

图 7-11　房间轮廓的操作

实例总结

　　本实例主要讲解了房间轮廓线的操作，即选择"房间屋顶｜房间轮廓"命令（FJLK）。

Example 实例 224 房间排序的操作

素材	教学视频\07\房间排序的操作.avi
	实例素材文件\07\房间排序.dwg

实例概述

"房间排序"命令，可以按某种排序方式对房间对象编号重新排序，参加排序的除了普通房间外，还包括公摊面积、洞口面积等对象，这些对象参与排序主要用于节能和暖通设计。

软件技能——房间排序原则

排序原则及说明如下。

（1）按照"Y坐标优先；Y坐标大，编号大；Y坐标相等，比较X坐标，X坐标大，编号大"的原则排序。

（2）X、Y的方向支持用户设置，相当于设置了UCS。

（3）根据用户输入的房间编号，可分析判断编号规则，自动增加编号，可处理的情况如下：

1001、1002、1003......，01、02、03......，（全部为数字）；

A001、A002、A003.....，1-1、1-2、1-3.......（固定字符串加数字）；

a1、a2、a3......，1001a、1002a、1003a......，1-A、2-A、3-A......，（数字加固定字符串）。

例如，打开"房间编号.dwg"文件，在天正屏幕菜单中选择"房间屋顶│房间排序"命令（FJPX），再根据命令行提示，先选择搜索出的房间编号对象，再指定UCS原点<使用当前坐标系>，然后给出起始编号，从而对所选择的房间进行排序操作，如图7-12所示。

 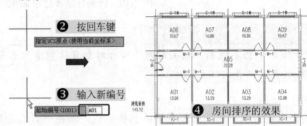

图7-12 房间排序的操作

实例总结

本实例主要讲解了房间排序的操作，即选择"房间屋顶│房间编排"命令（FJPX）。

Example 实例 225 套内面积的操作

素材	教学视频\07\套内面积的操作.avi
	实例素材文件\07\套内面积.dwg

实例概述

"套内面积"命令，用于计算住宅单元的套内面积，并创建套内面积的房间对象。按照房产测量规范的要求，自动计算分户单元墙中线计算的套内面积，选择时注意仅仅选取本套套型内的房间面积对象（名称），而不要把其他房间面积对象（名称）包括进去，本命令获得的套内面积不含阳台面积，选择阳台面积对象目的是指定阳台所归属的户号。

例如，打开"室内平面图.dwg"文件，在天正屏幕菜单中选择"房间屋顶│套内面积"命令（TNMJ），将弹出"套内面积"对话框，在其中输入需要标注的套型编号和户号，以及设置其他参数，再框选同属一套住宅的所有房间面积对象与阳台面积对象，这时所选中的房间面积对象会亮显，最后点取面积标注位置，如图7-13所示。

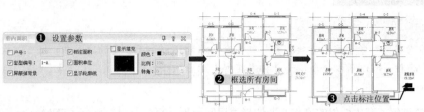

图 7-13　套内面积的操作

　　套型编号是套型的分类，同一套型编号可以在不同楼层（单元）重复（尽管面积也许有差别），而户号是区别住户的唯一编号。

实例总结

　　本实例主要讲解了套内面积的操作，即选择"房间屋顶｜套内面积"命令（TNMJ）。

Example 实例 226　面积计算的操作

素材	教学视频\07\面积计算的操作.avi
	实例素材文件\07\面积计算.dwg

实例概述

　　"面积计算"命令，用于统计"查询面积"或"套内面积"等命令获得的房间使用面积、阳台面积、建筑面积等，用于不能直接测量到所需面积的情况，取面积对象或者标注数字均可。命令改进了面积计算功能，支持更多的运算符和括号，默认采用命令行模式，可以通过快捷键切换到对话框模式。

　　当取图上面积对象和运算时，命令会取得该对象的面积不加精度折减，再单击"标在图上<"按钮，对面积进行标注时按用户设置的面积精度位数进行处理。

　　例如，打开"房间排序.dwg"文件，在天正屏幕菜单中选择"房间屋顶｜面积计算"命令（MJJS），根据命令行提示，依次选择求和的房间面积对象或面积数值文字，再点取面积标注位置，如图 7-14 所示。

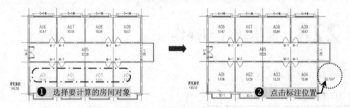

图 7-14　面积计算的操作

　　在命令行模式中键入"Q"，切换到对话框模式，显示"面积计算"对话框，此时在视图中选择要计算的房间对象后，面积自动添加到计算器的显示栏中，各面积数字之间以加号（+）相连；用户可以选择加号单击其他运算符，单击等号（=）得到结果，并随时单击"面积对象<"按钮增添面积，单击"标在图上<"按钮，将显示栏的结果在图上标注，如图 7-15 所示。

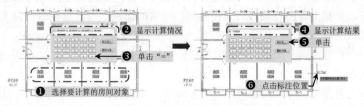

图 7-15　通过对话框方式来计算

软件技能——"搜索房间"的不足

目前"搜索房间"命令无法直接搜索得到嵌套平面的环形走廊本身的净面积，但可以搜索到走廊外圈和内圈的两个面积，可以用本命令使两者相减获得走廊面积。

实例总结

本实例主要讲解了套内面积的操作，即选择"房间屋顶｜套内面积"命令（TNMJ）。

Example 实例 227 公摊面积的操作

素材	教学视频\07\公摊面积的操作.avi
	实例素材文件\07\公摊面积.dwg

实例概述

"公摊面积"命令，用于定义按本层或全楼（幢）进行公摊的房间面积对象，需要预先通过"搜索房间"或"查询面积"命令创建房间面积，标准层自身的共用面积不需要执行本命令进行定义，没有归入套内面积的部分自动按层公摊。

接上例，在天正屏幕菜单中选择"房间屋顶｜公摊面积"命令（GTMJ），再根据命令行提示，选择房间面积对象，可多次选取，并按回车键结束，即可把这些面积对象归入 SPACE_SHARE 图层，公摊的房间名称不变，如图 7-16 所示。

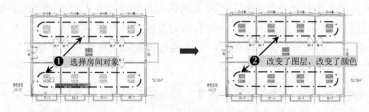

❶ 选择房间对象   ❷ 改变了图层，改变了颜色

图 7-16 公摊面积的操作

实例总结

本实例主要讲解了公摊面积的操作，即选择"房间屋顶｜公摊面积"命令（GTMJ）。

Example 实例 228 面积统计的操作

素材	教学视频\07\面积统计的操作.avi
	实例素材文件\07\楼层面积统计.dwg

实例概述

"面积统计"命令，按《房产测量规范》和《住宅设计规范》以及建设部限制大套型比例的有关文件，统计住宅的各项面积指标，为管理部门进行设计审批提供参考依据。

● 套型统计中的"室"和"厅"的数量是从"名称分类"定义的房间名称中提取的。

● 本项目有多个标准层时，建议按自然层为基础编写户号，注意户号在不同标准层不至于重复。

● 有通高大厅，要把上层围绕洞口自动搜索到的"房间面积"以对象编辑设为"洞口面积"，否则统计面积不准确。

● 跃层住宅一个户号占两个楼层，它的面积统计结果在下面楼层显示，上一楼层的面积分摊、套型合并在同一户号一起统计。

● 阳台面积按当前图形上标注的阳台面积对象统计，详见查询面积一节的阳台面积查询。

● 阳台面积在各地设计习惯中使用不同的术语，在本命令的输出表格中以"阳台面积"表示，用户自行按各单位或项目要求修改。

 操 作 步 骤

步骤 ① 正常启动 TArch 2013 软件，执行"文件｜打开"菜单命令，打开本书配套光盘"实例素材文件\07\楼层平面图.dwg"文件，如图 7-17 所示。

步骤 ② 在天正屏幕菜单中选择"房间屋顶｜搜索房间"命令（SSFJ），框选整个平面图对象，从而对其房间进行搜索，如图 7-18 所示。

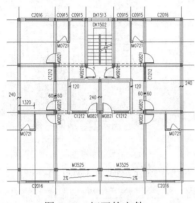

图 7-17　打开的文件

图 7-18　搜索房间操作

步骤 ③ 使用鼠标分别双击每个房间的名称，使其呈在位编辑状态，然后修改其相应的功能名称，如图 7-19 所示。

步骤 ④ 在天正屏幕菜单中选择 "房间屋顶｜套内面积"命令（TNMJ），先使用鼠标选择左侧的房间对象，对其左侧进行套内面积的计算；再同样对其右侧进行套内面积的计算，但楼梯不参加任何套内计算，如图 7-20 所示。

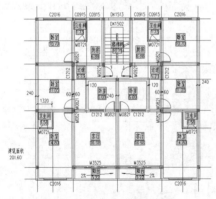

图 7-19　修改每个房间的名称

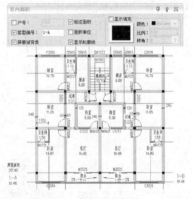

图 7-20　套内面积操作

步骤 ⑤ 在天正屏幕菜单中选择"房间屋顶｜面积统计"命令（MJTJ），将弹出"面积统计"对话框，选择"标准层面积统计"单选项，并单击"选择标准层"按钮，然后框选整个平面图，如图 7-21 所示。

步骤 ⑥ 单击"名称分类"按钮，将弹出"名称分类"对话框，分别在"厅"、"室"和"卫"选项卡中，看看所含的名称是否包括平面图中的房间名称，如果平面图中房间的名称没有在相应的分类之中，这时用户可以自定义，然后单击"确定"按钮，如图 7-22 所示。

步骤 ⑦ 这时单击"开始统计"按钮，将弹出"统计结果"对话框，从而分别对其进行了统计，如图 7-23 所示。

步骤 ⑧ 如果用户需要将所统计的结果标注在平面图上，单击"标在图上<"按钮，然后在视图的指定位置标注即可，如图 7-24 所示。

步骤 ⑨ 至此，该单元楼的面积统计已经完成，按"Ctrl+Shift+S"组合键，将该文件另存为"楼层面积统计.dwg"文件。

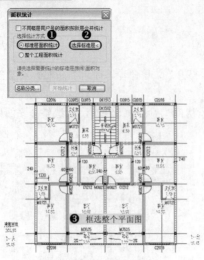

图 7-21　选择标准层

图 7-22　房间名称

实例总结

本实例主要讲解了面积统计的操作，即选择"房间屋顶 | 面积统计"命令（MJTJ）。

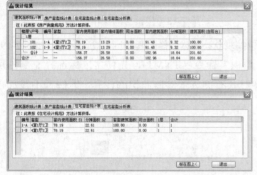

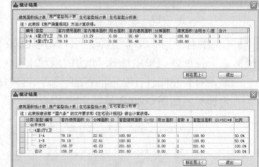

图 7-23　"统计结果"对话框

图 7-24　标上统计面积的结果

Example 实例 **229**　加踢脚线的操作

素材	教学视频\07\加踢脚线的操作.avi
	实例素材文件\07\加踢脚线.dwg

实例概述

"加踢脚线"命令，可自动搜索房间轮廓，按用户选择的踢脚截面生成二维和三维一体的踢脚线，且在门和洞口处自动断开，可用于室内装饰设计建模，也可以作为室外的勒脚使用，踢脚线支持 AutoCAD 的 Break（打断）命令，因此取消了"断踢脚线"命令。

例如，打开"公摊面积.dwg"文件，在天正屏幕菜单中选择"房间屋顶｜房间布置｜加踢脚线"命令（JTJX），将弹出"踢脚线生成"对话框，在此选择截面，拾取房间内部点，并设置截面尺寸，然后单击"确定"按钮，即可生成二维和三维的踢脚线效果，如图 7-25 所示。

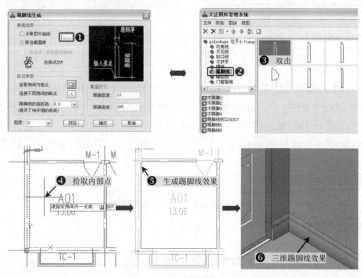

图 7-25　加踢脚线操作

实例总结

本实例主要讲解了加踢脚线的操作，即选择"房间屋顶｜房间布置｜加踢脚线"命令（JTJX）。

Example 实例 **230**　"踢脚线生成"对话框中各参数的含义

实例概述

在执行"加踢脚线"命令的操作时，所弹出的"踢脚线生成"对话框中各选项的含义如下。

● 　取自截面库：点取本选项后，用户单击右边 "…" 按钮进入踢脚线图库，在右侧预览区双击选择需要的截面样式 。

● 　点取图中曲线：点取本选项后，用户单击右边 "<" 按钮进入图形中选取截面形状，命令行提示：

请选择作为断面形状的封闭多段线：选择断面线后随即返回对话框。

作为踢脚线的必须是 PLINE 线,X 方向代表踢脚的厚度,Y 方向代表踢脚的高度。

● 　拾取房间内部点：单击此按钮，命令行提示如下：

请指定房间内一点或[参考点(R)]<退出>：在加踢脚线的房间里点取一个点。

请指定房间内一点或[参考点(R)]<退出>：回车结束取点,创建踢脚线路径。

- 连接不同房间的断点：单击此按钮，命令行提示如下（如果房间之间的门洞是无门套的做法，应该连接踢脚线断点）：

> 第一点<退出>：点取门洞外侧一点 P1
> 下一点<退出>：点取门洞内侧一点 P2

- 踢脚线的底标高：用户可以在对话框中输入踢脚线的底标高，房间内有高差时，在指定标高处生成踢脚线。
- 预览<：该按钮用于观察参数是否合理，此时应切换到三维轴测视图，否则看不到三维显示的踢脚线。
- 截面尺寸：截面的高度和厚度尺寸，默认为选取的截面的实际尺寸，用户可修改。

实例总结

本实例主要讲解了"踢脚线生成"对话框中各选项的含义。

Example 实例 **231** 奇数分格的操作

素材	教学视频\07\奇数分格的操作.avi
	实例素材文件\07\奇数分格.dwg

实例概述

"奇数分格"命令，用于绘制按奇数分格的地面或天花平面，分格使用 AutoCAD 对象直线（line）绘制。

例如，打开"办公楼.dwg"文件，在天正屏幕菜单中选择"房间屋顶丨房间布置丨奇数分格"命令（JSFG），根据命令行提示，用三点定一个奇数分格的四边形，再设置第一、二点和二、三点方向的分格宽度，然后系统会根据所设置的分格宽度来布置奇数分格线，且在中心位置出现对称轴，如图 7-26 所示。

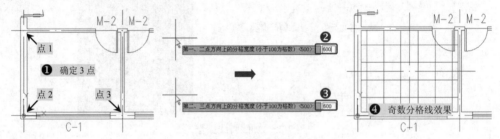

图 7-26　奇数分格操作

实例总结

本实例主要讲解了奇数分格的操作方法，即选择"房间屋顶丨房间布置丨奇数分格"命令（JSFG）。

Example 实例 **232** 偶数分格的操作

素材	教学视频\07\偶数分格的操作.avi
	实例素材文件\07\偶数分格.dwg

实例概述

"偶数分格"命令，用于绘制按偶数分格的地面或天花平面，分格使用 AutoCAD 对象直线（line）绘制。

接前例，在天正屏幕菜单中选择"房间屋顶丨房间布置丨偶数分格"命令（OSFG），根据命令行提示，用三点定一个数数分格的四边形，再设置第一、二点和二、三点方向的分格宽度，然后系统会根据所设置的分格宽度来布置数数分格线，但不出现对称轴，如图 7-27 所示。

实例总结

本实例主要讲解了偶数分格的操作方法，即选择"房间屋顶丨房间布置丨偶数分格"命令（OSFG）。

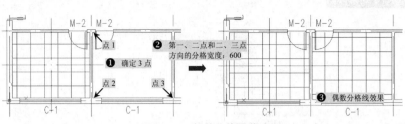

图 7-27　偶数分格操作

Example 实例 233　布置洁具的操作

素材	教学视频\07\布置洁具的操作.avi
	实例素材文件\07\布置洁具.dwg

实例概述

　　"布置洁具"命令，按选取的洁具类型的不同，沿天正建筑墙对象等距离布置卫生洁具等设施。本软件的洁具是从洁具图库调用的二维天正图块对象，其他辅助线采用了 AutoCAD 的普通对象，在天正建筑中支持洁具沿弧墙布置，洁具布置默认参数依照国家标准《民用建筑设计通则》中的规定。

　　例如，打开"办公楼-卫生间.dwg"文件，在天正屏幕菜单中选择"房间屋顶 | 房间布置 | 布置洁具"命令（BZJJ），将弹出"天正洁具"对话框，在其中需要布置的洁具对象上双击，随后弹出一对话框，从而可以设置洁具对象的尺寸、离墙距离、布置方式等，然后根据命令行提示，选择布置洁具的墙体对象，再输入插入洁具的数量即可，如图 7-28 所示。

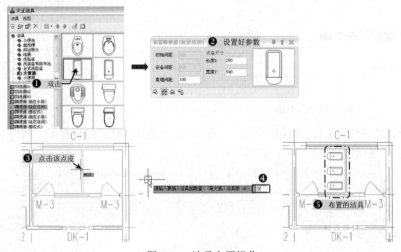

图 7-28　洁具布置操作

实例总结

　　本实例主要讲解了洁具布置的操作方法，即选择"房间屋顶 | 房间布置 | 布置洁具"命令（BZJJ）。

Example 实例 234　洁具的 4 种布置方式

实例概述

　　在布置洁具的过程中，当选择好洁具对象后，会弹出相应的洁具对话框，设置参数。不论选择哪种洁具，在其洁具对话框的下侧有 4 种布置方式，即自由插入、均匀分布、沿墙内侧边线布置和沿已有洁具布置，如图 7-29 所示。

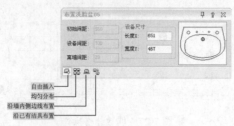

图 7-29　洁具的 4 种布置方式

软件技能——洁具布置的主要参数

在洁具布置对话框中，各主要参数的含义如下。

（1）初始间距：侧墙和背墙同材质时，第一个洁具插入点与墙角点的默认距离。

（2）设备间距：插入的多个卫生设备的插入点之间的间距。

（3）离墙间距：座便器紧靠墙边布置时，插入点距墙边的距离为 0，蹲便器默认为 300。

（4）设备尺寸：用户可以根据需要来进行长度 x、宽度 y 的数值修改。

（1）自由插入。当选择该方式来布置时，这时所选择的洁具对象随鼠标指针一起浮动显示出来，然后使用鼠标在布置洁具的位置点击即可，如图 7-30 所示。

（2）均匀分布。当选择该方式时，这时会提示"请选择要均布洁具的对象或[两点间均布（D）]:"，一是采用上例那样选择指定的墙体来布置洁具，二是选择"两点间均布（D）"项，通过两点在其中均匀布置，如图 7-31 所示。

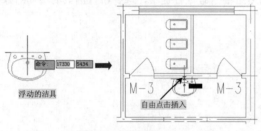

图 7-30　自由插入

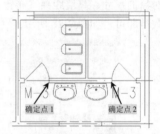

图 7-31　均匀分布

（3）沿墙内侧边线布置。当选择该方式时，会提示"选择沿墙边线:"，再提示"插入第一个洁具:"，以及"下一个:"，使用鼠标依次点击即可，如图 7-32 所示。

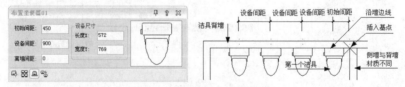

图 7-32　沿墙内侧边线布置

（4）沿已有洁具布置。当选择该方式时，此时确认参数"离墙间距"改为 0，初始间距改为"设备间距-洁具宽度/2"，再根据命令行提示，选择用户要继续布置的最末一个洁具，如图 7-33 所示。

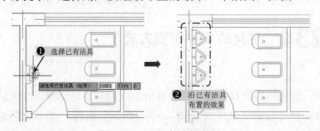

图 7-33　沿已有洁具布置

实例总结

本实例主要讲解了洁具布置的 4 种方式，即自由插入、均匀分布、沿墙内侧边线布置和沿已有洁具布置。

Example 实例 235　布置隔断的操作

素材	教学视频\07\布置隔断的操作.avi
	实例素材文件\07\布置隔断.dwg

实例概述

"布置隔断"命令，可通过两点选取已经插入的洁具来布置卫生间隔断，要求先布置洁具才能执行，隔板与门采用了墙对象和门窗对象，支持对象编辑；墙类型由于使用卫生隔断类型，隔断内的面积不参与房间划分和面积计算。

例如，打开"洁具布置.dwg"文件，在天正屏幕菜单中选择"房间屋顶 | 房间布置 | 布置隔断"命令（BZGD），根据命令行提示，点取靠近端墙的洁具外侧来确定起点、终点，再依次输入隔板长度、隔断门宽即可，如图 7-34 所示。

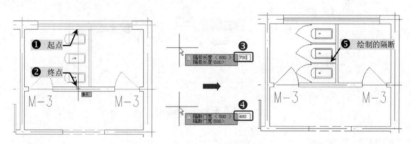

图 7-34　布置隔断操作

软件技能——生成隔断对象的编辑

所创建好的隔断对象，其中生成的隔断门对象，可以通过"内外翻转"、"左右翻转"、"门口线"等命令对门进行修改，如图 7-35 所示。

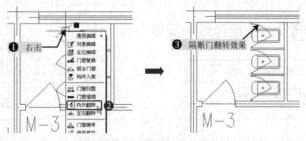

图 7-35　隔断门的操作

实例总结

本实例主要讲解了布置隔断的操作方法，即"房间屋顶 | 房间布置 | 布置隔断"命令（BZGD）。

Example 实例 236　布置隔板的操作

素材	教学视频\07\布置隔板的操作.avi
	实例素材文件\07\布置隔板.dwg

实例概述

"布置隔板"命令，是通过两点选取已经插入的洁具来布置隔板对象，主要用于小便器之间的隔板。

接前例，在天正屏幕菜单中选择"房间屋顶｜房间布置｜布置洁具"命令（BZJJ），按照前面的方法来布置两个小便器，其操作步骤如图7-36所示。

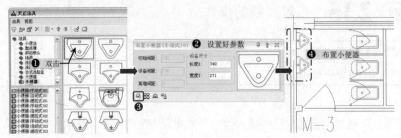

图 7-36 洁具布置操作

再选择"房间屋顶｜房间布置｜布置隔板"命令（BZGB），根据命令行提示，点取靠近端墙的洁具外侧来确定起点、终点，然后输入隔板长度即可，如图7-37所示。

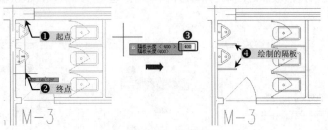

图 7-37 布置隔板操作

软件技能——隔断、隔板示意图

无论是生成隔断还是隔板，其示意效果如图7-38所示。

实例总结

本实例主要讲解了布置隔板的操作方法，即选择"房间屋顶｜房间布置｜布置隔板"命令（BZGB）。

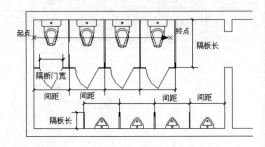

图 7-38 隔断、隔板示意图

Example 实例 237 搜屋顶线的操作

素材	教学视频\07\搜屋顶线的操作.avi
	实例素材文件\07\搜屋顶线.dwg

实例概述

"搜屋顶线"命令，用于搜索整栋建筑物的所有墙线，按外墙的外皮边界生成屋顶平面轮廓线。屋顶线在属性上为一个闭合的PLINE线，可以作为屋顶轮廓线，进一步绘制出屋顶的平面施工图，也可以用于构造其他楼层平面轮廓的辅助边界或用于外墙装饰线脚的路径。

例如，打开"办公楼.dwg"文件，在天正屏幕菜单中选择"房间屋顶｜搜屋顶线"命令（SWDX），根据命令行提示，选择构成一完整建筑物的所有墙体（或门窗），然后输入偏移外皮距离即可，如图7-39所示。

软件技能——手工绘制屋顶线

在个别情况下，屋顶线有可能自动搜索失败，用户可沿外墙外皮绘制一条封闭的多段线（Pline），然后再用Offset命令偏移出一个屋檐挑出长度，并将其转换为"2D_ROOF"图层，以后可把它当作屋顶线进行操作。

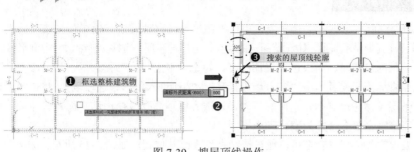

图 7-39　搜屋顶线操作

实例总结

　　本实例主要讲解了搜屋顶线的操作方法，即选择"房间屋顶 | 搜屋顶线"命令（SWDX）。

Example 实例 238　人字坡顶的操作

素材	教学视频\07\人字坡顶的操作.avi
	实例素材文件\07\人字坡顶.dwg

实例概述

　　"人字坡顶"命令，以闭合的 PLINE 为屋顶边界生成人字坡屋顶和单坡屋顶。两侧坡面的坡度可具有不同的坡角，可指定屋脊位置与标高，屋脊线可随意指定和调整，因此两侧坡面可具有不同的底标高。除了使用角度设置坡顶的坡角外，还可以通过限定坡顶高度的方式自动求算坡角，此时创建的屋面具有相同的底标高。

　　屋顶边界的形式可以是包括弧段在内的复杂多段线，也可以生成屋顶后再使用"布尔运算"求差命令裁剪屋顶的边界。

　　接前例，在天正屏幕菜单中选择"房间屋顶 | 人字坡顶"命令（RZPD），根据命令行提示，选择作为坡屋顶边界的多段线，然后在屋顶一侧边界上给出一点作为屋脊起点，以及在起点对面一侧边界上给出一点作为屋脊终点，随后弹出"人字坡顶"对话框，设置参数并设置墙顶标高，从而生成二、三维的人字坡顶效果，如图 7-40 所示。

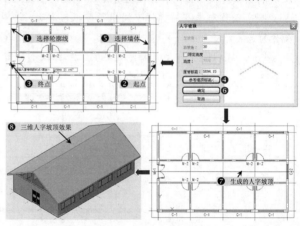

图 7-40　人字坡顶操作

实例总结

　　本实例主要讲解了人字坡顶的操作方法，即选择"房间屋顶 | 人字坡顶"命令（RZPD）。

Example 实例 239　"人字坡顶"对话框中各参数的含义

实例概述

　　选择了建筑外轮廓、屋脊起点和终点过后，即会弹出"人字坡顶"对话框，如图 7-41 所示，其各选项的含义如下。

　　● 　左坡角/右坡角：在各栏中分别输入坡角，无论脊线是否居中，默认左右坡角都是相等的。

　　● 　限定高度：勾选该复选框，用高度而非坡角定义屋顶，脊线不居中时左右坡角不等。

　　● 　高度：勾选"限定高度"复选框后，可在此输入坡屋顶高度。

　　● 　屋脊标高：以本图 Z=0 起算的屋脊高度。

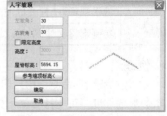

图 7-41　"人字坡顶"对话框

- 参考墙顶标高<：选取相关墙对象，可以沿高度方向移动坡顶，使屋顶与墙顶关联。
- 图像框：在其中显示屋顶三维预览图，拖动光标可旋转屋顶，支持滚轮缩放、中键平移，如图7-42所示。

在设置人字坡顶的参数时，如果已知屋顶高度，勾选"限定高度"复选框，然后输入高度值，或者输入已知坡角，输入屋脊标高（或者单击"参考墙顶标高<"按钮进入图形中选取墙），单击"确定"按钮绘制坡顶，屋顶可以带下层墙体在该层创建，此时可以通过墙齐屋顶命令改变山墙立面对齐屋顶，也可以独立在屋顶楼层创建，以三维组合命令合并为整体三维模型。

另外，人字坡顶的各边和屋脊都可以通过拖动夹点修改其位置，如图7-43所示。如果双击屋顶对象，可进入"人字坡顶"对话框修改屋面坡度。

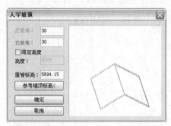

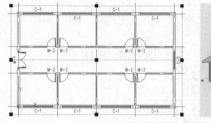

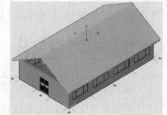

图7-42　拖动图像框的效果　　　　　　　　　图7-43　人字坡顶的夹点

软件技能——创建人字坡顶的注意要点

（1）勾选"限定高度"复选框后，可以按设计的屋顶高创建对称的人字屋顶，此时如果拖动屋脊线，屋顶依然维持坡顶标高和檐板边界范围不变，但两坡不再对称，屋顶高度不再有意义。

（2）屋顶对象在特性栏中提供了檐板厚参数，可由用户修改，如图7-44所示，该参数的变化不影响屋脊标高。

（3）"坡顶高度"是以檐口起算的，屋脊线不居中时坡顶高度没有意义。

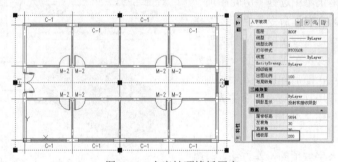

图7-44　人字坡顶檐板厚度

实例总结

本实例主要讲解了"人字坡顶"对话框中各参数的含义，以及设置人字坡顶的注意要点。

Example 实例 **240** 任意坡顶的操作

素材	教学视频\07\任意坡顶的操作.avi
	实例素材文件\07\任意坡顶.dwg

实例概述

"任意坡顶"命令，由封闭的任意形状PLINE线生成指定坡度的坡形屋顶，可采用对象编辑单独修改每个边坡的坡度，可支持布尔运算，而且可以被其他闭合对象裁剪。

例如，打开"任意轮廓.dwg"文件，在天正屏幕菜单中选择"房间屋顶|任意坡顶"命令（RYPD），根

据命令行提示，选择一封闭的多段线，再输入坡度角和出檐长，随即生成等坡度的四坡屋顶，如图 7-45 所示。

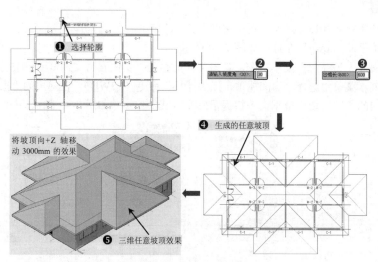

图 7-45 任意坡顶操作

随即生成等坡度的四坡屋顶，可通过夹点和对话框方式进行修改。屋顶夹点有两种，一是顶点夹点，二是边夹点，拖动夹点可以改变屋顶平面形状，但不能改变坡度，如图 7-46 所示。

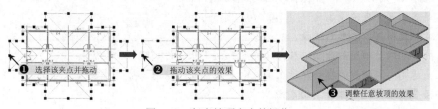

图 7-46 任意坡顶夹点的操作

双击坡屋顶进入对象编辑对话框，可对各个坡面的坡度进行修改。单击行首可看到图中对应该边号的边线显示红色标志，可修改坡度参数，在其中把端坡的坡角设置为 90 度（坡度为"无"）时为双坡屋顶，修改参数后单击新增的"应用"按钮，可以马上看到坡顶的变化。其中底标高是坡顶各顶点所在的标高，由于出檐的原因，这些点都低于相对标高±0.00，如图 7-47 所示。

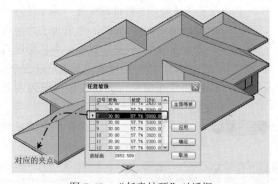

图 7-47 "任意坡顶"对话框

实例总结

本实例主要讲解了任意坡顶的操作方法，即选择"房间屋顶|任意坡顶"命令（RYPD），并讲解了坡顶夹点的操作方法。

Example **实例** **241** 攒尖屋顶的操作

素材	教学视频\07\攒尖屋顶的操作.avi
	实例素材文件\07\攒尖屋顶.dwg

实例概述

"攒尖屋顶"命令，提供了构造攒尖屋顶的三维模型，但不能生成曲面构成的中国古建亭子顶，此对象对布尔运算的支持仅限于作为第二运算对象，它本身不能被其他闭合对象裁剪。

操作步骤

步骤① 正常启动 TArch 2013 软件，执行"文件 | 打开"菜单命令，打开本书配套光盘"实例素材文件\07\攒尖屋顶平面图.dwg"文件，如图 7-48 所示。

步骤② 执行"文件 | 另存为"菜单命令，将该文件另存为"实例素材文件\07\攒尖屋顶.dwg"文件。

步骤③ 在天正屏幕菜单中选择"房间屋顶 | 攒尖屋顶"命令（CJWD），在弹出的"攒尖屋顶"对话框中设置相应的参数，然后根据命令栏提示操作，其操作步骤如图 7-49 所示。

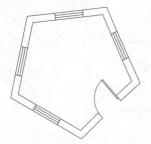

图 7-48　打开的文件

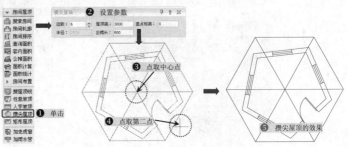

图 7-49　攒尖屋顶操作

软件技能——"攒尖屋顶"对话框中各参数的含义

在"攒尖屋顶"对话框中，各选项的含义如下。

- 屋顶高：攒尖屋顶净高度。
- 边数：屋顶正多边形的边数。
- 出檐长：从屋顶中心开始偏移到边界的长度，默认为 600，可以为 0。
- 基点标高：与墙柱连接的屋顶上皮处的屋面标高，默认该标高为楼层标高 0。
- 半径：坡顶多边形外接圆的半径。

步骤④ 在此，执行天正屏幕菜单"工具 | 移位"命令，将创建好的攒尖屋顶沿 z 轴方向移动墙高高度 3000，然后为了方便读者观察效果，这里可以在命令栏中键入"3DO"，按空格键或回车键结束命令，转为三维效果，方便观察攒尖屋顶效果，如图 7-50 所示。

步骤⑤ 至此，创建攒尖屋顶操作已完成，按"Ctrl+S"组合键进行保存。

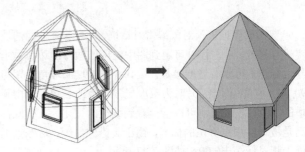

图 7-50　攒尖屋顶的三维效果

软件技能——攒尖屋顶的夹点操作

攒尖屋顶提供了新的夹点，拖动夹点可以调整出檐长，"特性栏"中提供了可编辑的檐板厚度参数，如图 7-51 所示。

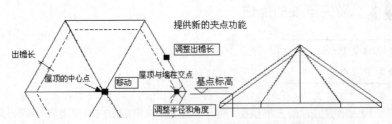

图 7-51　攒尖屋顶的夹点及特性栏

实例总结

本实例主要讲解了攒尖屋顶的操作方法，即"房间屋顶 | 攒尖屋顶"命令（CJWD）。

 Example **实例** **242** **矩形屋顶的操作**

素材	教学视频\07\矩形屋顶的操作.avi
	实例素材文件\07\矩形屋顶.dwg

实例概述

"矩形屋顶"命令，提供一个能绘制歇山屋顶、四坡屋顶、双坡屋顶和攒尖屋顶的新屋顶命令，与人字屋顶不同，本命令绘制的屋顶平面限于矩形；此对象对布尔运算的支持仅限于作为第二运算对象，它本身不能被其他闭合对象裁剪。

例如，打开"布置隔板.dwg"文件，在天正屏幕菜单中选择"房间屋顶 | 矩形屋顶"命令（JXWD），将弹出"矩形屋顶"对话框，确定所有类型和尺寸参数后，再根据命令行提示依次点取主坡墙外皮的左下角点、右下角点和右上角点，并按回车键结束，从而绘制矩形屋顶，如图 7-52 所示。

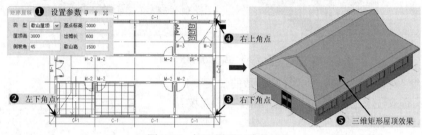

图 7-52　矩形屋顶三维效果

在"矩形屋顶"对话框中，其控件和其他参数的含义如下。

● 类型：有歇山、四坡、人字、攒尖四种类型。

● 屋顶高：是从插入基点开始到屋脊的高度。

● 基点标高：默认屋顶单独作为一个楼层，默认基点位于屋面，标高是 0，屋顶在其下层墙顶放置时，应为墙高加檐板厚。

● 出檐长：屋顶檐口到主坡墙外皮的距离。

● 歇山高：歇山屋顶侧面垂直部分的高度，为 0 时屋顶的类型退化为四坡屋顶。

● 侧坡角：位于矩形短边的坡面与水平面之间的倾斜角，该角度受屋顶高的限制，两者之间的配合有一定的取值范围。

● 出山长：人字屋顶时短边方向屋顶的出挑长度。

● 檐板厚：屋顶檐板的厚度垂直向上计算，默认为 200，在特性栏中修改。

● 屋脊长：屋脊线的长度，由侧坡角算出，在特性栏中修改。

实例总结

本实例主要讲解了矩形屋顶的操作方法，即选择"房间屋顶 | 矩形屋顶"命令（JXWD），并讲解了"矩形屋顶"对话框中各控件及参数的含义。

Example **实例** **243** **加老虎窗的操作**

素材	教学视频\07\加老虎窗的操作.avi
	实例素材文件\07\加老虎窗.dwg

实例概述

"加老虎窗"命令，可在三维屋顶对象上来生成多种老虎窗形式，老虎窗对象提供了墙上开窗功能，并提供了图层设置、窗宽、窗高等多种参数，可通过对象编辑修改，本命令支持米单位的绘制，便于日照软件的配合应用。

接前例，在天正屏幕菜单中选择"房间屋顶｜加老虎窗"命令（JLHC），此时点取已有的坡屋顶，进入"加老虎窗"对话框，设置好参数并单击"确定"按钮，出现老虎窗平面供预览，再在坡屋面上拖动老虎窗到插入位置，反坡向时老虎窗自动适应坡面改变其方向，随即程序会在坡顶处插入指定形式的老虎窗，并求出与坡顶的相贯线，如图7-53所示。

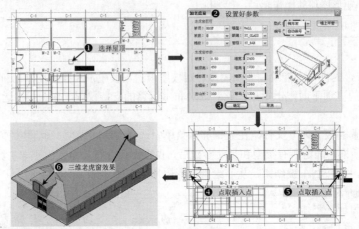

图 7-53　加老虎窗的操作

在"加老虎窗"对话框中，各控件及主要参数的含义如下。

● 型式：有双坡、三角坡、平顶坡、梯形坡和三坡五种类型，如图7-54所示。

● 编号：老虎窗编号，用户给定。

● 窗高/窗宽:老虎窗开启的小窗高度与宽度。

● 墙宽/墙高:老虎窗正面墙体的宽度与侧面墙体的高度。

● 坡顶高/坡度:老虎窗自身坡顶高度与坡面的倾斜度。

● 墙上开窗:本按钮是默认打开的属性，如果关闭，老虎窗自身的墙上不开窗。

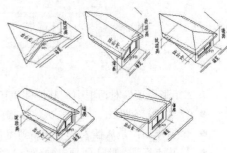

图 7-54　老虎窗的五种类型

实例总结

本实例主要讲解了加老虎窗的操作方法，即选择"房间屋顶｜加老虎窗"命令（JLHC），并讲解了"加老虎窗"对话框中各控件及参数的含义。

Example 实例 **244**　加雨水管的操作

实例概述

"加雨水管"命令，可在屋顶平面图中绘制雨水管穿过女儿墙或檐板的图例，从 8.2 版本开始提供了洞口宽和雨水管的管径大小的设置。

在天正屏幕菜单中选择"房间屋顶｜加雨水管"命令（JYSG），根据命令行提示，点取雨水管入水洞口的起始点，当然在其中可以设置参考点（R）、管径（D）、洞口宽（W）等参数，其示意图如图7-55所示。

在命令中键入 D 可以改变雨水立管的管径，键入 W 可以改变雨水洞口的宽度，键入 R 给出雨水管入水洞口起始点的参考定位点。

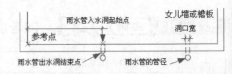

实例总结

图 7-55　加雨水管示意图

本实例主要讲解了加雨水管的操作方法，即选择"房间屋顶｜加雨水管"命令（JYSG），并讲解了雨水管各项参数的设置。

第8章 天正建筑楼梯及其他操作

- **本章导读**

室内外设施主要包括楼梯、电梯及阳台等。TArch 2013 提供了自定义对象建立的基本梯段对象（包括直线梯段、圆弧梯段与任意梯段），以及常用的双跑楼梯对象和多跑楼梯对象，并考虑了楼梯对象在二维与三维视口中不同的可视特性。根据读者需要可方便地将双跑楼梯的梯段改为坡道，以及将标准平台改为圆弧休息平台。多跑楼梯对象可灵活地适应于多种不规则情况。

室外设施包括阳台、台阶与坡道等天正自定义的构件对象，它们基于墙体生成，同时具有二维与三维特征，并提供了夹点编辑功能。

- **本章内容**

■ 直线梯段的操作	■ "双跑楼梯"对话框中各参数的含义	■ 布置隔断的操作
■ "直线楼梯"对话框中各参数的含义	■ 多跑梯段的操作	■ "自动扶梯"对话框中各参数的含义
■ 圆弧梯段的操作	■ 添加扶手的操作	■ 阳台的操作
■ "圆弧梯段"对话框中各参数的含义	■ 连接扶手的操作	■ 台阶的操作
	■ 电梯的操作	■ 坡道的操作
■ 任意梯段的操作	■ 自动扶梯的操作	■ 散水的操作
■ 双跑梯段的操作		

Example 实例 245 直线梯段的操作

素材	教学视频\08\直线梯段的操作.avi
	实例素材文件\08\直线梯段.dwg

实例概述

可使用"直线梯段"命令绘制直线楼梯。直线楼梯是沿直线进行的楼梯，通常用于进入楼层不高的室内空间，例如阁楼和地下室等。直线楼梯可以单独使用或用于组合复杂的楼梯与坡道。

例如，打开"直线楼梯平面图.dwg"文件，在天正屏幕菜单中选择"楼梯其他 | 直线楼梯"命令（ZXLT），会弹出"直线梯段"对话框，设置相应的参数，随即点取插入直线楼梯的位置即可，如图 8-1 所示。

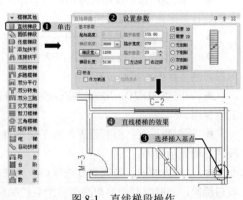

图 8-1 直线梯段操作

楼梯梯段净宽不应小于 1.10m。六层及六层以下住宅，一边设有栏杆的梯段净宽不应小于 1m（注：楼梯梯段净宽系指墙面至扶手中心之间的水平距离），楼梯踏步宽度不应小于 0.26m，踏步高度不应大于 0.175m，扶手高度不应小于 0.90m。楼梯水平段栏杆长度大于 0.50m 时，其扶手高度不应小于 1.05m。楼梯栏杆、垂直杆件间净空不应大于 0.11m，楼梯平台净宽不应小于楼梯梯段净宽，且不得小于 1.20m，楼梯平台的结构下缘至人行通道（注：垂直高度）不应低于 2m。入口处地坪与室外地面应有高差，并不应小于 0.10m；楼梯井净宽大于 0.11m 时，必须采取防止儿童攀滑的措施。

以常用的平行双跑楼梯为例。

（1）根据层高 H 和初选步高 h 定每层步数 N，N＝H/h。

（2）根据步数 N 和初选步宽 b 决定梯段水平投影长度 L，L＝（0.5N-1）.b。

（3）确定是否设梯井。供儿童使用的楼梯梯井不应大于 120mm，以利安全。

（4）根据楼梯间开间净宽 A 和梯井宽 C 确定梯段宽度 a，a＝（A-C）/2。

（5）根据初选中间平台宽 D1（D1≥a）和楼层平台宽 D2（D2>a）以及梯段水平投影长度 L 检验楼梯间进深净长度 B，D1 + L + D2 = B。如不能满足，可对 L 值进行调整（即调整 b 值）。

实例总结

本实例主要讲解了直线梯段的操作方法，即选择"楼梯其他｜直线楼梯"命令（ZXLT）。

Example 实例 **246** "直线梯段"对话框中各参数的含义

实例概述

在执行"直线楼梯"命令（ZXLT）时，将弹出"直线梯段"对话框，其中各选项的含义如下。

● 梯段宽<：单击该按钮后，可通过在图中单击两点确定该值，也就是在图上直接量取，能够较方便地确定梯段宽。

● 起始高度：相对于本楼层地面起算的楼梯起始高度，梯段高度以此算起。

● 梯段高度：始终等于所有踏步高度的总和。若改变梯段高度，程序会自动调整踏步高度和踏步数目。

● 梯段长度：直段楼梯的踏步宽度×（踏步数目-1）=平面投影的梯段长度。

● 踏步高度：楼梯台阶的高度，可根据梯段高度和踏步数目推算得出，也可以输入一个概略值，系统会经过计算确定踏步高的精确值。

● 踏步宽度：楼梯段的每一个踏步板的宽度。

● 踏步数目：可直接输入或者由梯段高度和踏步高推算而得出，同时可修正踏步高，也可改变踏步数，与梯段高一起推算出踏步高。

● 需要 3D/2D：用来控制梯段的二维视图和三维视图，某些梯段只需要二维视图，某些梯段则只需要三维视图。

● 剖断设置：剖断设置仅对平面图有效，不影响梯段的三维显示效果。

● 作为坡道：勾选此复选框后，楼梯段可生成直线坡道梯段，同时将踏步参数改作防滑条的间距。

● 左/右边梁：勾选该选项，楼梯左右两边将会有梁，梁的宽度是以梯段右侧向左侧偏移的，如图 8-2 所示。

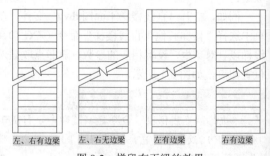

图 8-2　梯段有无梁的效果

实例总结

本实例主要讲解了"直线梯段"对话框中各选项的含义。

Example 实例 **247** 圆弧梯段的操作

素材	教学视频\08\圆弧梯段的操作.avi
	实例素材文件\08\圆弧梯段.dwg

实例概述

"圆弧梯段"命令，用于创建单段弧线型梯段，适合单独的圆弧楼梯，也可与直线梯段组合创建复杂楼梯和坡道，如大堂的螺旋楼梯与入口的坡道。

例如，打开"圆弧梯段.dwg"文件，在天正屏幕菜单中选择"楼梯其他｜圆弧梯段"命令（YHTD），会弹出"圆弧梯段"对话框，设置相应的参数，随后点取楼梯的插入位置即可，如图 8-3 所示。

图 8-3　圆弧梯段操作

实例总结

本实例主要讲解了圆弧梯段的操作方法，即选择"楼梯其他｜圆弧梯段"命令（YHTD）。

Example 实例 248 "圆弧梯段"对话框中各参数的含义

实例概述

在执行"圆弧梯段"命令（YHTD）时，将弹出"圆弧梯段"对话框，其中各控件及参数的含义如下。

● 内圆定位：选择该选项后，更改外圆半径时，系统会自动计算圆弧楼梯宽度；当更改楼梯宽度时，则系统会自动计算外圆半径。

● 外圆定位：选择该选项后，更改内圆半径时，系统会自动计算圆弧楼梯宽度；当更改楼梯宽度时，则系统会自动计算内圆半径。

● 内圆半径：单击此按钮，可在当前图形中指定内圆半径，也可以在此文本框中输入数据来确定圆弧楼梯的内圆半径。

● 外圆半径：单击此按钮，可在当前图形中指定外圆半径，也可以在此文本框中输入数据来确定圆弧楼梯的外圆半径。

● 起始点：在此文本框中输入带边圆弧楼梯弧线的起始角度。

● 圆心角：圆弧楼梯的夹角，值越大，楼梯梯段也就越大，此长是指弧线长。

软件技能——圆弧梯段夹点编辑

当圆弧梯段作为自定义对象存在时，可以通过拖动夹点进行编辑，夹点的含义如图 8-4 所示，也可以双击楼梯进入对象编辑重新设定参数。

● 改内径：选定该点，该点将变为红色，即可拖移该梯段的内圆改变其半径。

● 改外径：选定该点，该点将变为红色，即可拖移该梯段的外圆改变其半径。

● 移动梯段：拖动五个夹点中任意一个，即可以该夹点为基点移动梯段。

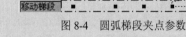

图 8-4　圆弧梯段夹点参数

● 改剖切位置：拖动两个夹点中任意一个，即可以该夹点为基准改变剖切位置。

实例总结

本实例主要讲解了"圆弧梯段"对话框中各控件及参数的含义。

Example 实例 249 任意梯段的操作

素材	教学视频\08\任意梯段的操作.avi
	实例素材文件\08\任意梯段.dwg

实例概述

"任意梯段"命令，能够以图中的直线与圆弧作为梯段边线，通过输入踏步参数绘制楼梯。本命令是根据读者绘制好的直线或圆弧（LI/ARC）作为楼梯的边线，即以两根边线的间距为梯段宽，以两根边线的长度为梯段长，再输入踏步参数，即可绘制出任意形式的梯段。

操 作 步 骤

步骤 ❶ 正常启动天正建筑 TArch 2013 软件，系统将自动创建一个"dwg"的空白文档，然后按照图 8-5 所示将该文档另存为"案例\08\任意梯段.dwg"文件。

步骤 ❷ 接着执行 CAD 的"圆弧"命令（ARC），在绘图区绘制两条半圆弧，如图 8-6 所示。

图 8-5　保存文件

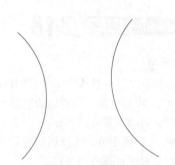

图 8-6　绘制圆弧

步骤 ❸ 在天正屏幕菜单中选择"楼梯其他 | 任意梯段"命令（RYTD），然后根据命令栏提示操作，选择绘制好的两条圆弧曲线，接着在弹出的"任意梯段"对话框中设置相应的参数，最后单击"确定"按钮即可，如图 8-7 所示。

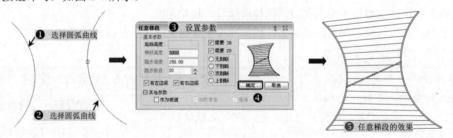

图 8-7　圆弧梯段效果

任意梯段是作为自定义对象存在的，可以通过拖动夹点进行编辑，夹点的含义如图 8-8 所示，也可以双击楼梯进入对象编辑重新设定参数。

●　改起点：控制所选侧梯段的起点，如两边同时改变起点，可改变梯段的长度。

●　改终点：控制所选侧梯段的终点，如两边同时改变终点，可改变梯段的长度。

●　改圆弧：按边线类型而定，控制梯段的宽度或者圆弧的半径。

●　改剖切位置：拖动两个夹点中任意一个，即可以该夹点为基准改变剖切位置。

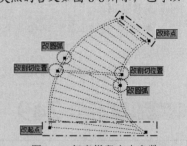

图 8-8　任意梯段夹点参数

步骤 ❹ 为了方便读者观察效果，这里在命令栏中键入"3DO"，按空格键或回车键结束命令，转为三维效果，方便观察任意梯段效果，如图 8-9 所示。

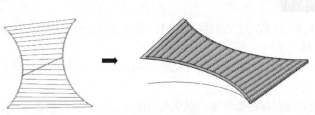

图 8-9　任意梯段三维效果

技巧提示——楼梯命令操作提示

在绘制楼梯时，显示的是楼梯段的侧面图等视图，通过改变视图和视觉模式可方便操作。

步骤 ⑤　至此，该实例的绘制任意梯段已创建完成，按 "Ctrl+S" 组合键进行保存。

实例总结

本实例主要讲解了任意梯段的操作方法，即选择 "楼梯其他 | 任意梯段" 命令（RYTD）。

Example 实例 250　双跑梯段的操作

素材	教学视频\08\双跑梯段的操作.avi
	实例素材文件\08\双跑梯段.dwg

实例概述

根据实际情况，当建筑中楼层较高，同时空间又有一定的限制，这时就需要设计双跑或着是多跑楼梯来把有限的空间得到充分的利用。

双跑楼梯是由两个直线梯段构件、一个休息平台、一个扶手及栏杆构成的自定义对象，分别具有二维视图和三维视图。双跑楼梯还可以沿着上楼方向提供扶手路径，以供栏杆和路径曲面等造型工具使用。

例如，打开 "双跑梯段平面图.dwg" 文件，在天正屏幕菜单中选择 "楼梯其他 | 双跑梯段" 命令（SPLT），会弹出 "双跑梯段" 对话框，设置相应的参数，并点取楼梯的插入位置即可，如图 8-10 所示。

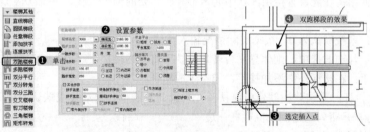

图 8-10　双跑梯段操作

为了方便读者观察效果，这里在命令栏中键入 "3DO"，转为三维效果，方便观察双跑梯段效果，如图 8-11 所示。

实例总结

本实例主要讲解了双跑梯段的操作方法，即选择 "楼梯其他 | 双跑梯段" 命令（SPLT）。

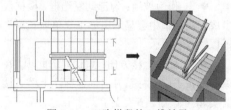

图 8-11　双跑梯段的三维效果

Example 实例 251　"双跑梯段" 对话框中各参数的含义

实例概述

在执行 "双跑楼梯" 命令（SPLT）时，将弹出 "双跑梯段" 对话框，其中各控件及参数的含义如下。

● 内圆定位：选择该选项后，更改外圆半径时，系统会自动计算圆弧楼梯宽度；当更改楼梯宽度时，则系统会自动计算外圆半径。

● 外圆定位：选择该选项后，更改内圆半径时，系统会自动计算圆弧楼梯宽度；当更改楼梯宽度时，则系统会自动计算内圆半径。

● 楼梯高度：即指双跑楼梯的总高度，默认取当前值3000，具体根据实际情况可做出相应的调整。

● 梯间宽<：即指双跑楼梯的总宽。读者可单击此按钮，在图形中直接量取楼梯间宽度，也可在此文本框中输入数据来确定楼梯间的宽度。

● 踏步总数：系统默认为20，根据实际情况可进行更改。

● 梯段宽<：此数据默认宽度或根据梯间总宽度计算得来。读者可单击该按钮从平面图中直接量取，也可在此文本框中输入数据来确定梯段宽的宽度。

● 一/二跑步数：以踏步总数推算一跑与二跑步数，总数为奇数时先增二跑步数。二跑步数默认与一跑步数相同，两者都由读者自由修改。

● 井宽：在文本框中可输入井宽参数，井宽＝梯间宽－（2×梯段宽），最小井宽可以等于0，这三个数值互相关联。

● 踏步高度：系统默认值为150，读者可根据实际情况进行修改。

● 踏步宽度：踏步沿梯段方向宽度，常用的两种为270和300。读者可根据实际情况进行修改。

● 休息平台/平台宽度：是指楼梯上层与下层连接转角处，默认有矩形、弧形和无三种选项，读者可根据实际情况进行选择。其宽度按照实际设计要求，一般休息平台的宽度应该大于梯段宽度，在选弧形休息平台时应修改宽度值，最小值不能为零。

● 踏步取齐：除了两跑步数不等时可直接在"齐平台"、"居中"和"齐楼板"中选择两梯段相对位置外，也可以通过拖动夹点任意调整两梯段之间的位置，此时踏步取齐为"自由"。

● 楼层型：（1）首层只给出一跑的下剖断；（2）中间层的一跑是双剖断；（3）顶层的一跑无剖断。

● 扶手高/宽：系统默认值分别为900高，60×100的扶手断面尺寸。

● 转角扶手伸出：在此设置休息平台扶手转角伸出长度。系统默认60，为0或者负值时扶手不伸出。

● 层间扶手伸出：在此设置楼层间扶手起末端和转角处的伸出长度。系统默认60，为0或者负值时扶手不伸出。

● 扶手距边：系统默认为0，根据实际情况输入数值。

● 扶手连接：勾选此选项，则休息平台转角处扶手将会连接在一起，不勾选则不连接。

● 有外侧扶手：在楼梯外侧添加扶手，但不生成栏杆。

● 有内/外侧栏杆：系统默认创建内侧扶手，勾选此复选框，自动生成默认的矩形截面竖栏杆。在外侧绘制扶手，也可选择是否勾选绘制外侧栏杆，边界为墙时常不用绘制栏杆，如图8-12所示。

● 作为坡道：勾选此复选框，楼梯段按坡道生成，对话框中会显示出如下"单坡长度"的编辑框以输入长度。

● 标注上楼方向：默认勾选此项，在楼梯对象中，按当前坐标系方向创建标注上楼下楼方向的箭头和"上"、"下"文字。

● 剖切步数：作为楼梯时按步数设置剖切线中心所在位置，作为坡道时按相对标高设置剖切线中心所在位置。

内外都有栏杆扶手　　　　内侧有栏杆扶手

图8-12　梯段内外栏杆效果

软件技能——双跑梯段夹点编辑

双跑楼梯是作为自定义对象存在的，可以通过拖动夹点进行编辑，夹点的含义如图8-13所示，也可以双击楼梯进入对象编辑重新设定参数。

- 移动楼梯：选定该点后拖动，可改变楼梯的位置。
- 改平台宽：选定该点后拖动，可改变休息平台的宽度，同时也可以改变方向线。
- 改一跑梯段位置：该夹点位于一跑末端角点，纵向拖动夹点可改变一跑梯段位置。
- 改二跑梯段位置：该夹点位于二跑起端角点，纵向拖动夹点可改变二跑梯段位置。
- 改扶手伸出距离：两夹点各自位于扶手两端，分别拖动改变平台和楼板处的扶手伸出距离。
- 改楼梯间宽度：拖动该夹点改变楼梯间的宽度，同时改变梯井宽度，但不改变两梯段的宽度。
- 改梯段宽度：拖动该夹点对称改变两梯段的梯段宽，同时改变梯井宽度，但不改变楼梯间宽度。
- 移动剖切位置：该夹点用于改变楼梯剖切位置，可沿楼梯拖动改变位置。
- 移动剖切角度：两夹点用于改变楼梯剖切位置，可拖动改变角度。

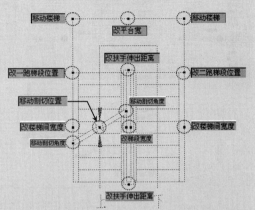

图 8-13 双跑楼梯各夹点操作

实例总结

本实例主要讲解了"双跑梯段"对话框中各控件及参数的含义。

Example 实例 252 多跑梯段的操作

素材	教学视频\08\多跑梯段的操作.avi
	实例素材文件\08\多跑梯段.dwg

实例概述

"多跑梯段"命令，创建由梯段开始且以梯段结束、梯段和休息平台交替布置、各梯段方向自由的多跑楼梯，要点是先在对话框中确定"基线在左"或"基线在右"的绘制方向，在绘制梯段过程中能实时显示当前梯段步数、已绘制步数及总步数，便于设计中决定梯段起止位置。

TArch 2013 中在对象内部增加了上楼方向线，读者可定义扶手的伸出长度，剖切位置可以根据剖切点的步数或高度设定，可定义有转折的休息平台。

例如，打开"多跑梯段平面图.dwg"文件，接着在天正屏幕菜单中选择"楼梯其他｜多跑梯段"命令（DPLT），会弹出"多跑梯段"对话框，设置相应的参数，再按照如下命令行提示进行操作，其创建三跑楼梯的操作步骤如图 8-14 所示。

```
命令：DPTD                                          // 执行"多跑梯段"命令
起点<退出>：                                        // 单击鼠标左键点选一跑起点位置
输入下一点或[路径切换到右侧(Q)]<退出>：             // 单击鼠标左键点选一跑终点位置
输入下一点或[路径切换到右侧(Q)/撤消上一点(U)]<退出>： // 拖动鼠标并单击左键点选休息平台起点
输入下一点或[绘制梯段(T)/路径切换到右侧(Q)/撤消上一点(U)]： //拖动鼠标选择方向，并单击鼠标右键
点选休息平台终点
输入下一点或[绘制平台(T)/路径切换到右侧(Q)/撤消上一点(U)]<退出>：// 拖动鼠标并单击左键点选二跑
终点位置
输入下一点或[路径切换到右侧(Q)/撤消上一点(U)]<退出>：      // 拖动鼠标并单击左键点选休息平台起点
输入下一点或[绘制梯段(T)/路径切换到右侧(Q)/撤消上一点(U)]：  // 拖动鼠标选择方向，并单击鼠标右键
点选休息平台终点
输入下一点或[绘制平台(T)/路径切换到右侧(Q)/撤消上一点(U)]<退出>：// 拖动鼠标并单击左键点选三跑
终点位置
起点<退出>：                                        // 按空格键结束命令
```

为了方便读者观察效果，这里在命令栏中键入"3DO"，转为三维效果，方便观察多跑梯段效果，如

图 8-15 所示。

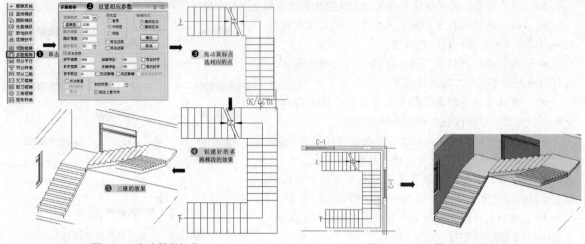

图 8-14 多跑梯段操作

图 8-15 多跑梯段的三维效果

软件技能——多跑梯段类型实例

当按基线绘制楼梯时，多跑楼梯由给定的基线来生成，基线就是多跑楼梯左侧或右侧的边界线。基线可事先绘制好，也可以交互确定，但不要求基线与实际边界完全等长，按照基线交互点取顶点，当步数足够时结束绘制，基线的顶点数目为偶数，即梯段数目的两倍。多跑楼梯的休息平台是自动确定的，休息平台的宽度与梯段宽度相同，休息平台的形状由相交的基线决定，默认的剖切线位于第一跑，可拖动改为其他位置。其中为选路径匹配，基线在左时的转角楼梯生成，注意即使P2、P3为重合点，但绘图时仍应分开两点绘制，如图 8-16 所示。

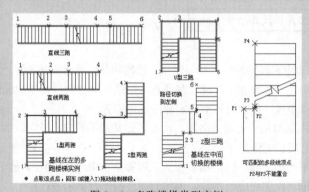

图 8-16 多跑楼梯类型实例

技巧提示——各梯段夹点编辑

移动不同楼梯的夹点，发生的变化也不同，移动夹点可以改变休息平台和梯段的踏步，但是做选择梯段的总踏步数量不会因移动夹点而发生变化，移动夹点不能改变楼梯休息平台的宽度，但可以改变其长度，由此可见，移动夹点的作用很广。

实例总结

本实例主要讲解了多跑楼梯的操作方法，即选择"楼梯其他 | 多跑楼梯"命令（DPLT）。

Example **实例 253** 添加扶手的操作

素材	教学视频\08\添加扶手的操作.avi
	实例素材文件\08\添加扶手.dwg

实例概述

扶手作为与梯段配合的构件，与梯段和阳台产生关联。大多数的梯段至少有一侧是临空的，为了保证使用安全，应在楼梯段的临空一侧设置栏杆和栏板，并在其上部设置人们用手扶持的扶手。通过连接扶手命令可以把不同分段的扶手连接起来。

本命令是以楼梯段或沿上楼方向的"多段线"（PL）路径为基线，生成楼梯扶手，该命令可自动识别楼梯段和台阶，但是不识别组合后的多跑楼梯与双跑楼梯。

例如，打开"添加扶手平面图.dwg"文件，接着在屏幕菜单中选择"楼梯其他｜添加扶手"命令（TJFS），然后按照如下命令行提示进行操作，即可在已有的楼梯上添加扶手，如图 8-17 所示。

命令: TJFS	// 执行"添加扶手"命令
请选择梯段或作为路径的曲线 (线/弧/圆/多段线)：	// 选择梯段的边缘线
扶手宽度<60>: **60**	// 键入扶手宽度数值 "60"
扶手顶面高度<900>: **900**	// 键入扶手顶面高度数值 "900"
扶手距边<0>: **0**	// 键入扶手距边距离数值 "0"，按空格键结束命令

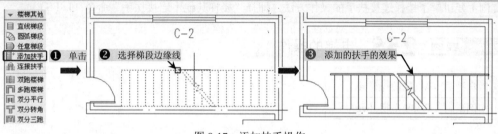

图 8-17 添加扶手操作

软件技能——扶手编辑

添加的扶手需要编辑时，用鼠标双击扶手，会弹出"扶手"对话框，如图 8-18 所示，其中各选项的含义如下。

- 形状: 扶手的形状可选矩形、圆形和栏板三种，在下面分别输入适当的尺寸。
- 对齐: 仅对 PLINE、LINE、ARC 和 CIRCLE 作为基线时起作用。PLINE 和 LINE 用作基线时，以绘制时取点方向为基准方向；对于 ARC 和 CIRCLE 内侧为左，外侧为右；而楼梯段用作基线时对齐默认为对中，为与其他扶手连接，往往需要改为一致的对齐方向。

图 8-18 "扶手"对话框

- 加顶点<: 可通过单击"加顶点<"和"删顶点<"、"改顶点<"按钮进入图形中修改扶手顶点，重新定义各段高度。
- 删顶点<: 选取顶点: 光标移到扶手上，显示各个顶点位置，可增加或删除顶点。
- 改顶点<: 改夹角（A）/点取（P）/顶点标高<0>: 输入顶点标高值或者键入 P 取对象标高。

实例总结

本实例主要讲解了楼梯添加扶手的操作方法，即选择"楼梯其他｜添加扶手"命令（TJFS）。

Example 实例 **254** 连接扶手的操作

素材	教学视频\08\连接扶手的操作.avi
	实例素材文件\08\连接扶手.dwg

实例概述

"连接扶手"命令，是把未连接的扶手彼此连接起来，如果准备连接的两段扶手的样式不同，连接后的样式以第一段为准，连接顺序要求是前一段扶手的末端连接下一段扶手的始端，梯段的扶手则按上行方向为正向，需要从低到高顺序选择扶手的连接，接头之间应留出空隙，不能相接和重叠。

例如，打开"连接扶手平面图.dwg"文件，接着在屏幕菜单中选择"楼梯其他 | 连接扶手"命令（LJFS），再根据命令行提示，选取待连接的第一段、二段、三段……扶手，并按回车键结束，如图 8-19 所示。

为了方便读者观察效果，这里在命令栏中键入"3DO"，转为三维效果，方便观察扶手效果，如图 8-20 所示。

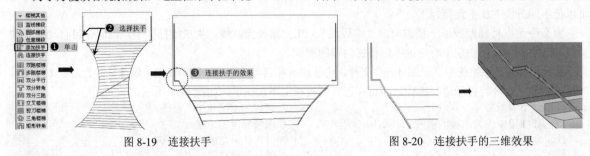

图 8-19　连接扶手　　　　　　　　　　　　　图 8-20　连接扶手的三维效果

实例总结

本实例主要讲解了楼梯连接扶手的操作方法，即择"楼梯其他 | 连接扶手"命令（LJFS）

Example 实例 **255**　电梯的操作

素材	教学视频\08\电梯的操作.avi
	实例素材文件\08\电梯.dwg

实例概述

使用"电梯"命令，可绘制由轿厢、平衡块和电梯门等组成的电梯。电梯需要放入井道中，并需要为电梯设计专用的机房，应根据电梯说明书设计井道和机房的细部构造，并且电梯门是天正门窗对象。

其绘制条件是每一个电梯周围已经由天正墙体创建了封闭房间作为电梯井，如要求电梯井贯通多个电梯，请临时加虚墙分隔。电梯间一般为矩形，梯井道宽为开门侧墙长。

例如，打开"电梯平面图.dwg"文件，接着在屏幕菜单中选择"楼梯其他 | 电梯"命令（DT），然后根据如下命令行提示进行操作，从而绘制电梯对象，如图 8-21 所示。

命令：DT	// 执行"电梯"命令
请给出电梯间的一个角点或[参考点(R)]<退出>：	// 选择一个角点
再给出上一角点的对角点：	// 选择另一个对角点
请点取开电梯门的墙线<退出>：	// 选择电梯开门的墙体
请点取平衡块的所在的一侧<退出>：忽略块 _ArchTick 的重复定义。	// 选择电梯平衡块方向一侧
请点取其他开电梯门的墙线<无>：*取消*	// 按 Esc 键
请给出电梯间的一个角点或[参考点(R)]<退出>：*取消*	// 按 Esc 键结束命令

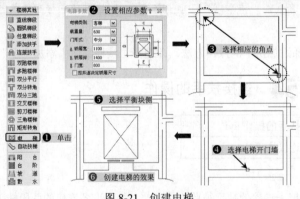

图 8-21　创建电梯

实例总结

本实例主要讲解了创建电梯的操作方法，即选择"楼梯其他 | 电梯"命令（DT）。

Example 实例 256　自动扶梯的操作

素材	教学视频\08\自动扶梯的操作.avi
	实例素材文件\08\自动扶梯.dwg

实例概述

　　自动扶梯绘制多用于向上或向下倾斜输送乘客的自动扶梯。"自动扶梯"命令通过在对话框中输入梯段参数，绘制单台或双台自动扶梯或自动人行步道（坡道），本命令只创建二维图形，对三维和剖面生成不起作用。

　　例如，打开"自动扶梯平面图.dwg"文件，接着在天正屏幕菜单中选择"楼梯其他 | 自动扶梯"命令（ZDFT），在弹出的"自动扶梯"对话框中设置相应的参数，再点取插入扶梯的位置即可，如图 8-22 所示。

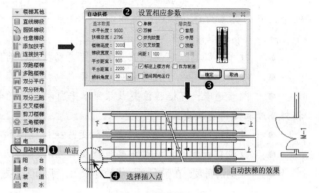

图 8-22　创建自动扶梯

实例总结

　　本实例主要讲解了创建自动扶梯的操作方法，即选择"楼梯其他 | 自动扶梯"命令（ZDFT）。

Example 实例 257　"自动扶梯"对话框中各参数的含义

实例概述

　　在执行"自动扶梯"命令（ZDFT）时，将弹出"自动扶梯"对话框，其中各控件及参数的含义如下。

● 　楼梯高度：从本楼层自动扶梯第一工作点起，到第二工作点止的设计高度。

● 　梯段宽度：是指自动扶梯不算两侧裙板的活动踏步净长度作为梯段的净宽。

● 　平步距离：从自动扶梯工作点开始到踏步端线的距离，当为水平步道时，平步距离为 0。

● 　平台距离：从自动扶梯工作点开始到扶梯平台安装端线的距离，当为水平步道时，平台距离请读者重新设置。

● 　倾斜角度：自动扶梯的倾斜角，商品自动扶梯为 30°、35°，坡道为 10°、12°，当倾斜角为 0 时作为步道，交互界面和参数相应修改。

● 　单梯与双梯：可以一次创建成对的自动扶梯或者单台的自动扶梯。

● 　并列与交叉放置：双梯两个梯段的倾斜方向可选方向一致或者方向相反。

● 　间距：双梯之间相邻裙板之间的净距。

● 　作为坡道：勾选此复选框，扶梯按坡道的默认角度 10° 或 12° 取值，长度重新计算。

● 　标注上楼方向：默认勾选此复选框，标注自动扶梯上下楼方向，默认中层时剖切到的上行和下行梯段运行方向，箭头表示相对运行（上楼/下楼）。

● 　层间同向运行：勾选此复选框后，中层时剖切到的上行和下行梯段运行方向，箭头表示同向运行（都是上楼）。

● 　层类型：三个互锁按钮，表示当前扶梯处于首层（底层）、中层和顶层。

● 　开洞：可绘制顶层板开洞的扶梯，隐藏自动扶梯洞口以外的部分，勾选开洞后遮挡扶梯下端，提供一个夹点拖动改变洞口长度，如图 8-23 所示。

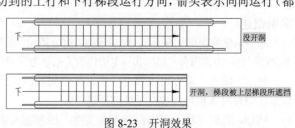

图 8-23　开洞效果

自动扶梯是作为自定义对象存在的，可以通过拖动夹点进行编辑，也可以双击楼梯进入对象编辑重新设定参数（这里是介绍一种双梯顶层自动扶梯的夹点示意图），具体如图8-24所示。

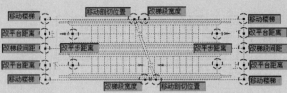

图8-24　各个夹点功能介绍

● 改梯段宽度：梯段被选中后亮显，点取两侧中央夹点改梯段宽，即可拖移该梯段改变宽度。

● 移动楼梯：在显示的夹点中，居于梯段四个角点的夹点为移动梯段，点取四个中任意一个夹点，即表示以该夹点为基点移动梯段。

● 改平台距离：可拖移该夹点改变自动扶梯平台距离。

● 改平步距离：可拖移该夹点改变自动扶梯平步距离。

● 改步道长：可拖移该夹点改变水平自动步道的长度，对非水平的扶梯和步道没有此夹点，长度由楼梯高度和倾斜角决定。

● 改梯段间距：可拖移该夹点改变两扶梯之间的净距。

● 改洞口长度：可拖移该夹点改变顶层楼梯的洞口遮挡长度，隐藏洞口外侧范围的部分楼梯。

● 改剖切角度：在带有剖切线的梯段上，可拖移该夹点改变剖切线的角度和位置，位置默认是在梯段中间。

在"自动扶梯"对话框中，不一定能准确设置扶梯的运行和安装方向，如果希望设定扶梯的方向，请在插入扶梯时键入选项，对扶梯进行各向翻转和旋转，必要时不标注运行方向，另行用箭头引注命令添加，上下楼方向的注释文字还可在特性栏中进行修改。自动扶梯的示意效果如图8-25所示。

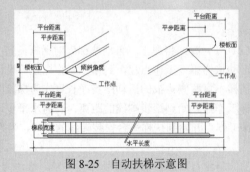

图8-25　自动扶梯示意图

实例总结

本实例主要讲解了"自动扶梯"对话框中各控件及参数的含义。

Example 实例 258　阳台的操作

素材	教学视频\078 阳台的操作.avi
	实例素材文件\08\阳台.dwg

实例概述

阳台是建筑物室内的延伸，是供使用者进行活动和晾晒衣物的建筑空间，有时也称外廊。根据其封闭情况分为非封闭阳台和封闭阳台，根据其与主墙体的关系分为凹阳台和凸阳台，根据其空间位置分为底阳台和挑阳台。

使用"阳台"命令可以预定样式直接绘制阳台或根据已有的轮廓线生成阳台。一层的阳台可以自动遮挡散水，阳台对象也可以被柱子局部所遮挡。

例如，打开"阳台平面图.dwg"文件，接着在天正屏幕菜中选择"楼梯其他 | 阳台"命令（YT），在

弹出的"绘制阳台"对话框中设置相应的参数，并根据创建阳台的不同方式来进行操作，如图 8-26 所示。

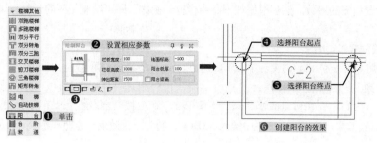

图 8-26　创建阳台操作

为了方便读者观察效果，这里在命令栏中键入"3DO"，转为三维效果，方便观察阳台效果，如图 8-27 所示。

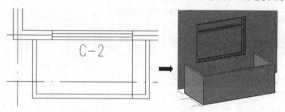

图 8-27　阳台的三维效果

软件技能——"绘制阳台"相应工具按钮的含义

在"绘制阳台"对话框的下方有 6 个按钮，这些按钮可以决定所绘制阳台的样式，如图 8-28 所示。

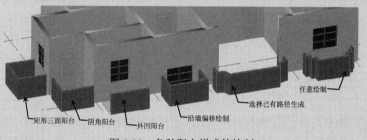

图 8-28　各种阳台样式的绘制

技巧提示——创建阳台时的注意要点

在有外墙外保温层时，应注意绘制阳台时将定位点定义在结构层线而不是在保温层线、起点和末点位置，因此"伸出距离"应从结构层起算，这样做的好处是因为结构层的位置是相对固定的，调整墙体保温层厚度时不影响已经绘制的阳台对象。

实例总结

本实例主要讲解了阳台的创建方法，即选择"楼梯其他 | 阳台"命令（YT）。

Example 实例 **259**　台阶的操作

素材	教学视频\08\台阶的操作.avi
	实例素材文件\08\台阶.dwg

实例概述

当建筑物室内外地坪存在高度差时，可在建筑物入口设置台阶作为建筑室内外的过渡。使用"台阶"命令可以预定样式或直接绘制台阶，或根据已有的轮廓线生成台阶，台阶可以自动遮挡散水。

例如，打开"台阶平面图.dwg"文件，接着在天正屏幕菜单中选择"楼梯其他 | 台阶"命令（TJ），在弹出的"台阶"对话框中设置相应的参数，然后根据如下命令栏提示操作，即可绘制相应的台阶，如图 8-29 所示。

命令：TJ	// 执行"台阶"命令
台阶平台轮廓线的起点<退出>：	// 提示信息
指定第一点或　[中心定位(C)/门窗对中(D)]<退出>：	// 选择台阶起点
第二点或[翻转到另一侧(F)]<取消>：	// 选择台阶终点
指定第一点或　[中心定位(C)/门窗对中(D)]<退出>：	// 按空格键结束命令

为了方便读者观察效果，这里在命令栏中键入"3DO"，转为三维效果，方便观察台阶效果，如图 8-30 所示。

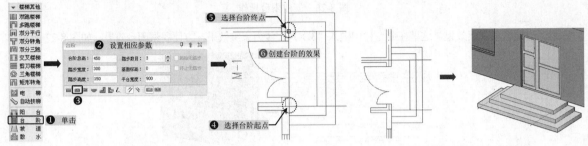

图 8-29　台阶操作　　　　　　　　　　　图 8-30　台阶的三维效果

软件技能——"台阶"夹点编辑

台阶是作为自定义对象存在的，可以通过拖动夹点进行编辑，也可以双击楼梯进入对象编辑重新设定参数，如图 8-31 所示。

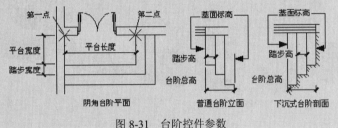

图 8-31　台阶控件参数

软件技能——"台阶"对话框中工具按钮样式

当直接绘制矩形单面台阶、矩形三面台阶、阴角台阶、沿墙偏移等预定样式的台阶，或把预先绘制好的 PLINE 转成台阶、直接绘制平台创建台阶时，如平台不能由本命令创建，应下降一个踏步高绘制下一级台阶作为平台，直台阶两侧需要单独补充 Line 线画出二维边界，依次的效果如图 8-32 所示。

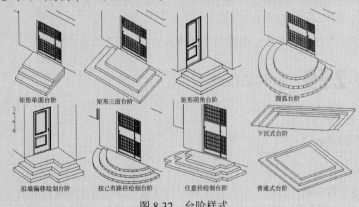

图 8-32　台阶样式

在一般的情况下，台阶下顶部平面的宽度应大于所连通门洞宽度的尺寸，最好是每边宽出 500。根据实际情况，室外台阶常受风雪和雨水的影响，为确保安全起见，需将台阶的坡度减小，并且台阶的单踏步宽度不应该小于 300，单踏步的高度不应该大于 150。

基面的定义，有两种不同基面：一是平台面，另一个是外轮廓面，后者多用于下沉式台阶。

实例总结

本实例主要讲解了台阶的操作方法，即选择"楼梯其他｜台阶"命令（TJ）。

Example 实例 **260**　坡道的操作

素材	教学视频\08\坡道的操作.avi
	实例素材文件\08\坡道.dwg

实例概述

坡道是连接高差地面或者楼面的斜向交通通道，以及门口的垂直交通和疏散措施，坡道的主要作用是为车辆和残疾人的通行提供便利，使用"坡道"命令可绘制单跑坡道，坡道也可以遮挡散水。

例如，打开"台阶平面图.dwg"文件，接着在天正屏幕菜单中选择"楼梯其他｜坡道"命令（PD），在弹出的"坡道"对话框中设置相应的参数，然后点取坡道的插入位置即可，如图 8-33 所示。

为了方便读者观察效果，这里在命令栏中键入"3DO"，转为三维效果，方便观察坡道效果，如图 8-34 所示。

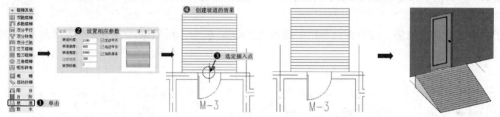

图 8-33　坡道操作　　　　　　　　图 8-34　坡道的三维效果

坡道同样是作为自定义对象存在的，可以通过拖动夹点进行编辑，先选中需要修改的坡道对象，然后将鼠标指针放至夹点上就会显示该点的意义，如图 8-35 所示。

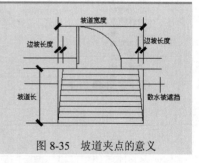

图 8-35　坡道夹点的意义

坡道类型比较多，用途也非常广泛，其样式有以下几种，效果如图 8-36 所示。

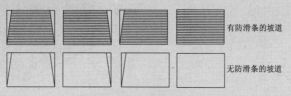

图 8-36　坡道样式

坡道的宽度应该大于所连通的门洞口宽度，一般每边至少宽 500mm。坡道的坡度与建筑室内外高差及坡道的表面层处理方法有关，光滑材料坡道的坡度与建筑室内外高差比应小于或等于 1：12，粗糙材料坡道的坡度与建筑室内外高差比应该小于或等于1：6。

带防滑齿坡道的坡度与建筑室内外高差比应该小于或等于1：4。

实例总结

本实例主要讲解了坡道的操作方法，即选择"楼梯其他｜坡道"命令（PD）。

Example 实例 **261** 散水的操作

素材	教学视频\08\散水的操作.avi
	实例素材文件\08\散水.dwg

实例概述

本命令通过自动搜索外墙线绘制散水对象，可自动被凸窗、柱子等对象裁剪，也可以通过勾选复选框或者编辑对象，使散水绕壁柱、绕落地阳台生成。阳台、台阶、坡道和柱子等对象自动遮挡散水，位置移动后遮挡自动更新。

例如，打开"散水平面图.dwg"文件，接着在天正屏幕菜单中选择"楼梯其他｜散水"命令（SS），在弹出的"散水"对话框中设置相应的参数，并选择构造一完整建筑物的所有墙体（或门窗、阳台），即可创建散水对象，如图 8-37 所示。

为了方便读者观察效果，这里在命令栏中键入"3DO"，转为三维效果，方便观察散水效果，如图 8-38 所示。

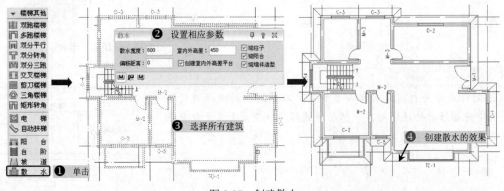

图 8-37 创建散水

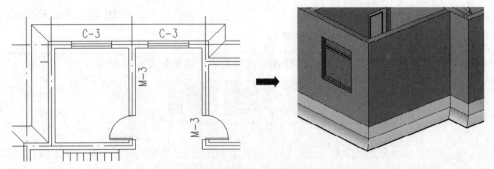

图 8-38 散水的三维效果

软件技能——"散水"对话框中各参数的含义

在"散水"对话框中，各选项的含义如下。

- 室内外高差：使用的室内外高差，默认为450。
- 偏移外墙皮：外墙勒脚对外墙皮的偏移值。
- 散水宽度：新的散水宽度，默认为600。
- 创建高差平台：勾选复选框后，在各房间中按零标高创建室内地面。
- 散水绕柱子/阳台/墙体造型：勾选复选框后，散水绕过柱子、阳台、墙体造型创建，否则穿过这些构件创建，请按设计实际要求勾选，如图8-39所示。

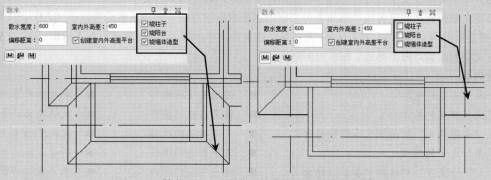

图 8-39　散水是否勾选绕柱子、绕阳台、绕墙体造型

- 搜索自动生成：搜索墙体自动生成散水对象。
- 任意绘制：逐点给出散水的基点，动态地绘制散水对象，注意散水在路径的右侧生成。
- 选择已有路径生成：选择已有的多段线或圆作为散水的路径生成散水对象，多段线不要求闭合。

技巧提示——散水的编辑和修改

每一条边宽度可以不同，开始按统一的全局宽度创建，通过夹点和对象编辑单独修改各段宽度，也可以再修改为统一的全局宽度。

夹点编辑，单击散水对象，激活夹点后，拖动夹点即可进行夹点编辑，独立修改各段散水的宽度。

对象编辑，双击散水对象，根据命令栏提示进入对象编辑的命令行选项进行编辑：

选择[加顶点（A）/减顶点（D）/改夹角（S）/改单边宽度（W）/改全局宽度（Z）/改标高（E）]<退出>，进行操作。

特性编辑，选择散水对象，按"Ctrl+1"组合键，在特性栏中可以看到散水的顶点号与坐标的关系，通过单击顶点栏的箭头可以识别当前顶点，改变坐标，也可以统一修改全局宽度，如图8-40所示。

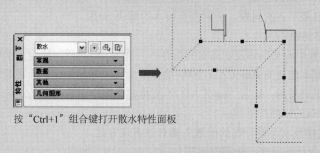

按"Ctrl+1"组合键打开散水特性面板

图 8-40　在散水特性面板中编辑散水

实例总结

本实例主要讲解了散水的操作方法，即选择"楼梯其他 | 散水"命令（SS）。

第9章　天正建筑文字与表格的操作

● **本章导读**

　　文字与表格是设计图纸中的重要组成部分，添加到图形中的文字能更好地表达各种信息，在建筑图样中，文字和表格是不可缺少的一部分，如图样的文字说明、门窗统计等都需要大量的文字信息，它可能是复杂的技术要求、标题栏信息、标签或者是图形的一部分，天正 TArch 2013 软件中提供了多种创建文字的方法，对简短的输入项使用单行文字，对带有内容格式的较长的输入项使用多行文字。

　　本章将介绍如何在建筑图纸中添加各种文字信息和表格的方法。天正虽然也提供了 CAD 的文字书写功能，但主要是针对西文的，对于中文汉字，尤其是中西混合文字的书写，编辑就显得很不方便，而在 TArch 2013 软件中，文字的编辑问题都得到了根本性的解决。

● **本章内容**

- 天正文字的概念
- 文字样式的操作
- "文字样式"对话框中各参数的含义
- 单行文字的操作
- "单行文字"对话框中各参数的含义
- 单行文字的在位编辑
- 多行文字的操作
- 直接注写弧线文字
- 按已有曲线布置文字
- 专业词库的操作
- "专业词库"对话框中各参数的含义

- 递增文字的操作
- 转角自纠的操作
- 文字转化的操作
- 文字合并的操作
- 统一字高的操作
- 天正表格的构造
- 天正表格的属性
- 新建表格的操作
- 通过夹点来调整表格
- 表格单元合并操作

- 单元格内容的输入
- 表格内容的全屏编辑
- 表列/行编辑的操作
- 拆分表格的操作
- 合并表格的操作
- 单元编辑的操作
- 单元递增的操作
- 单元复制的操作
- 单元累加的操作
- 单元插图的操作

Example 实例 **262** 天正文字的概念

实例概述

　　虽说 AutoCAD 提供了一些文字书写的功能，但主要是针对西文的，对于中文字，尤其是中西文混合文字的书写，编辑就显得很不方便。在 AutoCAD 简体中文版的文字样式里，尽管提供了支持输入汉字的大字体（bigfont），但是 AutoCAD 却无法对组成大字体的中英文分别规定高宽比例，用户即使拥有简体中文版 AutoCAD，有了文字字高一致的配套中英文字体，但完成的图纸中的尺寸与文字说明里，依然存在中文与数字符号大小不一、排列参差不齐的问题，长期没有根本的解决方法。

　　1. AutoCAD 的文字问题

　　AutoCAD 提供了设置中西文字体及宽高比的命令——Style，但只能对所定义的中文和西文提供同一个宽高比和字高，即使是号称本地化的 AutoCAD 2000 简体中文版本亦是如此；而在建筑设计图纸中，如将中文和西文写成一样大小是很难看的；而且 AutoCAD 不支持建筑图中常常出现的上标与特殊符号，如面积单位（㎡）和我国大陆地区特有的钢筋符号等。

　　在 AutoCAD 中，其中英文混排存在的问题主要有以下几方面。

　　（1）AutoCAD 汉字字体与西文字体高度不等。

　　（2）AutoCAD 汉字字体与西文字体宽度不匹配。

　　（3）Windows 的字体在 AutoCAD 内偏大（名义字高小于实际字高）。

　　在 AutoCAD 2013 中，其文字的应用非常广泛，在命令栏键入"T"，然后在绘图区拖动一个区域，此时在面板中将打开"文字编辑器"面板，以便进行编辑操作，如图9-1所示。

图 9-1　AutoCAD 2013 文字应用

2．天正建筑 3.0 的文字

旧版本天正的文字注写依然采用 AutoCAD 文字对象，分别调整中文与西文两套字体的宽高比例，再把用户输入的中西文混合字串里中西文分开，使两者达到比例最优的效果；但是带来问题是：一个完整字串被分解为多个对象，导致文字的编辑、复制和移动都十分不便，特别是当比例改变后，文字多的图形常常需要重新调整版面。

3．天正建筑高版本的文字

天正新开发的自定义文字对象，改进了原有的文字对象，可方便地书写和修改中西文混合文字，可使组成天正文字样式的中西文字体有各自的宽高比例，方便地输入和变换文字的上下标。特别是天正对 AutoCAD 的 SHX 字体与 Windows 的 Truetype 字体，存在名义字高与实际字高不符的问题作了自动修正，使汉字与西文的文字标注符合国家制图标准的要求。

此外，由于我国的建筑制图规范规定了一些特殊的文字符号，在 AutoCAD 中提供的标准字体文件中无法解决，国内自制的各种中文字体繁多，不利于图档交流，为此天正建筑软件在文字对象中提供了多种特殊符号，如钢号、加圈文字、上标、下标等处理，但与非对象格式文件交流时要进行格式转换处理。

4．中文字体的使用

在 AutoCAD 中注写中文，如果希望文件处理效率高，还是不要使用 Windows 的字体，而应该使用 AutoCAD 的 SHX 字体，这时需要文件扩展名为.SHX 的中文大字体，最常见的汉字形文件名是 HZTXT.SHX。在 AutoCAD 简体中文版中，还提供了中西文等高的一套国标字体，名为 GBCBIG.SHX（仿宋）、GBENOR.SHX（等线）、GBEITC.SHX（斜等线），是近年来得到广泛使用的字体。

有些公司对常用字体进行修改，加入了一些结构专业标注钢筋等的特殊符号，如探索者、PKPM 软件都带有各自的中文字体，所有这些能在 AutoCAD 中使用的汉字字体文件，都可以在天正建筑中使用。

实质上，用户可以在网上下载一些 CAD 的字体包，然后按照如下方式来放置字体所处的位置。

（1）要使用新的 AutoCAD 字体文件（*.SHX），可将它复制到 "\ACAD200X\Fonts" 目录下，在天正建筑中执行 "文字样式" 命令时，从对话框的字体列表中就能看见相应的文件名。

（2）要使用 Windows 下的各种 Turetype 字体，只要把新的 Turetype 字体（*.TTF），复制到 "\Windows\Fonts" 目录下，利用它可以直接写出实心字，其缺点是导致绘图的运行效率降低。图 9-2 所示是各种字体在 AutoCAD 和天正软件下的效果比较。

5．特殊文字符号的导出

在天正文字对象中，其符号和普通文字是结合在一起的，属于同一个天正文字对象，因此在 "图形导出" 命令转为 TArch 3.0 或其他不支持新符号的低版本时，会把这些符号分解为以 AutoCAD 文字和图形表示的非天正对象，如加圈文字在图形导出到 TArch 6.0 格式图形时，由于旧版本文字对象不支持加圈文字，因此分解为外观与原有文字大小相同的文字与圆的叠加。图 9-3 所示为天正文字对象支持的部分特殊文字符号。

图 9-2　CAD 与天正文字对比　　　　　　　　　　图 9-3　天正特殊符号

实例总结

本实例主要讲解了天正文字的概念，以及与 AutoCAD 中文字对象的一些对比，包括 AutoCAD 的文字问题、天正建筑 3.0 的文字、天正建筑高版本的文字、中文字体的使用、特殊文字符号的导出。

Example 实例 263 文字样式的操作

素材	教学视频\09\文字样式的操作.avi
	实例素材文件\09\文字样式.dwg

实例概述

　　天正的文字创建在建筑制图中是非常重要的一部分，标注后用文字进行说明解释，而且整个图面不可缺少的设计说明也是由文字和其他所组成的，使用"文字样式"命令可创建新的文字样式或修改文字样式的字体和宽高比。文字样式修改后，当前图纸中使用此样式的文字将全部更新修改。

操 作 步 骤

步骤 ① 正常启动 TArch 2013 软件，按"Ctrl+O"组合键，打开"文字样式-A.dwg"文件，即可看到当前文件中的一些文字对象，如图 9-4 所示。

步骤 ② 在屏幕菜单中选择"文字表格｜文字样式"命令（WZYS），将弹出"文字样式"对话框，即可看到当前默认的文字样式为"Standard"，采用的是 AutoCAD 字体，其中文参数中，宽高比为 1、中文字体为 GBCBIG.shx，其西文参数中，字宽方向与字高方向均为 1、西文字体为 GBENOR，如图 9-5 所示。

TArch 天正建筑文字样式的比较
TArch 天正建筑文字样式的比较
TArch 天正建筑文字样式的比较

图 9-4　打开的文件

步骤 ③ 接着在"文字样式"对话框中单击"新建"按钮，会弹出"新建文字样式"对话框，输入新的样式名称为"黑体"，并单击"确定"按钮，然后设置新的字体样式，如图 9-6 所示。

图 9-5　"文字样式"对话框

图 9-6　新建"黑体"文字样式

步骤 ④ 接着，按照上一步同样的方法，新建"钢筋字体"文字样式，选择"AutoCAD 字体"单选项，并按照图 9-7 所示来设置中西文参数。

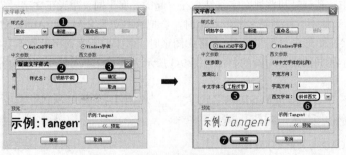

图 9-7　新建"钢筋字体"文字样式

步骤 ⑤ 这时按"Ctrl+1"组合键，打开"特性"面板，选择第一行文字，在"特性"面板中设置文字样式为"黑体"，则选择的文字对象的字体样式随即发生变化，如图 9-8 所示。

步骤 6 同样，选择第二行文字对象，将其设置为"钢筋字体"，如图 9-9 所示。

图 9-8　设置为"黑体"文字样式　　　　　　　　　图 9-9　设置为"钢筋字体"文字样式

步骤 7 至此，其文字样式已经设置完毕，按"Ctrl+Shift+S"组合键，将其另存为"文字样式.dwg"文件。

实例总结

本实例主要讲解了天正文字样式的创建方法，即选择"文字表格 | 文字样式"命令（WZYS），并讲解了不同文字样式的应用方法。

Example 实例 **264** "文字样式"对话框中各参数的含义

实例概述

在天正屏幕菜单中选择"文字表格 | 文字样式"命令（WZYS）后，将弹出"文字样式"对话框，其中各控件及选项的含义如下。

- 新建：新建文字样式，首先给新文字样式命名，然后选定中西文字体文件和高宽参数。
- 重命名：给文件样式赋予新名称。
- 删除：删除图中没有使用的文字样式，已经使用的样式不能被删除，以及当前默认的文字样式不能删除。
- 样式名：可在下拉列表中切换其他已经定义的样式，显示当前文字样式名。
- 宽高比：表示中文字宽与中文字高之比。
- 中文字体：设置组成文字样式的中文字体。
- 字宽方向：表示西文字宽与中文字宽的比。
- 字高方向：表示西文字高与中文字高的比。
- 西文字体：设置组成文字样式的西文字体。
- AutoCAD 字体：选择该项，可以选择当前 AutoCAD 提供的一些字体。
- Windows 字体：使用 Windows 的系统字体 TTF，这些系统字体（如"宋体"等）包含有中文和英文，只需设置中文参数即可。
- 预览：使新字体参数生效，编辑框内文字显示以当前字体写出的效果。
- 确定：退出样式定义，把"样式名"内的文字样式作为当前文字样式。

技巧提示——文字样式的组成

文字样式由分别设定参数的中西文字体或者 Windows 字体组成，由于天正扩展了 AutoCAD 的文字样式，可以分别控制中英文字体的宽度和高度，达到文字的名义高度与实际可量高度统一的目的，字高由使用文字样式的命令确定。

实例总结

本实例讲解了"文字样式"对话框中各控件及选项的含义。

Example 实例 **265** 单行文字的操作

素材	教学视频\09\单行文字的操作.avi
	实例素材文件\09\单行文字.dwg

实例概述

"单行文字"命令,可使用已经建立的天正文字样式,输入单行文字;还可以方便地为文字设置上下标、加圆圈、添加特殊符号、导入专业词库内容。

例如,打开"办公楼.dwg"文件,在天正屏幕菜单中选择"文字表格│单行文字"命令(DHWZ),将弹出"单行文字"对话框,在文字输入列表中输入"办公室过道"文字,并在文字样式中选择"黑体"样式,字字高为 7.0,这时在视图中移动鼠标,所输入的文字对象跟随鼠标一起移动,在所需要的位置点击即可,然后按回车键结束,如图 9-10 所示。

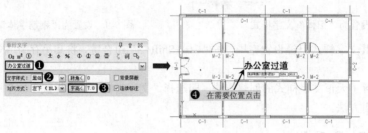

图 9-10 单行文字操作

实例总结

本实例讲解了单行文字的操作方法,即选择"文字表格│单行文字"命令(DHWZ)。

Example 实例 266 "单行文字"对话框中各参数的含义

实例概述

在天正屏幕菜单中选择"文字表格│单行文字"命令(DHWZ)后,将弹出"单行文字"对话框,其中各控件及选项的含义如下。

● 文字输入列表:可供键入文字符号,在列表中保存有已输入的文字,方便重复输入同类内容,在下拉列表中选择其中一行文字后,该行文字复制到首行。

● 文字样式:在下拉列表中选用已由 AutoCAD 或天正文字样式命令定义的文字样式。

● 对齐方式:选择文字与基点的对齐方式,如图 9-11 所示。

● 转角< 转角< :输入文字的转角,若转角为 30 度,其效果如图 9-12 所示。

● 字高< 字高< :表示最终图纸打印的字高,而非在屏幕上测量出的字高数值,两者有一个绘图比例值的倍数关系,如图 9-13 所示。

● 背景屏蔽:勾选后文字可以遮盖背景,例

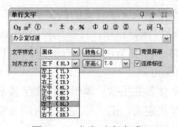

图 9-11 文字对齐方式   图 9-12 转角效果

如填充图案,本选项利用 AutoCAD 的 WipeOut 图像屏蔽特性,屏蔽作用随文字移动存在,如图 9-14 所示。

字高为 3.5   字高为 10.0

图 9-13 不同字高效果比较   图 9-14 背景屏蔽效果

● 连续标注:勾选后单行文字可以连续标注,直至按回车键结束。

● 上/下标 m²/O₂:用鼠标选定需变为上下标的部分文字,然后点击上下标图标。图 9-15 所示为设置上标的操作步骤。

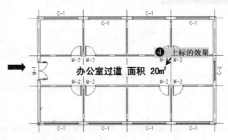

图 9-15　设置上标

- 加圆圈文字①：用鼠标选定需加圆圈的部分文字，然后点击加圆圈的图标，如图 9-16 所示。
- 角度°：单击此按钮可插入角度标记。
- 公差±：单击此按钮可插入公差符号。
- 直径φ：单击此按钮可插入直径符号。
- 百分号%：单击此按钮可插入百分号。
- 其他符号按钮：依次为一级钢Φ、二级钢Φ、三级钢Φ和四级钢Φ。单击对应的按钮即可插入级钢符号。
- 特殊符号ζ：单击此按钮，可弹出"天正字符集"对话框，如图 9-17 所示。在对话框上方有特殊符号类型下拉菜单，读者可根据实际需要选择这些特殊的符号，然后单击"确定"按钮即可。

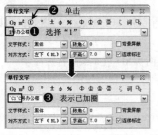
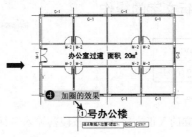

图 9-16　设置加圆圈文字　　　　　　　图 9-17　"天正字符集"对话框

- 词库词：单击此按钮，可弹出"专业文字"对话框，如图 9-18所示。这是天正为了读者提高工作效率，特别在此提供了很多建筑专业类短语，在该对话框中可选一些常用的建筑术语，然后单击"确定"按钮即可插入该术语。
- 屏幕取词：单击此按钮，在绘图区单击已存在的文本对象，即可从选择的文字对象中获取文字信息，并将获取的文字信息添加到"单行文字"对话框中。

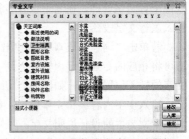

图 9-18　"专业文字"对话框

实例总结

本实例讲解了"单行文字"对话框中各控件及选项的含义。

Example 实例 267　单行文字的在位编辑

素材	教学视频\09\单行文字的在位编辑.avi
	实例素材文件\09\单行文字的在位编辑.dwg

实例概述

当用户进行了单行文字标注后，可以通过在位编辑的方式来修改其中的内容。

例如，打开"单行文字.dwg"文件，双击单行文字即可进入在位编辑状态，直接在图上显示编辑框，方向总是按从左到右的水平方向方便修改，如图 9-19 所示。

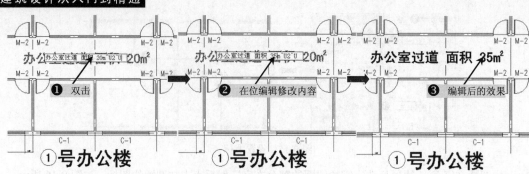

图 9-19　单行文字在位编辑操作

在需要使用特殊符号、专业词汇等时，移动光标到编辑框外右键单击，即可调用单行文字的快捷菜单进行编辑，使用方法与对话框中的工具栏图标完全一致，如图 9-20 所示。

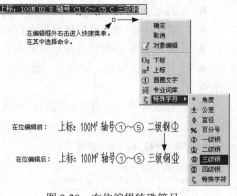

实例总结

本实例讲解了单行文字的在位编辑方法，以及特殊符号的在位编辑方法。

Example 实例 268　多行文字的操作

素材	教学视频\09\多行文字的操作.avi
	实例素材文件\09\多行文字.dwg

图 9-20　在位编辑特殊符号

实例概述

"多行文字"命令，可使用已经建立的天正文字样式，按段落输入多行中文文字，可以方便设定页宽与硬回车位置，并随时拖动夹点改变页宽。

接上例，在天正屏幕菜单中选择"文字表格｜多行文字"命令后，将弹出"多行文字"对话框，从而可以像单行文字一样，在其中设置多行文字的样式、字高、转角等，以及设置页宽，并在其中的文本输入框中输入多行文字段落。

若单击"词"按钮词，将弹出"专业文字"对话框，在其中找到所需要的项目，并单击"确定"按钮，即可将相应的专业文字内容置入到"多行文字"对话框的文本框中，然后再单击"确定"按钮，并指定多行文字的插入位置即可，如图 9-21 所示。

输入文字内容编辑完毕以后，单击"确定"按钮完成多行文字输入，本命令的自动换行功能特别适合输入以中文为主的设计说明文字。

另外，在"多行文字"对话框中，其"行距系数"的含义，与 AutoCAD 的 MTEXT 中的行距有所不同，本系数表示的是行间的净距，单位是当前的文字高度，比如 1 为两行间相隔一空行，本参数决定整段文字的疏密程度。

技巧提示——多行文字的夹点与编辑

多行文字对象设有两个夹点，左侧的夹点用于整体移动，而右侧的夹点用于拖动改变段落宽度，当宽度小于设定时，多行文字对象会自动换行，而最后一行的结束位置由该对象的对齐方式决定。

多行文字的编辑考虑到排版的因素，默认双击进入多行文字对话框，而不推荐使用在位编辑，但是可通过右键菜单进入在位编辑功能。

实例总结

本实例讲解了多行文字的操作方法，即选择"文字表格｜多行文字"命令。

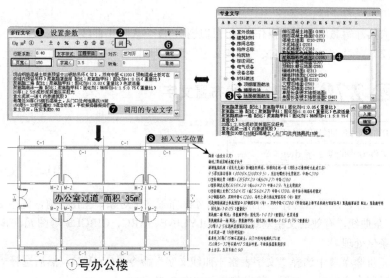

图 9-21　多行文字的操作

Example 实例 269　直接注写弧线文字

素材	教学视频\09\直接注写弧线文字.avi
	实例素材文件\09\曲线文字.dwg

实例概述

　　"曲线文字"命令有两种功能：直接按弧线方向书写中英文字符串，或者在已有的多段线（POLYLINE）上布置中英文字符串，可将图中的文字改排成曲线。

　　例如，打开"曲线文字-A.dwg"文件，在天正屏幕菜单中选择"文字表格 | 曲线文字"命令（QXWZ），其命令行显示如下提示信息：

A-直接写弧线文字/P-按已有曲线布置文字<A>：

　　按回车键选取默认值，使用直接写出按弧形布置的文字的选项，提示如下，其操作步骤如图 9-22 所示。

请输入弧线文本圆心位置<退出>：	// 点取圆心点；
请输入弧线文本中心位置<退出>：	// 点取字串中心插入的位置；
输入文字：	// 这时可以在命令行中键入文字,回车后继续提示：
请输入字高<5>：	// 键入新值或回车接受默认值；
文字面向圆心排列吗(Yes/No)<Yes>？	

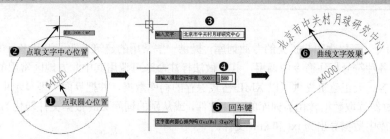

图 9-22　直接注写弧线文字（A）操作

技巧提示——背向圆心生成的弧线文字

　　若在"文字面向圆心排列吗（Yes/No）<Yes>？"提示中，以 N 回应，可使文字背向圆心方向生成，如图 9-23 所示。

实例总结

本实例讲解了直接注写弧线文字的操作方法，即选择"文字表格丨曲线文字"命令（QXWZ），然后选择"A-直接写弧线文字"选项即可。

Example 实例 270 按已有曲线布置文字

素材	教学视频\09\按已有曲线布置文字.avi
	实例素材文件\09\曲线文字.dwg

图 9-23　文字背向圆心方向生成

实例概述

天正的曲线文字功能，还可以选择已有的曲线对象来布置文字对象。在使用前，先用 AutoCAD 的 Pline（复线）命令绘制一条曲线，有效的文字基线包括 POLYLINE、ARC、CIRCLE 等图元，其中 POLYLINE 可以进行拟合或者样条化处理。

接上例，在天正屏幕菜单中选择"文字表格丨曲线文字"命令（QXWZ），然后选择"/P-按已有曲线布置文字"选项，这时其命令行提示如下，其操作步骤如图 9-24 所示。

请选取文字的基线<退出>:	// 用拾取框拾取作为基线的 POLYLINE 线
输入文字:	// 输入欲排在这条 POLYLINE 线上的文字,回车结束
请键入字高<5>:	// 键入新值或回车接受默认值

图 9-24　按已有曲线布置文字（P）操作

实例总结

本实例讲解了按已有曲线布置文字的操作方法，即选择"文字表格丨曲线文字"命令（QXWZ），然后选择"P-按已有曲线布置文字"选项即可。

Example 实例 271 专业词库的操作

素材	教学视频\09\专业词库的操作.avi
	实例素材文件\09\专业词库.dwg

实例概述

"专业词库"命令，可以由用户扩充的专业词库，提供一些常用的建筑专业词汇和多行文字段落随时插入图中，词库还可在各种符号标注命令中调用，其中做法标注命令可调用其中北方地区常用的 88J1-X12000 版工程做法的主要内容。天正建筑提供了以 XML 格式保存的词库数据，并把界面类型显示由列表改为树显示，并可由 dbf、txt 数据源读取数据转化为词库的 xml 文件，或从别的词库 xml 数据文件转化为词库的 xml 文件，同时支持将当前词库中数据导出为 txt 和 xml 文件。

在天正建筑中，词汇可以在文字编辑区进行内容修改（更改或添加多行文字），单击"修改索引"按钮把原词汇作为索引使用，单击"入库"按钮可直接保存多行文字段落。

例如，在天正屏幕菜单中选择"文字表格丨专业词库"命令（ZYCK），将弹出"专业词库"对话框，在其中可以输入和输出词汇、多行文字段落以及材料做法。当选定词汇后，命令行连续提示"请指定文字的插入点<退出>: "，用户可以将选择或编辑好的文字一次或多次插入到适当位置，并按回车键结束，如图 9-25 所示。

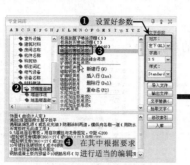

图 9-25　专业词库的操作

　　本词汇表提供了多组常用的施工做法词汇，与"做法标注"命令结合使用，可快速标注"墙面"、"楼面"、"屋面"的 88J1-X12000 版图集标准做法。

实例总结

　　本实例讲解了专业词库的操作方法，即选择"文字表格 | 专业词库"命令（ZYCK）。

Example 实例 272　　"专业词库"对话框中各参数的含义

实例概述

　　在图 9-26 所示的"专业词库"对话框中，各主要控件的功能说明如下。

　　● 词汇分类：在词库中按不同专业提供分类机制，也称为分类或目录，一个目录下可以创建多个子目录，列表中可存放很多词汇。

　　● 词汇索引表：按分类组织词汇索引表，一个词汇分类的列表对应存放多个词汇或者索引，材料做法中默认为索引，右键单击后选择"重命名"修改。

　　● 入库：把编辑框内的内容保存入库，索引区中单行文字全显示，多行文字默认显示第一行，可以通过右键单击后选择"重命名"修改。

图 9-26　"专业词库"对话框

　　● 导入文件：在文本文件中按行作为词汇，导入当前类别（目录）中，有效扩大了词汇量。

　　● 输出文件：在文件对话框中可选择把当前类别中所有的词汇输出为文本文档或 XML 文档，目前 txt 只支持词条。

　　● 文字替换<：在对话框中选择好目标文字，然后单击此按钮，按照命令行提示选择要替换的文字图元<文字插入>，选取打算替换的文字对象。

　　● 拾取文字<：把图上的文字拾取到编辑框中进行修改或替换。

　　● 修改索引：在文字编辑区修改打算插入的文字（回车可增加行数），单击此按钮后更新词汇列表中的词汇索引。

　　● 字母按钮：以汉语拼音的韵母排序检索，用于快速检索到词汇表中与之对应的第一个词汇。

　　专业词库的类别与内容的编辑和入库，是在文字编辑区进行的，在其中写入专业词汇、材料做法和设计说明可以按回车键多行写入，然后单击"入库"按钮；把文字加入词库中，其中多行文字入库后会按一行显示，可以通过右键重命名为一个有意义的标题，类别和词汇区的右键菜单命令如图 9-27 所示。

实例总结

本实例讲解了"专业词库"对话框中各主要控件的功能含义，以及讲解了词汇和多行文字的入库方法。

Example 实例 273 递增文字的操作

素材	教学视频\09\递增文字的操作.avi
	实例素材文件\09\递增文字.dwg

图 9-27 类别和词汇区的右键菜单命令

实例概述

"递增文字"命令，用于附带有序数的天正单行文字、CAD 单行文字、图名标注、剖面剖切、断面剖切及索引图名，支持的文字内容包括数字，如 1、2、3；字母，如 A\B\C、a\b\c；中文数字，如一、二、三，同时对序数进行递增或者递减的复制操作。

例如，打开"办公楼.dwg"文件，在天正屏幕菜单中选择"文字表格|递增文字"命令（DZWZ），再根据命令行提示，选择文字中的序数变化位（注：同时按 Ctrl 键进行递减拷贝，仅对单个选中字符进行操作），再指定复制基点位置，然后给出复制的目标位置即可，如图 9-28 所示。

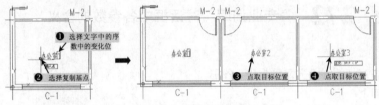

图 9-28 递增文字操作

实例总结

本实例讲解了递增文字的操作方法，即选择"文字表格|递增文字"命令（DZWZ）。

Example 实例 274 转角自纠的操作

素材	教学视频\09\转角自纠的操作.avi
	实例素材文件\09\转角自纠.dwg

实例概述

"转角自纠"命令，用于翻转调整图中单行文字的方向，使之符合制图标准中对文字方向的规定，可以一次选取多个文字一起纠正。

例如，打开"转角自纠-A.dwg"文件，在天正屏幕菜单中选择"文字表格|转角自纠"命令（ZJZJ），这时根据命令行提示，点取要翻转的文字后回车，其文字即按国家标准规定的方向做了相应的调整，如图 9-29 所示。

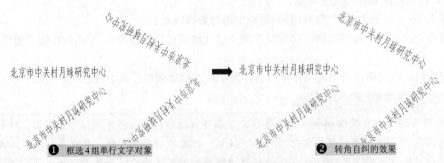

❶ 框选4组单行文字对象　　❷ 转角自纠的效果

图 9-29 转角自纠操作

实例总结

本实例讲解了转角自纠的操作方法，即选择"文字表格 | 转角自纠"命令（ZJZJ）。

Example 实例 275　文字转化的操作

素材	教学视频\09\文字转化的操作.avi
	实例素材文件\09\文字转化.dwg

实例概述

"文字转化"命令，可将天正旧版本生成的 ACAD 格式单行文字转化为天正文字，保持原来每一个文字对象的独立性，不对其进行合并处理。

例如，在 TArch 2013 天正建筑环境中，使用 ACAD 的"单行文字"功能，在视图中输入任意一个字对象，并右键单击该文字，即可看到其 ACAD 单行文字对象的右键菜单中，没有"在位编辑"和"对象编辑"命令，这是因为 ACAD 没有这个功能，如图 9-30 所示。

接着，在天正屏幕菜单中选择"文字表格 | 文字转化"命令（WZZH），选择其 ACAD 文字对象，并按回车键结束，从而将文字对象转换为天正文字对象。

这时，右键单击该文字对象，即可看到其右键菜单中显示有"在位编辑"和"对象编辑"命令了，并可以通过天正的"对象编辑"进行操作，如图 9-31 所示。

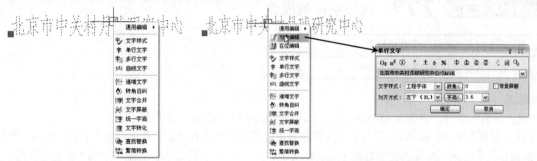

图 9-30　ACAD 文字对象的右键菜单　　　　图 9-31　特有天正文字对象的命令

软件技能——将单行文字转换为天正对象

"文字转化"命令，只对 ACAD 生成的单行文字起作用，对多行文字不起作用。

实例总结

本实例讲解了文字转化的操作方法，即选择"文字表格 | 文字转化"命令（WZZH）。

Example 实例 276　文字合并的操作

素材	教学视频\09\文字合并的操作.avi
	实例素材文件\09\文字合并.dwg

实例概述

"文字合并"命令，可将天正旧版本生成的 ACAD 格式单行文字转化为天正多行文字或者单行文字，同时对其中多行排列的多个 text 文字对象进行合并处理，由用户决定生成一个天正多行文字对象或者一个单行文字对象。

例如，在 TArch 2013 天正建筑环境中，使用 ACAD 的"单行文字"功能，在视图中输入多个单行文字对象；接着在天正屏幕菜单中选择"文字表格 | 文字合并"命令（WZHB），然后一次选择图上的多个文字串，并按回车键结束，再指定移动到目标位置，即可将该多个 ACAD 单行文字对象转换为所需要的天正文字对象，如图 9-32 所示。

同样，对于文字合并的对象，用户可以双击，然后弹出"多行文字"或"单行文字"对话框，在其中可另行进行修改，如图9-33所示。

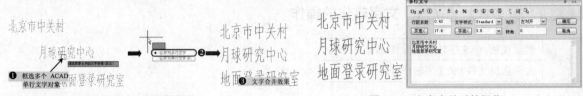

图9-32　文字合并操作　　　　　　　　　　　　图9-33　文字合并后的操作

软件技能——文字合并的要点

　　如果要合并的文字是比较长的段落，希望你合并为多行文字，否则合并后的单行文字会非常长，在处理设计说明等比较复杂的说明文字的情况下，尽量把合并后的文字移动到空白处，然后使用对象编辑功能，检查文字和数字是否正确，还要把合并后遗留的多余硬回车换行符删除，然后再删除原来的段落，移动多行文字取代原来的文字段落。

实例总结

　　本实例讲解了文字合并的操作方法，即选择"文字表格 | 文字合并"命令（WZHB）。

Example 实例 277　统一字高的操作

素材	教学视频\09\统一字高的操作.avi
	实例素材文件\09\统一字高.dwg

实例概述

　　"统一字高"命令，将涉及ACAD文字、天正文字的文字字高按给定尺寸进行统一。

　　例如，打开"统一字高-A.dwg"文件，接着在天正屏幕菜单中选择"文字表格 | 统一字高"命令（TYZG），然后框选视图中要统一高度的文字对象（ACAD文字和天正文字），再键入新的统一字高（这里的字高也是指完成后的图纸尺寸），如图9-34所示。

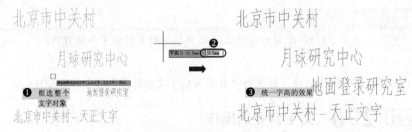

图9-34　统一字高操作

实例总结

　　本实例讲解了统一字高的操作方法，即选择"文字表格 | 统一字高"命令（TYZG）。

Example 实例 278　天正表格的构造

实例概述

　　天正表格是一个具有层次结构的复杂对象，用户应该完整地掌握如何控制表格的外观表现，制作出美观的表格。天正表格对象除了独立绘制外，还可应用在门窗表和图纸目录、窗日照表等处。

　　（1）表格的功能区域组成：标题和内容两部分。

（2）表格的层次结构：由高到低的级次为：a. 表格，b. 标题、表行和表列，c. 单元格和合并格。

（3）表格的外观表现：文字、表格线、边框和背景。表格文字支持在位编辑，双击文字即可进入编辑状态，按方向键，文字光标即可在各单元之间移动。

表格对象由单元格、标题和边框构成，单元格和标题的表现是文字，边框的表现是线条，单元格是表行和表列的交汇点。天正表格通过表格全局设定、行列特征和单元格特征三个层次控制表格的表现，可以制作出各种不同外观的表格，如图 9-35 所示。

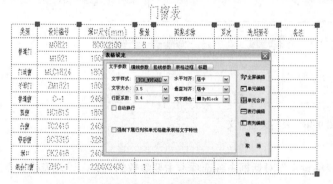

图 9-35　表格对象构造图解

实例总结

本实例讲解了天正表格的构造及其组成部分。

Example 实例 279　天正表格的属性

实例概述

通过双击表格边框，即可进入"表格设定"对话框，可以对标题、表行、表列和内容等全局属性进行设置，如图 9-36 所示。

（1）"文字参数"选项卡中主要参数的说明如下。

● 　行距系数：单元格内文字的行间的净距，单位是当前的文字高度。

● 　强制下属行列和单元格继承表格文字特性：勾选此项，单元格内的所有文字强行按本页设置的属性显示，未涉及的选项保留原属性；不勾选此项，进行过单独个性设置的单元格文字保留原设置。

（2）在图 9-37 所示的"横线参数"选项卡中主要参数的说明如下。

图 9-36　表格的属性设置　　　　　　　图 9-37　"横线参数"选项卡

● 　不设横线：勾选此项，整个表格的所有表行均没有横格线，其下方参数设置无效。

● 　行高特性：设置行高与其他相关参数的关联属性，有四个选项，即固定、至少、自由和自动，默认是"自由"。

● 　固定：行高固定为"行高"设置的高度不变。

● 　至少：表示无论如何拖动夹点，行高不能低于全局设定中给出的全局行高值。

● 　自动：选定行的单元格文字内容允许自动换行，但是某个单元格的自动换行要取决于它所在的列或者单元格是否已经设为自动换行。

● 　自由：表格在选定行首部增加了多个夹点，可自由拖曳夹点改变行高。

● 　强制下属各行继承：勾选此项，整个表格的所有表行按本页设置的属性显示；不勾选此项，进行过单独个性设置的单元格保留原设置。

（3）在图 9-38 所示的"竖线参数"选项卡中主要参数的说明如下。

- 不设竖线：勾选此项，整个表格的所有表行均没有竖格线，其下方参数设置无效。
- 强制下属各列继承：勾选此项，整个表格的所有表列按本页设置的属性显示，未涉及的选项保留原属性；不勾选此项，进行过单独个性设置的单元格保留原设置。

（4）在图9-39所示的"标题"选项卡中主要参数的说明如下。

图9-38 "竖线参数"选项卡

图9-39 "标题"选项卡

- 隐藏标题：设置标题不显示。
- 标题高度：打印输出的标题栏高度，与图中实际高度差一个当前比例系数。
- 行距系数：标题栏内的标题文字行间的净距，单位是当前的文字高度，比如1为两行间相隔一空行，本参数决定文字的疏密程度。
- 标题在边框外：勾选此项，标题栏取消，标题文字在边框外。

软件技能——表格夹点的含义

对于表格的尺寸调整，除了使用命令外，也可以通过拖动下图中的夹点，获得合适的表格尺寸。在生成表格时，总是按照等分生成列宽，通过夹点可以调整各列的合理宽度。行高根据行高特性的不同，可以通过夹点、单元字高或换行来调整。角点缩放功能，可以按不同比例任意改变整个表格的大小，行列宽高、字高随着缩放自动调整为合理的尺寸。如果行高特性为"自由"和"至少"，那么就可以启用夹点来改变行高，如图9-40所示。

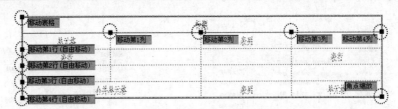

图9-40 表格夹点含义

实例总结

本实例讲解了天正表格的编辑方法和"表格设定"对话框中各选项卡主要参数的含义，以及表格夹点的作用与含义。

Example 实例 280 新建表格的操作

素材	教学视频\09\新建表格的操作.avi
	实例素材文件\09\新建表格.dwg

实例概述

"新建表格"命令，从已知行列参数通过对话框新建一个表格，提供以最终图纸尺寸值（毫米）为单位的行高与列宽的初始值，考虑了当前比例后自动设置表格尺寸大小。

例如，打开"门窗表.dwg"文件，在其中就有一份门窗表格对象。接着在天正屏幕菜单中选择"文字表格｜新建表格"命令（XJBG），将弹出"新建表格"对话框，根据当前打开图形中的表格对象来设置表格中的参数，单击"确定"按钮，然后根据命令行提示，指定表格的插入位置即可，如图9-41所示。

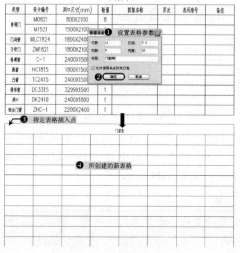

图 9-41　新建表格操作

实例总结

本实例讲解了新建表格的操作方法，即选择"文字表格丨新建表格"命令（XJBG）。

 Example 实例 **281**　通过夹点来调整表格

素材	教学视频\09\通过夹点来调整表格.avi
	实例素材文件\09\通过夹点来调整表格.dwg

实例概述

由于在通过"新建表格"命令（XJBG）创建表格时，其所有的行高均等、列宽均等，这时用户可以选择该表格对象，通过夹点的方式来调整表格的行高或列宽。

接前例，选择下侧新建的表格对象，将显示其表格的夹点，这时拖动"移动第 1 列"的夹点，将其对照上侧的列来拖动，使之与其对齐；再重复拖动第 2、3、4……列夹点，分别对齐上侧的列宽，如图 9-42 所示。

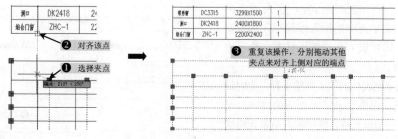

图 9-42　通过夹点来调整列宽

同样，再选择表格右下角的"角点缩放"夹点，将其夹点对象垂直向下拖动，到合适的位置后单击"确定"按钮，即可改变整个表格的行高，如图 9-43 所示。

实例总结

本实例讲解了表格夹点的操作方法，拖动表格列夹点来调整表格的列宽，拖动行夹点来调整行高，拖动角点缩放夹点来调整整个表格的列宽和行高。

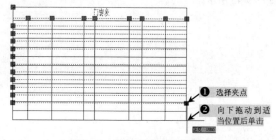

图 9-43　通过夹点来调整行高

Example 实例 **282** 表格单元合并操作

素材	教学视频\09\表格单元合并操作.avi
	实例素材文件\09\表格单元合并.dwg

实例概述

"单元合并"命令，可将几个单元格合并为一个大的表格单元。

接前例，从上侧的表格中可以看出，其第 1 列的第 2、3 行单元格是需要合并的，这时在天正屏幕菜单中选择"文字表格｜单元编辑｜单元合并"命令（DYHB），以两点定范围框选择表格中要合并的单元格，此时即可将所选定区域的单元格进行合并，如图 9-44 所示。

软件技能——合并单元格的要点

合并后的单元文字居中，使用的是第一个单元格中的文字内容。另外，点取这两个角点时，不要点取在横竖线上，而应点取在单元格内。

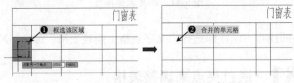

图 9-44　单元合并操作

实例总结

本实例讲解了表格单元格的合并操作，即选择"文字表格｜单元编辑｜单元合并"命令（DYHB）。

Example 实例 **283** 单元格内容的输入

素材	教学视频\09\单元格内容的输入.avi
	实例素材文件\09\单元格内容的输入.dwg

实例概述

表格中少不了有一些文字内容，在天正表格中，每个单元格中文字内容的输入很简单，只需要双击某个单元格，即可进入在位编辑状态，然后输入相应的内容即可。

接前例，双击下侧表格的第 1 列第 1 行，此时该表格进入在位编辑，根据要求输入相应的内容，按"Tab"键跳转到下一个单元格，继续输入新单元格的内容，依次这样，完成整个表格中单元格内容的输入，如图 9-45 所示。

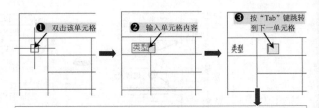

类型	设计编号	洞口尺寸(mm)	数量	图集名称	页次	选用型号	备注
普通门	M0821	800X2100	8				
	M1521	1500X2100	1				
门连窗	MLC1824	1800X2400	2				
子母门	ZM1821	1800X2100	1				
普通窗	C-1	2400X1500	1				
弧窗	HC1815	1800X1500	1				
凸窗	TC2415	2400X1500	1				
菱形窗	DC3315	3299X1500	1				
洞口	DK2418	2400X1800	1				
组合门窗	ZHC-1	2200X2400	1				

图 9-45　单元格内容的输入

Example 实例 284 表格内容的全屏编辑

素材	教学视频\09\表格内容的全屏编辑.avi
	实例素材文件\09\表格全屏编辑.dwg

实例概述

"全屏编辑"命令,用于从图形中取得所选表格,在对话框中进行行列编辑以及单元编辑,单元编辑也可由在位编辑所取代。

接前例,在天正屏幕菜单中选择"文字表格|表格编辑|全屏编辑"命令(QPBJ),再点取要编辑的表格对象(或者双击表格对象,将弹出"表格设定"对话框,在其中单击右侧的"合屏编辑"按钮),将进入"表格内容"对话框,在其中可以对其表格的内容进行重新编辑;当然也可以对其行、列进行编辑,如图9-46所示。

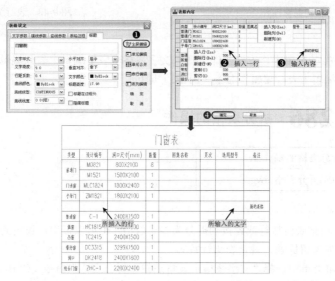

图 9-46 表格内容的全屏编辑

实例总结

本实例讲解了表格内容的全屏编辑,即选择"文字表格|表格编辑|全屏编辑"命令(QPBJ)。

Example 实例 285 表列/行编辑的操作

素材	教学视频\09\表列/行编辑的操作.avi
	实例素材文件\09\表列与行编辑.dwg

实例概述

接前例,在天正屏幕菜单中选择"文字表格|表格编辑|表列编辑"命令(BLBJ),命令行将提示如下信息,根据需要选择相应的选项,并在视图中选择表格的第1列,随后弹出"列设定"对话框,在其中进行

相应参数的设置，然后单击"确定"按钮，则该列表格即作相应的设置，如图9-47所示。

请点取一表列以编辑属性或[多列属性(M)/插入列(A)/加末列(T)/删除列(E)/交换列(X)]<退出>：

同样，在天正屏幕菜单中选择"文字表格|表格编辑|表行编辑"命令（BHBJ），命令行将提示如下信息，根据需要选择相应的选项，并在视图中选择表格的第1行，随后弹出"行设定"对话框，在其中进行相应参数的设置，然后单击"确定"按钮，则该行表格即作相应的设置，如图9-48所示。

请点取一表行以编辑属性或[多行属性(M)/增加行(A)/末尾加行(T)/删除行(E)/复制行(C)/交换行(X)]：

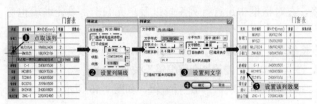 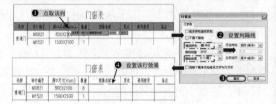

图9-47 表列编辑操作　　　　　　　　　图9-48 表行编辑操作

实例总结

本实例讲解了表列/行的编辑操作方法，即选择"文字表格|表格编辑|表列编辑"命令（BLBJ），以及选择"文字表格|表格编辑|表行编辑"命令（BHBJ）即可。

Example 实例 286 拆分表格的操作

素材	教学视频\09\拆分表格的操作.avi
	实例素材文件\09\拆分表格.dwg

实例概述

"拆分表格"命令，可把表格按行或者按列拆分为多个表格，也可以按用户设定的行列数自动拆分，有丰富的选项供用户选择，如保留标题、规定表头行数等。

接前例，在天正屏幕菜单中选择"文字表格|表格编辑|拆分表格"命令（CFBG），将弹出"拆分表格"对话框，设置好相应的参数，然后单击"确定"按钮，这时提示选择要拆分的表格对象，然后将拆分后的表格放置在右侧，如图9-49所示。

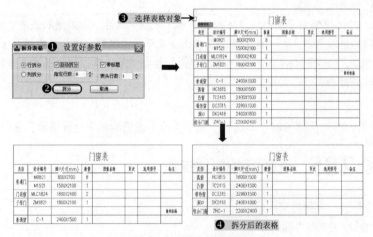

图9-49 拆分表格操作

如果在对话框中取消勾选"自动拆分"复选框，单击"拆分<"按钮后，点取要拆分为新表格的起始行，再拖动插入的新表格位置即可，从而将该表格拆分成两个表格，如图9-50所示。

图 9-50 拆分成两个表格形式

实例总结

本实例讲解了表格的拆分操作,即选择"文字表格 | 表格编辑 | 拆分表格"命令(CFBG)。

Example 实例 287 合并表格的操作

素材	教学视频\09\合并表格的操作.avi
	实例素材文件\09\合并表格.dwg

实例概述

"合并表格"命令,可把多个表格逐次合并为一个表格,这些待合并的表格行列数可以与原来表格不等,默认按行合并,也可以改为按列合并。

接前例,在天正屏幕菜单中选择"文字表格 | 表格编辑 | 合并表格"命令(HBBG),再根据命令行提示,首先选择位于首行的表格,再选择紧接其下的表格,然后按回车键结束,即可将所选择的表格按行数进行合并,如图 9-51 所示。

图 9-51 合并表格操作

软件技能——合并表格的要点

完成表格行数合并后,最终表格行数等于所选择各个表格行数之和,标题保留第一个表格的标题。

另外,如果被合并的表格有不同列数,最终表格的列数为最多的列数,各个表格的合并后多余的表头由用户自行删除,如图 9-52 所示。

图 9-52 删除表行的操作

实例总结

本实例讲解了表格的合并操作,即选择"文字表格 | 表格编辑 | 合并表格"命令(HBBG)。

Example 实例 288 单元编辑的操作

素材	教学视频\09\单元编辑的操作.avi
	实例素材文件\09\单元编辑.dwg

实例概述

执行"单元编辑"命令，将启动"单元格编辑"对话框，可方便地编辑该单元内容或改变单元文字的显示属性，实际上可以使用在位编辑取代，双击要编辑的单元即可进入在位编辑状态，可直接对单元内容进行修改。

接前例，在天正屏幕菜单中选择"文字表格 | 单元编辑 | 单元编辑"命令（DYBJ），再根据命令行提示，点取一格或多格单元格进行编辑，随后弹出"单元格编辑"对话框，设置好相应的参数，然后单击"确定"按钮即可，如图9-53所示。

图9-53 单元格编辑操作

实例总结

本实例讲解了单元编辑的操作方法，即选择"文字表格 | 单元编辑 | 单元编辑"命令（DYBJ）。

Example 实例 289 单元递增的操作

素材	教学视频\09\单元递增的操作.avi
	实例素材文件\09\单元递增.dwg

实例概述

"单元递增"命令，将含数字或字母的单元文字内容在同一行或同一列复制，并将文字内的某一项递增或递减，同时按"Shift"键为递增，按"Ctrl"键为递减。

接前例，双击该表格对象，弹出"表格设定"对话框，单击"全屏编辑"按钮，弹出"表格内容"对话框，在第一列的表头上右键单击，从弹出的快捷菜单中选择"插入列"命令，然后单击"确定"按钮，从而在该表格的左侧插入一列，如图9-54所示。

在双击所插入列的第一、二行单元格，分别输入"序号"和"1"文字。接着在天正屏幕菜单中选择"文字表格 | 单元编辑 | 单元递增"命令（DYDZ），根据命令行提示，单击已有编号的首单元格，再单击递增编号的末单元格，随即系统自动对其所属的单元格进行递增填入，如图9-55所示。

图9-54 插入列操作

图9-55 单元递增操作

实例总结

　　本实例讲解了单元递增的操作方法，即选择"文字表格｜单元编辑｜单元递增"命令（DYDZ）。

 Example 实例 **290** 单元复制的操作

素材	教学视频\09\单元复制的操作.avi
	实例素材文件\09\单元复制.dwg

实例概述

　　"单元复制"命令，复制表格中某一单元格内容或者图内的文字至目标单元格。

　　接前例，双击"图集名称"列下的第一个单元格，在其中输入文字"建筑门窗工程检测技术规程"内容；接着在天正屏幕菜单中选择"文字表格｜单元编辑｜单元复制"命令（DYFZ），然后根据命令行提示，点取表格上已有内容的单元格，复制其中内容，再依次点取表格上的目标单元格，粘贴源单元格内容到这里，如图 9-56 所示。

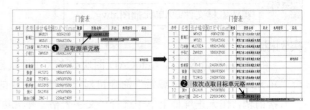

图 9-56　单元复制操作

实例总结

　　本实例讲解了单元复制的操作方法，即选择"文字表格｜单元编辑｜单元复制"命令（DYFZ）。

 Example 实例 **291** 单元累加的操作

素材	教学视频\09\单元累加的操作.avi
	实例素材文件\09\单元累加.dwg

实例概述

　　"单元累加"命令，用于累加行或列中的数值，结果填写在指定的空白单元格中。

操 作 步 骤

步骤 ❶　接前例，在天正屏幕菜单中选择"文字表格｜表格编辑｜增加表行"命令（ZJBH），然后按照图 9-57 所示在表格的最下侧添加一空行。

步骤 ❷　在天正屏幕菜单中选择"文字表格｜单元编辑｜单元合并"命令（DYHB），对新增一行的指定单元格进行合并操作；双击该合并的单元格，在其中输入文字"合　计"，如图 9-58 所示。

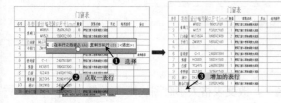 

图 9-57　增加表行操作　　　　　　　　　　图 9-58　合并单元格并编辑文字

步骤 ❸　在天正屏幕菜单中选择"文字表格｜单元编辑｜单元累加"命令（DYLJ），然后根据命令行提示，点取第一个需累加的单元格，点取最后一个需累加的单元格，再点取存放累加结果的单元格，从而将所选择的单元格中的数字进行累加求和，如图 9-59 所示。

实例总结

　　本实例讲解了单元累加的操作方法，即选择"文字表格｜单元编辑｜单元累加"命令（DYLJ）。

图 9-59　单元累加操作

Example 实例 292　单元插图的操作

素材	教学视频\09\单元插图的操作.avi
	实例素材文件\09\单元插图.dwg

实例概述

"单元插图"命令，将 AutoCAD 图块或者天正图块插入到天正表格中的指定一个或者多个单元格中，配合"单元编辑"和"在位编辑"命令可对已经插入图块的表格单元进行修改。

接前例，在天正屏幕菜单中选择"文字表格|单元编辑|单元插图"命令（DYCT），将弹出"图块设置"对话框，单击"从图库选…"按钮，从弹出的"天正图库管理系统"对话框中选择立面门，然后将该图块插入到第一行的最后一列，如图 9-60 所示。

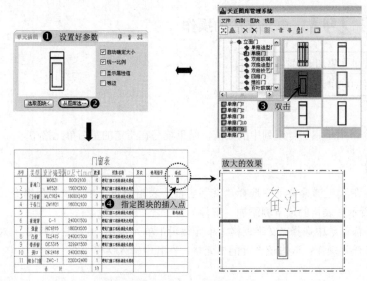

图 9-60　单元插图操作

在"单元插图"对话框中其主要控件的含义如下。

- 自动确定大小：使图块在插入时充满单元格。
- 统一比例：插入单元时保持 X 和 Y 方向的比例统一，改变表格大小时图块比例不变。
- 显示属性值：插入包含属性的图块，插入后显示属性值。
- 等边：插入时自动缩放图块，使得图块 XY 方向尺寸相等。
- 选取图块<：从图面已经插入的图块中选择要插入单元格的图块，包括 AutoCAD 图块或天正图块。
- 从图库选…：进入天正图库，从中选择要插入单元格的图块。

实例总结

本实例讲解了单元插图的操作方法，即选择"文字表格|单元编辑|单元插图"命令（DYCT）。

第 10 章　天正建筑尺寸与符号的标注

- **本章导读**

　　尺寸标注是设计图纸中的重要组成部分，图纸中的尺寸标注在国家颁布的建筑制图标准中有严格的规定，直接沿用 AutoCAD 本身提供的尺寸标注命令不适合建筑制图的要求，特别是编辑尺寸尤其显得不便，为此软件提供了自定义的尺寸标注系统，完全取代了 AutoCAD 的尺寸标注功能，分解后退化为 AutoCAD 的尺寸标注。

　　本章将介绍如何在建筑图纸中创建尺寸与标注，若使用 CAD 提供的命令进行标注，其设置较为繁琐，工作效率比较低，如果不懂建筑规范，则标注就可能不符合要求。而 TArch 2013 建筑软件提供的尺寸标注符合国家建筑规范，并且具有操作简便、快捷高效和规范合理等特点。

- **本章内容**

  - 尺寸标注的概念
  - 绘图与标注单位的切换
  - 天正标注对象的样式
  - 门窗标注的操作
  - 墙厚标注的操作
  - 两点标注的操作
  - 内门标注的操作
  - 快速标注的操作
  - 逐点标注的操作
  - 楼梯标注的操作
  - 外包尺寸的操作
  - 半径标注的操作
  - 直径标注的操作
  - 角度标注的操作
  - 弧长标注的操作
  - 文字复位的操作
  - 文字复值的操作

  - 裁剪延伸的操作
  - 取消尺寸的操作
  - 连接尺寸的操作
  - 尺寸打断的操作
  - 合并区间的操作
  - 等分区间的操作
  - 等式标注的操作
  - 尺寸转化的操作
  - 增补尺寸的操作
  - 尺寸调整的操作
  - 符号标注的概念
  - 坐标标注的操作
  - 标注状态的设置
  - 坐标检查的操作
  - 标高标注的操作
  - 多层标高的操作
  - 总图标高的操作

  - 标高检查的操作
  - 标高对齐的操作
  - 箭头引注的操作
  - 引出标注的操作
  - "引出标注"对话框中各参数的含义
  - 引出标注的编辑
  - 做法标注的操作
  - 索引符号的操作
  - 索引图名的操作
  - 正交剖切的操作
  - 正交转折剖切的操作
  - 断面剖切的操作
  - 加折断线的操作
  - 画对称轴的操作
  - 画指北针的操作
  - 图名标注的操作

Example 实例 293　尺寸标注的概念

实例概述

　　天正尺寸标注分为连续标注与半径标注两大类标注对象，其中连续标注包括线性标注和角度标注，这些对象按照国家建筑制图规范的标注要求，对 AutoCAD 的通用尺寸标注进行了大胆的简化与优化，通过图 10-1 所示的夹点编辑操作，对尺寸标注的修改提供了前所未有的灵活手段。

　　由于天正的尺寸标注是自定义对象，在利用旧图资源时，通过"转化尺寸"（ZHCC）命令可将原有的 AutoCAD 尺寸标注对象，转化为等效的天正尺寸标注对象。反之，在导出天正图形到其他非天正对象环境时，需要分解天正尺寸标注对象，系统提供的"图形导出"（TXDC）命令可以自动完成分解操作，分解后天正尺寸标注对象按其当前比例，使用天正建筑 3.0 的兼容标注样式（如 DIMN、DIMN200）退化为 AutoCAD 的尺寸标注对象，以此保证了天正版本之间的双向兼容性。

实例总结

　　本实例讲解了尺寸标注的基本概念与夹点操作，以及"转化尺寸"命令的相关概念。

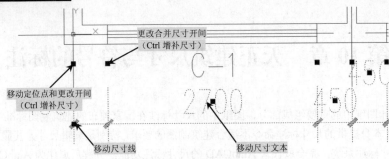

图 10-1　尺寸标注的夹点

Example 实例 294　绘图与标注单位的切换

素材	教学视频\10\绘图与标注单位的切换.avi
	实例素材文件\10\绘图与标注单位的切换.dwg

实例概述

　　天正尺寸标注系统以毫米为默认的标注单位，当读者在"天正选项"对话框中对整个 DWG 图形文件进行了以米（M）为绘图单位的切换后，标注系统可改为以米为标注单位，按《总图制图规范》2.3.1 条的要求，默认精度设为两位小数，可以通过修改样式将精度改为三位小数，如图 10-2 所示。

　　天正尺寸标注系统以连续的尺寸区间为基本标注单元，相连接的多个标注区间属于同一尺寸标注对象，并具有用于不同编辑功能的夹点；而 AutoCAD 的标注对象每个尺寸区间都是独立的，相互之间没有关联，夹点功能不便于常用操作。

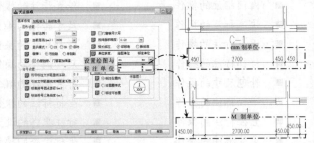

图 10-2　绘图与标注单位的切换

实例总结

　　本实例讲解了绘图单位与标注单位的切换方法，以及天正尺寸标注系统的基本标注单元。

Example 实例 295　天正标注对象的样式

实例概述

　　天正自定义尺寸标注对象，是基于 AutoCAD 的几种标注样式开发的，因此用户通过修改 DDIM 中这几种 AutoCAD 标注样式更新天正尺寸标注对象的特性，2013 版本支持角度与弧长标注中使用的箭头大小，尺寸文字离开标准位置时可以自动增加引线，但这些参数需要用户自行设置。

　　（1）尺寸标注对象支持_TCH_ARCH（毫米单位按毫米标注）、_TCH_ARCH_mm_M（毫米单位按米标注）与_TCH_ARCH_M_M（米单位按米标注）共三种尺寸样式的参数。

　　（2）支持修改"线"页面的尺寸线>超出标记实现尺寸线出头效果，修改"文字"页面文字位置的"从尺寸线偏移"，调整文字与尺寸线距离。

　　（3）支持"符号和箭头"页面的箭头>箭头大小，用于标注弧长和角度的尺寸样式_TCH_ARROW 的箭头大小调整。

　　（4）支持"调整"页面的文字位置>尺寸线上方，带引线，使得移出尺寸界线外的小尺寸文字的归属更明确。

　　（5）角度标注对象的标注角度格式改为"度/分/秒"，符合制图规范的要求。

　　天正自定义标注对象支持以下两类标注样式。

（1）_TCH_ARCH（包括_TCH_ARCH_mm_M 与_TCH_ARCH_M_M）：用于直线型的尺寸标注，如门窗标注和逐点标注等，图 10-3 所示是尺寸线出头的直线标注实例。

（2）_TCH_ARROW：用于角度标注，如弧轴线和弧窗的标注，图 10-4 所示是"度/分/秒"单位的角度标注实例。

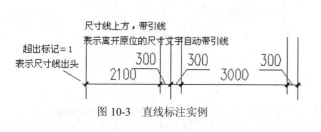

图 10-3　直线标注实例

图 10-4　角度标注实例

在 TArch 2013 软件版本中，其角度、弧长标注支持修改箭头大小，同时，弧长标注可以设置其尺寸界线是指向圆心（新国际）还是垂直该圆弧的弦（旧国际），如图 10-5 所示。

图 10-5　设置弧长标注样式

实例总结

本实例讲解了天正标注对象的样式特点，以及两种标注样式的用处及实例效果。

Example 实例 296　门窗标注的操作

素材	教学视频\10\门窗标注的切换.avi
	实例素材文件\10\门窗标注.dwg

实例概述

"门窗标注"命令，适合标注建筑平面图的门窗尺寸，有两种使用方式。

（1）在平面图中参照轴网标注的第一、二道尺寸线，自动标注直墙和圆弧墙上的门窗尺寸，生成第三道尺寸线。

（2）在没有轴网标注的第一、二道尺寸线时，在用户选定的位置标注出门窗尺寸线。

例如，打开"办公楼.dwg"文件，在天正屏幕菜单中选择"尺寸标注｜门窗标注"命令（MCBZ），根据命令行提示，在过门窗位置内点取一点 P1，再在过门窗外点取一点 P2，系统会根据终点 P2 所确定的位置来标注门窗尺寸，然后添加被内墙断开的其他要标注墙体，并以回车键结束命令，如图 10-6 所示。

如果该图形有第一、二道尺寸标注对象，这时在选择"尺寸标注｜门窗标注"命令（MCBZ）后，可在第一道尺寸线外面不远处取一个点 P1，再在外墙内侧取一个点 P2，再添加被内墙断开的其他要标注墙体，并以回车键结束命令，则将图形的第三道尺寸标注好，且下第一、二道尺寸之间的间距相同，如图 10-7所示。

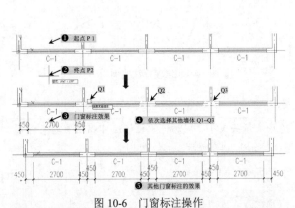

图 10-6 门窗标注操作

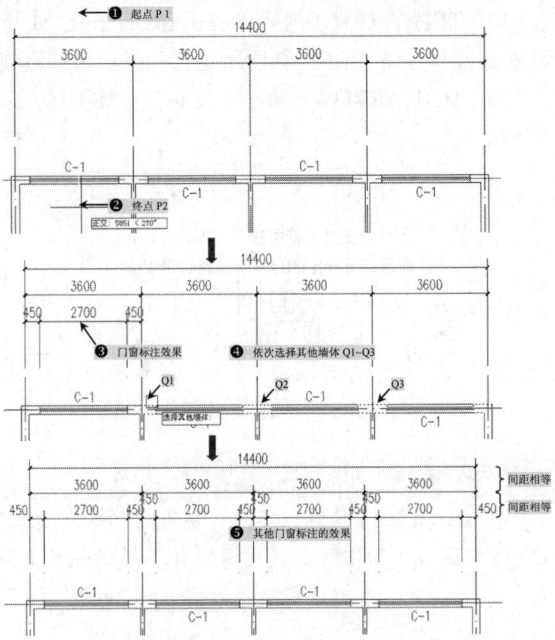

图 10-7 门窗标注（第三道尺寸）

软件技能——门窗标注的联动

"门窗标注"命令创建的尺寸对象，与门窗宽度具有联动的特性，在发生包括门窗移动、夹点改宽、对象编辑、特性编辑（Ctrl+1）和格式刷特性匹配，使门窗宽度发生线性变化时，线性的尺寸标注将随门窗的改变联动更新，如图 10-8 所示；门窗的联动范围取决于尺寸对象的联动范围设定，即由起始尺寸界线、终止尺寸界线，以及尺寸线和尺寸关联夹点所围合范围内的门窗才会联动，避免发生误操作。

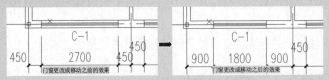

图 10-8 门窗联动关联更新的比较

沿着门窗尺寸标注对象的起点、中点和结束点，另一侧共提供了三个尺寸关联夹点，其位置可以通过鼠标拖动改变，对于任何一个或多个尺寸对象可以在特性表中设置联动是否启用。

另外，目前带形窗与角窗（角凸窗）、弧窗还不支持门窗标注的联动；通过镜像、复制创建新门窗不属于联动，不会自动增加新的门窗尺寸标注。

实例总结

本实例讲解了门窗标注的两种操作方法，即选择"尺寸标注 | 门窗标注"命令（MCBZ），以及讲解了门窗标注的联动。

Example 实例 **297** 墙厚标注的操作

素材	教学视频\10\墙厚标注的操作.avi
	实例素材文件\10\墙厚标注.dwg

实例概述

"墙厚标注"命令，可在图中一次标注两点连线经过的一至多段天正墙体对象的墙厚尺寸，标注中可识别墙体的方向，标注出与墙体正交的墙厚尺寸，在墙体内有轴线存在时，标注以轴线划分的左右墙宽，墙体内没有轴线存在时标注墙体的总宽。

接前例，在天正屏幕菜单中选择"尺寸标注 | 墙厚标注"命令（QHBZ），根据命令行提示，在标注尺寸线处点取起始点 P1，再在标注尺寸线处点取结束点 P2，系统自动对其所经过的天正墙体对象进行标注，如图 10-9 所示。

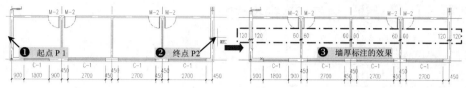

图 10-9 墙厚标注操作

实例总结

本实例讲解了墙厚标注的操作方法，即选择"尺寸标注 | 墙厚标注"命令（QHBZ）。

Example 实例 298 两点标注的操作

素材	教学视频\10\两点标注的操作.avi
	实例素材文件\10\两点标注.dwg

实例概述

"两点标注"命令为两点连线附近有关系的轴线、墙线、门窗、柱子等构件标注尺寸，并可标注各墙中点或者添加其他标注点，"U"热键可撤销上一个标注点。

例如，打开"办公楼.dwg"文件，在天正屏幕菜单中选择"尺寸标注 | 两点标注"命令（LDBZ），根据命令行提示，在标注尺寸线一端点取起始点 P1，在标注尺寸线另一端点取结束点 P2，再选择不要标注的轴线和墙体，选择其他要标注的门窗和柱子，这时系统会根据所选择的对象进行尺寸标注，如图 10-10 所示。

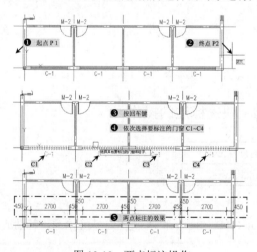

图 10-10 两点标注操作

软件技能——墙中与墙面标注的比较

执行"两点标注"命令后，选择"C"项可进行"墙中标注"和"墙面标注"的切换，两种标注的效果比较如图 10-11 所示。

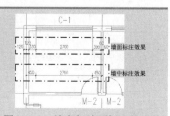

图 10-11 墙中与墙面标注的比较

实例总结

本实例讲解了两点标注的操作方法，即选择"尺寸标注 | 两点标注"命令（LDBZ）。

Example 实例 **299** 内门标注的操作

素材	教学视频\10\内门标注的操作.avi
	实例素材文件\10\内门标注.dwg

实例概述

"内门标注"命令，用于标注平面室内门窗尺寸，以及定位尺寸线，其中定位尺寸线与邻近的正交轴线或者墙角（墙垛）相关。

接前例，在天正屏幕菜单中选择"尺寸标注 | 内门标注"命令（NMBZ），根据命令行提示，在标注门窗的另一侧点取起点 P1，再经过标注的室内门窗，在尺寸线标注位置上取终点 P2，这时系统会将经过的门窗对象进行门窗标注，如图 10-12 所示。

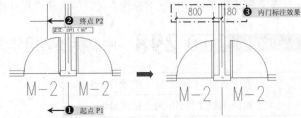

图 10-12　内门标注操作

执行"内门标注"命令后，选择"A"项可进行"垛宽定位"和"轴线定位"的切换，两种标注的效果比较如图 10-13 所示。

图 10-13　垛宽与轴线定位的比较

实例总结

本实例讲解了内门标注的操作方法，即选择"尺寸标注 | 内门标注"命令（NMBZ）。

Example 实例 **300** 快速标注的操作

素材	教学视频\10\快速标注的操作.avi
	实例素材文件\10\快速标注.dwg

实例概述

"快速标注"命令，类似 AutoCAD 的同名命令，适用于天正对象，特别适用于选取平面图后快速标注外包尺寸线。

例如，打开"办公楼.dwg"文件，在天正屏幕菜单中选择"尺寸标注 | 快速标注"命令（KSBZ），根据命令行提示，选取天正对象或平面图，然后根据拖动的方向，即可进行不同的标注，如图 10-14 所示。

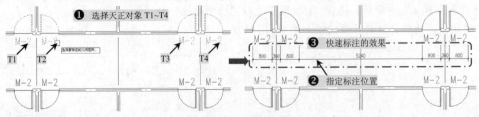

图 10-14　快速标注操作

软件技能——快速标注的 3 种形式

　　执行"快速标注"命令时，选择标注的天正对象或平面图后，命令行提示"整体（T）/连续（C）/连续加整体（A）"选项，这三个选项的快速标注效果如图 10-15 所示。

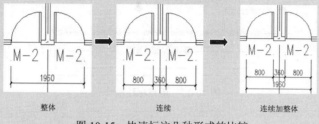

图 10-15　快速标注几种形式的比较

软件技能——平面图形的快速标注

　　执行"快速标注"命令时，如果选择的是整个平面图对象，这时再选择"连续加整体（A）"项，然后分别在图形的上、下、左、右等方向拖动鼠标，从而可对其整个平面图的外包进行尺寸标注，如图 10-16 所示。

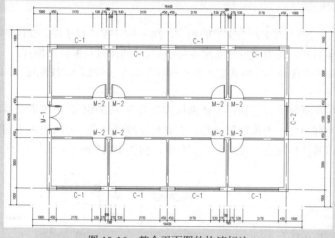

图 10-16　整个平面图的快速标注

实例总结

　　本实例讲解了快速标注的操作方法，即选择"尺寸标注 | 快速标注"命令（KSBZ）。

Example 实例 301　逐点标注的操作

素材	教学视频\10\逐点标注的操作.avi
	实例素材文件\10\逐点标注.dwg

实例概述

　　"逐点标注"命令是一个通用的灵活标注工具，对选取的一串给定点沿指定方向和选定的位置标注尺寸，特别适用于没有指定天正对象特征，需要取点定位标注的情况，以及其他标注命令难以完成的尺寸标注。

　　例如，打开"办公楼.dwg"文件，在天正屏幕菜单中选择"尺寸标注 | 逐点标注"命令（ZDBZ），根据命令行提示，点取第一个标注点作为起始点，再依次点取第二、三、……个标注点即可，如图 10-17 所示。

实例总结

　　本实例讲解了逐点标注的操作方法，即选择"尺寸标注 | 逐点标注"命令（ZDBZ）。

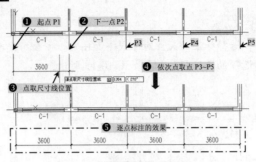

图 10-17 逐点标注操作

Example 实例 **302** 楼梯标注的操作

素材	教学视频\10\楼梯标注的操作.avi
	实例素材文件\10\楼梯标注.dwg

实例概述

"楼梯标注"命令，为 2013 版本开始新增的命令，用于标注各种直楼梯、梯段的踏步、楼梯井宽、梯段宽、休息平台深度等楼梯尺寸，提供踏步数×踏步宽=总尺寸的梯段长度标注格式。

例如，在天正屏幕菜单中选择"楼梯其他｜双跑楼梯"命令（SPLT），按照图 10-18 所示来创建一个双跑楼梯对象。

接着在天正屏幕菜单中选择"尺寸标注｜楼梯标注"命令（LTBZ），再根据命令行提示，用十字光标点取楼梯不同位置可标注不同尺寸，再拖动尺寸线，点取尺寸线就位点，即可根据不同的方位来标注楼梯的尺寸，这时还可以继续给出其他标注点，以回车结束命令，如图 10-19 所示。

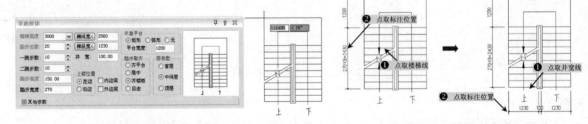

图 10-18 创建双跑楼梯　　　　　　　　图 10-19 楼梯标注操作

软件技能——楼梯标注要点

在执行"楼梯标注"命令（LTBZ）时，所点取楼梯不同位置，给出的尺寸标注也各自不同，如点取栏杆会给出栏杆与梯段宽尺寸，而点取另一侧休息平台，会给出平台宽尺寸。

本命令有效的楼梯对象包括：直线梯段、双跑楼梯、多跑楼梯、三种双分楼梯、交叉楼梯、剪刀楼梯、三角楼梯和矩形转角楼梯，部分楼梯不能标注平台尺寸。

实例总结

本实例讲解了楼梯标注的操作方法，即选择"尺寸标注｜楼梯标注"命令（LTBZ）。

Example 实例 **303** 外包尺寸的操作

素材	教学视频\10\外包尺寸的操作.avi
	实例素材文件\10\外包尺寸.dwg

实例概述

　　"外包尺寸"命令，是一个简捷的尺寸标注修改工具，在大部分情况下，可以一次按规范要求完成四个方向的两道尺寸线共 16 处修改，期间不必输入任何墙厚尺寸。

　　例如，打开"办公楼.dwg"文件，选择"轴网柱子 | 轴网标注"命令（ZWBZ），参照前面所讲解的方法，对其上下、左右进行轴网标注操作，如图 10-20 所示。

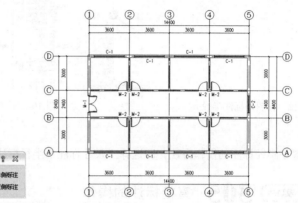

图 10-20　轴网标注操作

　　接着在天正屏幕菜单中选择"尺寸标注 | 外包尺寸"命令（WBCC），再根据命令行提示，框选整个平面图形对象，再分别选择上下、左右四方的第一、二道尺寸标注对象，然后按回车键结束，这时系统会自动给出其外包尺寸的标注效果，如图 10-21 所示。

図 10-21　外包尺寸操作

实例总结

　　本实例讲解了外包尺寸的操作方法，即选择"尺寸标注 | 外包尺寸"命令（WBCC）。

Example 实例 304　半径标注的操作

素材	教学视频\10\半径标注的操作.avi
	实例素材文件\10\半径标注.dwg

实例概述

　　"半径标注"命令，可在图中标注弧线或圆弧墙的半径，尺寸文字容纳不下时，会按照制图标准规定，在尺寸线外侧自动引出标注。

　　例如，在天正环境中，使用 CAD 的"圆"命令（C），在视图中绘制半径为 2000mm 的圆对象；接着在天正屏幕菜单中选择"尺寸标注 | 半径标注"命令（BJBZ），然后根据命令行提示，此时点取圆弧上任一点，即在图外标注好半径，如图 10-22 所示。

软件技能——在图内标注半径

在屏幕的左下角位置单击"更改绘图比例"按钮,从其中选择绘图比例为"1:50",这时再选择"尺寸标注 | 半径标注"命令(BJBZ),然后根据命令行提示,此时点取圆弧上任一点,即在图中标注好半径,如图 10-23 所示。

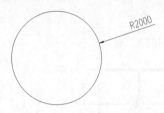

图 10-22　在图外标注半径

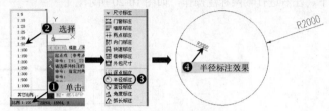

图 10-23　在图内标注半径

实例总结

本实例讲解了半径标注的操作方法,即选择"尺寸标注 | 半径标注"命令(BJBZ)。

Example 实例 **305**　直径标注的操作

素材	教学视频\10\直径标注的操作.avi
	实例素材文件\10\直径标注.dwg

实例概述

"直径标注"命令,可在图中标注弧线或圆弧墙的直径,尺寸文字容纳不下时,会按照制图标准规定,在尺寸线外侧自动引出标注。

接前例,在天正屏幕菜单中选择"尺寸标注 | 直径标注"命令(ZJBZ),然后根据命令行提示,此时点取圆弧上任一点,即在图外标注好直径,如图 10-24 所示。

实例总结

本实例讲解了直径标注的操作方法,即选择"尺寸标注 | 直径标注"命令(ZJBZ)。

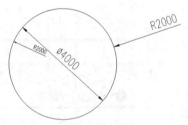

图 10-24　直径标注

Example 实例 **306**　角度标注的操作

素材	教学视频\10\角度标注的操作.avi
	实例素材文件\10\角度标注.dwg

实例概述

"角度标注"命令,可标注两根直线之间的内角,从 2013 版本开始不需要考虑按逆时针方向点取两直线的顺序,自动在两直线形成的任意交角标注角度。

接前例,使用 CAD 的"构造线"命令(XL),捕捉图中圆的中心点作为指定点,然后绘制两条构造线,从而形成夹角效果;再使用 CAD 的"修剪"命令(TR),将圆以外的线段进行修剪,如图 10-25 所示。

接着,在天正屏幕菜单中选择"尺寸标注 | 角度标注"命令(JDBZ),然后根据命令行提示,在任意位置点 P1 取第一根线,在任意位置点 P2 取第二根线,在两直线形成的内外角之间动态拖动尺寸选取标注的夹角,给点确定标注位置 P3,如图 10-26 所示。

实例总结

本实例讲解了角度标注的操作方法,即选择"尺寸标注 | 角度标注"命令(JDBZ)。

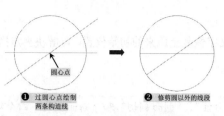

图 10-25 绘制构造线并修剪

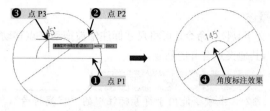

图 10-26 角度标注效果

Example 实例 307 弧长标注的操作

素材	教学视频\10\弧长标注的操作.avi
	实例素材文件\10\弧长标注.dwg

实例概述

"弧长标注"命令,以国家建筑制图标准规定的弧长标注画法分段标注弧长,保持整体的一个角度标注对象,可在弧长、角度和弦长三种状态下相互转换,其中弧长标注的样式可在"基本设定"或"高级选项中"

设为"新标准",即《房屋建筑制图统一标准》(GBT50001-2010)条文 11.5.2 中要求的尺寸界线应指向圆心的样式,在"基本设定"中设置后是对本图所有的弧长标注起作用,而在"高级选项"中设置后是在新建图形中起作用,如图 10-27 所示。

接前例,使用 CAD 的"修剪"命令(TR),将该圆上的部分圆弧进行修剪,如图 10-28 所示。

接着,在天正屏幕菜单中选择"尺寸标注 | 弧

图 10-27 弧长标注的新旧标准设置

长标注"命令(HCBZ),然后根据命令行提示,点取准备标注的弧墙、弧线,类似逐点标注,拖动到标注的最终位置,继续点取其他标注点,以回车键结束,如图 10-29 所示。

图 10-28 修剪的效果　　　图 10-29 弧长标注效果

实例总结

本实例讲解了弧长标注的操作方法,即选择"尺寸标注 | 弧长标注"命令(HCBZ)。

软件技能——尺寸的编辑

尺寸标注对象是天正自定义对象,支持裁剪、延伸、打断等编辑命令,使用方法与 AutoCAD 尺寸对象相同。以下介绍的是本软件提供的专用尺寸编辑命令的详细使用方法,除了尺寸编辑命令外,双击尺寸标注对象,即可进入对象编辑的增补尺寸功能,参见增补尺寸命令。

Example 实例 308 文字复位的操作

素材	教学视频\10\文字复位的操作.avi
	实例素材文件\10\文字复位.dwg

实例概述

"文字复位"命令,可将尺寸标注中被拖动夹点移动过的文字恢复至原来的初始位置,可解决夹点拖动不当时与其他夹点合并的问题。

另外,本命令能用于符号标注中的"标高符号"、"箭头引注"、"剖面剖切"和"断面剖切"四个对象中的文字,特别是在改变"剖面剖切"和"断面剖切"对象比例时,文字可以用本命令恢复正确位置。

例如,打开"文字复位-A.dwg"文件,在天正屏幕菜单中选择"尺寸标注|尺寸编辑|文字复位"命令(WZFW),然后根据命令行提示,点取要复位文字的天正尺寸标注或者符号标注对象(可多选),然后按回车键结束,此时即可将"错位"的文字对象恢复到正确的位置,如图 10-30 所示。

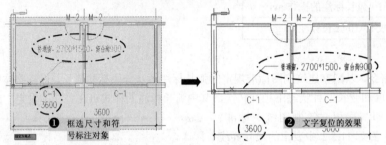

图 10-30 文字复位操作

实例总结

本实例讲解了文字复位的操作方法,即选择"尺寸标注|尺寸编辑|文字复位"命令(WZFW)。

Example 实例 **309** 文字复值的操作

素材	教学视频\10\文字复值的操作.avi
	实例素材文件\10\文字复值.dwg

实例概述

"文字复值"命令,可将尺寸标注中被有意修改的文字恢复至尺寸的初始数值。有时为了方便起见,会把其中一些标注尺寸文字加以改动,为了校核或提取工程量等需要尺寸和标注文字一致的场合,可以使用本命令按实测尺寸恢复文字的数值。

例如,打开"文字复值-A.dwg"文件,在天正屏幕菜单中选择"尺寸标注|尺寸编辑|文字复值"命令(WZFZ),根据命令行提示,点取要恢复的天正尺寸标注(可多选),然后按回车键结束,此时即可将"修改"过的标注数值对象恢复实测数值,如图 10-31 所示。

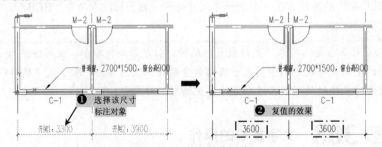

图 10-31 文字复值操作

实例总结

本实例讲解了文字复值的操作方法,即选择"尺寸标注|尺寸编辑|文字复值"命令(WZFZ)。

Example 实例 310 裁剪延伸的操作

素材	教学视频\10\裁剪延伸的操作.avi
	实例素材文件\10\裁剪延伸.dwg

实例概述

"裁剪延伸"命令，可在尺寸线的某一端，按指定点裁剪或延伸该尺寸线。本命令综合了 Trim（修剪）和 Extend（延伸）两命令，自动判断对尺寸线的剪裁或延伸。

例如，打开"裁剪延伸-A.dwg"文件，在天正屏幕菜单中选择"尺寸标注 | 尺寸编辑 | 裁剪延伸"命令（CJYS），然后根据命令行提示，点取剪裁线要延伸到的位置，再点取要作裁剪或延伸的尺寸线后，所点取的尺寸线的点取一端即作了相应的裁剪或延伸，然后按回车键结束，如图 10-32 所示。

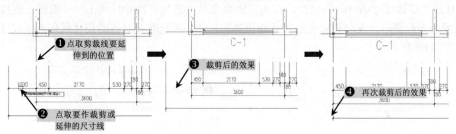

图 10-32 裁剪操作

再按照前面的方法，对其最外侧的尺寸线进行延伸操作，如图 10-33 所示。

实例总结

本实例讲解了裁剪延伸的操作方法，即选择"尺寸标注 | 尺寸编辑 | 裁剪延伸"命令（CJYS）。

图 10-33 延伸操作

Example 实例 311 取消尺寸的操作

素材	教学视频\10\取消尺寸的操作.avi
	实例素材文件\10\取消尺寸.dwg

实例概述

"取消尺寸"命令，用于删除天正标注对象中指定的尺寸线区间，如果尺寸线共有奇数段，"取消尺寸"命令删除中间段，会把原来标注对象分开成为两个相同类型的标注对象。因为天正标注对象是由多个区间的尺寸线组成的，用 Erase（删除）命令无法删除其中某一个区间，必须使用本命令完成。

例如，打开"快速标注.dwg"文件，在天正屏幕菜单中选择"尺寸标注 | 尺寸编辑 | 取消尺寸"命令（QXCC），根据命令行提示，点取要删除的尺寸线区间内的文字或尺寸线均可，然后按回车键结束，如图 10-34 所示。

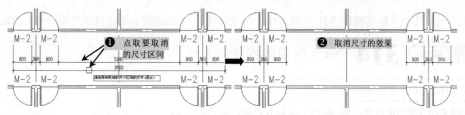

图 10-34 取消尺寸的操作

实例总结

本实例讲解了取消尺寸的操作方法,即选择"尺寸标注 | 尺寸编辑 | 取消尺寸"命令(QXCC)。

Example 实例 **312** 连接尺寸的操作

素材	教学视频\10\连接尺寸的操作.avi
	实例素材文件\10\连接尺寸.dwg

实例概述

"连接尺寸"命令,可连接两个独立的天正自定义直线或圆弧标注对象,将点取的两尺寸线区间段加以连接,原来的两个标注对象合并成为一个标注对象,如果准备连接的标注对象尺寸线之间不共线,连接后的标注对象以第一个点取的标注对象为主标注尺寸对齐,通常用于把 AutoCAD 的尺寸标注对象转为天正尺寸标注对象。

例如,打开"连接尺寸-A.dwg"文件,在天正屏幕菜单中选择"尺寸标注 | 尺寸编辑 | 连接尺寸"命令(LJCC),根据命令行提示,点取要对齐的尺寸线作为主尺寸,再点取要对齐的尺寸线作为主尺寸,然后按回车键结束,如图 10-35 所示。

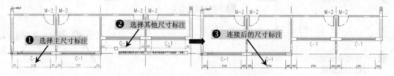

图 10-35　连接尺寸的操作

实例总结

本实例讲解了连接尺寸的操作方法,即选择"尺寸标注 | 尺寸编辑 | 连接尺寸"命令(LJCC)。

Example 实例 **313** 尺寸打断的操作

素材	教学视频\10\尺寸打断的操作.avi
	实例素材文件\10\尺寸打断.dwg

实例概述

"尺寸打断"命令,可把整体的天正自定义尺寸标注对象在指定的尺寸界线上打断,成为两段互相独立的尺寸标注对象,可以各自拖动夹点、移动和复制。

接前例,在天正屏幕菜单中选择"尺寸标注 | 尺寸编辑 | 尺寸打断"命令(CCDD),然后根据命令行提示,在要打断的位置点取尺寸线,系统随即打断尺寸线,选择预览尺寸线可见已经是两个独立对象,如图 10-36 所示。

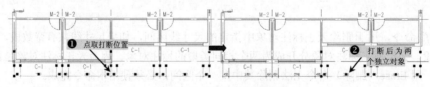

图 10-36　尺寸打断的操作

实例总结

本实例讲解了尺寸打断的操作方法,即选择"尺寸标注 | 尺寸编辑 | 尺寸打断"命令(CCDD)。

Example 实例 **314** 合并区间的操作

素材	教学视频\10\合并区间的操作.avi
	实例素材文件\10\合并区间.dwg

实例概述

　　"合并区间"命令，新增加了一次框选多个尺寸界线箭头的命令交互方式，可大大提高合并多个区间时的效率，本命令可作为"增补尺寸"命令的逆命令使用。

　　接前例，在天正屏幕菜单中选择"尺寸标注丨尺寸编辑丨合并区间"命令（HBQJ），然后根据命令行提示，用两个对角点框选要合并区间之间的尺寸界线，如图 10-37 所示。

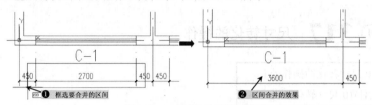

图 10-37　合并区间的操作

实例总结

　　本实例讲解了合并区间的操作方法，即选择"尺寸标注丨尺寸编辑丨合并区间"命令（HBQJ）。

Example 实例 315　等分区间的操作

素材	教学视频\10\等分区间的操作.avi
	实例素材文件\10\等分区间.dwg

实例概述

　　"等分区间"命令，可用于等分指定的尺寸标注区间，类似于多次执行"增补尺寸"命令，可提高标注效率。

　　例如，打开"等分区间-A.dwg"文件，在天正屏幕菜单中选择"尺寸标注丨尺寸编辑丨等分区间"命令（DFQJ），根据命令行提示，点取要等分区间内的尺寸线，再键入等分数量，然后按回车键结束本命令，如图 10-38 所示。

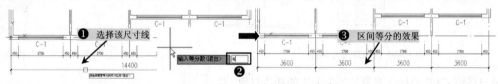

图 10-38　等分区间的操作

实例总结

　　本实例讲解了等分区间的操作方法，即选择"尺寸标注丨尺寸编辑丨等分区间"命令（DFQJ）。

Example 实例 316　等式标注的操作

素材	教学视频\10\等式标注的操作.avi
	实例素材文件\10\等式标注.dwg

实例概述

　　"等式标注"命令，可对指定的尺寸标注区间尺寸自动按等分数列出等分公式作为标注文字，除不尽的尺寸保留一位小数。

　　例如，打开"等分区间-A.dwg"文件，在天正屏幕菜单中选择"尺寸标注丨尺寸编辑丨等式标注"命令（DSBZ），根据命令行提示，点取要按等式标注的区间尺寸线，再键入等分数量，然后按回车键结束本命令，如图 10-39 所示。

实例总结

　　本实例讲解了等式标注的操作方法，即选择"尺寸标注丨尺寸编辑丨等式标注"命令（DSBZ）。

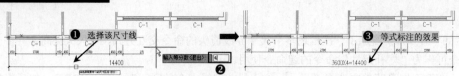

图 10-39 等式标注的操作

Example 实例 317 尺寸转化的操作

素材	教学视频\10\尺寸转化的操作.avi
	实例素材文件\10\尺寸转化.dwg

实例概述

"尺寸转化"命令,可将 CAD 尺寸标注对象转化为天正标注对象。

接前例,使用 CAD 的"线性标注" ⊢ 和"连续标注" ⊢⊢,在图形中的内门进行尺寸标注,如图 10-40 所示。

接着,在天正屏幕菜单中选择"尺寸标注 | 尺寸编辑 | 尺寸转化"命令(CCZH),根据命令行提示,一次选择多个尺寸标注,然后按回车键结束本命令。

对于 CAD 的尺寸标注对象,其右键菜单与天正标注对象的右键菜单的对比区别如图 10-41 所示。

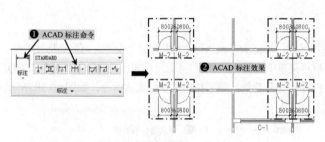

图 10-40 CAD 尺寸标注

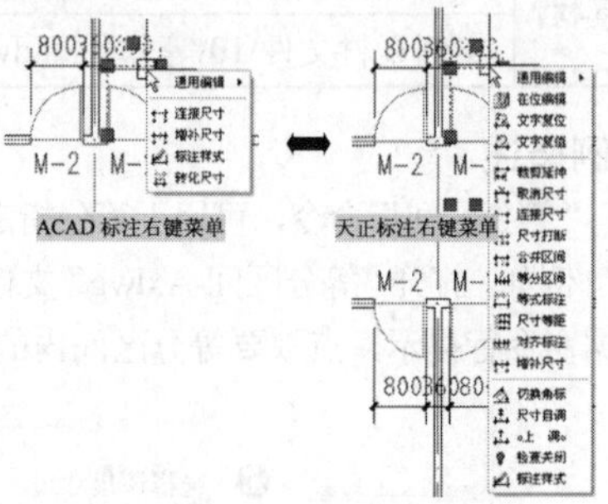

图 10-41 CAD 与天正标注的右键菜单的区别

既然已经将 CAD 的标注对象转换为天正的标注对象,即可对其进行"连接尺寸"与"合并区间"等命令操作,如图 10-42 所示。

实例总结

本实例讲解了尺寸转化的操作方法,即选择"尺寸标注 | 尺寸编辑 | 尺寸转化"命令(CCZH)。

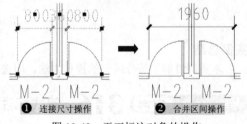

图 10-42 天正标注对象的操作

Example 实例 318 增补尺寸的操作

素材	教学视频\10\增补尺寸的操作.avi
	实例素材文件\10\增补尺寸.dwg

实例概述

"增补尺寸"命令,可在一个天正自定义直线标注对象中增加区间,增补新的尺寸界线,断开原有区间,但不增加新标注对象,双击尺寸标注对象即可进入本命令。

例如,打开"办公楼.dwg"文件,在天正屏幕菜单中选择"尺寸标注 | 逐点标注"命令(ZDBZ),将图形下侧最左端与最右端的两条垂直轴线进行逐点标注,如图 10-43 所示。

接着,在天正屏幕菜单中选择"尺寸标注 | 尺寸编辑 | 增补尺寸"命令(ZBCC),根据命令行提示,点取要

在其中增补的尺寸线分段，再依次点取待增补的标注点的位置，然后按回车键结束该命令，如图 10-44 所示。

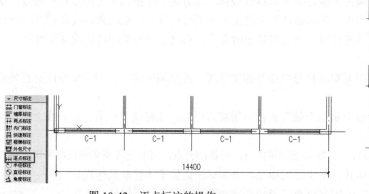

图 10-43　逐点标注的操作　　　　　图 10-44　增补尺寸的操作

软件技能——尺寸标注的"增补尺寸"

其实，尺寸标注夹点自身就提供"增补尺寸"模式控制，拖动尺寸标注夹点的同时，按住"Ctrl"键切换为"增补尺寸"模式，即可在拖动位置添加尺寸界线。

实例总结

本实例讲解了增补尺寸的操作方法，即选择"尺寸标注｜尺寸编辑｜增补尺寸"命令（ZBCC）。

Example 实例 319　尺寸调整的操作

素材	教学视频\10\尺寸调整的操作.avi
	实例素材文件\10\尺寸调整.dwg

实例概述

在天正屏幕菜单的"尺寸标注"下，提供了"尺寸自调"命令，它可以将尺寸标注文本重叠的对象进行重新排列，使其能达到最佳观看的效果。

而在执行"尺寸自调"命令时，所调整的效果与"自调关"、"上调"和"下调"等状态有关。若显示为"上调"状态，则在执行"尺寸自调"命令时，其重叠的尺寸文本会向上排列；若显示为"下调"状态，则在执行"尺寸自调"命令时，其重叠的尺寸文本会向下排列；若显示为"自调关"状态，则在执行"尺寸自调"命令时，不会影响原始标注的效果。

例如，打开"尺寸调整-A.dwg"文件，在天正屏幕菜单中选择"尺寸标注｜上调"命令，再选择"尺寸标注｜尺寸自调"命令（CCZT），根据命令行提示，选择最内侧的尺寸标注对象，并按回车键结束选择，其重叠的部分将自动上调（或下调），如图 10-45所示。

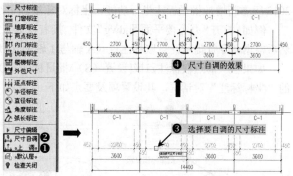

图 10-45　尺寸自调的操作

实例总结

本实例讲解了尺寸调整的操作方法，即选择"尺寸标注｜尺寸自调"命令（CCZT）。

Example 实例 320　符号标注的概念

按照建筑制图的国标工程符号规定画法，TArch 2013 建筑软件提供了一整套的自定义工程符号对象，这些符号对象可以方便地绘制剖切号、指北针、引注箭头，绘制各种详图符号、引出标注符号。使用自定义工程符号对象，不是简单地插入符号图块，而是在图上添加了代表建筑工程专业含义的图形符号对象。

工程符号对象提供了专业夹点定义和内部保存有对象特性数据，读者除了在插入符号的过程中通过对话框的参数控制选项外，根据绘图的不同要求，还可以在图上已插入的工程符号上，拖动夹点或者按"Ctrl+1"键启动对象特性栏，在其中更改工程符号的特性，双击符号中的文字，启动在位编辑即可更改文字内容。

1．符号标注的特点功能

（1）引入了文字的在位编辑功能，只要双击符号中涉及的文字进入在位编辑状态，无需命令即可直接修改文字内容。

（2）索引符号提供多索引，拖动"改变索引个数"夹点可增减索引号，还提供了在索引延长线上标注文字的新功能。

（3）剖切索引符号可增加多个剖切位置，引线可增加转折点，可拖动夹点，可分别改变多剖切线各段长度。

（4）箭头引注提供了规范的半箭头样式，用于坡度标注，坐标标注提供了 4 种箭头样式。

（5）图名标注对象方便了比例修改时的图名更新，新的文字加圈功能便于注写轴号。

（6）工程符号标注改为无模式对话框连续绘制方式，不必单击"确认"按钮，提高了效率。

（7）做法标注结合了新的"专业词库"命令，新提供了标准的楼面、屋面和墙面做法，新增了新制图规范的索引点标注功能。

2．符号标注的图层设置

从 TArch 8.5 版本开始，为天正的符号对象提供了"当前层"和"默认层"两种标注图层选项，由符号标注菜单下有标注图层的设定开关切换，菜单开关项为"当前层"，表示当前绘制的符号对象是绘制在当前图层上的；而菜单开关项为"默认层"，表示当前绘制的符号对象是绘制在这个符号对象本身设计默认的图层上的。

实例总结

本例主要讲解了天正 TArch 2013 建筑软件中符号标注的相应概念、特性功能和图层设置的知识。

Example 实例 321 坐标标注的操作

素材	教学视频\10\坐标标注的操作.avi
	实例素材文件\10\坐标标注.dwg

实例概述

"坐标标注"命令，在总平面图上标注测量坐标或者施工坐标，取值根据世界坐标或者当前用户坐标 UCS，2013 版本新增加批量标注坐标功能，坐标对象增加了线端夹点，可调整文字基线长度。

例如，打开"办公楼平面图.dwg"文件，接着在天正屏幕菜单中选择"符号标注｜坐标标注"命令（ZBBZ），然后根据命令行提示，点取标注点（A 轴与 1 轴的交点），并拖动到标注的位置即可，如图 10-46 所示。

如果在"请点取标注点或[设置（S）\批量标注（Q）]"提示时选择"设置（S）"项，将弹出图 10-47 所示的"坐标标注"对话框，其设置项及要点如下。

图 10-46　坐标标注操作

图 10-47　"坐标标注"对话框

- 绘图单位/标注单位：在该下拉列表中用户可选择绘图时所使用的单位，以及标注单位。
- 标注精度：在该下拉列表中可选择标注的小数精确位数，例如"0.000"表示精确到 3 位小数。
- 箭头样式：在该下拉列表框中可选择标注引线的箭头样式。
- 坐标取值：在该区域内有"世界坐标"和"用户坐标"两个单选项，用户可以根据自己的需要选择标注所采用的坐标系。

- ● 坐标类型：在该区域内有"测量坐标"和"施工坐标"两个单选项，用户可根据自己的需要进行选择。
- ● 设置坐标系：默认情况下，系统采用世界坐标系；若用户单击该按钮后，可在绘图区中单击指定用户坐标原点。
- ● 选定指北针：当用户单击该按钮后，在绘图区中单击已创建好的指北针，即可获取指北针的角度。
- ● 北向角度：若用户在绘图区中未创建指北针，则可以单击该按钮指定一个北向角度。

图 10-48 所示是以米为单位绘制的总图，其坐标以 UCS 方向标注，按 WCS 取值，其中的 WCS 坐标系图标是为说明情况而特别添加的，实际不会与 UCS 同时出现。

如果在"请点取标注点或[设置（S）\批量标注（Q）"提示时选择"批量标注（Q）"项，将弹出图 10-49 所示的"批量标注"对话框。

图 10-50 所示是批量标注的实例，坐标标注点是选取了圆心、端点、交点、标高插入点、多段线顶点的。

图 10-48　总图的坐标标注

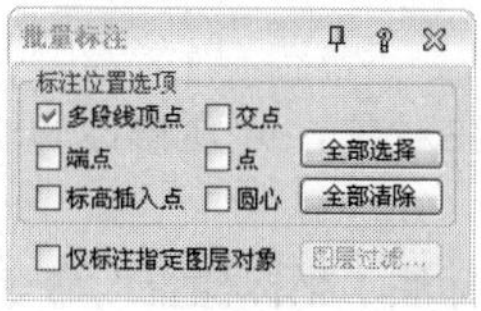

图 10-49　"批量标注"对话框

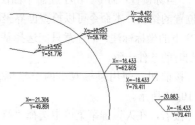
图 10-50　批量标注的效果

实例总结

本实例主要讲解了坐标标注的操作方法，即选择"符号标注 | 坐标标注"命令（ZBBZ），以及讲解了坐标标注的设置要点及实例。

Example 实例 322　标注状态的设置

素材	教学视频\10\标注状态的设置.avi
	实例素材文件\10\标注状态的设置.dwg

实例概述

坐标标注在工程制图中用来表示某个点的平面位置，一般由政府的测绘部门提供，而标高标注则是用来表示某个点的高程或者垂直高度。标高有绝对标高和相对标高的概念，绝对标高的数值也来自当地测绘部门，而相对标高则是设计单位设计的，一般是室内一层地坪，与绝对标高有相对关系。天正分别定义了坐标对象和标高对象来实现坐标和标高的标注，这些符号的画法符合国家制图规范的工程符号图例。

标注的状态分为动态标注和静态标注两种，移动和复制后的坐标符号受状态开关菜单项的控制。

（1）动态标注状态下，移动和复制后的坐标数据将自动与当前坐标系一致，适用于整个 DWG 文件仅仅布置一个总平面图的情况。

（2）静态标注状态下，移动和复制后的坐标数据不改变原值，例如在一个 DWG 上复制同一总平面，绘制绿化、交通等不同类别图纸，此时只能使用静态标注。

接前例，在天正屏幕菜单中选择"符号标注 | 静态标注"命令，将其标注状态设置为"动态标注"，这时使用 CAD 的"复制"命令（CO），选择坐标标注对象，并向右进行移动，即可看到其坐标标注随之会改变其坐标值，如图 10-51 所示。

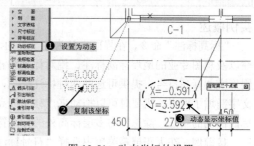
图 10-51　动态坐标的设置

在 2004 以上 AutoCAD 平台，软件提供了状态行的按钮开关，可单击切换坐标的动态和静态两种状态，新提供了固定角度的勾选，使插入坐标符号时方便决定坐标文字的标注方向。

实例总结

本实例主要讲解了标注状态的设置方法，即在天正屏幕菜单中选择"符号标注 | 静态标注或动态标注"命令即可。

Example 实例 **323** 坐标检查的操作

素材	教学视频\10\坐标检查的操作.avi
	实例素材文件\10\坐标检查.dwg

实例概述

"坐标检查"命令，用于在总平面图上检查测量坐标或者施工坐标，避免由于人为修改坐标标注值导致设计位置的错误，本命令可以检查世界坐标系 WCS 下的坐标标注和用户坐标系 UCS 下的坐标标注，但注意只能选择基于其中一个坐标系进行检查，而且应与绘制时的条件一致。

接前例，使用鼠标双击两个坐标标注对象，分别修改每个坐标值，如图 10-52 所示。

接着，在天正屏幕菜单中选择"符号标注 | 坐标检查"命令（ZBJC），将弹出"坐标检查"对话框，进行相应参数的设置，并单击"确定"按钮，再选择需要检查的坐标标注对象，然后选择相应的选项，从而对修改的坐标标注对象进行纠正处理，如图 10-53 所示。

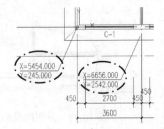

图 10-52 修改坐标值

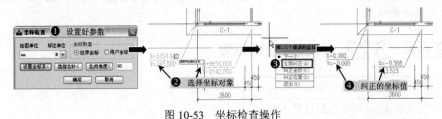

图 10-53 坐标检查操作

实例总结

本实例主要讲解了坐标检查的操作方法，即选择"符号标注 | 坐标检查"命令（ZBJC）。

Example 实例 **324** 标高标注的操作

素材	教学视频\10\标高标注的操作.avi
	实例素材文件\10\标高标注.dwg

实例概述

"标高标注"命令，在界面中分为两个页面，分别用于建筑专业的平面图标高标注、立剖面图楼面标高标注以及总图专业的地坪标高标注、绝对标高和相对标高的关联标注。地坪标高符合总图制图规范的三角形、圆形实心标高符号，提供可选的两种标注排列，标高数字右方或者下方可加注文字，说明标高的类型。标高文字新增了夹点，需要时可以拖动夹点移动标高文字，新版本支持《总图制图标准》G/T 50103-2010 新总图标高图例的画法，除总图与多层标高外的标高符号支持当前用户坐标系的动态标高标注。

接前例，在天正屏幕菜单中选择"符号标注 | 标高标注"命令（BGBZ），将弹出"标高标注"对话框，从中设置好参数，点取标高点和标高方向，再依次点取其他标高点，然后按回车键结束，如图 10-54 所示。

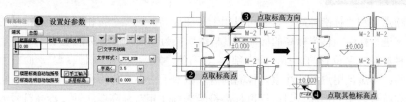

图 10-54　标高标注的操作

对于台阶处的标高对象，其标值应该是-0.450，这时用户可以双击该标高对象，则该标高对象呈在位编辑状态，然后输入"-0.450"即可，如图 10-55 所示。

在"标高标注"对话框中，默认不勾选"手工输入"复选框，自动取光标所在的 Y 坐标作为标高数值，其特点是适用于剖面图和立面图的标高。当勾选"手工输入"复选框时，要求在表格内输入楼层标高。

其他参数包括文字样式与字高、精度的设置。上面有五个可按下的图标按钮："实心三角"

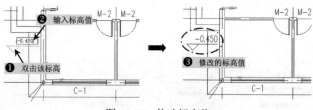

图 10-55　修改标高值

除了用于总图外，也用于沉降点标高标注，其他几个按钮可以同时起作用，例如，可注写带有"基线"和"引线"的标高符号。此时命令提示点取基线端点，也提示点取引线位置。

实例总结

本实例主要讲解了标高标注的操作方法，即选择"符号标注｜标高标注"命令（BGBZ）。

Example 实例 325　多层标高的操作

素材	教学视频\10\多层标高的操作.avi
	实例素材文件\10\多层标高.dwg

实例概述

对于有一些标准楼层，其楼层的结构等一样，只是所处的楼层不一样而已，这时只需要一个楼层平面图，再标上不同楼层的标高即可。

在"标高标注"对话框中，单击"多层标高"按钮，将弹出"多层楼层标高编辑"对话框，设置层高和层数，并勾选"自动填楼层号到标高表格"复选框，再单击"添加"按钮，则左侧的电子表格中将自动填写各楼层的标高值，单击"确定"按钮，然后在视图中指定标高位置及标高方向即可，如图 10-56 所示。

图 10-56　多层标高的操作

实例总结

本实例主要讲解了多层标高的操作方法，即在"标高标注"对话框中单击"多层标高"按钮，并进行相应的层高、层数等参数的设置。

Example 实例 326　总图标高的操作

实例概述

在"标高标注"对话框中，切换至"总图"页面，如图 10-57 所示。四个可按下的图标按钮中，仅有"实心三角、"实心圆点"和"标准标高"符号可以用于总图标高，这三个按钮表示标高符号的三种不同样式，仅可任选其中之一进行标注。总图标高的标注精度自动切换为 0.00，保留两位小数。2013 版本对实心三角标高符号提供了三种标高文字位置的选择，即上部 $^{50.00}$、右侧 ▼ 50.00 和右上 ▼ $^{50.00}$，而右上是按新总图制图标准新图例补充的；为满足用户对标注室内标高的需求新增了空心三角的标高符号，文字位置固定在上方。

可选实心标高符号、空心标高符号、标准标高符号来标注相对标高或注释，标高符号的圆点直径和三角高度尺寸可由用户定义，见"天正选项"命令的"基本设定|符号设置"中，如图 10-58 所示。

图 10-57 "总图"页面　　　　　　　　图 10-58 标高符号大小的设置

图 10-59 所示为总图标高标注实例。

实例总结

本实例主要讲解了总图标高的设置方法，即在"标高标注"对话框中切换至"总图"页面，然后进行相应参数的设置即可。

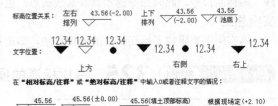

图 10-59 总图标高实例

Example 实例 327　标高检查的操作

素材	教学视频\10\标高检查的操作.avi
	实例素材文件\10\标高检查.dwg

实例概述

"标高检查"命令，适用于在立面图和剖面图上检查天正标高符号，避免由于人为修改标高标注值导致设计位置的错误，本命令可以检查世界坐标系 WCS 下的标高标注和用户坐标系 UCS 下的标高标注，但注意，只能选择基于其中一个坐标系进行检查，而且应与绘制时的条件一致。

注意，本命令不适用于检查平面图上的标高符号，查出不一致的标高对象后用户可以选择两种解决方法：一是认为标高位置是正确的，要求纠正标高数值；二是认为标高数值是正确的，要求移动标高位置。

操作步骤

步骤 ① 正常启动 TArch 2013 软件，按"Ctrl+O"组合键，打开"办公楼立面图.dwg"文件，如图 10-60 所示；再按"Ctrl+Shift+S"组合键，将其另存为"标高检查.dwg"文件。

步骤 ② 在天正屏幕菜单中选择"符号标注|标高标注"命令（BGBZ），将弹出"标高标注"对话框，不勾选"手工输入"复选框，这时使用鼠标在图形的右侧，分别对其进行动态的标高标注，如图 10-61 所示。

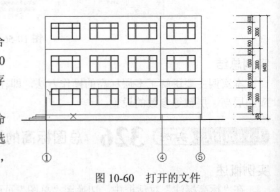

图 10-60 打开的文件

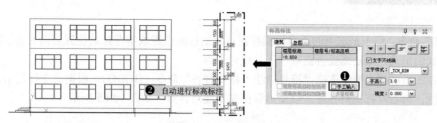

图 10-61　标高标注

步骤 ③ 在天正屏幕菜单中选择"符号标注 | 标高检查"命令（BGJC），根据命令行提示，选择"当前用
户坐标系（T）"项，然后点选当前视图中的所有标高对象，按回车键结束命令，则当前视图中的
标高值即可进行检查并修改，如图 10-62 所示。

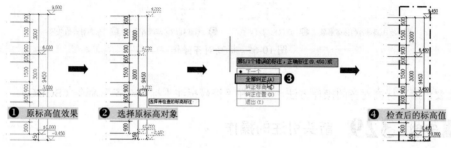

图 10-62　标高检查操作

步骤 ④ 在命令行中输入 CAD 的 UCS 命令（UCS），然后捕捉另一个点作为 UCS 的坐标原点，如图 10-63 所示。

步骤 ⑤ 在天正屏幕菜单中选择"符号标注 | 标高检查"命令（BGJC），按照前面的方法将该标高值进行
检查操作，如图 10-64 所示。

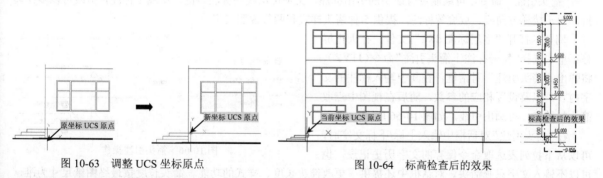

图 10-63　调整 UCS 坐标原点　　　　　　图 10-64　标高检查后的效果

软件技能——多层标高的检查

　　"标高检查"命令能对多层标高进行检查纠正，所检查的标高是多层标高中起始的标高数值和对应的
位置，同样可以按数值或者位置纠正，各楼层标高之间保持原有的层高。

实例总结

　　本实例主要讲解了标高检查的操作方法，即选择"符号标注 | 标高检查"命令（BGJC），以及讲解了 UCS
坐标原点的修改方法。

Example (实例) **328** 标高对齐的操作

素材	教学视频\10\标高对齐的操作.avi
	实例素材文件\10\标高对齐.dwg

实例概述

　　"标高对齐"命令，用于把选中的所有标高按新点取的标高位置或参考标高位置竖向对齐。如果当前标高采用的是带基线的形式，则还需要再点取一下基线对齐点。

　　接前例，在天正屏幕菜单中选择"符号标注 | 标高对齐"命令（BGDQ），根据命令行提示，首先选择需对齐的标高标注，再点取标高对齐点，以及点取标高基线对齐点，如图 10-65 所示。

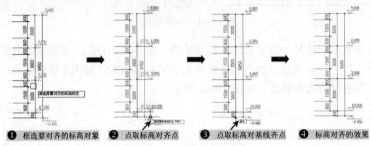

❶ 框选要对齐的标高对象　❷ 点取标高对齐点　❸ 点取标高对基线齐点　❹ 标高对齐的效果

图 10-65　标高对齐操作

实例总结

　　本实例主要讲解了标高对齐的操作方法，即选择"符号标注 | 标高对齐"命令（BGDQ）。

Example 实例 329　箭头引注的操作

素材	教学视频\10\箭头引注的操作.avi
	实例素材文件\10\箭头引注.dwg

实例概述

　　"箭头引注"命令，可绘制带有箭头的引出标注，文字可从线端标注，也可从线上标注，引线可以多次转折，用于楼梯方向线、坡度等标注，提供 5 种箭头样式和两行说明文字。

　　例如，打开"多层标高.dwg"文件，在天正屏幕菜单中选择"符号标注 | 箭头引注"命令（JTYZ），将弹出"箭头引注"对话框，在其中输入标注的文字内容，以及设置相应的参数，随后在视图中点取箭头起始点，再画出引线，如图 10-66 所示。

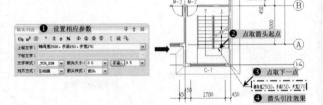

图 10-66　箭头引注操作

　　在"箭头引注"对话框中输入上标/下标文字时，可以从下拉列表选取命令保存的文字历史记录，也可以不输入文字只画箭头。对话框中还提供了更改箭头长度、样式的功能。箭头长度按最终图纸尺寸为准，以毫米为单位给出；箭头的可选样式有"箭头"、"半箭头"、"点"、"十字"和"无"共 5 种。

实例总结

　　本实例主要讲解了箭头引注的操作方法，即选择"符号标注 | 箭头引注"命令（JTYZ）。

Example 实例 330　引出标注的操作

素材	教学视频\10\引出标注的操作.avi
	实例素材文件\10\引出标注.dwg

实例概述

　　"引出标注"命令，可用于对多个标注点进行说明性的文字标注，自动按端点对齐文字，具有拖动自动跟随的特性，新增"引线平行"功能，默认是单行文字，需要标注多行文字时在特性栏中切换，标注点的取点捕捉方式完全服从命令执行时的捕捉方式，以"F3"键切换捕捉方式的开关。

接前例，在天正屏幕菜单中选择"符号标注｜引出标注"命令（YCBZ），将弹出"引出标注"对话框，在其中输入标注的文字内容，以及设置相应的参数，随后点取标注引线上的第一点，点取文字基线上的第一点，再取文字基线上的结束点，再依次点取第二、三、…条标注引线上端点，然后按回车键结束本命令，如图 10-67 所示。

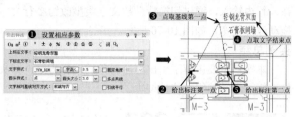

图 10-67　引出标注操作

实例总结

本实例主要讲解了引出注释的操作方法，即选择"符号标注｜引出标注"命令（YCBZ）。

Example 实例 331　"引出标注"对话框中各参数的含义

实例概述

选择"符号标注｜引出标注"命令（YCBZ）后，将弹出"引出标注"对话框，其各选项的含义如下。

- 上标注文字：把文字内容标注在文字基线上。
- 下标注文字：把文字内容标注在文字基线下。
- 箭头样式：下拉列表中包括"箭头"、"点"、"十字"和"无"四项，用户可任选一项指定箭头的形式。
- 字高<：以最终出图的尺寸（毫米），设定字的高度，也可以从图上量取（系统自动换算）。
- 文字样式：设定用于引出标注的文字样式。
- 固定角度：设定用于引出线的固定角度，勾选后引线角度不随拖动光标改变，从 0～90 度可选。
- 多点共线：设定增加其他标注点时，这些引线与首引线共线添加，适用于立面和剖面的材料标注。
- 引线平行：设定增加其他标注点时，这些引线与首引线平行，适用于类似钢筋标注等场合。
- 文字相对基线对齐：增加了始端对齐、居中对齐和末端对齐三种文字对齐方式。

图 10-68 所示为勾选"多点共线"和"引线平行"选项后的示意效果。

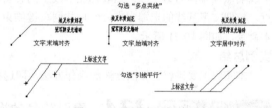

图 10-68　引出标注示意图

实例总结

本实例主要讲解了"引出标注"对话框中各选项的含义。

Example 实例 332　引出标注的编辑

实例概述

当用户进行了引出标注操作后，可以通过拖动夹点的方式调整其引出标注的位置；双击其中的文字可进入在位编辑状态，从而可修改文字对象，以及通过"特性"面板来进行其他参数的修改。

（1）引出标注对象还可实现方便的夹点编辑，如拖动标注点时箭头（圆点）自动跟随，拖动文字基线时文字自动跟随等特性，除了夹点编辑外，双击其中的文字进入在位编辑，修改文字后右键单击屏幕，启动快捷菜单，在其中选择修饰命令，单击确定结束编辑，如图 10-69 所示。

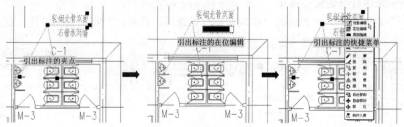

图 10-69　引出标注的编辑

（2）引出标注对象的上下标注文字均可使用多行文字，文字先在一行内输入，通过切换特性栏文字类型改为多行文字，通过夹点拖动改变页宽，如图 10-70 所示。

实例总结

本实例主要讲解了引出标注对象的编辑方法，即夹点编辑、在位编辑、右键编辑、特性编辑。

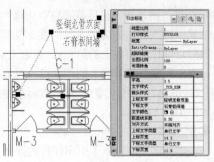

图 10-70　引出标注的"特性"编辑

Example 实例 333　做法标注的操作

素材	教学视频\10\做法标注的操作.avi
	实例素材文件\10\做法标注.dwg

实例概述

"做法标注"命令，用于在施工图纸上标注工程的材料做法，通过专业词库可调入北方地区常用的 88J1-X1（2000 版）的墙面、地面、楼面、顶棚和屋面标准做法，软件提供了多行文字的做法标注文字，每一条做法说明都可以按需要的宽度拖动为多行，还增加了多行文字位置和宽度的控制夹点，按新版国家制图规范要求提供了做法标注圆点的标注选项，在 2013 版本增加了做法标注的输入界面行数，输入更方便。

接前例，在天正屏幕菜单中选择"符号标注｜做法标注"命令（ZFBZ），将弹出"做法标注"对话框，在其中输入标注的文字内容（或者通过专业词库调入做法），以及设置相应的参数，再点取标注引线端点位置作为第一点，点取标注引线上的转折点，拉伸文字基线的末端定点，然后按回车键结束本命令，如图 10-71 所示。

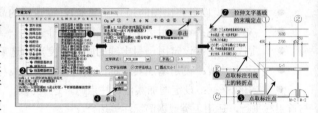

图 10-71　做法标注操作

实例总结

本实例主要讲解了做法标注的操作方法，即选择"符号标注｜做法标注"命令（ZFBZ）。

Example 实例 334　索引符号的操作

素材	教学视频\10\索引符号的操作.avi
	实例素材文件\10\索引符号.dwg

实例概述

"索引符号"命令，为图中另有详图的某一部分标注索引号，指出表示这些部分的详图在哪张图上，它分为"指向索引"和"剖切索引"两类。索引符号的对象编辑，提供了增加索引号与改变剖切长度的功能，为满足用户急切的需求，新增加"多个剖切位置线"和"引线增加一个转折点"复选框，还为符合制图规范的图例画法，增加了"在延长线上标注文字"复选框。

接前例，在天正屏幕菜单中选择"符号标注｜索引符号"命令（SYFH），将弹出"索引符号"对话框，然后按图 10-72 所示来进行剖切索引操作。

在"索引符号"对话框中，如果选择"指向索引"单选项，即可进行指向索引操作，如图 10-73 所示。

图 10-72　剖切索引操作　　　　　图 10-73　指向索引操作

实例总结

本实例主要讲解了索引符号的操作方法，即选择"符号标注 | 索引符号"命令（SYFH）。

Example 实例 **335**　索引图名的操作

素材	教学视频\10\索引图名的操作.avi
	实例素材文件\10\索引图名.dwg

实例概述

"索引图名"命令，为图中被索引的详图标注索引图名，在特性栏中提供 "圆圈文字" 项，用于选择圈内的索引编号和张号注写方式，默认 "随基本设定"，还可选择 "标注在圈内"、"旧圆圈样式"、"标注可出圈" 三种方式，用于调整编号相对于索引圆圈的大小的关系，标注在圈内时字高与 "文字字高系数" 有关，在 1.0 时字高充满圆圈。新增比例夹点便于调整详图比例与索引圈的关系，新的无模式对话框为用户提供更方便的交互方法。

例如，新建 "索引图名.dwg" 文件，在天正屏幕菜单中选择"图块图案 | 通用图库"命令（TYTK），然后按照图 10-74 所示将立面推拉窗插入到视图中。

接着，在天正屏幕菜单中选择 "符号标注 | 索引图名" 命令（SYTM），将弹出 "索引图名" 对话框，设置好参数，再在立面推拉窗下侧点取标注位置即可，如图 10-75 所示。

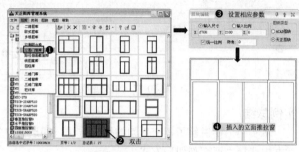

图 10-74　插入立面推拉窗

对于所索引的图名对象，用户可以通过 "特性" 面板来设置其相应的参数，如图 10-76 所示。

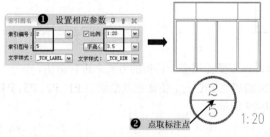

图 10-75　索引图名

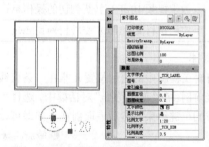

图 10-76　索引图名的特性

软件技能——索引图名的夹点

索引图名对象有两个夹点，拖动圈内的夹点可移动索引图名，第二个夹点调整比例文字与索引圈的关系。

实例总结

本实例主要讲解了索引图名的操作方法，即选择 "符号标注 | 索引图名" 命令（SYTM）。

Example 实例 **336**　正交剖切的操作

素材	教学视频\10\正交剖切的操作.avi
	实例素材文件\10\正交剖切.dwg

实例概述

"剖切符号"命令，从 2013 版本开始取代以前的 "剖面剖切" 与 "断面剖切" 命令，扩充了任意角度的转折剖切符号绘制功能，用于图中标注制图标准规定的剖切符号，用于定义编号的剖面图，表示剖切断面上的构件以及从该处沿视线方向可见的建筑部件，生成剖面时执行"建筑剖面"与"构件剖面"命令需要事先绘制此符号，用以定义剖面方向。

例如，打开"索引符号.dwg"文件，在天正屏幕菜单中选择"符号标注｜剖切符号"命令（PQFH），将弹出"剖切符号"对话框，选择"正交剖切"方式 ，并设置剖切符号的其他参数，然后根据命令行提示，点取第一个剖切点 P1，再取第二个剖切点 P2，再点取剖视方向即可，如图 10-77 所示。

在"剖切符号"对话框中，下侧工具栏从左到右分别是"正交剖切"、"正交转折剖切"、"非正交转折剖切"、"断面剖切"命令，共 4 种剖面符号的绘制方式，勾选"剖面图号"复选框，可在剖面符号处标注索引的剖面图号，右边的标注位置、标注方向、字高、文字样式都是有关剖面图号的；剖面图号的标注方向有两个：剖切位置线与剖切方向线，如图 10-78 所示。

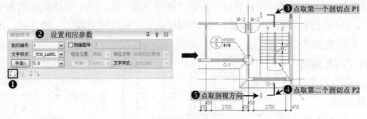

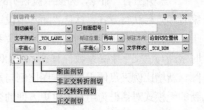

图 10-77 正交剖切操作　　　　　　　　图 10-78 "剖切符号"对话框

实例总结

本实例主要讲解了正交剖切的操作方法，即选择"符号标注｜剖切符号"命令（PQFH），并在弹出的对话框中选择"正交剖切"方式 。

Example 实例 337　正交转折剖切的操作

素材	教学视频\10\正交转折剖切的操作.avi
	实例素材文件\10\正交转折剖切.dwg

实例概述

有时工程图中的剖切位置并非在一条直线上，这时就需要使用多个转折的方式来进行剖切。

接前例，在"剖切符号"对话框中，选择"正交转折剖切"方式 ，依次点取剖切点 P1、P2、P3、P4、……直至按回车键结束，然后点取剖视方向即可，如图 10-79 所示。

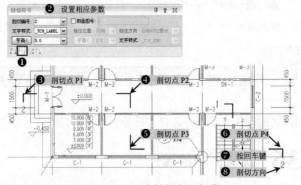

图 10-79 正交转折剖切操作

软件技能——剖切符号的夹点及编辑

标注完成后，拖动不同夹点即可改变剖面符号的位置以及改变剖切方向，双击可以修改剖切编号。

实例总结

本实例主要讲解了正交转折剖切的操作方法，即选择"符号标注｜剖切符号"命令（PQFH），并在弹出的对话框中选择"正交转折剖切"方式 。

Example 实例 338　断面剖切的操作

素材	教学视频\10\断面剖切的操作.avi
	实例素材文件\10\断面剖切.dwg

实例概述

"断面剖切" ，对应命令工具栏的第四个图标，在图中标注国标规定的剖面剖切符号，指不画剖视方向线的断面剖切符号，以指向断面编号的方向表示剖视方向，在生成剖面中要依赖此符号定义剖面方向。

接前例，在"剖切符号"对话框中，选择"断面剖切"方式 ，依次点取剖切点 P1、P2，然后点取剖视方向即可，如图 10-80 所示。

实例总结

本实例主要讲解了断面剖切的操作方法，即选择"符号标注 | 剖切符号"命令（PQFH），并在弹出的对话框中选择"断面剖切"方式 。

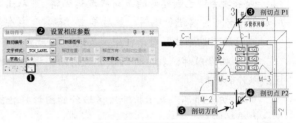

图 10-80　断面剖切操作

Example 实例 339　加折断线的操作

素材	教学视频\10\加折断线的操作.avi
	实例素材文件\10\加折断线.dwg

实例概述

"加折断线"命令可绘制折断线，形式符合制图规范的要求，并可以依照当前比例更新其大小，在切割线一侧的天正建筑对象不予显示，用于解决天正对象无法从对象中间打断的问题。切割线功能对普通 AutoCAD 对象不起作用，需要切断图块时应配合使用"其他工具"菜单下的"图形裁剪"命令及 AutoCAD 的编辑命令。从 2013 版本开始支持制图标准的双折断线功能，可以自动屏蔽双折断线内部的天正构件对象，还为折断线延长的夹点拖动增加了锁定方向的模式，以"Ctrl"键切换。

接前例，在天正屏幕菜单中选择"符号标注 | 加折断线"命令（JZDX），根据命令行提示，点取折断线起点，再点取折断线终点，然后选择保留范围，则即可切割折断线以外的天正对象，这时用户可以将该折断线以内的对象向外单独复制或移动，如图 10-81 所示。

图 10-81　加折断线操作

执行"加折断线"命令（JZDX）时，如果在命令行中选择"绘双折断线（Q）"项，即可加双折线效果，从而将双折断线以内的天正对象删除，如图 10-82 所示。

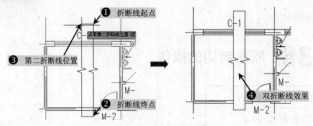

图 10-82　加双折断线操作

如果读者对已创建好的折断线进行编辑，可双击折断线对象，将弹出"编辑切割线"对话框，如图 10-83 所示，读者可对其进行编辑，然后单击"确定"按钮即可。

在"编辑切割线"对话框中，各选项的含义如下。

● 切除内部：表示折断线区域内的图形将会被隐藏，显示折断线区域以外的图形。

● 切除外部：表示折断线区域外的图形将会被隐藏，显示折断线区域以内的图形。

图 10-83　"编辑切割线"对话框

● 隐藏不打印边：如果勾选了该复选框，则可以将不打印边隐藏。

● 设打断边：在已创建切割线上选择某一边，此时被选择的边将会转换为折断线。

● 设不打印边：在系统默认情况下，分割线由折断线和不打印边构成，如果读者需要另外指定分割线的不打印线，则可单击该按钮，再在绘图区中单击需要转换为不打印线的边。

● 设折断点：系统默认情况下，折断线上只有一个断点，如果读者单击按钮后，在绘图区中相应的边上单击，即可在线段的单击位置创建一个断点，断点所在的边自动被转为折线。

实例总结

本实例主要讲解了加折断线的操作方法，即选择"符号标注 | 加折断线"命令（JZDX）即可。

Example 实例 340　画对称轴的操作

素材	教学视频\10\画对称轴的操作.avi
	实例素材文件\10\画对称轴.dwg

实例概述

"画对称轴"命令，用于在施工图纸上标注表示对称轴的自定义对象。

接前例，在天正屏幕菜单中选择"符号标注 | 画对称轴"命令（HDCZ），根据命令行提示，给出对称轴的端点 1，再给出对称轴的端点 2，如图 10-84 所示。

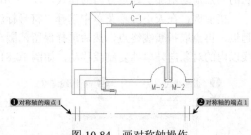

图 10-84　画对称轴操作

拖动对称轴上的夹点，可修改对称轴的长度、端线长、内间距等几何参数，如图 10-85 所示。

实例总结

本实例主要讲解了画对称轴的操作方法，即选择"符号标注 | 画对称轴"命令（HDCZ）即可。

图 10-85　对称轴的夹点操作

Example 实例 **341** 画指北针的操作

素材	教学视频\10\画指北针的操作.avi
	实例素材文件\10\画指北针.dwg

实例概述

"画指北针"命令，可在图上绘制一个国标规定的指北针符号对象，从插入点到更改方向夹点方向为指北针的方向，这个方向在坐标标注时起指示北向坐标的作用。

接前例，在天正屏幕菜单中选择"符号标注 | 画指北针"命令（HZBZ），根据命令行提示，点取指北针的插入点，再拖动光标或键入角度定义指北针方向，X 正向为 0，如图 10-86 所示。

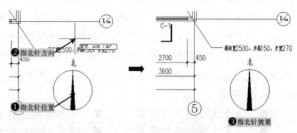

图 10-86　画指北针操作

软件技能——指北针特性

从 2013 版本开始，指北针是一个天正符号标注对象，指北针文字从属于指北针对象，指北针文字内容默认是中文"北"字，文字内容和方向可通过特性表修改；选择指北针对象，可通过三个夹点来对其进行操作。

在"天正选项"对话框的"高级选项"选项卡中可设置文字方向的绘图规则，默认"沿 y 轴方向"，可改为"沿半径方向"，如图 10-87 所示。

另外，当用户拖动指北针文字后，可使用"文字复位"命令恢复默认位置。

实例总结

本实例主要讲解了画指北针的操作方法，即选择"符号标注 | 画指北针"命令（HZBZ）即可。

图 10-87　指北针特性

Example 实例 **342** 图名标注的操作

素材	教学视频\10\图名标注的操作.avi
	实例素材文件\10\图名标注.dwg

实例概述

当一个图形中绘有多个图形或详图，需要在每个图形下方标出该图的图名，并且同时标注比例时，即可采用"图名标注"命令。比例变化时会自动调整其中文字的合理大小，新增特性栏"间距系数"项表示图名文字到比例文字间距的控制参数。

接前例，在天正屏幕菜单中选择"符号标注 | 图名标注"命令（TMBZ），将弹出"图名标注"对话框，在其中输入图名，并设置标注的比例，以及其他的参数，然后再在指定标注的位置单击即可，如图 10-88 所示。

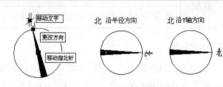

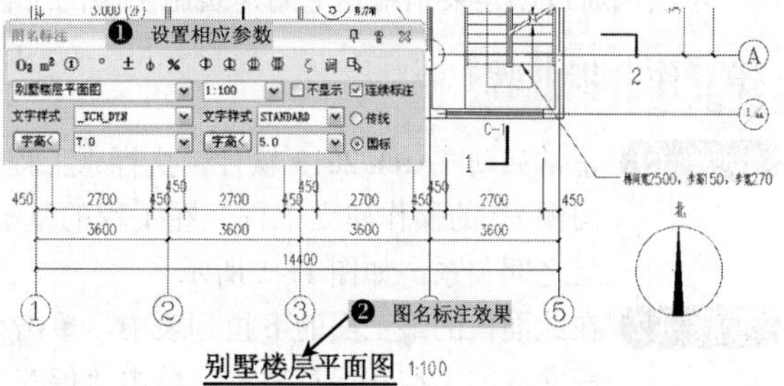

别墅楼层平面图 1:100

实例总结

图 10-88　图名标注操作

本实例主要讲解了图名标注的操作方法，即选择"符号标注 | 图名标注"命令（TMBZ）即可。

第 11 章　天正建筑立面和剖面的操作

- **本章导读**

　　一座建筑物是否美观，在很大程度上取决于它在主要立面和剖面图上的表现，包括造型与装修两个方面。立面和剖面图主要用来表达建筑物的各种设计细节，它们对整个建筑物的创建起着至关重要的作用。

　　设计好一套工程的各层平面图后，需要绘制立面图表达建筑物的立面设计细节。立剖面的图形表达和平面图有很大的区别，立剖面表现的是建筑三维模型的一个投影视图，受三维模型细节和视线方向建筑物遮挡的影响，天正立面图形是通过平面图构件中的三维信息进行消隐获得的纯粹二维图形，除了符号与尺寸标注对象以及门窗阳台图块是天正自定义对象外，其他图形构成元素都是 AutoCAD 的基本对象。

- **本章内容**

  - 立面生成与工程管理
  - 立面生成的参数设置
  - 新建立面的操作
  - 构件立面的操作
  - 立面门窗的操作
  - 立面阳台和立面屋顶
  - 门窗参数和立面窗套

  - 雨水管线、柱立面线和立面轮廓
  - 建筑剖面的概念
  - 建筑剖面的操作
  - 构件剖面的操作
  - 画剖面墙的操作
  - 双线楼板和预制楼板
  - 加剖断梁和剖面门窗

  - 参数楼梯的操作
  - "参数楼梯"对话框中各参数的含义
  - 参数栏杆的操作
  - 楼梯栏杆、栏板和扶手接头
  - 剖面填充的操作
  - 加粗与取消加粗操作

Example 实例 343　立面生成与工程管理

素材	教学视频\11\天正工程管理的创建.avi
	实例素材文件\11\某别墅建筑工程文件.dwg

实例概述

　　立面生成是由"工程管理"功能实现的，在"工程管理"命令界面上，通过"新建工程 | 添加图纸"（平面图）的操作建立工程，在工程的基础上定义平面图与楼层的关系，从而建立平面图与立面楼层之间的关系。支持以下两种楼层定义方式。

　　（1）每层平面设计一个独立的 DWG 文件，集中放置于同一个文件夹中，这时先要确定是否每个标准层都有共同的对齐点，默认的对齐点在原点（0，0，0）的位置，读者可以修改，建议使用开间与进深方向的第一轴线交点。事实上，对齐点就是 DWG 作为图块插入的基点，用 CAD 的 BASE 命令可以改变基点。

　　（2）允许多个平面图绘制到一个 DWG 中，然后在楼层栏的电子表格中分别为各自然层在 DWG 中指定标准层平面图，同时也允许部分标准层平面图通过其他 DWG 文件指定，提高了工程管理的灵活性。

　　本实例通过创建某别墅住宅的建筑施工图的工程管理文件，使读者掌握创建工程管理的相关知识。

操作步骤

步骤 ① 正常启动 TArch 2013 软件，执行"工程管理 | 新建工程"命令，通过"新建工程 | 添加图纸（平面图）"的操作建立工程，在工程的基础上定义平面图与楼层的关系，从而建立平面图与立面楼层之间关系，如图 11-1 所示。

步骤 ② 在此面板的最上面的下拉列表中，单击"新建工程"命令，在弹出的"另存为"对话框中设置工程文件的名称和保存位置，单击"保存"按钮即可，如图 11-2 所示。

步骤 ③ 创建好工程后，在"工程管理"面板的"平面图"类别上单击鼠标右键，从弹出的快捷菜单中执行"添加图纸"命令，添加相应的平面图，并在"楼层"选项处设置相应的楼层表（这里不做详细的图文说明，在后面的实例中会详细讲解）。

图 11-1　工程管理面板　　　　　　　　　　　　　　　　图 11-2　新建工程

　　软件通过工程数据库文件（*.TPR）来记录、管理与工程总体相关的数据，包含图纸集、楼层表、工程设置参数等，它提供了"导入楼层表"命令，从楼层表创建工程。在工程管理界面中以楼层下面的表格定义标准层的图形范围以及和自然层的对应关系，双击楼层表行即可把该标准层加红色框，同时充满屏幕中央，方便查询某个指定楼层平面。

　　为了能获得尽量准确和详尽的立面图，读者在绘制平面图时楼层高度，墙高、窗高、窗台高、阳台栏板高和台阶踏步高、级数等竖向参数希望能尽量正确。

步骤 4 至此，某别墅建筑工程管理文件已创建完成。

实例总结

　　本实例主要讲解了天正 TArch 2013 建筑软件创建新建工程管理文件的操作方法，即在天正屏幕菜单中选择"工程管理 | 新建工程"命令。

Example 实例 **344**　立面生成的参数设置

实例概述

　　生成立面图时，为方便修改可以对部分参数进行相应的设置，其具体的设置内容如下。

　　（1）设置门窗和阳台的样式，其方法与标准层立面设置相同。

　　（2）设定是否在立面图上绘制出每层平面的层间线。

　　（3）设定首层平面的室内外高差。

　　（4）确定在图形的哪一侧标注立面尺寸和标高等。

　　需要指出，立面生成使用的"内外高差"需要同首层平面图中定义的一致，读者应当通过适当更改首层外墙的 Z 向参数（即底标高和高度）或设置内外高差平台，来实现创建室内外高差的目的，其立面生成的概念如图 11-3 所示。

实例总结

　　本实例主要讲解了天正 TArch 2013 建筑软件立面参数的设置要点，以及立面生成的概念。

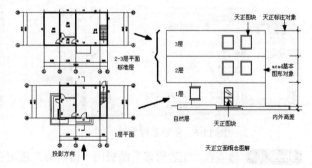

图 11-3　立面生成的概念

Example 实例 **345**　新建立面的操作

素材	教学视频\11\新建立面的操作.avi
	实例素材文件\11\某住宅建筑正立面图.dwg

实例概述

建筑立面图的生成是由 TArch 2013 软件中的"工程管理"功能来实现的,按照"工程管理"命令中的数据库搂层表格数据,可以一次生成多层建筑立面。

本实例通过创建某别墅住宅的建筑施工图的建筑立面,使读者掌握创建建筑立面的相关知识,其立面效果如图 11-4 所示。

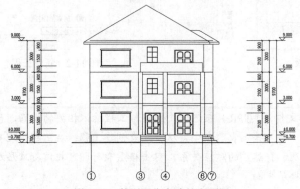

图 11-4 某别墅住宅建筑立面图

操 作 步 骤

步骤 ① 正常启动 TArch 2013 软件,在屏幕菜单中选择"立面|建筑立面"命令(JZLM),这时将弹出一提示窗口,提示用户需要打开一个工程文件,如图 11-5 所示,然后单击"确定"按钮。

图 11-5 提示窗口

步骤 ② 打开"工程管理"面板,新建一个工程文件,并将其保存为"实例素材文件\11\01\某住宅楼工程.tpr"文件,如图 11-6 所示。

步骤 ③ 在"工程管理"面板的"平面图"类别上右键单击,从弹出的快捷菜单中选择"添加图纸"命令,在弹出的"选择图纸"对话框中选择已事先准备好的"实例素材文件\11\01\某住宅经典-01.dwg"文件,然后单击"打开"按钮即可。

步骤 ④ 重复上一步的操作,依次将其他另外两个文件也添加至"平面图"类别之下,如图 11-7 所示。

图 11-6 新建工程文件   图 11-7 添加图纸

步骤 ⑤ 接着在"工程管理"面板的"楼层标"选项上设置楼层表,将层号设置为 1,层高设置为 3000,在文件尾端单击,即可弹出"选择标准层图纸文件"对话框,在对话框中选择已事先准备好的"实例素材文件\11\01\某住宅经典-01.dwg"文件,然后单击"打开"按钮即可。

步骤 ⑥ 按照相同的方法,为其他楼层依次设置参数,其层高度均为 3000,如图 11-8 所示。

步骤 ⑦ 添加好所有的图纸并且设置好楼层后,将文件依次双击打开。

步骤 ⑧ 在天正屏幕菜单中选择"立面|建筑立面"命令(JZLM),根据如下命令行提示,选择立面方向为"正立面(F)",再选择要出现在立面图中的轴线,随后弹出"立面生成设置"对话框,并按图 11-9 所示进行操作。

图 11-8 设置楼层表

```
命令：JZLM                                                                // 执行"建筑立面"命令
请输入立面方向或[正立面(F)/背立面(B)/左立面(L)/右立面(R)]<退出>：F       // 键入 "F"
请选择要出现在立面图上的轴线：指定对角点：找到 5 个                        // 选择相应的轴线
请选择要出现在立面图上的轴线：                                            // 按"空格键"结束
```

软件技能——设置楼层表

在楼层表的层号列中，其层号可以是一个单独的数字，表示单独的一层，若遇到连接多层的平面图相同，则在指定层号时，可使用"-"连接，例如，3 至 6 层的层统一高度为 3 米，其楼层平面图完全相同，所以其层号为"3-6"。

将楼层表中平面图都统一存放在一个 DWG 文件中，此时则应先将该 DWG 文件打开，在设置好楼层号和楼层高后单击"框选楼层范围"按钮，再在绘图区中框选相应的平面图，并指定对齐点即可。

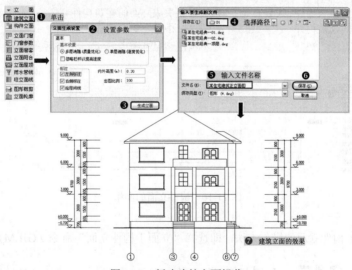

图 11-9 新建建筑立面操作

软件技能——立面生成设置

在"立面生成设置"对话框中，各选项的含义如下。

● 多层消隐/单层消隐：前者考虑到两个相邻楼层的消隐，速度较慢，但可考虑楼梯扶手等伸入上层的情况，消隐精度比较好。

● 内外高差：室内地面与室外地坪的高差。

● 出图比例：立面图的打印出图比例。

● 左侧标注/右侧标注：是否标注立面图左右两侧的竖向标注，含楼层标高和尺寸。

● 绘层间线：是否绘制楼层之间的水平横线。

● 忽略栏杆：勾选此复选框，为了优化计算，忽略复杂栏杆的生成。

执行"建筑立面"命令（JZLM）前，必须先行存盘，否则无法对存盘后更新的对象创建立面。

步骤 ⑨ 至此，某别墅建筑平面图的立面图已创建完成，按"Ctrl+S"组合键进行保存。

实例总结

本实例主要讲解了建筑立面的创建方法，即在已有的工程管理文件中，选择"立面 | 建筑立面"命令（JZLM）即可。

Example 实例 346 构件立面的操作

素材	教学视频\11\构件立面的操作.avi
	实例素材文件\11\构件立面.dwg

实例概述

通过"构件立面"命令，可生成选定三维对象的立面图。对立面图进行加深处理，并且该命令按照三维视图指定方向进行消隐计算，优化的算法使立面生成快速准确，生成立面图的图层名为原构件图层名加"E-"前缀。

例如，打开"实例素材文件\11\构件立面-A.dwg"文件，在天正屏幕菜单中选择"立面 | 构件立面"命令（GJLM），根据如下命令行提示进行操作，然后指定立面图的放置位置，即可完成构件立面图的绘制，如图 11-10 所示。

```
命令：GJLM                          // 执行"构件立面"命令
请输入立面方向或 [正立面 (F) /背立面 (B) /左立面 (L) /右立面 (R) /顶视图 (T) ] <退出>：F
                                   // 键入 "F"
请选择要生成立面的建筑构件：找到 1 个    // 选择要生成立面的建筑构件
请选择要生成立面的建筑构件：            // 按 "空格键" 结束选择
请点取放置位置：                      // 指定插入位置即可
```

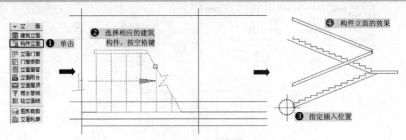

图 11-10 构件立面的操作

实例总结

本实例主要讲解了构件立面的操作方法，即选择"立面 | 构件立面"命令（GJLM）。

Example 实例 347 立面门窗的操作

素材	教学视频\11\立面门窗的操作.avi
	实例素材文件\11\立面门窗.dwg

实例概述

"立面门窗"命令，用于替换、添加立面图上的门窗，同时该命令也是立剖面图的门窗图块管理工具，可处理带装饰门窗套的立面门窗，并提供了与之配套的立面门窗图库。

操 作 步 骤

步骤 ① 正常启动 TArch 2013 软件，执行"文件 | 打开"菜单命令，打开本书配套光盘"实例素材文件\11\

立面门窗-A.dwg"文件,如图 11-11 所示。

图 11-11　打开的文件

步骤 ② 执行"文件 | 另存为"菜单命令,将该文件另存为"实例素材文件\11\立面门窗.dwg"文件。

步骤 ③ 接着在天正屏幕菜单中选择"立面 | 立面门窗"命令(LMMC),在弹出的"天正图库管理系统"对话框中,选择相应的立面门窗样式,并单击"替换"按钮 ☑,然后选择图中将要被替换的图块即可,如图 11-12 所示。

步骤 ④ 按照上一步同样的操作,选择另一个立面门样式,并单击"替换"按钮 ☑,然后在立面图中选择待替换的门即可,如图 11-13 所示。

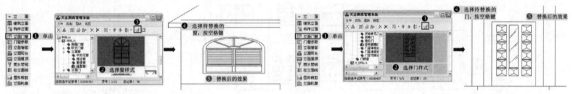

图 11-12　替换立面窗　　　　　　　　图 11-13　替换立面门

技巧提示——立面门窗

除了替换已有门窗外,通过本命令在图库中双击所需门窗图块,然后键入"E",通过"E"选项可插入与门窗洞口外框尺寸相当的门窗。

步骤 ⑤ 最后将其他窗和门进行替换,其效果如图 11-14 所示。

图 11-14　立面门窗效果

步骤 ⑥ 至此,某别墅建筑平面图中立面门窗的创建已完成,按"Ctrl+S"组合键进行保存。

实例总结

本实例主要讲解了立面门窗的插入和替换方法,即选择"立面 | 立面门窗"命令(LMMC)。

Example 实例 **348** 立面阳台和立面屋顶

素材	教学视频\11\立面阳台和立面屋顶.avi
	实例素材文件\11\立面阳台和立面屋顶.dwg

实例概述

　　"立面阳台"命令,用于替换、添加立面图上阳台的样式,同时该命令也是立面阳台图块的管理工具。

　　"立面屋顶"命令,可完成包括平屋顶、单坡屋顶、双坡屋顶、四坡屋顶与歇山屋顶的正立面和侧立面、组合的屋顶立面、一侧与相邻墙体或其他屋面相连接的不对称屋顶。

操 作 步 骤

步骤① 正常启动 TArch 2013 软件,执行"文件 | 打开"菜单命令,打开本书配套光盘"实例素材文件\11\立面阳台和立面屋顶-A.dwg"文件,如图 11-15 所示。

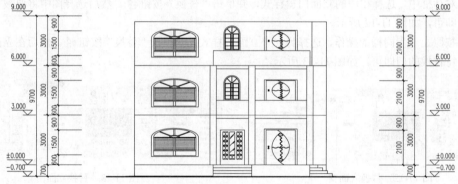

图 11-15　打开的文件

步骤② 执行"文件 | 另存为"菜单命令,将该文件另存为"实例素材文件\11\立面阳台和立面屋顶.dwg"文件。

步骤③ 在天正屏幕菜单中选择"立面 | 立面阳台"命令(LMYT),在弹出的"天正图库管理系统"对话框中,选择相应的立面阳台样式,并单击"替换"按钮 ,再选择图中将要被替换的图块,如图 11-16 所示。

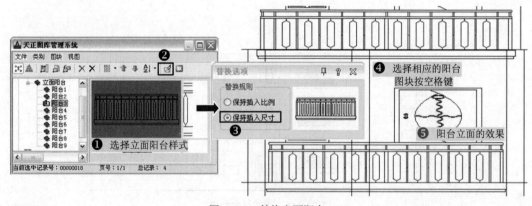

图 11-16　替换立面阳台

步骤④ 在天正屏幕菜单中选择"立面 | 立面屋顶"命令(LMWD),在弹出的"立面屋顶参数"对话框中,选择相应的立面屋顶样式,并单击"定位点 PT1-2<"按钮 定位点PT1-2< ,在视图中点取墙顶角点 PT1、PT2 并返回,然后单击"确定"按钮,如图 11-17 所示。

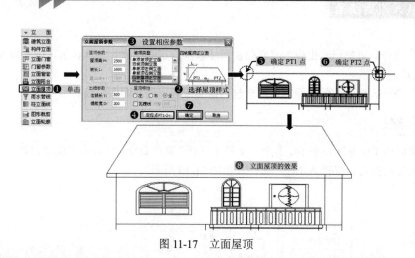

图 11-17　立面屋顶

软件技能——立面屋顶各选项含义

在"立面屋顶参数"对话框中，各选项的含义如下。

- 屋顶高：屋顶的高度，即从定位基点 PT1 到屋脊的高度。
- 坡长：坡屋顶倾斜部分的水平投影长度。
- 屋顶特性：屋顶特性表示屋顶与相邻墙体的关系。"全"表示屋顶不与相邻墙体连接，完全显示；"左"表示屋顶左侧显示，右侧与其他墙体连接。
- 出挑长：正立面时为出山长，侧立面时为出檐长。
- 檐板宽：指屋檐檐板宽度。
- 瓦楞线：当读者选取屋顶类型为正立面时，该复选框可用，会在正立面上显示出人字屋顶的瓦沟楞线。
- 定位点 PT1-2 定位点PT1-2< ：单击该按钮用来选取指定屋顶立面墙体顶部的左右两个端点。

在各种立面坡顶类型中，其不同样式如图 11-18 所示。

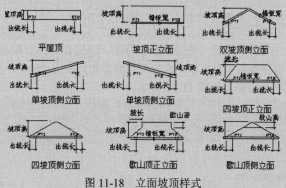

图 11-18　立面坡顶样式

步骤 ⑤ 至此，某别墅建筑平面图中立面阳台和立面屋顶的创建已完成，按"Ctrl+S"组合键进行保存。

实例总结

本实例主要讲解了立面阳台的替换方法，即选择"立面｜立面阳台"命令（LMYT），还讲解了立面屋顶的操作方法，即选择"立面｜立面屋顶"命令（LMWD）。

Example 实例 **349**　门窗参数和立面窗套

素材	教学视频\11\门窗参数和立面窗套.avi
	实例素材文件\11\门窗参数和立面窗套.dwg

实例概述

"门窗参数"命令,可把已经生成的立面门窗尺寸以及门窗底标高作为默认值,读者修改立面门窗尺寸,系统按尺寸更新所选门窗。

"立面窗套"命令,为已有的立面窗创建全包的窗套或者窗楣线和窗台线。

操作步骤

步骤 ① 正常启动 TArch 2013 软件,执行"文件 | 打开"菜单命令,打开本书配套光盘"实例素材文件\11\门窗参数和立面窗套-A.dwg"文件,如图 11-19 所示。

图 11-19 打开的文件

步骤 ② 执行"文件 | 另存为"菜单命令,将该文件另存为"实例素材文件\11\门窗参数和立面窗套.dwg"文件。

步骤 ③ 在天正屏幕菜单中选择"立面 | 门窗参数"命令(MCCS),选择相应的立面窗或门对象,然后根据命令栏提示操作,对应的数据会显示在命令栏中,操作步骤如图 11-20 所示。

```
命令: MCCS              // 执行"门窗参数"命令
选择立面门窗:找到 1 个    // 选择立面窗或门对象
选择立面门窗:            // 按"空格键"确认
底标高<6500>:           // 提示信息
高度<1700>:             // 提示信息
宽度<2940>:             // 提示信息
```

步骤 ④ 在天正屏幕菜单中选择"立面 | 立面窗套"命令(LMCT),然后根据命令栏操作,指定窗的两角点,在弹出的"窗套参数"对话框中设置相应的参数,单击"确定"按钮,即可在该窗的"全包"或"上下"方来创建窗套,如图 11-21 所示。

```
命令: LMCT                     // 执行"立面窗套"命令
请指定窗套的左下角点 <退出>:      // 选定窗套角点
请指定窗套的右上角点 <推出>:      // 选定窗套角点
```

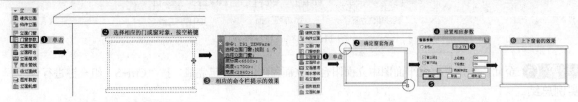

图 11-20 门窗参数设置   图 11-21 立面窗套的操作

软件技能——窗套参数各选项含义

在"窗套参数"对话框中,各选项的含义如下。

● 全包:选中该单选按钮,则绕体对象的四面都创建封闭的矩形窗套。

● 上下 B:选中该单选按钮,则只在窗体上的上下两方创建窗套。

● 窗上、下沿:如果读者取消勾选该复选框,则不会创建窗体的上、下沿。

● 上、下沿宽:可以输入一定的数值来控制窗体上下沿的宽度。

● 两侧伸出 T: 可以输入一项的数值来控制窗体两个方向伸出的距离，这个距离指的是伸出窗体左右两侧的距离。

● 窗套宽: 在勾选"全包"按钮时，可在此文本框输入一定的数值控制窗套内侧向外偏移的宽度。

步骤 5 按照上一步同样的操作，在"窗套参数"对话框中勾选"全包"复选框，创建全包的立面窗套，其操作如图 11-22 所示。

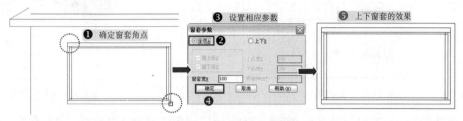

图 11-22　立面全包窗套

步骤 6 至此，某别墅建筑平面图中立面窗套和门窗参数查询已完成，按"Ctrl+S"组合键进行保存。

实例总结

　　本实例主要讲解了立面参数的提取方法，即选择"立面|门窗参数"命令（MCCS）；还讲解了立面窗套的操作方法，即"立面|立面窗套"命令（LMCT）即可。

Example 实例 **350**　雨水管线、柱立面线和立面轮廓

素材	教学视频\11\雨水管线、柱立面线和立面轮廓.avi
	实例素材文件\11\雨水管线、柱立面线和立面轮廓.dwg

实例概述

　　"雨水管线"命令，可在立面图中按给定的位置生成编组的雨水斗和雨水管，新改进的雨水管线可以转折绘制，自动遮挡立面上的各种装饰格线，移动和复制后可保持遮挡，必要时右键设置雨水管的"绘图次序"为"前置"恢复遮挡特性，由于提供了编组特性，作为一个部件一次完成选择，便于复制和删除的操作。

　　"柱立面线"命令，可绘制圆柱的立面效果，使圆柱更具有立体感。

　　"立面轮廓"命令，可对立面图进行自动搜索并生成轮廓线。

操 作 步 骤

步骤 1 正常启动 TArch 2013 软件，执行"文件|打开"菜单命令，打开本书配套光盘"实例素材文件\11\立面图-A.dwg"文件，如图 11-23 所示。

步骤 2 执行"文件|另存为"菜单命令，将该文件另存为"实例素材文件\11\雨水管线、柱立面线和立面轮廓.dwg"文件。

步骤 3 在天正屏幕菜单中选择"立面|雨水管线"命令（YSGX），再根据如下命令行提示进行操作，即可创建立面雨水管线，如图 11-24 所示。

命令: YSGX	// 执行"雨水管线"命令
当前管径为 100	// 确定雨水管线直径
请指定雨水管的起点[参考点(R)/管径(D)]<退出>:	// 指定雨水管线起点
请指定雨水管的下一点[管径(D)/回退(U)]<退出>:	// 指定雨水管线下一点
请指定雨水管的下一点[管径(D)/回退(U)]<退出>:	// 单击鼠标"右键"结束命令

软件技能——雨水管线

　　点取雨水管的下一点，随即画出平行的雨水管，其间的墙面装饰线自动被雨水管遮挡，并且雨水管线可转折绘制。

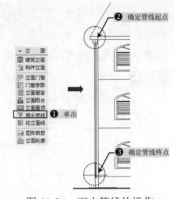

图 11-23　打开的文件　　　　　　　　　　　　图 11-24　雨水管线的操作

步骤 4 接着在 TArch 2013 屏幕菜单中选择"立面｜柱立面线"命令（ZLMX），再根据如下命令行提示进行操作，即可创建柱立面线，如图 11-25 所示。

```
命令：ZLMX                       // 执行"柱立面线"命令
输入起始角<180>：180             // 键入起始角数值 "180"
输入包含角<180>：180             // 键入包含角数值 "180"
输入立面线数目<12>：12           // 键入立面线数 "12"
输入矩形边界的第一个角点<选择边界>： // 确定矩形第一个角点
输入矩形边界的第二个角点<退出>：   // 确定矩形第二个角点即可
```

步骤 5 接着在天正屏幕菜单中选择"立面｜立面轮廓"命令（LMLK），然后根据命令行提示，选择外墙边界线和屋顶线，再输入轮廓线宽度（30～50），即可完成立面轮廓线的绘制，如图 11-26 所示。

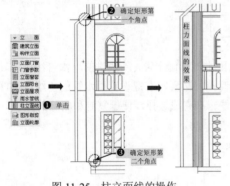

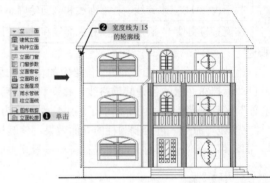

图 11-25　柱立面线的操作　　　　　　　　　图 11-26　立面轮廓的操作

技巧提示——立面轮廓

　　在复杂的情况下搜索轮廓线会失败，无法生成轮廓线，此时请使用多段线绘制立面轮廓线。

步骤 6 至此，在某别墅建筑平面图中创建雨水管线、柱立面线和立面轮廓已完成，按"Ctrl+S"组合键进行保存。

实例总结

　　本实例主要讲解了雨水管线、柱立面线和立面轮廓的操作方法，即在"立面"屏幕菜单中分别选择"雨水管线"、"柱立面线"和"立面轮廓"命令即可。

Example **实例** **351** 建筑剖面的概念

实例概述

　　设计好一套工程的各层平面图后，需要绘制剖面图表达建筑物的剖面设计细节。

1．剖面创建与工程管理

剖面图可以由"工程管理"功能从平面图开始创建，在"工程管理"命令界面上，通过新建工程->添加图纸（平面图）的操作建立工程，在工程的基础上定义平面图与楼层的关系，从而建立平面图与剖面楼层之间的关系，支持以下两种楼层定义方式。

（1）每层平面设计一个独立的 DWG 文件，集中放置于同一个文件夹中，这时先要确定是否每个标准层都有共同的对齐点，默认的对齐点在原点（0，0，0）的位置，用户可以修改，建议使用开间与进深方向的第一轴线交点。事实上，对齐点就是 DWG 作为图块插入的基点，用 ACAD 的 BASE 命令可以改变基点。

（2）允许多个平面图绘制到一个 DWG 中，然后在楼层栏的电子表格中分别为各自然层在 DWG 中指定标准层平面图，同时也允许部分标准层平面图通过其他 DWG 文件指定，提高了工程管理的灵活性。

为了能获得尽量准确和详尽的剖面图，用户在绘制平面图时楼层高度、墙高、窗高、窗台高、阳台栏板高和台阶踏步高、级数等竖向参数希望能尽量正确。

2．剖面生成的参数设置

剖面图的剖切位置依赖于剖切符号，所以事先必须在首层建立合适的剖切符号。在生成剖面图时，可以设置标注的形式，如在图形的哪一侧标注剖面尺寸和标高，设定首层平面的室内外高差，在楼层表设置中可以修改标准层的层高。

剖面生成使用的"内外高差"需要同首层平面图中定义的一致，用户应当通过适当更改首层外墙的 Z 向参数（即底标高和高度）或设置内外高差平台来实现创建室内外高差的目的。

3．剖面图的直接创建

剖面图除了以上所介绍的那样从平面图剖切位置创建外，软件中也提供了直接绘制的命令，即先绘制剖面墙，然后在剖面墙上插入剖面门窗、添加剖面梁等构件，使用剖面楼梯和剖面栏杆命令可以直接绘制楼梯与栏杆、栏板。

实例总结

本实例主要讲解了建筑剖面的概念，即剖面创建与工程管理、剖面生成的参数设置、剖面图的直接创建。

 352　建筑剖面的操作

素材	教学视频\11\建筑剖面的操作.avi
	实例素材文件\11\某住宅楼建筑剖面.dwg

实例概述

建筑剖面图是指建筑物的垂直剖面图，也就是用一个竖直平面去剖切房屋，移去靠近视线的部分后的正投影图，称做剖面图。

剖面图需要建立在一个已经建立成功的"工程管理"面板中，这个"工程管理"面板包括平面图形下的一个完整平面图文件，从而生成的剖面图可以添加到"工程管理"中与其他图纸生成一套完整的建筑图。

操 作 步 骤

步骤 ❶ 正常启动 TArch 2013 软件，在屏幕菜单中选择"剖面 | 建筑剖面"命令（JZPM），随后弹出一提示窗口，提示打开或新建一工程项目文件，如图 11-27 所示，然后单击"确定"按钮。

步骤 ❷ 打开"工程管理"面板，然后新建工程文件，并将文件保存为"实例素材文件\11\02\某住宅楼建筑工程文件.tpr"文件，如图 11-28 所示。

步骤 ❸ 在"工程管理"面板的"平面图"类别上单击鼠标右键，从弹出的快捷菜单中执行"添加图纸"命令，在弹出的"选择图纸"对话框中，选择已事先准备好的"实例素材文件\11\02\某住宅楼建筑平面图一层.dwg"文件，然后单击"打开"按钮，将其添加至"平面图"类别下。

步骤 ❹ 按照上一步同样的操作，将其他楼层平面图也添加至"平面图"类别下，如图 11-29 所示。

图 11-27 提示窗口

图 11-28 新建工程文件

步骤 ⑤ 接着在"工程管理"面板的"楼层标"选项上设置楼层表,将层号设置为 1,层高设置为 3000,在文件尾端单击即可弹出"选择标准层图纸文件"对话框,在对话框中选择已事先准备好的"实例素材文件\11\02\某住宅楼建筑平面图一层.dwg"文件,单击"打开"按钮即可,并按同样的操作方法,依次设置其他楼层,如图 11-30 所示。

图 11-29 添加图纸

图 11-30 设置楼层表

软件技能——设置对齐点

将楼层表中平面图都统一存放在一个 DWG 文件中,此时则应先将该 DWG 文件打开,在设置好楼层号和楼层高后单击"框选楼层范围"按钮 ,再在绘图区中框选相对应的平面图,并指定对齐点即可。

步骤 ⑥ 当所有的图纸添加好并且设置好楼层后,将文件依次双击打开,并且将其一层平面图置于当前视图中,如图 11-31 所示。

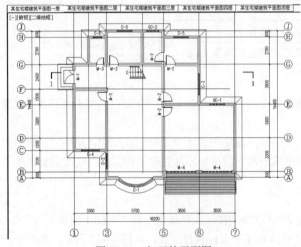

图 11-31 打开的平面图

步骤 ⑦ 在天正屏幕菜单中选择"剖面 | 建筑剖面"命令(JZPM),再根据命令栏提示,选择一剖切线,再选出现在剖面图上的轴线对象,然后按照图 11-32 所示进行操作。

命令: JZPM	// 执行"建筑剖面"命令
请选择一剖切线:	// 选择剖切线 1-1
请选择要出现在剖面图上的轴线:指定对角点: 找到 7 个	// 选择 1~7 号轴线
请选择要出现在剖面图上的轴线:	// 按"空格键"结束

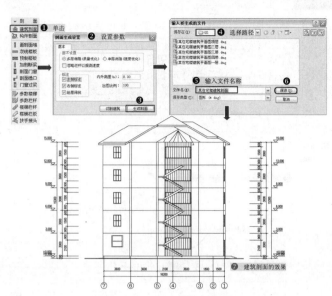

图 11-32　创建建筑剖面图

软件技能——剖面生成设置

在"剖面生成设置"对话框中，各选项的含义如下。

● 多层消隐/单层消隐：前者考虑到两个相邻楼层的消隐，速度较慢，但可考虑楼梯扶手等伸入上层的情况，消隐精度比较好。

● 内外高差：室内地面与室外地坪的高差。

● 出图比例：剖面图的打印出图比例。

● 左侧标注/右侧标注：是否标注剖面图左右两侧的竖向标注，含楼层标高和尺寸。

● 绘层间线：楼层之间的水平横线是否绘制。

● 忽略栏杆：勾选此复选框，为了优化计算，忽略复杂栏杆的生成。

技巧提示——建筑剖面注意

在执行"建筑剖面"命令前必须先行存盘，否则无法对存盘后更新的对象创建立面。

由于建筑平面图中不表示楼板，而在剖面图中要表示楼板，本软件可以自动添加层间线，读者自己用偏移（O）命令创建楼板厚度，如果已用平板或者房间命令创建了楼板，本命令会按楼板厚度生成楼板线。

在剖面图中创建的墙、柱、梁、楼板不再是专业对象，所以在剖面图中可使用通用 AutoCAD 编辑命令进行修改，或者使用剖面菜单下的命令加粗或进行图案填充。

步骤 ⑧ 至此，某住宅楼建筑剖面图创建完成，按"Ctrl+S"组合键进行保存。

实例总结

本实例主要讲解了建筑剖面的操作方法，即选择"剖面 | 建筑剖面"命令（JZPM）即可。

Example 实例 **353** 构件剖面的操作

素材	教学视频\11\构件剖面的操作.avi
	实例素材文件\11\构件剖面.dwg

实例概述

"构件剖面"命令用于生成当前标准层、局部构件或三维图块对象在指定剖视方向上的剖视图。

例如，打开"实例素材文件\11\构件剖面-A.dwg"文件，在天正屏幕菜单中选择"剖面 | 构件剖面"命令（GJPM），

根据如下命令行提示进行操作，然后指定剖面图的放置位置，即可完成构件剖面图的绘制，如图 11-33 所示。

命令：GJPM	// 执行"构件剖面"命令
请选择一剖切线：	// 选择剖切符号 1-1
请选择需要剖切的建筑构件:找到 1 个	// 选择需要被剖切的构件
请选择需要剖切的建筑构件：	// 按"空格键"结束选择
请点取放置位置：	// 指定插入位置

图 11-33　构件剖面的操作

实例总结

本实例主要讲解了构件剖面的操作方法，即选择"剖面｜构件剖面"命令（GJPM）即可。

**354**　画剖面墙的操作

素材	教学视频\11\画剖面墙的操作.avi
	实例素材文件\11\画剖面墙.dwg

实例概述

"画剖面墙"命令，用一对平行的 AutoCAD 直线或圆弧对象，在 S_WALL 图层直接绘制剖面墙。

操 作 步 骤

步骤① 正常启动 TArch 2013 软件，执行"文件｜打开"菜单命令，打开本书配套光盘"实例素材文件\11\画剖面墙-A.dwg"文件，如图 11-34 所示。

步骤② 执行"文件｜另存为"菜单命令，将该文件另存为"实例素材文件\11\画剖面墙.dwg"文件。

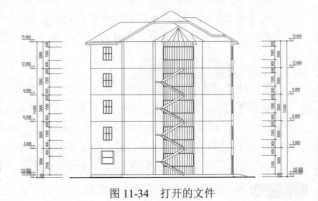

图 11-34　打开的文件

步骤③ 接着在天正屏幕菜单中选择"剖面｜画剖面墙"命令（HPMQ），再根据如下命令栏操作，在视图中绘制剖面墙即可，如图 11-35 所示。

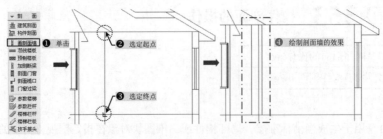

图 11-35　画剖面墙

命令：HPMQ	// 执行"画剖面墙"命令
请点取墙的起点(圆弧墙宜逆时针绘制)[取参照点(F)单段(D)]<退出>：	// 点取墙的起点
墙厚当前值：左墙120，右墙240。	// 墙信息提示
请点取直墙的下一点[弧墙(A)/墙厚(W)/取参照点(F)/回退(U)]<结束>：	// 点取墙的下一点
墙厚当前值：左墙120，右墙240。	// 墙信息提示
请点取直墙的下一点[弧墙(A)/墙厚(W)/取参照点(F)/回退(U)]<结束>：	// 单击鼠标"右键"结束

软件技能——画剖面墙命令栏提示含义

在"请点取直墙的下一点[弧墙（A）/墙厚（W）/取参照点（F）/回退（U）] <结束>："提示下，各选项的含义如下。

- 弧墙（A）：进入弧墙绘制状态。
- 墙厚（W）：修改剖面墙宽度。
- 取参照点（F）：如直接取点有困难，可键入"F"，取一个定位方便的点作为参考点。
- 回退（U）：当在原有道路上取一点作为剖面墙墙端点时，本选项可取消新画的那段剖面墙，回到上一点等待继续输入。

步骤 4 至此，某住宅楼建筑立面图中剖面墙的创建已完成，按"Ctrl+S"组合键进行保存。

实例总结

本实例主要讲解了画剖面墙的操作方法，即选择"剖面｜画剖面墙"命令（HPMQ）即可。

Example 实例 355　双线楼板和预制楼板

素材	教学视频\11\双线楼板和预制楼板.avi
	实例素材文件\11\双线楼板和预制楼板.dwg

实例概述

"双线楼板"命令，是用一对平行的 AutoCAD 直线对象，在 S_FLOORL 图层直接绘制剖面双线楼板。

"预制楼板"命令，是用一系列预制板剖面的 AutoCAD 图块对象，在 S_FLOORL 图层按要求尺寸插入一排剖面预制板。

操 作 步 骤

步骤 1 正常启动 TArch 2013 软件，执行"文件｜打开"菜单命令，打开本书配套光盘"实例素材文件\11\双线楼板和预制楼板-A.dwg"文件，如图 11-36 所示。

步骤 2 执行"文件｜另存为"菜单命令，将该文件另存为"实例素材文件\11\双线楼板和预制楼板.dwg"文件。

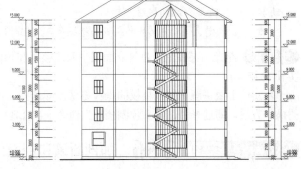

图 11-36　打开的文件

步骤 3 在天正屏幕菜单中选择"剖面｜双线楼板"命令（SXLB），再根据如下命令行提示，点取楼板起点和终点，再设置楼板顶面的标高和厚度，如图 11-37 所示。

命令：SXLB	// 执行"双线楼板"命令
请输入楼板的起始点 <退出>：	// 选定楼板起点
结束点 <退出>：	// 选定楼板终点
楼板顶面标高 <12000>：**12000**	// 键入楼板标高数值"**12000**"
楼板的厚度(向上加厚输负值)<200>：**200**	// 键入楼板厚度数值"**200**"

步骤 4 接着在天正屏幕菜单中选择"剖面｜预制楼板"命令（YZLB），在弹出的"剖面楼板参数"对话框中设置相应的参数，然后按照图 11-38 所示来绘制预制楼板。

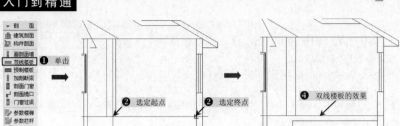

图 11-37　双线楼板的操作

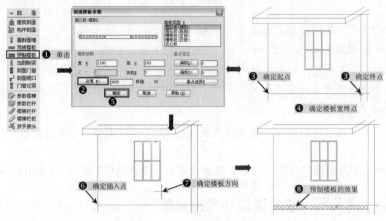

图 11-38　预制楼板的操作

软件技能——剖面楼板参数各选项含义

在"剖面楼板参数"对话框中，各选项的含义如下。

● 楼板类型：选定当前预制楼板的形式，有"圆孔板"（横剖和纵剖）、"槽形板"（正放和反放）和"实心板"3 种形式。

● 楼板参数：确定当前楼板的尺寸和布置情况，楼板尺寸"宽 A"、"高 B"和槽形板"厚 C"，以及布置情况的"块数 N"，其中"总宽<"是全部预制板和板缝的总宽度，单击从图上获取，修改单块板宽和块数，可以获得合理的板缝宽度。

● 基点定位：确定楼板的基点与楼板角点的相对位置，包括"偏移 X<"、"偏移 Y<"和"基点选择 P"。

步骤 ⑤ 至此，某住宅楼建筑立面图中双线楼板和预制楼板的创建已完成，按"Ctrl+S"组合键进行保存。

实例总结

本实例主要讲解了双线楼板的操作方法，即选择"剖面 | 双线楼板"命令（SXLB）；再讲解了预制楼板的操作方法，即选择"剖面 | 预制楼板"命令（YZLB）。

Example 实例 **356** 加剖断梁和剖面门窗

素材	教学视频\11\加剖断梁和剖面门窗.avi
	实例素材文件\11\加剖断梁和剖面门窗.dwg

实例概述

使用"加剖断梁"命令可在剖面图中为剖断的梁绘制其剖面图。

使用"剖面门窗"命令可绘制或修改剖面门窗（包括含有门窗过梁或开启门窗扇的非标准剖面门窗）。

操　作　步　骤

步骤 ❶ 正常启动 TArch 2013 软件，执行"文件 | 打开"菜单命令，打开本书配套光盘"实例素材文件\11\

加剖断梁和剖面门窗-A.dwg"文件，如图 11-39 所示。

步骤 ②　执行"文件 | 另存为"菜单命令，将该文件另存为"实例素材文件\11\加剖断梁和剖面门窗.dwg"文件。

步骤 ③　在天正屏幕菜单中选择"剖面 | 加剖断梁"命令（JPDL），再根据如下命令行设置剖断楼的参数，再指定剖面梁的参照点，如图 11-40 所示。

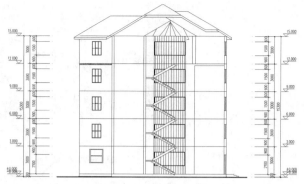

图 11-39　打开的文件

命令：JPDL	// 执行"加剖断梁"命令
请输入剖面梁的参照点 <退出>：	// 指定剖面梁参照点
梁左侧到参照点的距离 <240>：**240**	// 键入梁左侧距参照点距离数值 "240"
梁右侧到参照点的距离 <454>：**240**	// 键入梁右侧距参照点距离数值 "240"
梁底边到参照点的距离 <200>：**300**	// 键入梁底边距参照点距离数值 "240"

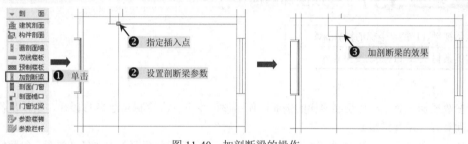

图 11-40　加剖断梁的操作

软件技能——加剖断梁距离参数含义

在绘制加剖断梁时，命令行提示的各个距离参数含义如图 11-41 所示。

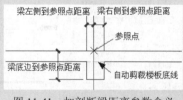

图 11-41　加剖断梁距离参数含义

步骤 ④　接着在天正屏幕菜单中选择"剖面 | 剖面门窗"命令（PMMC），在弹出的"剖面门窗"对话框中单击图样后会再弹出"天正图库管理系统"对话框，选择相应的剖面门窗的样式，然后单击"OK"按钮 █，根据命令栏提示操作，如图 11-42 所示。

命令：PMMC	// 执行"剖面门窗"命令
请点取剖面墙线下端或[选择剖面门窗样式(S)/替换剖面门窗(R)/改窗台高(E)/改窗高(H)]<退出>：**R**	// 键入 "R"
请选择所需替换的剖面门窗<退出>:找到 1 个	// 选择需要被替换的剖面门窗对象
请选择所需替换的剖面门窗<退出>：	// 按 "空格键" 结束命令

步骤 ⑤　至此，某住宅楼建筑立面图中加剖断梁和剖面门窗的创建已完成，按"Ctrl+S"组合键进行保存。

实例总结

本实例主要讲解了加剖断梁的操作方法，即选择"剖面 | 加剖断梁"命令（JPDL）；以及讲解了剖面门窗的操作方法，即选择"剖面 | 剖面门窗"命令（PMMC）。

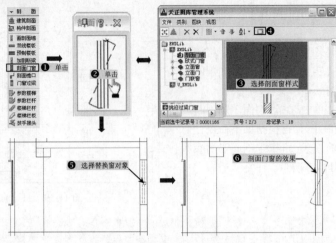

图 11-42 剖面门窗的操作

Example 实例 **357** 参数楼梯的操作

素材	教学视频\11\参数楼梯的操作.avi
	实例素材文件\11\参数楼梯.dwg

实例概述

使用"参数楼梯"命令，可绘制楼梯的剖面，使用该命令可一次绘制双跑 U 形楼梯，条件是各跑步数相同，而且之间对齐（没有错步）。

例如，打开"实例素材文件\11\参数楼梯-A.dwg"文件，在天正屏幕菜单中选择"剖面 | 参数楼梯"命令（CSLT），将弹出"参数楼梯"对话框，设置好相应的参数，然后在视图中点取插入点即可，如图 11-43 所示。

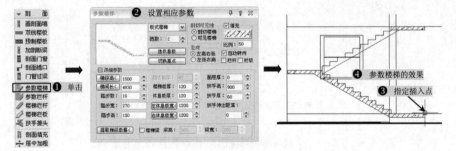

图 11-43 插入参数楼梯

实例总结

本实例主要讲解了参数楼梯的操作方法，即选择"剖面 | 参数楼梯"命令（CSLT）即可。

Example 实例 **358** "参数楼梯"对话框中各参数的含义

实例概述

在"参数楼梯"对话框中，各选项的含义如下。

● 梯段类型列表：选定当前梯段的形式，有板式楼梯、梁式现浇 L 形、梁式现浇△形和梁式预制 4 种形式，如图 11-44 所示。

● 跑数：默认跑数为 1，在无模式对话框下可以连续绘制，此时各跑之间不能自动遮挡，跑数大于 2 时各跑间按剖切与可见关系自动遮挡，如图 11-45 所示。

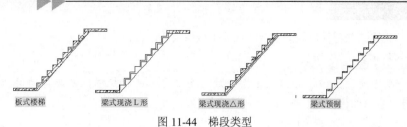

图 11-44 梯段类型

- 剖切可见性：用于选择画出的梯段是剖切部分还是可见部分，以图层 S_STAIR 或 S_E_STAIR 表示，颜色也有区别。
- 自动转向：在每次执行单跑楼梯绘制后，如勾选此项，楼梯走向会自动更换，便于绘制多层的双跑楼梯。
- 选休息板：用于确定是否绘出左右两侧的休息板，有全有、全无、左有和右有 4 种形式。
- 切换基点：确定基点（绿色×）在楼梯上的位置，在左右平台板端部切换。
- 栏杆/栏板：一对互锁的复选框，切换栏杆或者栏板，也可两者都不勾选，如图 11-46 所示。

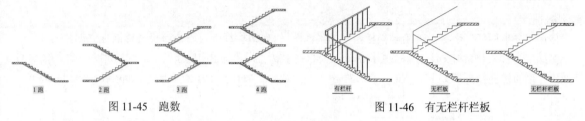

图 11-45 跑数   图 11-46 有无栏杆栏板

- 填充：勾选后单击下面的图像框，可选取图案或颜色（SOLID）填充剖切部分的梯段和休息平台区域，可见部分不填充。
- 比例：在此指定剖切部分的图案填充比例。
- 梯段高<：当前梯段左右平台面之间的高差。
- 梯间长<：当前楼梯间总长度，读者可以单击按钮从图上取两点获得，也可以直接键入，是等于梯段长度加左右休息平台宽的常数。
- 踏步数：当前梯段的踏步数量，读者可以单击调整。
- 踏步宽：当前梯段的踏步宽度，由读者输入或修改，它的改变会同时影响左右休息平台宽，需要适当调整。
- 踏步高：当前梯段的踏步高，通过梯段高/踏步数算得。
- 踏步板厚：梁式预制楼梯和现浇 L 形楼梯时使用的踏步板厚度。
- 楼梯板厚：用于现浇楼梯板厚度。
- 左（右）休息板宽<：当前楼梯间的左右休息平台（楼板）宽度，读者键入、从图上取得或者由系统算出，均为 0 时梯间长等于梯段长，修改左休息板长后，相应右休息板长会自动改变，反之亦然。
- 面层厚：当前梯段的装饰面层厚度。
- 扶手（栏板）高：当前梯段的扶手/栏板高。
- 扶手厚：当前梯段的扶手厚度。
- 扶手伸出距离：从当前梯段起步和结束位置到扶手接头外边的距离（可以为 0）。
- 提取楼梯数据<：从天正 5 以上平面楼梯对象提取梯段数据，双跑楼梯时只提取第一跑数据。
- 楼梯梁：勾选后，分别在编辑框中输入楼梯梁剖面高度和宽度，如图 11-47 所示。

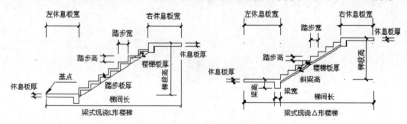

图 11-47 楼梯各元素名称

● 斜梁高：选梁式楼梯后出现此参数，应大于楼梯板厚。

技巧提示——楼梯扶手遮挡问题

直接创建的多跑剖面楼梯带有梯段遮挡特性，逐段叠加的楼梯梯段不能自动遮挡栏杆，请使用 AutoCAD 剪裁命令自行处理。

实例总结

本实例主要讲解了"参数楼梯"对话框中各主要选项的含义。

Example 实例 **359** 参数栏杆的操作

素材	教学视频\11\参数栏杆的操作.avi
	实例素材文件\11\参数栏杆.dwg

实例概述

使用"参数栏杆"命令，可绘制楼梯栏杆的剖面图（"参数栏杆"可不依赖于楼梯而独立创建）。

例如，打开"实例素材文件\11\参数栏杆-A.dwg"文件，在天正屏幕菜单中选择"剖面|参数栏杆"命令（CSLG），将弹出"剖面楼梯栏杆参数"对话框，设置好相应的参数，然后在视图中点取插入点即可，如图 11-48 所示。

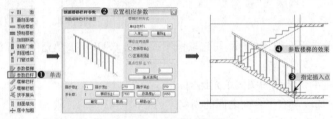

图 11-48　插入参数栏杆

软件技能——参数栏杆各选项含义

在"剖面楼梯栏杆参数"对话框中，各选项的含义如下。

● 栏杆列表框：列出已有的栏杆形式。
● 入库：用来扩充栏杆库。
● 删除：用来删除栏杆库中由读者添加的某一栏杆形式。
● 步长数：指栏杆基本单元所跨越楼梯的踏步数。
● 梯段长：指梯段始末点的水平长度，通过给出梯段两个端点给出。
● 总高差：指梯段始末点的垂直高度，通过给出梯段两个端点给出。
● 基点选择：从图形中按预定位置切换基点。

技巧提示——参数栏杆操作的注意参数

在图中绘制一段楼梯，以此楼梯为参照物，绘制栏杆基本单元，从而确定了基本单元与楼梯的相对位置关系，注意栏杆高度由读者给定，一经确定，就不会随后续踏步参数的变化而变化。

选择基点时注意栏杆的几项参数，如图 11-49 所示。

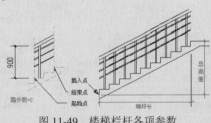

图 11-49　楼梯栏杆各项参数

实例总结

本实例主要讲解了参数栏杆的操作方法，即选择"剖面｜参数栏杆"命令（CSLG）即可。

Example 实例 360 楼梯栏杆、栏板和扶手接头

素材	教学视频\11\楼梯栏杆、栏板和扶手接头.avi
	实例素材文件\11\楼梯立面图.dwg

实例概述

使用"楼梯栏杆"命令，根据图层识别在双跑楼梯中剖切到的梯段与可见的梯段，按常用的直栏杆样式绘制栏杆的剖面图（"楼梯栏杆"可自动遮挡栏杆，且依赖于楼梯创建）。

使用"楼梯栏板"命令可绘制楼梯实心栏板的剖面图，并根据图层识别的可见梯段和剖面梯段自动处理栏板的遮挡关系。

使用"扶手接头"命令可对楼梯扶手和楼梯栏板的接头作倒角与水平连接处理。该命令与"剖面楼梯"、"参数栏杆"、"楼梯栏杆"和"楼梯栏板"各命令均可配合使用。

操 作 步 骤

步骤 ① 正常启动 TArch 2013 软件，执行"文件｜打开"菜单命令，打开本书配套光盘"实例素材文件\11\楼梯立面图-A.dwg"文件，如图 11-50 所示。

步骤 ② 执行"文件｜另存为"菜单命令，将该文件另存为"实例素材文件\11\楼梯立面图.dwg"文件。

步骤 ③ 在屏幕菜单中选择"剖面｜楼梯栏杆"命令（LTLG），根据如下命令行提示，添加楼梯栏杆，如图 11-51 所示。

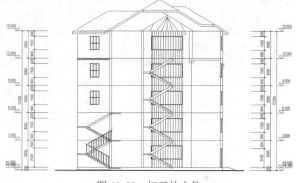

图 11-50　打开的文件

命令：LTLG	// 执行"楼梯栏杆"命令
请输入楼梯扶手的高度 <1000>：**1000**	// 键入扶手高度数值 "1000"
是否要打断遮挡线(Yes/No)？<Yes>：**Yes**	// 确定是否打断遮挡线 "Yse"
再输入楼梯扶手的起始点 <退出>：	// 确定扶手起点
结束点 <退出>：	// 确定扶手结束点
再输入楼梯扶手的起始点 <退出>：	// 按"空格键"结束命令

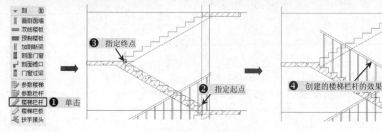

图 11-51　楼梯栏杆操作

步骤 ④ 接着在 TArch 2013 屏幕菜单中选择"剖面｜楼梯栏板"命令（LTLB），根据如下命令行提示，添加楼梯栏板，如图 11-52 所示。

命令：LTLG	// 执行"楼梯栏板"命令
请输入楼梯扶手的高度 <1000>：**1000**	// 键入扶手高度数值 "1000"

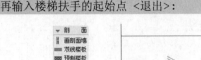

是否要打断遮挡线(Yes/No)? <Yes>: **Yes**	// 确定是否打断遮挡线 "Yse"
再输入楼梯扶手的起始点 <退出>:	// 确定扶手起点
结束点 <退出>:	// 确定扶手结束点
再输入楼梯扶手的起始点 <退出>:	// 按"空格键"结束命令

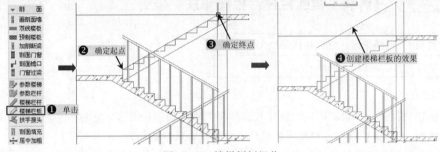

图 11-52　楼梯栏板操作

步骤 5　最后在天正屏幕菜单中选择"剖面 | 扶手接头"命令（FSJT），根据如下命令行提示，添加楼梯扶手接头，如图 11-53 所示。

命令: FSJT	// 执行"扶手接头"命令
请输入扶手伸出距离<100>: **100**	// 键入扶手伸出距离数值 "100"
请选择是否增加栏杆[增加栏杆(Y)/不增加栏杆(N)]<增加栏杆(Y)>:	// 确定是否增加栏杆
请指定两点来确定需要连接的一对扶手! 选择第一个角点<取消>:	// 确定连接副手角点
另一个角点<取消>:	// 确定另一个角点
请指定两点来确定需要连接的一对扶手! 选择第一个角点<取消>:	// 按"空格键"结束命令

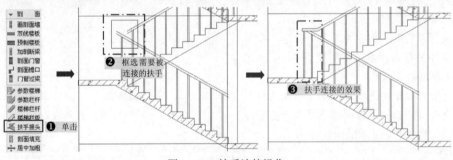

图 11-53　扶手连接操作

连接扶手创建的几种效果如图 11-54 所示。

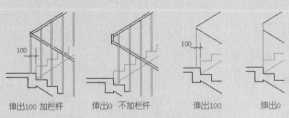

伸出100 加栏杆　　伸出0 不加栏杆　　伸出100　　伸出0

图 11-54　连接扶手的几种效果

步骤 6　至此，某住宅楼建筑立面图中楼梯栏杆、栏板和扶手接头的创建已完成，按"Ctrl+S"组合键进行保存。

实例总结

本实例主要讲解了楼梯栏杆、楼梯栏板和扶手接头的操作方法，即在天正屏幕菜单"剖面"下，选择"楼梯栏杆"、"楼梯栏板"和"扶手接头"即可。

Example 实例 361　剖面填充的操作

素材	教学视频\11\剖面填充的操作.avi
	实例素材文件\11\剖面填充.dwg

实例概述

　　"剖面填充"命令，将剖面墙线与楼梯按指定的材料图例作图案填充，与 AutoCAD 的图案填充（Bhatch）使用条件不同，本命令不要求墙端封闭即可填充图案。

　　例如，打开"实例素材文件\11\剖面填充-A.dwg"文件，在天正屏幕菜单中选择"剖面｜剖面填充"命令（PMTC），根据命令行提示，选择需要被填充的剖面墙，随后在弹出的对话框中选择填充图案和比例，然后单击"确定"按钮即可，如图 11-55 所示。

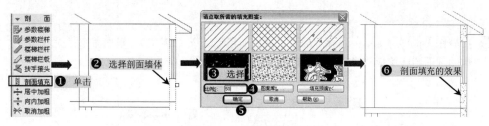

图 11-55　剖面填充操作

实例总结

　　本实例主要讲解了剖面填充的操作方法，即选择"剖面｜剖面填充"命令（PMTC）即可。

Example 实例 362　加粗与取消加粗操作

素材	教学视频\11\加粗与取消加粗.avi
	实例素材文件\11\加粗与取消加粗.dwg

实例概述

　　使用"居中加粗"命令，可以将剖面图中的墙线向墙两侧加粗，可以在视图中选择需要被加粗显示的墙线，然后直接按"回车键"即可，这样可以得到固定宽度居中加粗的墙线。

　　使用"向内加粗"命令，效果类似"居中加粗"命令，唯一不同的是该命令将选择的墙体向内以一定的厚度加粗，可以在视图中选择剖面墙体，直接按"回车键"即可，这样可以得到固定宽度向内加粗的墙线。

　　使用"取消加粗"命令，可还原原来墙体的固定墙线。

操作步骤

步骤① 正常启动 TArch 2013 软件，执行"文件｜打开"菜单命令，打开本书配套光盘"实例素材文件\11\加粗与取消加粗-A.dwg"文件，如图 11-56 所示。

步骤② 执行"文件｜另存为"菜单命令，将该文件另存为"实例素材文件\11\加粗与取消加粗.dwg"文件。

步骤③ 在天正屏幕菜单中选择"剖面｜居中

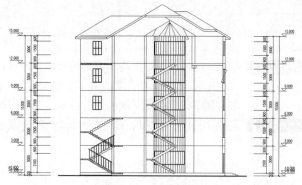

图 11-56　打开的文件

加粗"命令（JZJC），根据命令栏提示操作，选取要变粗的剖面墙线梁板楼梯线，按"空格键"结束，如图 11-57 所示。

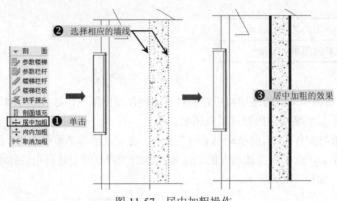

图 11-57　居中加粗操作

步骤④ 接着在天正屏幕菜单中选择"剖面 | 向内加粗"命令（XNJC），根据命令栏提示操作，选取要变粗的剖面墙线梁板楼梯线，按"空格键"结束，如图 11-58 所示。

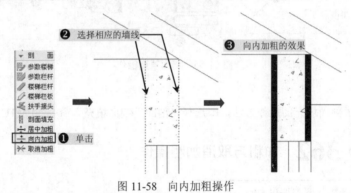

图 11-58　向内加粗操作

软件技能——向内和居中加粗

向内和居中加粗两种效果的对比如图 11-59 所示。

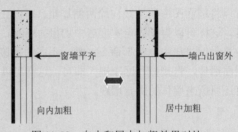

图 11-59　向内和居中加粗效果对比

步骤⑤ 根据实际情况，如果将加粗后的线恢复原状，可在天正屏幕菜单中选择"剖面 | 取消加粗"命令（QXJC），根据命令栏提示操作，选择需要被恢复原状的线，按"空格键"即可（这个命令操作非常简单，就不做详细的图文说明了）。

步骤⑥ 至此，某住宅楼建筑立面图中墙线加粗与取消加粗的操作已完成，按"Ctrl+S"组合键进行保存。

实例总结

本实例主要讲解了向内加粗、居中加粗和取消加粗的操作方法，即在天正屏幕菜单的"剖面"下，选择"向内加粗"、"居中加粗"和"取消加粗"命令即可。

第12章 天正建筑三维建模与图库图案操作

- **本章导读**

一套完整的施工图，设计说明、图样目录、平面图和立面图，生成的三维图形都是可见的，但是在绘制建筑图后，并不是都会生成所有的三维模型，有些部件并不会生成三维构件，如楼板等，这时就需要读者自己来创建，这里 TArch 2013 中专门设置了三维模型的命令，如平板、竖板、变截面体、栏杆、三维切割等。

天正建筑的最大一个优点，就是提供了大量的天正图块对象，从而方便设计人员的调用与使用，以及进行图块的改层、改名、替换等操作。另外，用户还可以安装天正以外的其他图块对象，将 CAD 中所设置的图形对象导入至天正中，以便满足设计的需要。

- **本章内容**

■ 三维视图的改变	■ 三维网架的操作	■ 新图入库的操作
■ 三维动态观察	■ 线转面的操作	■ 图块改层的操作
■ 三维视图控制器	■ 实体转面的操作	■ 图块改名的操作
■ 三维视觉样式的操作	■ 三维切割的操作	■ 图块替换的操作
■ 平板的操作	■ 厚线变面和线面加厚	■ 多视图库的操作
■ 平板的编辑操作	■ 三维组合的操作	■ 生二维块的操作
■ 竖板的操作	■ 图块与图库的概念	■ 取二维块的操作
■ 路径曲面的操作	■ 图块的夹点与对象编辑	■ 任意屏蔽的操作
■ 变截面体的操作	■ 天正图库的安装方法	■ 线图案的操作
■ 等高建模的操作	■ 通用图库的操作	
■ 栏杆库和路径排列	■ 天正图库管理系统的操作	

Example 实例 **363** 三维视图的改变

素材	教学视频\12\三维视图的改变.avi
	实例素材文件\12\镶块的创建.dwg

实例概述

用户在绘制与编辑三维图形时，经常需要改变三维空间的视图面，或者采用动态观察的方式来观察三维视图，同时可应用不同的视觉样式显示图形，所以系统为用户提供了视图的多种观察模式。

要改变三维视图的观察效果，直接在 CAD "常用"标签下的"视图"面板中选择相应的选项，即可根据当前图形的模型效果来作调整，如图 12-1 所示。

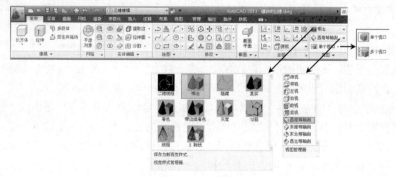

图 12-1 "视图"面板

例如，打开"实例素材文件\12\镶块的创建.dwg"文件，选择不同的视图效果来进行观察，即可得到不同的效果，如图 12-2 所示。

图 12-2　不同的视图效果

在绘图窗口的左上角位置，也可以通过"视图"或"视觉"控件来进行操作，如图 12-3 所示。

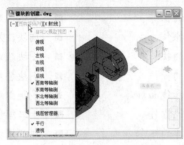 

图 12-3　通过控件来调整

实例总结

本实例主要讲解了三维视图的调整方法，即在 CAD "常用"标签下的"视图"面板中选择相应的选项，或者在绘图窗口左上角位置来进行调整。

Example 实例 364　三维动态观察

素材	教学视频\12\三维动态观察.avi
	实例素材文件\12\镶块的创建.dwg

实例概述

AutoCAD 提供了一个交互的三维动态观察期，该命令可以在当前视口中创建一个三维视图，用户可以使用鼠标来实时地控制和改变这个视图，以得到不同的观察效果。使用三维动态观察器，不但可以查看整个图形，而且还可以查看模型中任意的图形对象。

在"视图"标签下的"二维导航"面板中单击"动态观察"按钮 后的下拉菜单命令，下拉菜单中有三种动态观察的功能，如图 12-4 所示。

图 12-4　动态观察的三种方式

● 动态观察：此时鼠标指针呈 状，在当前窗口中通过拖动鼠标来动态观察模型，其视图的目标位置保持不变。默认情况下，观察点会约束为沿着世界坐标系的 XY 平面或 z 轴移动，如图 12-5 所示。

● 自由动态观察：与"动态观察"类似，但其观察点不会约束为沿着 XY 平面或 z 轴移动。当鼠标指针移到转盘的不同位置上时，其形状也会改变，从而指定视图的旋转方向，如图 12-6 所示。

● 连续动态观察：用于连续动态地观察图形。其鼠标指针形状呈 状，在绘图区域内单击并沿任何方向拖动鼠标指针，可以使对象沿着拖动的方向开始移动；当松开鼠标后，对象将在指定的方向沿着轨道连续旋转，如图 12-7 所示。

图 12-5　动态观察

图 12-6　自由动态观察

图 12-7　连续动态观察旋转

实例总结

本实例主要讲解了三维动态观察的三种方法，即动态观察、自由动态观察和连续动态观察。

Example 实例 365　三维视图控制器

素材	教学视频\12\三维视图控制器.avi
	实例素材文件\12\镶块的创建.dwg

实例概述

使用视图控制器功能，可以方便地转换视图方向。用户可以在命令行中输入 "NAVVCUBE" 来执行 "视图控制" 命令，则命令行提示如下，可以根据要求来控制图形的右上角是否显示 "视图控制器"，如图 12-8 所示。

> 命令：NAVVCUBE
>
> 输入选项 [开（ON）/关（OFF）/设置（S）] <ON>：

单击控制器的显示面域或指示箭头，界面图形会自动转换到相应的方向视图。图 12-9 所示为单击控制器 "上" 面后，系统转换到后视图的情形。

技巧提示——视图控制器的设置

用户可以在命令行中输入 "NAVVCUBE" 命令后，在提示行中选择 "设置（S）" 项，即可弹出 "ViewCube 设置" 对话框，从中可以设置视图控制器在屏幕的位置、显示的大小、不透明度等选项，如图 12-10 所示。

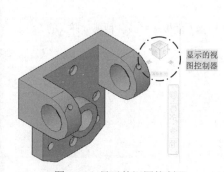
图 12-8　显示的视图控制器

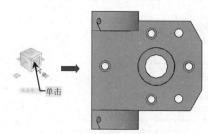
图 12-9　调整视图

图 12-10　"ViewCube 设置" 对话框

实例总结

本实例主要讲解了三维视图控制器的操作方法，即在命令行中输入 "NAVVCUBE" 来执行 "视图控制" 命令，以及在命令行中输入 "NAVVCUBE" 命令来进行设置。

Example 实例 366　三维视觉样式的操作

素材	教学视频\12\三维视觉样式的操作.avi
	实例素材文件\12\镶块的创建.dwg

实例概述

视觉样式是一组设置，用来控制视口中边和着色的显示。更改视觉样式的特性，并不是使用命令和设置系统变量，一旦应用了视觉样式或更改了其设置，就可以在视口中查看效果。

要应用视觉样式观察操作，在"视图"标签下的"视觉样式"面板中，单击"视觉样式"控制框，即可看到系统提供了一些事先设备好的视觉样式效果，如图 12-11 所示。

下面就针对 AutoCAD 提供的默认几种常用的视觉样式的特点和图示效果进行比较。

- 二维线框：显示用直线和曲线表示边界的对象，其光栅和 OLE 对象、线型和线宽均可见。
- 三维线框：显示用直线和曲线表示边界的对象，其 UCS 为一个着色的三维图标。
- 三维隐藏：显示用三维线框表示的对象并隐藏表示后向面的直线。
- 真实：着色多边形平面间的对象，并使对象的边平滑化，且显示已附着到对象的材质。
- 概念：着色多边形平面间的对象，并使对象的边平滑化。着色使用古氏面样式，一种冷色和暖色之间的过渡而不是从深色到浅色的过渡。效果缺乏真实感，但是可以更方便地查看模型的细节。

技巧提示——"视觉样式管理器"面板的操作

每种视觉样式可以通过"视觉样式管理器"来进行修改。在"视觉样式"面板中单击右下角的"视觉样式管理器"按钮，将弹出"视觉样式管理器"面板，如图 12-12 所示。

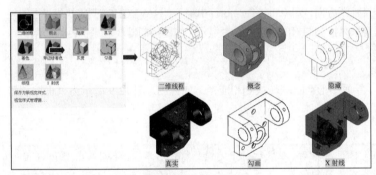

图 12-11　不同的视觉效果

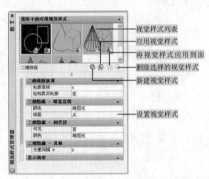

图 12-12　"视觉样式管理器"面板

实例总结

本实例主要讲解了各种视觉样式的显示效果，以及通过"视觉样式管理器"面板来修改各种视觉样式的方法。

Example 实例 367　平板的操作

素材	教学视频\12\平板的操作.avi
	实例素材文件\12\平板.dwg

实例概述

三维造型有三种层次的建立方法，即线框、曲面和实体，也就是分别对应于用一维的线、二维的面和三维的体来构造形体。

使用"平板"命令可绘制板式构件，如楼板、平屋顶、楼梯休息平台、装饰板和雨篷挑檐等。平板对象不仅支持水平方向的板式构件，如果预先设置好 UCS，可以创建其他方向的斜向板式构件。

操 作 步 骤

步骤❶ 正常启动 TArch 2013 软件，执行"文件｜打开"菜单命令，打开本书配套光盘"实例素材文件\12\平板平面图.dwg"文件，如图 12-13 所示。

步骤❷ 执行"文件｜另存为"菜单命令，将该文件另存为"实例素材文件\12\平板.dwg"文件。

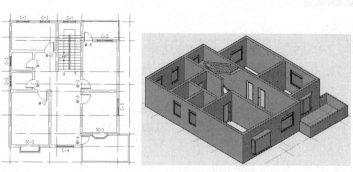

图 12-13　打开的文件

步骤③ 在天正屏幕菜单中选择"房间屋顶 | 搜屋顶线"命令，根据命令栏操作绘制一条围绕整个建筑物的封闭多段线，如图 12-14 所示。

命令：SWDX	// 执行"搜屋顶线"命令
请选择构成一完整建筑物的所有墙体(或门窗)：指定对角点：找到 45 个	// 选择完整建筑物
请选择构成一完整建筑物的所有墙体(或门窗)：	// 按"空格键"结束选择
偏移外皮距离<600>：0	// 键入偏移距离数值 "0"

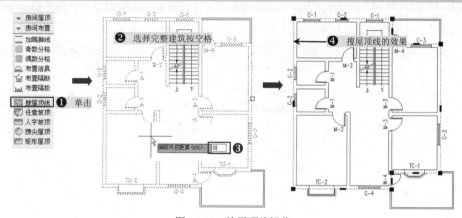

图 12-14　搜屋顶线操作

步骤④ 接着，在天正屏幕菜单中选择"三维建模型 | 造型对象 | 平板"命令（PB），根据如下命令提示进行设置，从而创建地板，如图 12-15 所示。

命令：PB	// 执行"平板"命令
选择一封闭的多段线或圆<退出>：	// 选择上一步的屋顶多段线
请点取不可见的边<结束>	// 按回车键
选择作为板内洞口的封闭的多段线或圆：	// 按"空格键"结束选择
板厚(负值表示向下生成)<200>：200	// 键入板厚数值 "200"

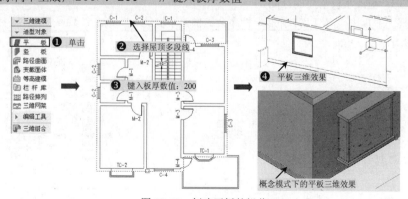

图 12-15　创建平板的操作

技巧提示——三维观察

在创建平板过程中为了方便读者观察效果或便于选择，这里可在命令栏中键入"3DO"，并按"空格键"或"回车键"，即可将观察视图转为动态观察，按住鼠标左键拖动即可观察效果，同时滑动鼠标滚轴也可将视图进行放大或缩小的操作。

如果需要返回"俯视图"，可按"Esc"键退出动态观察，并用鼠标单击屏幕左上角"自定义视图"，会弹出下拉列表，在下拉列表中选择"俯视图"即可，或者在命令栏中键入"PLAN"命令后按"空格键"或"回车键"，根据提示键入"W"，并按"空格键"或"回车键"结束，即可进入"俯视图"状态。

步骤 ⑤ 至此，某住宅楼平面图中平板的创建已完成，按"Ctrl+S"组合键进行保存。

实例总结

本例主要讲解了三维平板的操作方法，即选择"三维建模型｜造型对象｜平板"命令（PB）即可。

Example 实例 368 平板的编辑操作

实例概述

当读者创建好平板后，可以根据需要对平板进行编辑，双击创建好的平板对象，然后根据如下命令栏提示做出相应的选项，即可完成对平板的编辑操作。

选择[加洞(A)/减洞(D)/加边界(P)/减边界(M)/边可见性(E)/板厚(H)/标高(T)/参数列表(L)]<退出>：

● 加洞（A）：在平板中添加通透的洞口，命令行提示，选择封闭的多段线或圆，选中平板中定义洞口的闭合多段线，平板上增加若干洞口，具体如图 12-16 所示。

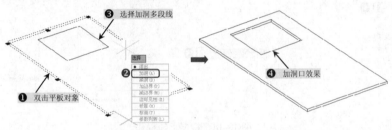

图 12-16　平板加洞口

● 减洞（D）：移除平板中的洞口，命令行提示，选择要移除的洞，选中平板中定义的洞口后按"回车键"结束，从平板中移除该洞口。

● 边可见性（E）：控制哪些边在二维视图中不可见，洞口的边无法逐个控制可见性。命令行提示，点取不可见的边或[全可见（Y）/全不可见（N）]<退出>，点取要设置成不可见的边。

● 板厚（H）：平板的厚度。正数表示平板向上生成，负数表示向下生成，厚度可以为 0，表示一个薄片。

● 标高（T）：更改平板基面的标高。

● 参数列表（L）：相当于 LIST 命令，程序会提供该平板的一些基本参数属性，便于读者查看和修改，具体如图 12-17 所示。

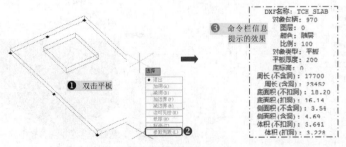

图 12-17　平板参数列表

技巧提示——平板特性栏的编辑

当用户创建好平板对象后，如板厚不符合要求，这时用户可以在"特性"面板中进行修改，如图 12-18 所示。

实例总结

本实例主要讲解了三维平板的编辑方法，即双击平板对象，然后从弹出的快捷菜单中选择相应的命令选项即可。

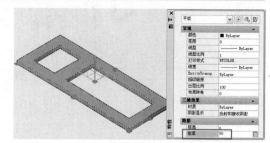

图 12-18　平板特性栏的编辑

Example 实例 **369** 竖板的操作

素材	教学视频\12\竖板的操作.avi
	实例素材文件\12\竖板.dwg

实例概述

使用"竖板"命令，可绘制竖直方向的板式构件，如遮阳板、阳台隔断等。

操 作 步 骤

步骤 ❶ 正常启动 TArch 2013 软件，执行"文件 | 打开"菜单命令，打开本书配套光盘"实例素材文件\12\竖板平面图.dwg"文件，如图 12-19 所示。

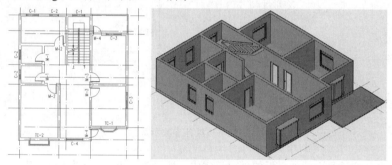

图 12-19　打开的文件

步骤 ❷ 执行"文件 | 另存为"菜单命令，将该文件另存为"实例素材文件\12\竖板.dwg"文件。

步骤 ❸ 在天正屏幕菜单中选择"三维建模型 | 造型对象 | 竖板"命令（SB），然后根据如下命令行提示来设置竖板的起点、终点、标高、高度、厚板等，其操作步骤如图 12-20 所示。

```
命令：SB                              // 执行"竖板"命令
起点或[参考点(R)]<退出>：              // 选定起点
终点或[参考点(R)]<退出>：              // 选定终点
起点标高<0>：0                        // 键入起点标高数值 "0"
终点标高<0>：0                        // 键入终点标高数值 "0"
起边高度<1000>：1000                  // 键入起边高度数值 "1000"
终边高度<1000>：1000                  // 键入终边高度数值 "1000"
板厚<200>：100                        // 键入板厚数值 "100"
是否显示二维竖板？[是(Y)/否(N)]<Y>：Y  // 键入 "Y"显示二维竖板
```

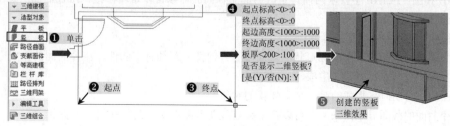

图 12-20　竖板的操作

步骤 ④ 接着按照上一步同样的操作方法，在其他位置也同样创建竖板，其效果如图 12-21 所示。

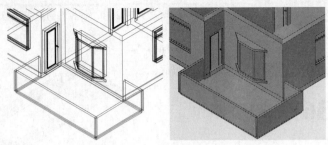

图 12-21 创建其他竖板

软件技能——竖板参数含义

在"竖板"命令行中，各个参数的具体含义如图 12-22 所示。

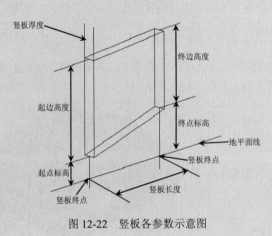

图 12-22 竖板各参数示意图

步骤 ⑤ 至此，某住宅楼平面图中竖板的创建已完成，按"Ctrl+S"组合键进行保存。

实例总结

本实例主要讲解了竖板的操作方法，即选择"三维建模型 | 造型对象 | 竖板"命令（SB）即可。

Example 实例 **370** 路径曲面的操作

素材	教学视频\12\路径曲面的操作.avi
	实例素材文件\12\路径曲面.dwg

实例概述

"路径曲面"命令，采用沿路径等截面放样创建三维，是最常用的造型方法之一，路径可以是三维 PLINE 或二维 PLINE 和圆，PLINE 不要求封闭。生成后的路径曲面对象可以编辑修改，路径曲面对象支持 trim（裁剪）与 Extend（延伸）命令。

其"路径曲面"命令有几下几个特点。

（1）截面是路径曲面的一个剖面形状，截面没有方向性，路径有方向性，路径曲面的生成方向总是沿着路径的绘制方向，以基点对齐路径生成。

（2）截面曲线封闭时，形成的是一个有体积的对象。

（3）路径曲面的截面显示出来后，可以拖动夹点改变截面形状，路径曲面动态更新。

（4）路径曲面可以在 UCS 下使用，但是作为路径的曲线和断面曲线的构造坐标系应平行。

步骤 ① 正常启动 TArch 2013 软件，执行"文件 | 打开"菜单命令，打开本书配套光盘"实例素材文件\12\路径曲面-A.dwg"文件，如图 12-23 所示。

步骤 ② 执行"文件 | 另存为"菜单命令，将该文件另存为"实例素材文件\12\路径曲面.dwg"文件。

步骤 ③ 执行 CAD 的"多段线"命令（PL），在指定位置绘制一条多段线，并将该多段线移动至 1000 高位置，其效果如图 12-24 所示。

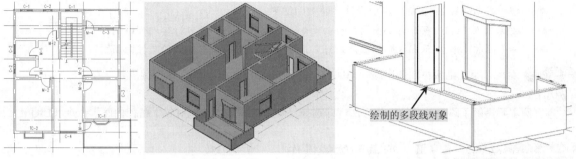

图 12-23　打开的文件　　　　　　　　　　图 12-24　绘制多段线对象

步骤 ④ 接着在天正屏幕菜单中选择"三维建模型 | 造型对象 | 路径曲面"命令（LJQM），会弹出"路径曲面"对话框，通过此对话框选择路径曲线，再选择截面曲线，即可完成路径曲面的绘制，其操作如图 12-25 所示。

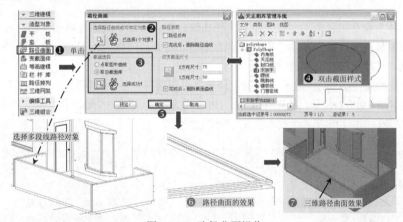

图 12-25　路径曲面操作

软件技能——路径曲面各参数含义

在"路径曲面"对话框中，各个选项含义如下。

● 路径选择 🔲：单击该按钮进入图中选择路径，选取成功后出现 V 形手势，并有文字提示。路径可以是 LINE、ARC、CIRCLE、PLINE 或可绑定对象路径曲面、扶手和多坡屋顶边线，墙体不能作为路径。

● 截面选择 🔲：点取图中曲线或进入图库选择，选取成功后出现 V 形手势，并有文字提示，截面可以是 LINE、ARC、CIRCLE、PLINE 等对象。

● 点取图中曲线：读者可以根据实际情况在图中绘制截面图形，从而代替图库中的截面。

● 路径反向：路径为有方向性的 PLINE 线，如预览发现三维结果反向了，选择该选项后将使结果反转。

● 拾取截面基点：选定截面与路径的交点，缺省的截面基点为截面外包轮廓的形状，可单击按钮在截面图形中重新选取。

● 预览< 预览< ：该按钮是预览生成路径曲面后的效果，读者可根据实际情况返回修改。

软件技能——路径曲面编辑

当读者创建好路径曲面后，可以根据需要对曲面进行编辑。双击创建好的路径曲面对象，然后根据如下命令栏提示选择相应的选项，即可完成对曲面的编辑操作。

选择[加顶点（A）/减顶点（D）/设置顶点（S）/截面显示（W）/改截面（H）/关闭二维（G）]<退出>：

● 加顶点（A）：可以在完成的路径曲面对象上增加顶点，详见"添加扶手"一节。

● 减顶点（D）：在完成的路径曲面对象上删除指定顶点。

● 设置顶点（S）：设置顶点的标高和夹角，提示参照点是取该点的标高。

● 截面显示（W）：重新显示用于放样的截面图形。

● 关闭二维（G）：有时需要关闭路径曲面的二维表达，由读者自行绘制合适的形式。

● 改截面（H）：提示点取新的截面，可以新截面替换旧截面重建新的路径曲面。

步骤 ⑤ 至此，某住宅楼平面图中路径曲面的创建已完成，按"Ctrl+S"组合键进行保存。

实例总结

本实例主要讲解了路径曲面的操作方法，即选择"三维建模型｜造型对象｜路径曲面"命令（LJQM）。

Example 实例 371 变截面体的操作

素材	教学视频\12\变截面体的操作.avi
	实例素材文件\12\变截面体.dwg

实例概述

使用"变截面体"命令用三个不同截面沿着路径曲线放样，第二个截面在路径上的位置可选择。变截面体由路径曲面造型发展而来，路径曲面依据单个截面造型，而变截面体采用三个或两个不同形状截面，不同截面之间平滑过渡，可用于建筑装饰造型等。

例如，打开"变截面体-A.dwg"文件，在天正屏幕菜单中选择 "三维建模型｜造型对象｜变截面体"命令（BJMT），再根据如下命令行提示，选择路径曲线（Pline 线段），选择第一个截面和对齐点，再分别选择第二个、第三个截面以及对齐点，然后指定第二个截面在路径曲线上的位置，即可完成变截面体的绘制，如图 12-26 所示。

命令：BJMT	// 执行"变截面体"命令
请选取路径曲线(点取位置作为起始端)<退出>：	// 选择路径曲线
请选择第 1 个封闭曲线<退出>：	// 选择第一个封闭曲线
请指定第 1 个截面基点或[重心(W)/退出(X)]<形心>：	// 确定第一个截面基点
请选择第 2 个封闭曲线<退出>：	// 选择第二个封闭曲线
请指定第 2 个截面基点或[重心(W)/退出(X)]<形心>：	// 确定第二个截面基点
请选择第 3 个封闭曲线<结束>：	// 选择第三个封闭曲线
请指定第 3 个截面基点或[重心(W)/退出(X)]<形心>：	// 确定第三个截面基点
指定第 2 个截面在路径曲线的位置：	// 指定第二个截面在路径曲线上的位置

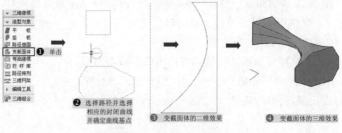

图 12-26　路径曲面操作

当读者创建好路径曲线时，该路径线必须是多段线（PL）对象，否则在执行"变截面体"命令选择路径时不予支持。

实例总结

本实例主要讲解了变截面体的操作方法，即选择 "三维建模型 | 造型对象 | 变截面体"命令（BJMT）。

Example 实例 372　等高建模的操作

素材	教学视频\12\等高建模的操作.avi
	实例素材文件\12\等高建模.dwg

实例概述

该命令主要用于创建地面模型，通过一组闭合的多段线生成自定义的三维地面模型，在绘图区绘制好多段线图形，然后通过移动命令将闭合的多段线有高差之分即可。

例如，打开"等高建筑模-A.dwg"文件，在天正屏幕菜单中选择"三维建模型 | 造型对象 | 等高建模"命令（DGJM），然后直接框选绘制好的有高差的闭合多段线图形，并按"空格键"或"回车键"结束，系统会自动形成三维的地面模型，如图 12-27 所示。

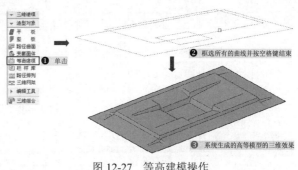

图 12-27　等高建模操作

系统随即绘制出基于该等高线的三维地面模型，目前地面模型的光滑程度还有待改善。

实例总结

本实例主要讲解了等高建模的操作方法，选择"三维建模型 | 造型对象 | 等高建模"命令（DGJM）。

Example 实例 373　栏杆库和路径排列

素材	教学视频\12\栏杆库和路径排列.avi
	实例素材文件\12\栏杆库和路径排列.dwg

实例概述

使用"栏杆库"命令可从栏杆单元库中调出栏杆单元，对其编辑后可生成栏杆。

使用"路径排列"命令可沿着路径排列生成指定间距的图块对象，常用于生成楼梯栏杆或其他位置的装饰栏杆。

操作步骤

步骤① 正常启动 TArch 2013 软件，执行"文件 | 打开"菜单命令，打开本书配套光盘"实例素材文件\12\栏杆库和路径排列-Adwg"文件，如图 12-28 所示。

步骤② 执行"文件 | 另存为"菜单命令，将该文件另存为"实例素材文件\12\栏杆库和路径排列.dwg"文件。

步骤③ 在天正屏幕菜单中选择"三维建模型 | 造型对象 | 栏杆库"命令（LGK），会弹出"天正图库管理系统"对话框，选择栏杆单元，再设置栏杆单元的尺寸，然后指定放置栏杆的位置，即可完成栏杆单元的绘制，如图 12-29 所示。

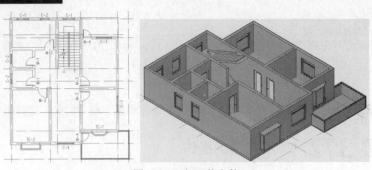

图 12-28　打开的文件

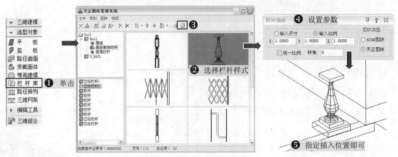

图 12-29　栏杆库操作

技巧提示——使用栏杆库的注意事项

　　插入的栏杆单元是平面视图，而图库中显示的侧视图是为增强识别性重制的。

步骤 ④ 接着在天正屏幕菜单中选择"三维建模型｜造型对象｜路径排列"命令（LJPL），选择路径曲线，再选择要排列的对象，打开"路径排列"对话框，通过此对话框设置单元宽度、初始距离等参数，即可完成路径排列操作，如图 12-30 所示。

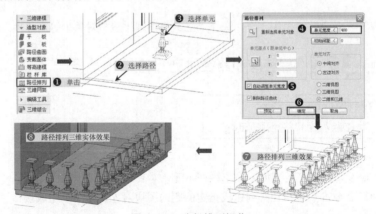

图 12-30　路径排列操作

软件技能——路径排列各参数含义

　　在"路径排列"对话框中，各个选项含义如下。

　　● 单元宽度< 单元宽度 <：排列物体时的单元宽度，由刚才选中的单元物体获得单元宽度的初值，但有时单元宽与单元物体的宽度是不一致的，例如栏杆立柱之间有间隔，单元物体宽加上这个间隔才是单元宽度。

　　● 初始间距< 初始间距 <：栏杆沿路径生成时，第一个单元与起始端点的水平间距，初始间距与单元对齐方式有关。

　　● 中间对齐和左边对齐：单元对齐的两种不同方式，栏杆单元从路径生成方向起始端起排列。

● **单元基点**: 是用于排列的基准点, 默认是单元中点, 可取点重新确定, 重新定义基点时, 为准确捕捉, 最好在二维视图中点取。

● **需要 2D**: 通常生成后的栏杆属于纯三维对象, 不提供二维视图, 如果需要二维视图, 则应选择本选项。

● **预览< 　预览<**: 参数输入后可以单击 "预览" 按钮, 在三维视口获得预览效果, 这时注意在二维视口中是没有显示的, 所以事先应该设置好视口环境。

技巧提示——路径排列注意事项

　　绘制路径时一定要按照实际走向进行操作, 如作为单跑楼梯扶手的路径就一定在楼梯一侧从下而上绘制, 这样栏杆单元的对齐才能起作用。

步骤 ⑤ 至此, 某住宅建筑平面图中创建栏杆单元和路径排列操作已完成, 按 "Ctrl+S" 组合键进行保存。

实例总结

　　本实例主要讲解了栏杆库和路径排列的操作方法, 即在天正的 "三维建模" 屏幕菜单下选择 "栏杆库" 和 "路径排列" 命令。

Example 实例 374　三维网架的操作

素材	教学视频\12\三维网架的操作.avi
	实例素材文件\12\三维网架.dwg

实例概述

　　使用 "三维网架" 命令, 可以绘制有球节点的等直径三维钢管网架, 也就是说把沿着网架杆件中心绘制的一组空间关联直线转换为有球节点的等直径空间钢管网架三维模型, 在平面图上只能看到杆件中心线。

　　例如, 打开 "三维网架-A.dwg" 文件, 在天正屏幕菜单中选择 "三维建模|造型对象|三维网架" 命令 (SWWJ), 选择已有的杆件中心线, 打开 "网架设计" 对话框, 通过此对话框设置球半径、杆半径等参数, 即可创建三维网架, 如图 12-31 所示。

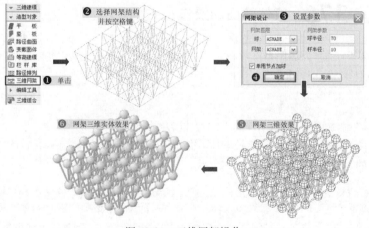

图 12-31　三维网架操作

技巧提示——三维网架注意

　　该命令生成的空间网架模型不能逐个指定杆件与球节点的直径和厚度。

实例总结

　　本实例主要讲解了三维网架的操作方法, 即选择 "三维建模|造型对象|三维网架" 命令 (SWWJ)。

Example 实例 375 线转面的操作

素材	教学视频\12\线转面的操作.avi
	实例素材文件\12\线转面.dwg

实例概述

使用“线转面”命令，可以将线构成的二维图形转换为三维网格面（Pface）。

例如，打开“线转面-A.dwg”文件，在天正屏幕菜单中选择“三维建模型｜编辑工具｜线转面”命令（XZM），然后根据如下命令行提示进行操作，即可将其转换为三维网格面，如图 12-32 所示。

```
命令: XZM                                        // 执行“线转面”命令
选择构成面的边(LINE/PLINE): 找到 1 个            // 选择构成面的边
选择构成面的边(LINE/PLINE):                      // 按“空格键”结束选择
是否删除原始的边线?[是(Y)/否(N)]<Y>: Y          // 键入 “Y”,确定删除原始的边线
```

三维建模
造型对象
编辑工具
线转面
实体转面
面片合成
隐去边线
三维切割
厚线变面
线面加厚
❶ 单击
❷ 选择封闭成面的线并按空格键
❸ 线转面的三维效果

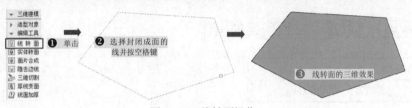

图 12-32　线转面操作

技巧提示——线转面

当读者完成线转面命令后，可将视图样式转为实体观察，即可看到效果。

实例总结

本实例主要讲解了线转面的操作方法，即中选择“三维建模型｜编辑工具｜线转面”命令（XZM）。

Example 实例 376 实体转面的操作

素材	教学视频\12\实体转面的操作.avi
	实例素材文件\12\实体转面.dwg

实体转面

使用“实体转面”命令可将 AutoCAD 的三维实体转化为网格面。

使用 AutoCAD 的“建模”工具来创建长方体、锥体和球体等三维实体，然后执行“实体转面”命令操作即可，其 AutoCAD 的“建模”工具如图 12-33 所示。

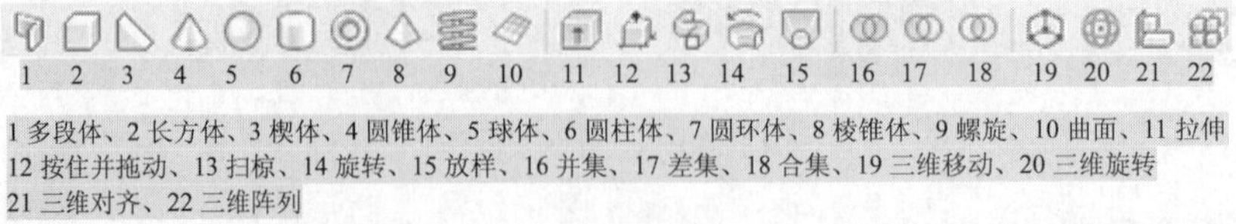

1 2 3 4 5 6 7 8 9 10 11 12 13 14 15 16 17 18 19 20 21 22
1 多段体、2 长方体、3 楔体、4 圆锥体、5 球体、6 圆柱体、7 圆环体、8 棱锥体、9 螺旋、10 曲面、11 拉伸
12 按住并拖动、13 扫掠、14 旋转、15 放样、16 并集、17 差集、18 合集、19 三维移动、20 三维旋转
21 三维对齐、22 三维阵列

图 12-33　Auto CAD 中的“建模”工具

操作步骤

步骤 1 正常启动 TArch 2013 软件，再按“Ctrl+Shift+S”组合键，将该文件保存为“实体转面.dwg”文件。

步骤 ② 切换至"三维建模"工作空间模式，设置"西南等轴测"视图和"概念"视觉模式，单击"长方体"按钮，在视图中任意位置创建一个长方体，其效果如图 12-34 所示。

步骤 ③ 单击"复制面"按钮 复制面 ，将长方体的指定面进行复制，其效果如图 12-35 所示。

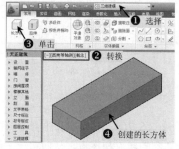

图 12-34　创建的长方体

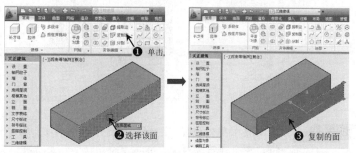

图 12-35　复制实体面操作

步骤 ④ 在天正屏幕菜单中选择"三维建模｜编辑工具｜实体转面"命令（STZM），这时选择 ACIS 实体，包括 3DSOLID（实体）和 REGION（面域），并按回车键结束选择，随即将实体模型转换为三维网格面（Pface）模型，如图 12-36 所示。

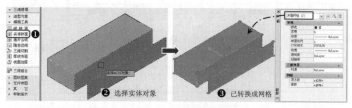

图 12-36　实体转面操作

步骤 ⑤ 这时，如果再单击"复制面"按钮 复制面 来选择视图中的实体面时，即无法选择，且在命令行中将显示"未发现实体"，如图 12-37 所示。

图 12-37　无法选择面

实例总结

本实例主要讲解了实体转面的操作方法，即选择"三维建模｜编辑工具｜实体转面"命令（STZM）。

Example 实例 **377**　三维切割的操作

素材	教学视频\12\三维切割的操作.avi
	实例素材文件\12\三维切割.dwg

实例概述

"三维切割"命令，可切割任何三维模型，而不是仅仅切割 SOLID 实体模型，可以在任意 UCS 下切割（如立面 UCS 下），便于生成剖透视模型。切割后生成两个结果图块，方便用户移动或删除，使用的是面模型，分解（EXPLODE）后全部是 3DFACE。切割处自动加封闭的红色面。

操 作 步 骤

步骤 ① 正常启动 TArch 2013 软件，执行"文件｜打开"菜单命令，打开本书配套光盘"实例素材文件\12\三维切割-A.dwg"文件，如图 12-38 所示。

步骤 ② 执行"文件｜另存为"菜单命令，将该文件另存为"实例素材文件\12\三维切割.dwg"文件。

步骤 ③ 在绘图区的左上角位置，将当前视图切换"俯视"视图和"二维线框"视觉模式，如图 12-39 所示。

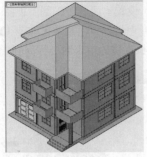
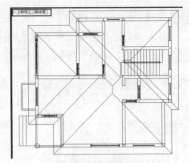

图 12-38　打开的文件　　　　　　　　图 12-39　转换视图和视觉模式

步骤 ④ 在天正屏幕菜单中选择"三维建模 | 编辑工具 | 三维切割"命令（SWQG），根据如下命令行提示，框选整个建筑物对象，并按"空格键"结束选择，再选择切割的起点和终点，从而将该三维实体进行切割操作，如图 12-40 所示。

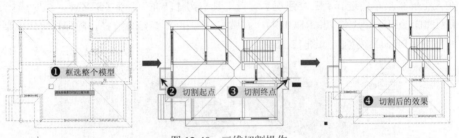

图 12-40　三维切割操作

```
命令：SWQG                                    // 执行"三维切割"命令
请选择需要剖切的三维对象:指定对角点：找到202个    // 选择相应的三维对象
请选择需要剖切的三维对象：                       // 按"空格键"结束选择
选择切割直线起点或[多段线切割(D)]<退出>         // 指定切割直线的起点
选择切割直线终点<退出>                          // 指定切割直线的终点
```

步骤 ⑤ 这时，选择切割后的下半部分，按"Delete"键将其删除，再切换至"西南等轴测"视图和"概念"视觉模式，即可看到三维切割后的效果，如图 12-41 所示。

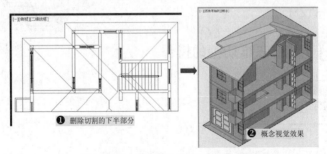

图 12-41　三维切割后的三维效果

步骤 ⑥ 至此，该三维模型已经切割完成，按"Ctrl+S"组合键进行保存。

技巧提示——三维切割扩展

　　三维切割从 6.5 版本后得到扩展，可用于为特殊的剖透视渲染建立三维模型的情况，模型生成后，以本命令进行剖切，生成其中一部分的三维剖面模型图块后，可以转换视角，形成剖透视图，其中剖面会自动使用暗红色面填充。

实例总结

　　本实例主要讲解了三维切割的操作方法，即选择"三维建模 | 编辑工具 | 三维切割"命令（SWQG）。

Example 实例 **378** 厚线变面和线面加厚

素材	教学视频\12\厚线变面和线面加厚.avi
	实例素材文件\12\厚线变面和线面加厚.dwg

实例概述

使用"厚线变面"命令可将选中的有厚度的线、弧、多段线等对象转化为三维网格面。

使用"线面加厚"命令可将选中的二维对象沿 z 轴方向进行拉伸，生成三维网格面或实体。

操 作 步 骤

步骤 ❶ 正常启动 TArch 2013 软件，执行"文件 | 打开"菜单命令，打开本书配套光盘"实例素材文件\12\厚线变面和线面加厚-A.dwg"文件，如图 12-42 所示。

步骤 ❷ 执行"文件 | 另存为"菜单命令，将该文件另存为"实例素材文件\12\厚线变面和线面加厚.dwg"文件。

步骤 ❸ 在天屏幕菜单中选择"三维建模 | 编辑工具 | 厚线变面"命令（HXBM），选择有厚度的一个或多个曲线对象，然后按"回车键"即可，如图 12-43 所示。

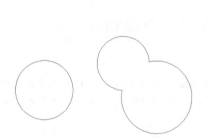

图 12-42　打开的文件

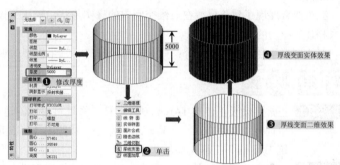

图 12-43　厚线变面操作

技巧提示——隐去边线

在稍复杂的图形中，几个三维面的边界常常是共线的，这时需要选中相邻的两个对象，这样它们的边界才能隐去。

步骤 ❹ 接着在天正屏幕菜单中选择"三维建模 | 编辑工具 | 线面加厚"命令（XMJH），选择要进行拉伸的二维对象，然后在弹出的"线面加厚参数"对话框中设置拉伸的高度，即可将其拉伸为三维网格面或实体，如图 12-44 所示。

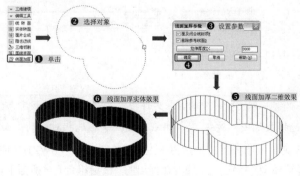

图 12-44　线面加厚操作

在"线面加厚参数"对话框中，各个选项含义如下。

● 闭合线封顶：对封闭的线对象或平面对象起作用，确定在拉伸厚度后顶部加封平面。

● 删除参考线面：指定在拉伸加厚之后，将已有对象删除。

● 拉伸厚度< 　　拉伸厚度I< ：输入厚度值，或从图上点取厚度值，当厚度值为负值时，可以生成凹陷的图形。

步骤 ⑤ 至此，为指定的对象执行厚线变面和线面加厚命令操作已完成，按"Ctrl+S"组合键进行保存。

实例总结

本实例主要讲解了厚线变量和线面加厚的操作方法，即在天正的"三维建模 | 编辑工具"屏幕菜单下选择"厚线变量"和"线面加厚"命令即可。

Example 实例 **379** 三维组合的操作

素材	教学视频\12\三维组合的操作.avi
	实例素材文件\12\01\某住宅楼建筑三维模型.dwg

实例概述

三维组合展现了建筑模型在三维空间中的真实形状，表达了设计思想，验证了布局的合理性、建筑体量关系和建筑空间的尺度感。

三维图形绘制主要分三部分：三维模型的创建、三维模型的观察和三维模型的效果表达。

操 作 步 骤

步骤 ① 正常启动天正建筑 TArch 2013 软件，系统将自动创建一个"dwg"的空白文档。在天正屏幕菜单中选择"文件布图 | 工程管理"命令，按照图 12-45 所示来新建"实例素材文件\12\01\某住宅建筑工程.tpr"工程文件。

步骤 ② 在指定位置添加相应的平面图，然后在"楼层"栏里设置相应的楼层表并添加事先准备好的"实例素材文件\12\01\某住宅建筑一层平面图.dwg"文件，按照同样的方法添加其他平面图文件即可，如图 12-46 所示。

图 12-45　新建工程文件　　　　　　　　　　　　　　图 12-46　添加文件并设置楼层表

将楼层表中的平面图都统一存放在一个 DWG 文件中，此时则应先将该 DWG 文件打开，在设置好楼层号和楼层高后单击"框选楼层范围"按钮，再在绘图区中框选相对应的平面图，并指定对齐点即可。

步骤 ③ 接着在天正屏幕菜单中选择"三维建模 | 三维组合"命令（SWZH）或在"工程管理"面板上单击"三维组合建筑模型"按钮，接着在弹出的"楼层组合"对话框中设置相应的参数，单击"确定"按钮，将文件保存为"实例素材文件\12\01\某住宅楼建筑三维模型.dwg"文件，最后单击"保

存"按钮，这时系统会自动创建三维模型，如图 12-47 所示。

软件技能——楼层组合参数含义

在"楼层组合"对话框中，各项参数含义如下。

● 分解成实体模型：为了输出到其他软件进行渲染（如 3ds Max），系统自动把各个标准层内的专业构件（如墙体、柱子）分解成三维实体（3DSOLID），用户可以使用相关的命令进行编辑。

● 分解成面模型：系统自动把各个标准层内的专业构件分解成网格面，用户可以使用拉伸（Stretch）等命令修改。

● 以外部参照方式组合三维：勾选此项，各层平面不能插入本图，通过外部参照（Xref）方式生成三维模型，这种方式可以减少图形文件的开销，同时在各平面图修改后三维模型能做到自动更新，但生成的三维模型仅供 AutoCAD 使用，不能导出到 3ds Max 进行渲染。

● 排除内墙：若勾选此项，生成三维模型时会不显示内墙，可以简化模型，减少渲染工作量，注意确认各标准层平面图后应事先执行"识别内外"命令。

● 消除层间线：若勾选此项，生成的三维模型会把各楼层墙体合并成为一个实体，否则各层是分开的多个实体。

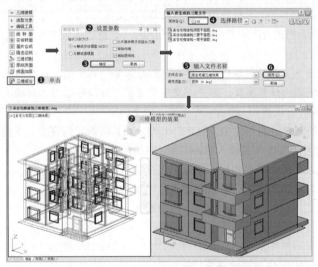

图 12-47　三维组合操作

步骤 4 至此，由某住宅楼建筑施工图创建三维组合图形已完成，按"Ctrl+S"组合键进行保存。

实例总结

本实例主要讲解了三维组合的操作方法，即选择"三维建模 | 三维组合"命令（SWZH）。

Example 实例 **380** 图块与图库的概念

实例概述

掌握图块与图库的概念时，可从天正图块与 AutoCAD 图块、图块与图库的概念，以及块参照与外部参照等三个部分来进行讲解。

1. 天正图块与 AutoCAD 图块

天正图块是基于 AutoCAD 普通图块的自定义对象，普通天正图块的表现形式依然是块定义与块参照。"块定义"是插入到 DWG 图中，可以被多次使用的一个被"包装"过的图形组合；块定义可以有名字（有名块），也可以没有名字（匿名块），"块参照"是使用中引用"块定义"，重新指定了尺寸和位置的图块"实例"，又称为"块参照"。

而 AutoCAD 图块，可以定义为与多项文字属性特征相关联的属性图块，在 2006 以上版本，还可以定义为带有不同预设参数和预设动作的动态图块，支持图块按 AutoCAD 标准图块插入，可利用图块的属性和动态的特性。

2．图块与图库的概念

块定义的作用范围可以在一个图形文件内有效（简称内部图块），也可以在全部文件中有效（简称外部图块）。如非特别申明，块定义一般指内部图块，外部图块就是有组织管理的 DWG 文件。通常把分类保存利用的一批 DWG 文件称为图库，把图库里面的外部图块通过命令插入图内，作为块定义，才可以被参照使用；内部图块可以通过 Wblock 导出外部图块，通过图库管理程序保存，称为"入库"。

天正图库以使用方式来划分，可以分为专用图库和通用图库；以物理存储和维护来划分，可以分为系统图库和用户图库，多个图块文件经过压缩打包保存为 DWB 格式文件。

（1）专用图库：用于特定目的的图库，采用专门有针对性的方法来制作和使用图块素材，如门窗库、多视图库。

（2）通用图库：即常规图块组成的图库。代表含义和使用目的完全取决于用户，系统并不认识这些图块的内涵。

（3）系统图库：随软件安装提供的图库，由天正公司负责扩充和修改。

（4）用户图库：由读者制作和收集的图库。对于读者扩充的专用图库（多视图库除外），系统给定了一个"U_"开头的名称，这些图块和专用的系统图块一起放在 DWB 文件夹下，用户图库在更新软件重新安装时不会被覆盖，但是读者为方便起见会把读者图库的内容拖到通用图库中，此时如果重装软件就应该事先备份图库。

3．块参照与外部参照

块参照有多种方式，最常见的就是块插入（INSERT），如非特别申明，块参照就是指块插入。此外，还有外部参照，外部参照自动依赖于外部图块，即外部文件变化了，外部参照可以自动更新。块参照还有其他更多的形式，例如门窗对象也是一种块参照，而且它还参照了两个块定义（一个二维的块定义和一个三维的块定义），与其他图块不同，门窗图块有自己的名称 TCH_OPENING，而且插入时门窗的尺寸受到墙对象的约束。

从 8.5 版本开始，天正图库提供了插入 AutoCAD 图块的选项，可以选择按 AutoCAD 图块的形式插入图库中保存的内容，包括 AutoCAD 的动态图块和属性图块，在插入图块时，在对话框中要选择是按天正图块还是按 AutoCAD 图块插入，如图 12-48 所示。

实例总结

本实例主要讲解了天正中图块与图库概念，分为天正图块与 AutoCAD 图块、图块与图库的概念，以及块参照与外部参照等三个部分来进行讲解。

图 12-48　插入图块的类型

Example （实例） 381　图块的夹点与对象编辑

实例概述

天正图块有 5 个夹点，四角的夹点用于图块的拉伸，以实时地改变图块的大小；中间的夹点用于图块的旋转，如图 12-49 所示。选中任何一个夹点后，都可以通过按"Ctrl"键切换夹点的操作方式，把相应的拉伸、移动操作变成以此夹点为基点的移动操作。

无论是天正图块还是 AutoCAD 块参照，可以通过"对象编辑"功能准确地修改尺寸大小。选中图块并右键单击，从弹出的快捷菜单中选择"对象编辑"命令，即可调出"图块编辑"对话框，在其中对图块进行编辑和修改，可选按"输入比例"修改或者按"输入尺寸"修改，单击"确定"按钮完成修改，如图 12-50 所示。

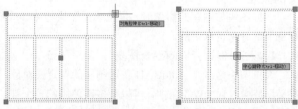

图 12-49　天正图块的夹点

图 12-50 图块的对象编辑

实例总结

本实例讲解了天正图块的 5 个夹点，以及图块（天正或 ACAD 图块）对象的"对象编辑"功能。

Example 实例 382 天正图库的安装方法

素材	教学视频\12\三维组合的操作.avi
	实例素材文件\12\01\某住宅楼建筑三维模型.dwg

实例概述

天正建筑 8.0、8.2、8.5、2013 版本均缺少官方的建筑图库，经过多次的摸索，把这几个版本的建筑图库安装及使用方法备案如下，这几个版本的图库安装方法一样，仅以天正建筑 2013 为例，并为其他遇到此问题者提供借鉴。

操 作 步 骤

步骤 ① 在网上下载天正 8.5 图库，在 veryCD 电驴的资源栏目的搜索框中输入：天正 8.5 图库和 CAD 字体完整版，即可找到下载页，这里不再详述。

步骤 ② 为了方便读者的学习和操作，用户可以直接在"实例素材文件\12"目录下找到"天正建筑完整图库.exe"文件。

步骤 ③ 双击天正建筑完整图库.exe"文件，找到安装路径为"...\Tangent\TArch 9"，并单击"确定"和"下一步"按钮，将天正 8.5 的图库安装在天正 2013 版本中，如图 12-51 所示。

图 12-51 将天正 8.5 的图库安装在
天正 2013 版本中

软件技能——在 win7_64 系统中安装图库

对于 win7_64 系统，可能会弹出"这个程序可能安装不正确！"的提示，选择：使用推荐的设置重新安装。

安装路径依然为：...:...\Tangent\TArch9

提示文件是否覆盖时，选择：全部选是，直至安装完成。

步骤 ④ 现在，在"::… \Tangent\TArch 9"里面出现了"DDBL"和"Lib3d"两个新的文件夹，如图 12-52 所示。

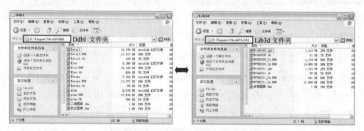

图 12-52 新增加的两个文件夹

步骤 ⑤ 这时正常启动天正 2013，在屏幕菜单中选择"图块图案|通用图库"命令(TYTK)，将弹出"天正图库管理系统"对话框，选择"图库|二维图库"命令，即可看到所载入的天正 8.5 的二维图

库了，如图 12-53 所示。

步骤 6 在天正屏幕菜单中选择"图块图案 | 通用图库"命令时，如果出现"TKW 文件不存在"提示，用户可在"天正自定义"对话框中按照图 12-54 所示将其加入其中。

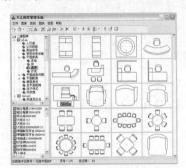

图 12-53　所载入的天正 8.5 二维图库

图 12-54　截入命令

步骤 7 "：...\Tangent\TArch 9\Dwb"目录下的文件，是天正 2013 的自带图库，请不要删除，否则，天正建筑 2013 的门窗选项将丢失门窗库。

步骤 8 在"...\Tangent\TArch 9\Dwb"目录下双击"tchlib.txt"文件，即列出了天正图库文件所对应的内容，如图 12-55 所示。

步骤 9 至此，天正图库已经安装完成，在后面的学习中，用户可以根据需要来插入其他天正图库对象。

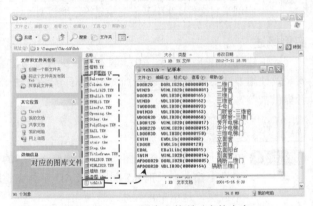

图 12-55　天正图库文件所对应的内容

实例总结

本实例讲解了天正图库的安装方法，以及执行"通用图库"命令时显示"TKW 文件不存在"问题的解决办法。

Example 实例 **383** 通用图库的操作

素材	教学视频\12\通用图库的操作.avi
	实例素材文件\12\通用图库.dwg

实例概述

"通用图库"命令，是调用图库管理系统的菜单命令，除了本命令外，其他很多命令也在其中调用图库中的有关部分进行工作，如插入图框时就调用了其中的图框库内容。图块名称表提供了人工拖动排序操作和保存当前排序功能，方便了用户对大量图块的管理，图库的内容既可以选择按天正图块插入，也可以按 AutoCAD 图块插入，满足了用户插入 AutoCAD 属性块和动态块的需求。

例如，在天正屏幕菜单中选择"图块图案 | 通用图库"命令（TYTK），将会弹出"天正图库管理系统"对话框，在其中找到需要的图库对象（篮球场），并单击"OK"按钮 █，随后弹出"图块编辑"对话框，在其中可以根据要求来进行比例设置或者设置尺寸，随后在视图中点取图块的插入位置即可，如图 12-56 所示。

软件技能——图块插入选项

选择图块对象并单击"OK"按钮 █ 后，即在命令行显示如下提示信息：

点取插入点[转 90（A）/左右（S）/上下（D）/对齐（F）/外框（E）/转角（R）/基点（T）/更换（C）]<退出>：

这时用户可以像前面插入门窗对象那样来对图块对象进行旋转、翻转、改基点等操作。

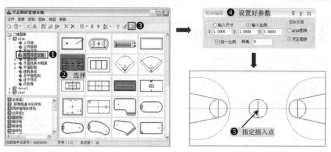

图 12-56　通用图库操作

实例总结

本实例讲解了通用图库的操作方法，即选择"图块图案 | 通用图库"命令（TYTK）。

Example 实例 384 天正图库管理系统的操作

实例概述

选择"图块图案 | 通用图库"命令（TYTK）后，将弹出"天正图库管理系统"对话框，其中包括 6 大部分：菜单栏、图库工具栏、图库状态栏、图库类别区、图块名称表和图块预览区等，如图 12-57 所示。

对话框大小可随意调整，并记录最后一次关闭时的尺寸。类别区、块名区和图块预览区之间也可随意调整最佳可视大小及相对位置，贴近用户的操作顺序，符合 Windows 的使用风格，如图 12-58 所示。

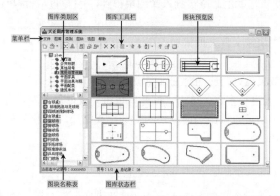

图 12-57　"天正图库管理系统"对话框

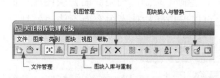

图 12-58　图库工具栏的分类

界面的大小可以通过拖动对话框右下角来调整，可以通过拖动区域间的界线来调整各个区域的大小，也可以通过工具栏的"布局"按钮 来调整显示；各个不同功能的区域都提供了相应的的右键菜单，如图 12-59 所示。

实例总结

本实例讲解了"天正通用图库管理系统"的操作方法。

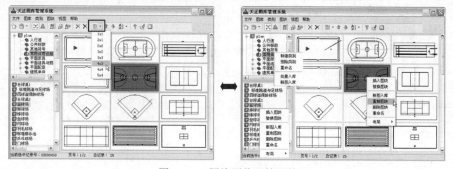

图 12-59　图块预览区的调整

Example 实例 385 新图入库的操作

素材	教学视频\12\新图入库的操作.avi
	实例素材文件\12\新图入库.dwg

实例概述

在"天正图库管理系统"对话框中，从"图块"菜单所提供的命令中，可以对图块进行入库、删除、重命名、替换等操作，如图 12-60 所示。

1."新图入库"命令，可以把当前图中的局部图形转为外部图块并加入到图库，其操作步骤如下。

（1）从菜单中执行"新图入库"命令，根据命令行提示选择构成图块的图元。

（2）根据命令行提示输入图块基点（默认为选择集中心点）。

（3）命令行提示制作幻灯片，三维对象最好键入 H 先进行消隐。

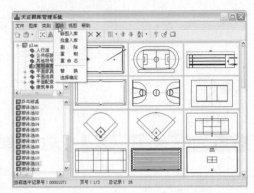

图 12-60 "图块"菜单的相关命令

制作幻灯片(请用 zoom 调整合适) 或 [消隐(H)/不制作返回(X)]<制作>：调整视图后按回车键完成幻灯片制作；键入 X 表示取消入库。

（4）新建图块被自动命名为"长度×宽度"，长度和宽度由命令实测入库图块得到，用户可以右键单击"重命名"来修改图块名。

2."批量入库"命令，可以把磁盘上已有外部图块按文件夹批量加入图库，其操作步骤如下。

（1）从菜单栏中执行"批量入库"命令。

（2）确定是否自动消隐制作幻灯片，为了视觉效果良好，应当对三维图块进行消隐。

（3）在文件选择对话框中用"Ctrl"和"Shift"键进行多选，单击"打开"按钮完成批量入库。

3."重制"命令，利用新图替换图库中的已有图块或仅修改当前图块的幻灯片或图片，而不修改图库内容，也可以仅更新构件库内容而不修改幻灯片或图片。

操作步骤

步骤 ❶ 正常启动 TArch 2013 软件，系统自动新建一个空白文档，按"Ctrl+Shift+S"组合键，将该文件另存为"新图入库.dwg"文件。

步骤 ❷ 在天正屏幕菜单中选择"图块图案｜通用图库"命令（TYTK），按图 12-61 所示插入图库。

步骤 ❸ 执行两次 CAD 的"分解"命令（X），将所插入的洗衣机连续两次打散。

步骤 ❹ 在天正屏幕菜单中选择"文字表格｜单行文字"命令（DHWZ），按图 12-62 所示输入单行文字。

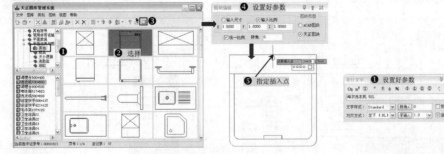

图 12-61 插入的图块　　　　　　　图 12-62 插入单行文字

步骤 ❺ 在天正屏幕菜单中选择"图块图案｜通用图库"命令（TYTK），在打开的对话框中选择"图块｜

新图入库"菜单命令，根据命令行提示，框选整个图库对象，再点取图块的新基点，并选择"制作"命令，如图 12-63 所示。

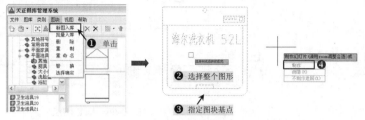

图 12-63　新图入库操作

步骤 6 这时，从"天正图库管理系统"对话框中即可看到新图入库的效果及名称，当然还可以对其新入库的图块进行重命名操作，如图 12-64 所示。

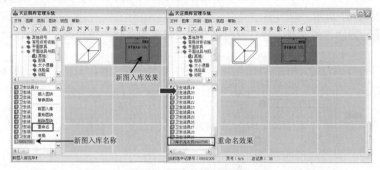

图 12-64　新图入库的效果

步骤 7 至此，该新图入库操作已经完成，按"Ctrl+S"组合键保存文件即可。

实例总结

　　本实例主要讲解了新图入库的操作方法，即在"天正图库管理系统"对话框中选择"图块 | 新图入库"菜单命令即可。

Example **实例** **386**　图块改层的操作

素材	教学视频\12\图块改层的操作.avi
	实例素材文件\12\图块改层.dwg

实例概述

　　图块内部往往包含不同的图层，在不分解图块的情况下无法更改这些图层；而"图块改层"命令则可用于修改块定义的内部图层，以便能够区分图块不同部位的性质。

技巧提示——图块改层

　　在插入图块时，系统默认图块在"0"图层上，读者对相应图块执行"图块改层"命令后，被改层后的图块与被改后的图层是同一种颜色。

操 作 步 骤

步骤 1 正常启动 TArch 2013 软件，执行"文件 | 打开"菜单命令，打开本书配套光盘"实例素材文件\12\室内平面图.dwg"文件，如图 12-65 所示。

步骤 2 在"图层"面板中单击"图层特性"按钮 ，在弹出的"图层特性管理器"面板中，新建"家具层"图层对象，并且设置其图层的颜色为蓝色，如图 12-66 所示。

图 12-65　打开的文件

图 12-66　新建图层

步骤③ 在天正屏幕菜单中选择"图块图案｜图块改层"命令（TKGC），根据命令栏提示，选择要编辑的图块，随后弹出"图块图层编辑"对话框，在对话框中选择原层名（0），再选择系统层名列表中的"家具层"，再单击"更改"按钮，这时会发现其视图中该图块对象的颜色已经发生了变化，如图 12-67 所示。

步骤④ 再按照上一步同样的方法，将右侧的组合沙发对象也进行"图块改层"操作，如图 12-68 所示。

图 12-67　图块改层操作 1

图 12-68　图块改层操作 2

技巧提示——图块的右键菜单

对于图块的操作，用户可以右键单击图块对象，从弹出的快捷菜单中选择"图块改层"等快捷命令来进行操作，如图 12-69 所示。

步骤⑤ 至此，家具图块对象的改层操作已经完成，按"Ctrl+Shift+S"组合键，将该文件另存为"图块改层.dwg"文件。

实例总结

本实例主要讲解了图块改层的操作方法，即选择"图块图案｜图块改层"命令（TKGC）。

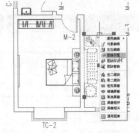

图 12-69　图块对象的右键菜单

Example 实例 **387** 图块改名的操作

素材	教学视频\12\图块改名的操作.avi
	实例素材文件\12\图块改名.dwg

实例概述

图块的名称往往需要更改，2013 版本新增灵活更改图块名称的命令，存在多个图块参照时可指定全部修改或者仅修改指定的图块参照。

接前例，右键单击左下角的双人床图块对象，从弹出的快捷菜单中选择"图块改名"命令，随后提示选择要改名的图块对象，即选择双人床对象，然后系统提示输入新的图块名称"双人床"即可，如图 12-70 所示。

图 12-70　图块改名操作

这时用户可以通过"特性"面板来观察，未改名的图块对象的名称为随机的，而修改过的图块名称即为所输入的图块名称，如图 12-71 所示。

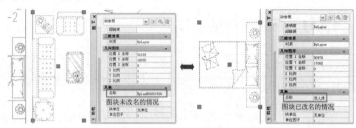

图 12-71　图块改名的效果

技巧提示——图块改名的选项

当输入了新的图块名称后，系统会提示"其他 n 个同名的图块是否同时参与修改?[全部（A）/部分（S）/否（N）]"。

（1）若选择"S"，则表示再次选择图块参照进行改名。

（2）若选择"A"，则表示对所有同名图块进行相同的改名。

（3）若选择"N"，则表示仅对选取的 1 号图块参照改名。

实例总结

本实例主要讲解了图块改名的操作方法，即从图块的右键菜单中选择"图块改名"命令。

Example 实例 388　图块替换的操作

素材	教学视频\12\图块替换的操作.avi
	实例素材文件\12\图块替换.dwg

实例概述

"图块替换"命令，作为菜单命令功能，是选择已经插入图中的图块，进入图库选择其他图块，对该图块进行替换；在图块管理界面也有类似的图块替换功能。

例如，打开"室内平面图.dwg"文件，在天正屏幕菜单中选择"图块图案|图块替换"命令（TKTH），再根据命令行提示，选择图形中要替换的图块，随后将弹出"天正图库管理系统"对话框，在其中选择替换的图块对象，并单击"OK"按钮 ，并根据命令行提示选择相应的选项即可，如图 12-72 所示。

图 12-72　图块替换操作

技巧提示——图块替换的选项

选择替换的图块对象后，其提示如下。

[维持相同插入比例替换（S）/维持相同插入尺寸替换（D）]<退出>：

（1）相同插入比例的替换（S）：维持图中图块的插入点位置和插入比例，适合于代表标注符号的图块。

（2）相同插入尺寸的替换（D）：维持替换前后的图块外框尺寸和位置不变，更换的是图块的类型，适用于代表实物模型的图块，例如替换不同造型的立面门窗、洁具、家具等图块。

实例总结

本实例主要讲解了图块替换的操作方法，即选择"图块图案 | 图块替换"命令（TKTH）。

Example 实例 389 多视图库的操作

素材	教学视频\12\多视图库的操作.avi
	实例素材文件\12\多视图库.dwg

实例概述

在前面的图块操作过程中，都是以二维图块的方式来操作的，用户可以将插入的图块对象置入"概念"视觉模式即可以看出来，如图 12-73 所示。

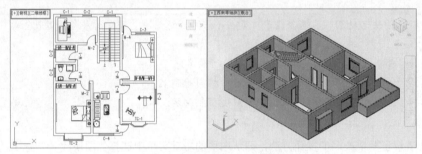

图 12-73 二维图块的效果

当用户安装了天正图库后，即可通过多视图库的方式来布置三维图块对象。

接前例，在天正屏幕菜单中选择"图块图案 | 通用图库"命令（TYTK），将弹出"天正图库管理系统"对话框，选择"图库 | 多视图库"菜单命令，然后选择相应的三视图块对象，并单击"替换"按钮，然后在视图中选择对应的二维图块对象即可，如图 12-74 所示。

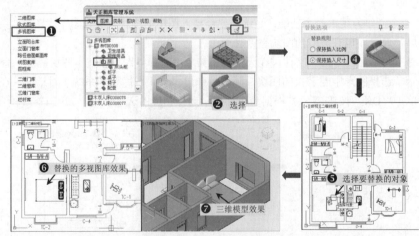

图 12-74 多视图库的操作

　　当然，对于已经替换为三视图库的对象，用户也可以通过夹点的方式对图块对象进行旋转、移动等操作，使之与布置的效果相稳合。

实例总结

　　本实例主要讲解了三视图块的操作方法，即在"天正图库管理系统"对话框中，选择"图库 | 多视图库"菜单命令，然后选择相应的三维模型图块对象，并替换到目标视图中的二维图块对象。

Example 实例 390　生二维块的操作

素材	教学视频\12\生二维块的操作.avi
	实例素材文件\12\生二维块.dwg

实例概述

　　"生二维块"命令，利用天正建筑图中已插入的普通三维图块，生成含有二维图块的同名多视图图块，以便用于室内设计等领域。

　　接前例，在天正屏幕菜单中选择"图块图案 | 多视图块 | 生二维块"命令（SEWK），再根据命令行提示，选择已有的三维图块对象，并以回车键结束选择，则该三维图块对象便生二维图块，但三维模型并没有改变，如图 12-75 所示。

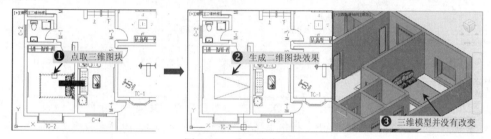

图 12-75　生二维块的操作

实例总结

　　本实例主要讲解了生二维块的操作方法，即选择"图块图案 | 多视图块 | 生二维块"命令（SEWK）。

Example 实例 391　取二维块的操作

素材	教学视频\12\取二维块的操作.avi
	实例素材文件\12\取二维块.dwg

实例概述

　　"取二维块"命令，将天正多视图块中含有的二维图块提取出来，转化为纯二维的天正图块，以便利用 AutoCAD 的在位编辑来修改二维图块的定义。

　　接前例，在天正屏幕菜单中选择"图块图案 | 多视图块 | 取二维块"命令（QEWK），根据命令行提示，选择图中已经插入的多视图块，再拖动平面图块到空白位置即可，如图 12-76 所示。

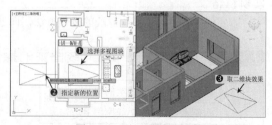

图 12-76　取二维块的操作

　　取出的平面图块是 AutoCAD 的块参照，必要时可以通过"图块转化"命令转换为天正图块。

实例总结

本实例主要讲解了取二维块的操作方法，即选择"图块图案｜多视图块｜取二维块"命令（QEWK）。

Example 实例 392　任意屏蔽的操作

素材	教学视频\12\任意屏蔽的操作.avi
	实例素材文件\12\任意屏蔽.dwg

实例概述

　　"任意屏蔽"命令，是 AutoCAD 的 Wipeout 命令，功能是通过使用一系列点来指定多边形的区域创建区域屏蔽对象，也可以将闭合多段线转换成区域屏蔽对象，遮挡区域屏蔽对象范围内的图形背景。

　　例如，打开"室内平面图.dwg"文件，在天正屏幕菜单中选择"图块图案｜任意屏蔽"命令（RYPB），再根据命令行提示，依次点取几个点来围成一个封闭区域，从而将该封闭区域内的对象给屏蔽掉，如图 12-77 所示。

　　在执行"任意屏蔽"命令时，其命令行提示"边框（F）/"选项，如果选择"多段线（P）"项，即可将绘制好的一条封闭多段线内的区域给封闭掉，如图 12-78 所示。

图 12-77　任意屏蔽的操作

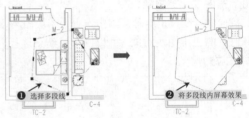

图 12-78　屏蔽"多段线"操作

技巧提示——屏蔽边框的状态

　　如果选择"边框（F）"项，可通过"开（ON）/关（OFF）"来确定是否显示所有区域覆盖对象的边。如果输入 on，将显示屏蔽边框；输入 off，将禁止显示屏蔽边框，如图 12-79 所示。

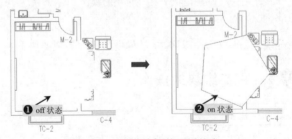

图 12-79　屏蔽边框的不同状态

实例总结

　　本实例主要讲解了任意屏蔽的操作方法，即选择"图块图案｜任意屏蔽"命令（RYPB）。

Example 实例 393　线图案的操作

素材	教学视频\12\线图案的操作.avi
	实例素材文件\12\线图案.dwg

实例概述

　　"线图案"命令，是用于生成连续的图案填充的新增对象，它支持夹点拉伸与宽度参数修改，与 AutoCAD 的 Hatch（图案）填充不同，天正"线图案"命令允许用户先定义一条开口的线图案填充轨迹线，图案以该线为基准沿线生成，可调整图案宽度，以及设置对齐方式、方向与填充比例，也可以被 AutoCAD 命令裁剪、延伸、打断，闭合的线图案还可以参与布尔运算。

步骤 1 正常启动 TArch 2013 软件，执行"文件｜打开"菜单命令，打开本书配套光盘"实例素材文件\12\室内平面图.dwg"文件。

步骤 2 在天正屏幕菜单中选择"房间屋顶｜搜屋顶线"命令（SWDX），框选整个平面图对象，并设置偏移的外皮距离为 0，从而创建该室内平面图的外轮廓线段，如图 12-80 所示。

步骤 3 在天正屏幕菜单中选择"图块图案｜线图案"命令（XTA），将弹出"线图案"对话框，设置好参数，单击图线预览框，从弹出的对话框中选择"素土夯实"图案返回，再单击"选择路径"按钮，选择上一步所生成的外轮廓线，以此来创建素土夯实效果，如图 12-81 所示。

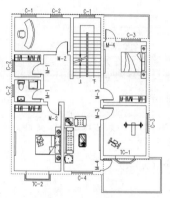 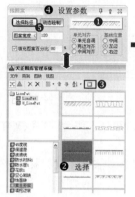 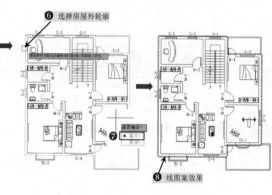

图 12-80　搜外轮廓线　　　　　　　图 12-81　线图案操作

步骤 4 同样，选择"图块图案｜线图案"命令（XTA），将弹出"线图案"对话框，设置好参数，单击图线预览框，从弹出的对话框中选择"保温层"图案返回，再单击"选择路径"按钮，选择上一步所生成的外轮廓线，从而以此来创建保温层效果，如图 12-82 所示。

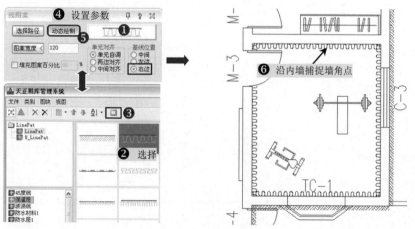

图 12-82　布置保温层

步骤 5 执行 CAD 的"修剪"命令（TR），将布置的"素土夯实"图案与门窗口位置进行修剪操作，如图 12-83 所示。

技巧提示——屏蔽边框的状态

线图案可以进行对象编辑，双击已经绘制的线图案，命令行提示：

选择[加顶点（A）/减顶点（D）/设顶点（S）/宽度（W）/填充比例（G）/图案翻转（F）/单元对齐（R）/基线位置（B）]<退出>：

键入选项热键可进行参数的修改，切换对齐方式、图案方向与基线位置。线图案镜像后的默认规则是严格镜像，在用于规范要求方向一致的图例时，请使用对象编辑的"图案翻转"属性纠正，如图 12-84 所示，如果要求沿线图案的生成方向翻转整个线图案，请使用右键菜单中的"反向"命令。

图 12-83　修剪的线图案

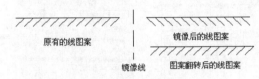

图 12-84　线图案的镜像

步骤 6 至此，线图案操作已经完成，按"Ctrl+Shift+S"组合键将该文件另存为"线图案.dwg"文件。

实例总结

　　本实例主要讲解了线图案的操作方法，即选择"图块图案 | 线图案"命令（XTA）。

第13章　天正建筑工程管理与文件布图

- **本章导读**

　　由于一套完整的工程，所涉及到的施工图少则几十张，多则上百张，为了更好地管理好一套完整的施工图纸，这时就有必要采用工程管理的方式来管理这些文件，然后通过图纸集和楼层表的操作，为后面的立面图、剖面图、三维模型图、门窗表等的生成提供了前提条件。

　　每一个工程图文件，都应插入相应的图框来进行布图，并可以根据需要来定制图框和标题栏，这样使阅读和施工人员拿到图纸后可以大致明白该施工图的归属及作用。施工图设计完成之后，还应进行视口的布局和打印输出，以及进行图纸的转换、保护、备档拆图、图变单色、变色等操作。

- **本章内容**

- 天正工程管理的概念
- 工程管理的操作
- 新建工程和打开工程
- 图纸集的操作
- 楼层表的操作
- 插入图框的操作
- "插入图框"对话框中各参数的含义
- 直接插图框的操作
- 图框表格的定制概念

- 标题栏的定制
- 工程图框的定制
- 图纸目录的操作
- 视口布置的操作
- 放大视口的操作
- 改变比例的操作
- 图形切割的操作
- 旧图转换的操作
- 图形导出的操作

- "图形导出"对话框中各参数的含义
- 批量转旧的操作
- 分解对象的操作
- 图纸保护的操作
- 备档拆图的操作
- 图变单色的操作
- 图形变线的操作

Example 实例 394　天正工程管理的概念

实例概述

　　引入工程管理的目的，是希望能灵活地管理同属于一个工程的图纸文件。早在 AutoCAD 2005 已经有了图纸集这种图纸管理方式，为何天正不使用 AutoCAD 的图纸集，而自己搞一套工程管理？这是因为 AutoCAD 的图纸集必须基于 AutoCAD2005 版本，而且还要求基于图纸空间的命名视图，这两个要求都是用户无法满足的，用户不一定能升级到 2005 版本，也不一定都愿意使用图纸空间。

　　而天正建筑软件提供了实用的工程管理，也使用了图纸集的概念，但天正图纸集可适用于 AutoCAD 2000 以上的任何版本，也适用于模型空间和图纸空间，满足了国内用户使用习惯和平台版本的实际状况。

　　天正工程管理，是把用户所设计的大量图形文件按"工程"或者"项目"区别开来，首先要求用户把同属于一个工程的文件放在同一个文件夹下进行管理，这是符合用户日常工作习惯的，只是以前在天正建筑软件中没有强调这样一个操作要求。

　　天正工程管理允许用户使用一个 DWG 文件，并通过楼层范围（默认不显示）保存多个楼层平面，通过楼层范围定义自然层与标准层关系；也允许用一个 DWG 文件保存一个楼层平面，此时也需要定义楼层范围，用于区分在 DWG 文件中属于工程的平面图部分，通过楼层范围中的对齐点，把各楼层平面对齐并组装起来。

　　天正工程管理还支持部分楼层平面在一个 DWG 文件中，而其他一些楼层在其他 DWG 文件这种混合保存方式。图 13-1 所示为某项工程的一个天正图纸集，其中一层和二层平面图都保存在一个 DWG 文件，而其他平面 C-D 保存在各自的 DWG 文件。由于楼层范围定义的存在，DWG 文件中的临时平面图 X 和 Y 不会影响工程的创建。

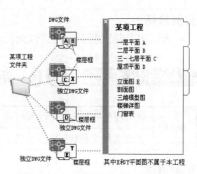

图 13-1　工程管理与各文件的关系

实例总结

本实例主要讲解了为何使用天正工程管理，以及讲解了天正工程管理与 DWG 文件和楼层的关系。

Example 实例 **395** 工程管理的操作

实例概述

"工程管理"命令，用于启动工程管理界面，建立由各楼层平面图组成的楼层表，在界面上方提供了创建立面、剖面、三维模型等图形的工具栏图标。

在天正屏幕菜单中选择"文件布图｜工程管理"命令（GCGL），或者按"Ctrl+Shift++"组合键，均可启动工程管理界面，再次执行可关闭该界面，并可设置为"自动隐藏"，仅显示一个共用的标题栏，光标进入标题栏中的工程管理区域时，界面会自动展开，如图 13-2 所示。

单击界面上方的"工程名称"下拉列表，可以打开工程管理菜单，在其中可以选择工程管理的相关命令，如图 13-3 所示。

软件技能——导入/导出楼层表和工程设置

在"工程管理"下拉列表中，其中选项"导入楼层表"、"导出楼层表"和"工程设置"的含义如下。

● **导入楼层表**：用于把以前采用楼层表的 TArch5～6 版本工程升级为 TArch 2013 的工程，命令要求该工程的文件夹下要存在 building.dbf 楼层表文件，否则会显示"没有发现楼层表"的警告框。命令应在"新建工程"后执行，没有交互过程，结果自动导入 TArch5～6 版本创建的楼层表数据，自动创建天正图纸集与楼层表。

● **导出楼层表**：本命令纯粹为保证图纸交流设计，用于把 TArch 2013 的工程转到 TArch6 下完成时才会需要，执行结果在 tpr 文件所在文件夹创建一个 building.dbf 楼层表文件。注意：当本工程存在一个 DWG下保存多个楼层平面的局部楼层，会显示"导出楼层表失败"的提示，因为此时无法做到与旧版本兼容。

● **工程设置**：将会在此记录一些工程位置有关的信息。

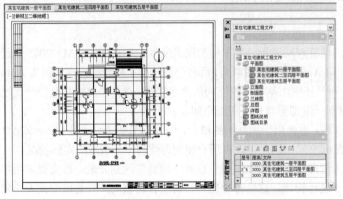 

图 13-2　工程管理界面　　　　　　　　　图 13-3　工程管理相关命令

实例总结

本实例主要讲解了工程管理面板的打开方法，以及工程管理相关命令的调用方法。

Example 实例 **396** 新建工程和打开工程

素材	教学视频\13\新建工程和打开工程.avi
	实例素材文件\13\某建筑新工程.tpr

实例概述

"新建工程"命令，为当前图形建立一个新的工程，并要求用户为工程命名。

"打开工程"命令，打开已有工程，在图纸集中的树形列表中列出本工程的名称与该工程所属的图形文件名称，在楼层表中列出本工程的楼层定义。

操作步骤

步骤 ❶ 在 TArch 2013 屏幕菜单中选择"文件布图 | 工程管理"命令（GCGL），然后在弹出的"工程管理"面板的列表框中执行"新建工程"命令，再设置工程文件的保存路径及名称，如图 13-4 所示。

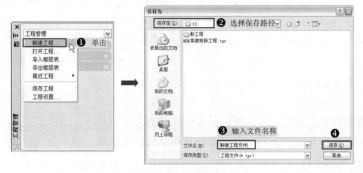

图 13-4　新建工程

技巧提示——工程文件

"工程管理"面板中的文件格式都为"*.tpr"格式。

步骤 ❷ 如果需要打开一个工程文件，同样在 TArch 2013 屏幕菜单中选择"文件布图 | 工程管理"命令（GCGL），然后在弹出的"工程管理"面板的列表框中执行"打开工程"命令，打开事先准备好的"实例素材\13\新工程\某住宅建筑工程文件.tpr"文件，如图 13-5 所示。

图 13-5　打开工程

技巧提示——打开工程

在打开工程之前，必须要有已创建完成的工程对象，否则此命令将无效。

步骤 ❸ 至此，新建一个工程和打开一个工程文件的操作已完成。

实例总结

本实例主要讲解了天正工程管理文件的创建与打开方法。

Example **实例** **397**　图纸集的操作

素材	教学视频\13\图纸集的操作.avi
	实例素材文件\13\新建工程文件.tpr

实例概述

"图纸集"用于管理属于工程的各个图形文件，以树状列表添加图纸文件创建图纸集。其各个图纸集的右键菜单如图 13-6 所示，各选项的含义如下。

● 添加图纸：可以在当前的类别或工程下添加图纸文件，从硬盘中选取已有 DWG 文件或者建立新图纸（双击该图纸时才新建 DWG 文件）。

● 添加类别：可以在当前的工程下添加新类别，如添加"门窗详图"类别。

● 添加子类别：在当前类别下一层添加子类别，如在"平面图"类别下添加"平面 0511 修订"类别。

● 收拢：把当前光标选取位置下的下层目录树结构收起来，单击+号重新展开。

图 13-6　图纸集的操作

● 重命名：将当前光标选取位置的类别或文件重新命名。

● 移除：将当前光标选取位置的类别或文件从树状目录中移除，但不会删除文件本身。

操 作 步 骤

步骤 ① 在 TArch 2013 屏幕菜单中选择"文件布图 | 工程管理"命令（GCGL），然后在弹出的"工程管理"面板的列表框中执行"打开工程"命令，将"新建工程文件.tpr"文件打开。

步骤 ② 右键单击"平面图"图纸集，从弹出的快捷菜单中选择"添加图纸"命令，将弹出"选择图纸"对话框，打开"实例素材文件\13\新工程"目录，在其中选择相应的一层平面图文件，然后单击"打开"按钮，即可看到所添加的图纸在"平面图"图纸集下，如图 13-7 所示。

步骤 ③ 再按照同样的方法，将其他平面图一次性添加在内，如图 13-8 所示。

图 13-7　添加图纸

图 13-8　添加图纸

实例总结

本实例主要讲解了天正工程管理中图纸的添加方法，即右键单击图纸集，从弹出的快捷菜单中选择"添加图纸"命令即可。

Example 实例 **398**　楼层表的操作

素材	教学视频\13\楼层表的操作.avi
	实例素材文件\13\新建工程文件.tpr

实例概述

"楼层表"是天正工程管理器的核心数据，读者对标准层平面图的保存常常有两种方法：一是一个平面图文件以一个独立 dwg 文件保存，二是把整个工程的多个平面图保存在同一个 dwg 文件中，这两种保存方案可以独立使用，也可以混合使用，选择文件后，需要在每个平面图中定义楼层范围。其"楼层表"各示意图如图 13-9 所示。

在天正工程管理中，其楼层表的定义方法如下。

（1）单击文件列的单元格，接着单击"文件选择"按钮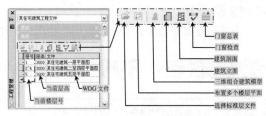打开文件对话框，选择楼层文件。

（2）打开图形或单击文件标签，切换到要定义楼层范围的楼层文件，使此楼层文件为当前图形文件。

（3）单击"框选标准层"按钮，框选当前标准层的区域范围，注意地下层层号用负值表示，如地下一层层号为"-1"，地下二层为"-2"。

图 13-9　楼层表的操作

在"楼层"表中，各个参数含义如下。

● 层号：一组自然层号顺序，简写格式为"起始层号～结束层号"或"层号1、层号3、层号5"，从第一行开始填写，允许多个自然层与一个标准层文件对应，但一个自然层号在一个工程中仅出现一次。

● 层高：填写这个标准层的层高（单位是毫米），层高不同的楼层属于不同的标准层，即使使用同一个平面图也需要各占一行。

● 文件：填写这个标准层的文件名，单击空白文件栏出现按钮 ，单击该按钮，选取文件定义标准层。

● 行首：单击行首按钮表示选择一行。

● 下箭头▼：单击增加一行。

操 作 步 骤

步骤 ❶ 接前例，在"工程管理"面板中展开"楼层"栏，将光标置于电子表格的最后一列，并单击其后的"选择楼层文件"按钮，从弹出的对话框中选择相应的平面图，单击"打开"按钮，则系统自动在"楼层"栏添加楼层层号、层高和楼层文件，如图 13-10 所示。

步骤 ❷ 按照同样的方法，添加其他楼层平面图，如图 13-11 所示。

步骤 ❸ 在添加的楼层表中，其层号"2"，应该是 2-4 层，所以用户可以修改该层号为"2-4"，相应地将层号"3"修改为"5"，其层高就不作修改，如图 13-12 所示。

图 13-10　添加的楼层表

步骤 ❹ 在"工程管理"面板的"工程名称"列表框中单击，从弹出的菜单中选择"保存工程"命令即可，如图 13-13 所示。

图 13-11　添加的其他楼层表

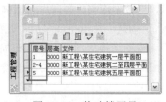

图 13-12　修改楼层号

图 13-13　保存工程

实例总结

本实例主要讲解了天正工程管理中楼层表的添加方法，以及修改楼层编号和层高。

Example 实例 399 插入图框的操作

素材	教学视频\13\插入图框的操作.avi
	实例素材文件\13\插入图框.dwg

实例概述

"插入图框"命令，在当前模型空间或图纸空间插入图框，新增通长标题栏功能以及图框直接插入功能，预览图像框，提供鼠标滚轮缩放与平移功能，插入图框前按当前参数拖动图框，用于测试图幅是否合适。图框和标题栏均统一由图框库管理，能使用的标题栏和图框样式不受限制，新的带属性标题栏支持图纸目录生成。

例如，打开"建筑一层平面图.dwg"文件，在天正屏幕菜单中选择"文件布图 | 插入图框"命令（CRTK），在弹出的"插入图框"对话框中选择好图框参数，然后单击"插入"按钮，将该图框插入到建筑一层平面图中，如图 13-14 所示。

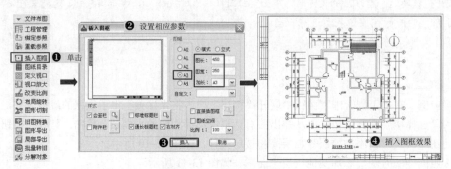

图 13-14　插入图框操作

实例总结

本实例主要讲解了插入图框的操作方法，即选择"文件布图 | 插入图框"命令（CRTK）。

Example 实例 400 "插入图框"对话框中各参数的含义

实例概述

选择"文件布图 | 插入图框"命令（CRTK），弹出"插入图框"对话框，从而可以设置图幅的大小、图框的样式、插入比例等，其中各选项参数的含义如下。

- 标准图幅：共有 A0～A4 五种标准图幅，单击某一图幅的按钮，就选定了相应的图幅。
- 图长/图宽：通过键入数字，直接设定图纸的长宽尺寸或显示标准图幅的图长与图宽。
- 横式/立式：选定图纸格式，为立式或横式。
- 加长：选定加长型的标准图幅，单击右边的箭头，出现国标加长图幅供选择。
- 自定义：如果使用过在图长和图宽栏中输入的非标准图框尺寸，命令会把此尺寸作为自定义尺寸保存在此下拉列表中，单击右边的箭头可以从中选择已保存的 20 个自定义尺寸。
- 比例：设定图框的出图比例，此数字应与"打印"对话框的"出图比例"一致。此比例也可从列表中选取，如果列表没有，也可直接输入。勾选"图纸空间"后，此控件暗显，比例自动设为 1:1。
- 图纸空间：勾选此项后，当前视图切换为图纸空间（布局），"比例 1:"自动设置为 1:1。
- 会签栏：勾选此项，允许在图框左上角加入会签栏，单击右边的按钮，从图框库中可选取预先入库的会签栏。
- 标准标题栏：勾选此项，允许在图框右下角加入国标样式的标题栏，单击右边的按钮从图框库中可选取预先入库的标题栏。

● 通长标题栏：勾选此项，允许在图框右方或者下方加入读者自定义样式的标题栏，单击右边的按钮从图框库中可选取预先入库的标题栏，命令自动从读者所选中的标题栏尺寸判断插入的是竖向或是横向的标题栏，采取合理的插入方式并添加通栏线。

● 右对齐：图框在下方插入横向通长标题栏时，勾选"右对齐"时可使得标题栏右对齐，左边插入附件。

● 附件栏：勾选"通长标题栏"后，"附件栏"可选，勾选"附件栏"后，允许图框一端加入附件栏，单击右边的按钮从图框库中可选取预先入库的附件栏，可以是设计单位徽标或者是会签栏。

● 直接插图框：勾选此项，允许在当前图形中直接插入带有标题栏与会签栏的完整图框，而不必选择图幅尺寸和图纸格式，单击右边的按钮从图框库中可选取预先入库的完整图框。

实例总结

本实例主要讲解了"插入图框"对话框中各选项的含义。

Example 实例 401 直接插图框的操作

素材	教学视频\13\直接插图框的操作.avi
	实例素材文件\13\直接插图框.dwg

实例概述

用户在插入图框对象时，可以从图库中选择其他图框对象来进行插入。

例如，打开"建筑一层平面图.dwg"文件，在天正屏幕菜单中选择"文件布图 | 插入图框"命令（CRTK），在弹出的"插入图框"对话框中，勾选"直接插图框"复选框，并单击其后的 按钮，从弹出的图框库中选择所需要的图框对象，然后单击"插入"按钮，将该图框插入到建筑一层平面图上，如图 13-15 所示。

实例总结

本实例主要讲解了通过图库中选择图框来进行插入的方法，即在"插入图框"对话框中勾选"直接插图框"复选框，然后从图库对话框中选择所需要的图框即可。

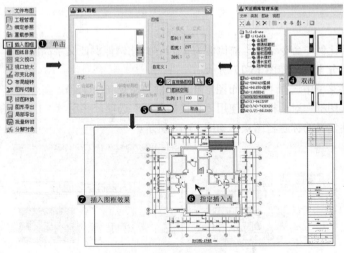

图 13-15　选择图库图框后插入

Example 实例 402 图框表格的定制概念

实例概述

天正通过通用图库管理标题栏和会签栏，这样用户可使用的标题栏得到极大扩充，从此建筑师可以不受系统的限制而能插入多家设计单位的图框，自由地为多家单位设计。

图框是由框线和标题栏、会签栏和设计单位标识组成的，如图 13-16 所示。当采用标题栏插入图框时，框线由系统按图框尺寸绘制，用户不必定义，而其他部分都是可以由用户根据自己单位的图标样式加以定制的。

表格是由表格对象和插入表格中的文字内容、图块组成的，其中图块为用户单位的标识图形，需要定制的是表格的表头部分，支持用户定制的表格目前适用于门窗表、门窗总表和图纸目录。

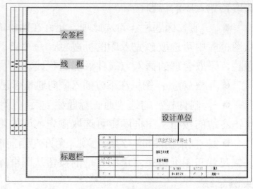

图 13-16　图框的组成

软件技能——标题栏的制作要求

属性块必须有以"图号"和"图名"为属性标记的属性，图名也可用图纸名称代替，其中图号和图名字符串中不允许有空格，例如不接受"图 名"这样的写法。

实例总结

本实例主要讲解了图框及表格的组成，以及标题栏的制作要求。

Example 实例 **403**　标题栏的定制

素材	教学视频\13\标题栏的定制.avi
	实例素材文件\13\标题栏.dwg

实例概述

为了使用新的"图纸目录"功能，用户必须使用 AutoCAD 的属性定义命令（Attdef），把图号和图纸名称属性写入图框的标题栏中，把带有属性的标题栏加入图框库（图框库里面提供了类似的实例，但不一定符合贵单位的需要），并且在插入图框后把属性值改写为实际内容，才能实现图纸目录的生成。

操 作 步 骤

步骤 ① 使用"当前比例"命令设置当前比例为 1：1，此比例能保证文字高度的正确，十分重要，如图 13-17 所示。

图 13-17　设置当前比例

步骤 ② 在天正屏幕菜单中选择"文件布图 | 插入图框"命令（CRTK），在弹出的"插入图框"对话框中，使用"直接插图框"选项，并用 1：1 比例插入图框库中需要修改或添加属性定义的标题栏图块，如图 13-18 所示。

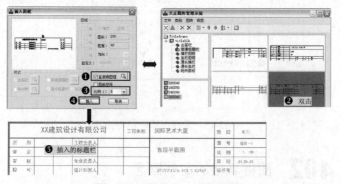

图 13-18　插入 1：1 的标题栏

步骤 ③ 使用 CAD 的"分解"命令（X）分解该图块，使得图框标题栏的分隔线为单根线，这时就可以进行属性定义了（如果插入的是已有属性定义的标题栏图块，双击该图块即可修改属性），并且修改其设计单位，如图 13-19 所示。

步骤④ 双击"图名"字样，将弹出"编辑属性定义"对话框，可以看到已经定义好的属性标题、提示和默认等参数，如图 13-20 所示。如果没有定义的话，应使用 CAD 的"属性定义"命令（Attde），从弹出的"属性定义"对话框来进行重新定义，如图 13-21 所示。

图 13-19　分解标题栏并修改单位

图 13-20　编辑属性定义

步骤⑤ 在该标题栏中，其审定、审核、校对、设计人、负责人、制图人、工程名称、图号、比例、日期、证书号等都是已经定义好属性的，所以这里就不再进行属性设置了。

步骤⑥ 在天正屏幕菜单中选择"图块图案｜通用图库"命令（TYTK），在弹出的"天正图库管理系统"对话框中，选择"图库｜图框库"菜单命令，并选择"普通标题栏"项，如图 13-22 所示。

步骤⑦ 选择"图块｜新图入库"菜单命令，随后框选整个标题框，并将图形的右下角点设为基点，然后选择"制作"命令，即可看到入库的新图块，如图 13-23 所示。

图 13-21　"属性定义"对话框

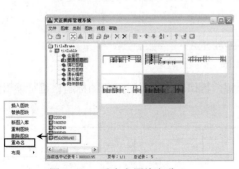

图 13-22　选择"图库｜图框库"菜单命令

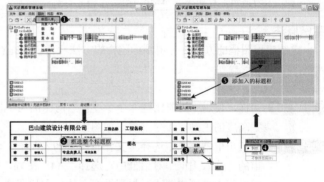

图 13-23　将标题框入库

步骤⑧ 对于所入库的标题框，用户可以将其重命名为"巴山 200X40"，如图 13-24 所示。

步骤⑨ 这时再重复步骤 2 的操作，选择新定制的"巴山 200X40"标题框，并设置插入比例为 1∶100，然后将所定制的图框插入其内，如图 13-25 所示。

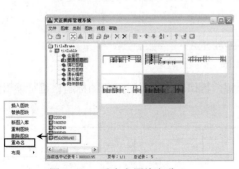

图 13-24　重命名图块名称

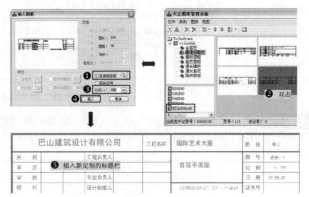

图 13-25　插入定制的标题框

步骤 ⑩ 用户双击该标题框，将弹出"增强属性编辑器"对话框，这时用户可以将其中的属性值进行填写修改，然后单击"确定"按钮，即可看到当前标题框的属性值进行了修改，如图 13-26 所示。

图 13-26　修改的属性值

步骤 ⑪ 至此，该标题框的定制已经完成，按"Ctrl+S"组合键，将该文件保存为"标题栏.dwg"文件。

实例总结

　　本实例主要讲解了标题框的定制方法，即以当前 1∶1 的比例，再插入 1∶1 的一个标题框对象，并将其标题框打散，进行编辑操作，再双击一些属性文字对象进行编辑，然后在图库管理系统中，将该编辑的整个标题框和属性对象进行入库操作，从而完成标题框的定制。

Example 实例 **404** 工程图框的定制

素材	教学视频\13\工程图框的定制.avi
	实例素材文件\13\工程图框.dwg

实例概述

　　定制工程图框的方法，与定制标题栏的方法一样，只是在插入图框时选择整幅图框即可。

操 作 步 骤

步骤 ① 同样，使用"当前比例"命令设置当前比例为 1∶1，此比例能保证文字高度的正确，十分重要，如图 13-27 所示。

步骤 ② 在天正屏幕菜单中选择"文件布图 | 插入图框"命令（CRTK），在弹出的"插入图框"对话框中，选择"A4"图幅，并用 1∶1 比例插入图框库中需要修改或添加属性定义的标题栏图块，如图 13-28 所示。

图 13-27　设置当前比例

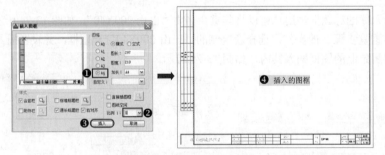

图 13-28　插入 A4 的图框

步骤 ③ 使用 CAD 的"分解"命令（X），将该图框进行分解，再像前例一样对下侧的标题栏进行编辑操作，如图 13-29 所示。

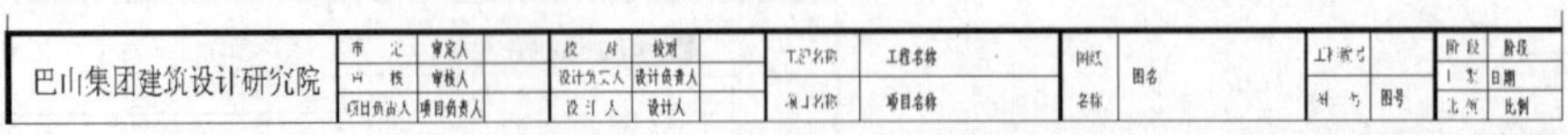

图 13-29　分解图框并编辑标题栏

步骤④ 同样，在天正屏幕菜单中选择"图块图案｜通用图库"命令（TYTK），在弹出的"天正图库管理系统"对话框中，选择"图库｜图框库"菜单命令，并选择"横栏图框"项，如图 13-30 所示。

步骤⑤ 选择"图块｜新图入库"菜单命令，随后框选整个图框，并将图形的右下角点设为基点，然后选择"制作"命令，即可看到所入库的新图块，将其重命名为"巴山 297X210"，如图 13-31 所示。

图 13-30　选择"图库｜图框库"菜单命令

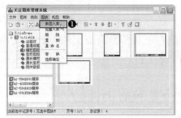 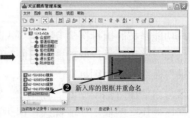

图 13-31　定制的图框入库

步骤⑥ 这时再重复步骤 2 的操作，选择新定制的"巴山 297X210"图框，并设置插入比例为 1∶100，将定制的图框插入其内，如图 13-32 所示。

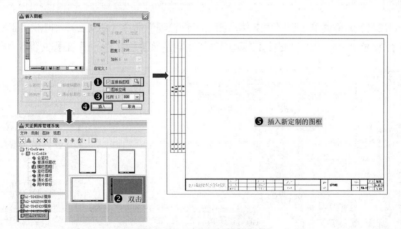

图 13-32　插入定制的图框

步骤⑦ 用户双击该标题框，将弹出"增强属性编辑器"对话框，这时用户可以将其中的属性值进行填写修改，然后单击"确定"按钮，即可看到当前标题框的属性值进行了修改，如图 13-33 所示。

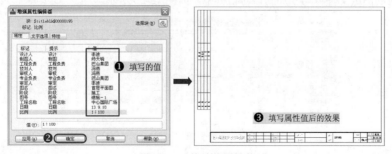

图 13-33　修改的属性值

步骤 8 至此，该图框的定制已经完成，按"Ctrl+S"组合键，将该文件保存为"工程图框.dwg"文件。

实例总结

本实例主要讲解了工程图框的定制方法，即以当前1∶1的比例，再插入一个1∶1的A4图框对象，并将其打散，进行编辑操作，再双击一些属性文字对象进行编辑，然后在图库管理系统中，将该编辑的整个图框和属性对象进行入库操作，从而完成工程图框的定制。

Example 实例 405 图纸目录的操作

素材	教学视频\13\图纸目录的操作.avi
	实例素材文件\13\图纸目录.dwg

实例概述

图纸目录自动生成功能是按照国标图集04J801《民用建筑工程建筑施工图设计深度图样》4.3.2条文的要求，参考图纸目录实例和一些甲级设计院的图框编制规则设计的。

在执行"图纸目录"命令时，对图框有三个要求。

（1）图框的图层名与当前图层标准中的名称一致（默认是PUB_TITLE）。

（2）图框必须包括属性块（图框图块或标题栏图块）。

（3）属性块必须有以图号和图名为属性标记的属性，图名也可用图纸名称代替，其中图号和图名字符串中不允许有空格，例如不接受"图名"这样的写法。

操作步骤

步骤 1 在TArch 2013屏幕菜单中选择"文件布图 | 工程管理"命令（GCGL），弹出"工程管理"面板，打开本书配套光盘"实例素材文件\13\新工程\某住宅建筑工程文件.tpr"工程文件，如图13-34所示。

图13-34 打开工程文件

步骤 2 在天正屏幕菜单中执行"文件布图 | 图纸目录"命令，会弹出"图纸文件选择"对话框，系统会将相应的图纸文件自动添加到该对话框中，如图13-35所示。

图13-35 图纸目录中的文件

软件技能——图纸文件选择

本命令要求配合具有标准属性名称的特定标题栏或者图框使用，图框库中的图框横栏提供了符合要求的实例，读者应参照该实例进行标题栏的定制，入库后形成该单位的标准图框库或者标准标题栏，并且在各图上双击标题栏即可将默认内容修改为实际工程内容。如图 13-36 所示，图纸目录的样式也可以由读者参照样板重新修改后入库，方法详见表格定制的有关内容。

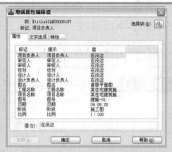

图 13-36　增强属性编辑器

标题栏修改完成后，即可打开将要插入图纸目录表的图形文件，创建图纸目录的准备工作完成，可从“文件布图”菜单执行本命令了，从“工程管理”界面“图纸栏”上的图标也可启动本命令。

软件技能——“图纸文件选择”对话框中各参数的含义

在“图纸文件选择”对话框中，各选项含义如下。

- 模型空间：默认勾选表示在已经选择的图形文件中包括模型空间里插入的图框，不勾选则表示只保留图纸空间图框。
- 图纸空间：默认勾选表示在已经选择的图形文件中包括图纸空间里插入的图框，不勾选则表示只保留模型空间图框。
- 从构件库选择表格：由“构件库”命令打开表格库，读者在其中选择并双击预先入库的读者图纸目录表格样板，所选的表格显示在左边图像框。
- 选择文件：进入标准文件对话框，选择要添加进图纸目录列表的图形文件，按住“Shift”键可以一次选择多个文件。
- 排除文件：选择要从图纸目录列表中排除的文件，按住“Shift”键可以一次选择多个文件，单击按钮把这些文件从列表中去除。
- 生成目录>>：由读者在图上插入图纸目录。

步骤 3 系统添加完所有的文件后，选择相应的图纸表格，最后单击对话框中的“生成目录>>”按钮 生成目录>>，再在视图中点取相应插入点即可，如图 13-37 所示。

图纸目录				
序号	图号	图纸名称	图幅	备注
1	巴山书苑-01	首层平面图	500×400	
2	巴山书苑-02	二至四层平面图	500×400	
3	巴山书苑-03	五层平面图	500×400	
4	巴山书苑-04	正立面图	500×400	
5	巴山书苑-05	背立面图	500×400	
6	巴山书苑-06	左立面图	500×400	
7	巴山书苑-07	右立面图	500×400	
8	巴山书苑-08	1-1剖面图	500×400	

图 13-37　图纸目录

步骤 4 至此，为一个工程创建图纸目录的操作已完成，按“Ctrl+S”组合键进行保存。

实例总结

本实例主要讲解了图纸目录的生成前提条件，以及图纸目录的生成方法，即执行“文件布图｜图纸目录”命令。

Example 实例 406　视口布置的操作

素材	教学视频\13\视口布置的操作.avi
	实例素材文件\13\视口布置.dwg

实例概述

"定义视口"命令,将模型空间的指定区域的图形,以给定的比例布置到图纸空间,从而创建多比例布图的视口。下面通过一个完整的实例来讲解视口的定义与布置。

操作步骤

步骤① 正常启动 TArch 2013 软件,按"Ctrl+O"组合键,打开"建筑一层平面图.dwg"文件,如图 13-38 所示;按"Ctrl+Shift+S"组合键,将该文件另存为"视口布置.dwg"文件。

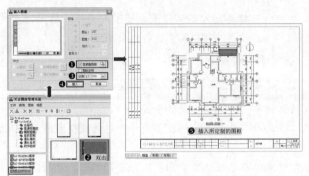

图 13-38　插入定制的图框

步骤② 在天正屏幕菜单中,选择"文件布图 | 插入图框"命令,插入前面已经定制好的"巴山 297X210"图框对象,并设置比例为 1:200,如图 13-39 所示。

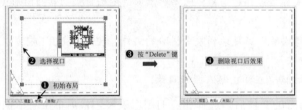

图 13-39　删除初始视口

软件技能——插入图框比例的设置

　　用户在设置插入图框比例时,要始终保持一个原则,即所插入的图框能完全"盖"住工程图。用户可以按照 1:1、1:50、1:100、1:200 等方式来多试几次,就知道哪一个比例比较合适了。

　　但是,这个图框的插入比例值一定要记住,它应和后面进行"定义视口"时所确定的比例一致。

步骤③ 这时,用户可以双击图框对象,从弹出的对话框中来修改图框的属性值,这里我们就不详细讲解了。

步骤④ 在视图的左下角,切换至"布局 1"选项卡,即可看到初始的布局情况,使用鼠标选择其中的视口对象,并按"Delete"键将其删除,从而该"布局 1"中无任何图像显示,如图 13-40 所示。

步骤⑤ 右键单击"布局 1"选项卡,从弹出的快捷菜单中选择"页面设置管理器"命令,将弹出"页面设置管理器"对话框,单击"修改"按钮,如图 13-41 所示。

图 13-40　页面设置

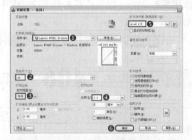

图 13-41　页面布局的设置

步骤 ⑥ 此时将弹出"页面设置-布局 1"对话框，设置当前电脑上所安装的打印机，并设置图纸尺寸 A4，以及打印比例为 1∶1，然后单击"确定"按钮，即可看到当前"布局 1"大小有所改变，如图 13-42 所示。

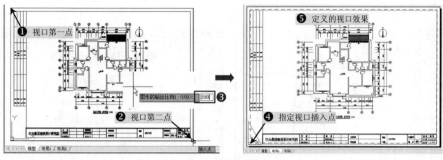

图 13-42　定义的视口

　　用户在设置页面时，其图纸尺寸的大小设置，会受打印的特性所限制（如作者的打印机"M7400"最大幅面为 A4）。选择图纸尺寸大小时，最好和所插入的图框大小保持一致，如插入的是 A4 大小的图框，那么在布局中设置图纸尺寸时也应设置为 A4。

步骤 ⑦ 这时在天正屏幕菜单中选择"文件布图｜定义视口"命令，切换到"模型"窗口中，指定两个对角点来确定视口区域（左上角点和右下角点），根据提示输入出图比例为 200，然后确定 "布局 1"选项卡中的视口位置，如图 13-43 所示。

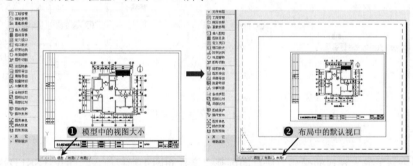

图 13-43　当前视图中的状态

　　由于这里所定义的视口为 1∶200，所以插入图框时，其中的比例为 1∶100，这时用户可以通过双击该图框来修改相应的比例及其他属性值。

步骤 ⑧ 至此，其视口的布置已经完成，用户可按"Ctrl+S"组合键进行保存。

实例总结

　　本实例主要讲解了视口布置的操作方法，即选择"文件布图｜定义视口"命令，需要注意的是设置输出比例时，其比例值应和所插入的图框比例相同，以及所插入的图框也应和页面设置的图纸幅面大小相同。

Example （实例）**407**　放大视口的操作

素材	教学视频\13\放大视口的操作.avi
	实例素材文件\13\视口布置.dwg

实例概念

　　"放大视口"命令，把当前工作区从图纸空间切换到模型空间，并提示选择视口按中心位置放大到全屏，如果原来某一视口已被激活，则不出现提示，直接放大该视口到全屏。

接前例，在"模型"窗口中将图形对象进行适当的缩小，切换至"布局 2"选项卡中，即可看到默认的视口对象，如图 13-44 所示。

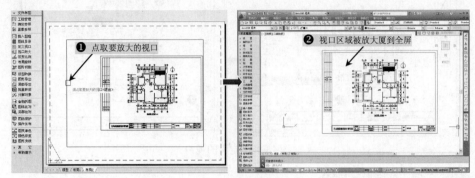

图 13-44　放大视口操作

接着，在天正屏幕菜单中选择"文件布图 | 视口放大"命令（SKFD），根据命令行提示，点取要放大的视口，则视口内的模型放大到全屏，如图 13-45 所示。

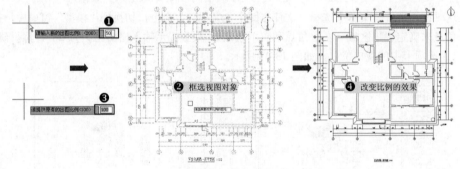

图 13-45　改变比例操作

实例总结

本实例主要讲解了放大视口的操作方法，即选择"文件布图 | 视口放大"命令（SKFD）。

Example 实例 **408**　改变比例的操作

素材	教学视频\13\改变比例的操作.avi
	实例素材文件\13\改变比例.dwg

实例概念

"改变比例"命令，用于改变模型空间中指定范围内图形的出图比例，包括视口本身的比例，如果修改成功，会自动作为新的当前比例。"改变比例"可以在模型空间使用，也可以在图纸空间使用，执行后建筑对象大小不会产生变化，但包括工程符号的大小、尺寸和文字的字高等注释相关对象的大小会发生变化。

接前例，切换至"模型"选项卡中，在天正屏幕菜单中选择"文件布图 | 改变比例"命令（GBBL），根据命令栏提示，输入新的出图比例为50，再框选要改变比例的图元对象，并按回车键结束，输入原有出图比例为100，如图 13-46 所示。

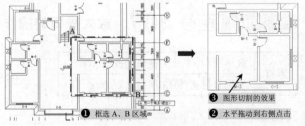

图 13-46　图形切割操作

实例总结

本实例主要讲解了改变比例的操作方法，即选择"文件布图｜改变比例"命令（GBBL）。

Example 实例 **409**　图形切割的操作

素材	教学视频\13\图形切割的操作.avi
	实例素材文件\13\图形切割.dwg

实例概念

"图形切割"命令，以选定的矩形窗口、封闭曲线或图块边界在平面图内切割，并提取带有轴号和填充的局部区域用于详图；命令使用了新定义的切割线对象，能在天正对象中间切割，遮挡范围随意调整，可把切割线设置为折断线或隐藏。

例如，打开"建筑一层平面图.dwg"文件，在天正屏幕菜单中选择"文件布图｜图形切割"命令（TXQG），根据命令行提示，框选一个矩形区域作为图形切割的对象，此时程序已经把刚才定义的裁剪矩形内的图形完成切割，并提取出来，在光标位置拖动，并在新的插入位置点取即可，如图 13-47 所示。

图 13-47　设置折断边

这时用户可以双击切割线，将弹出"编辑切割线"对话框，单击"设折断边"按钮，然后分别在切割图形的上、下、左、右四方设置折断边，如图 13-48 所示。

实例总结

本实例主要讲解了图形切割的操作方法，即选择"文件布图｜图形切割"命令（TXQG），并讲解了折断边的设置方法。

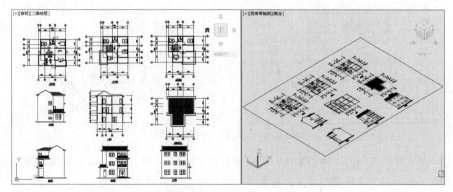

图 13-48　打开的 CAD 图形

Example 实例 **410**　旧图转换的操作

素材	教学视频\13\旧图转换.avi
	实例素材文件\13\别墅施工图.dwg

实例概述

由于天正升版后图形格式变化较大，为了读者可以重复利用旧图资源继续设计，采用"旧图转换"命令，可对 TArch 3 格式的平面图进行转换，将原来用 CAD 图形对象表示的内容升级为新版自定义的专业对象格式。

操 作 步 骤

步骤① 打开"别墅施工图.dwg"文件，转换为"西南等轴测"视图和"概念"视觉模式来观察，可以看出该施工图为二维的 CAD 施工图，用户可以将视口分成左右两个视口来进行对比观察，如图 13-49 所示。

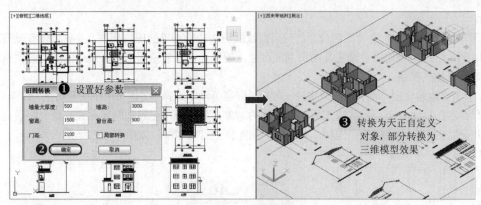

图 13-49 旧图转换操作

步骤② 接着，在天正屏幕菜单中选择"文件布图｜旧图转换"命令（JTZH），弹出"旧图转换"对话框，设置相应的参数，然后单击"确定"按钮，即可将 CAD 的二维图形转换为天正的自定义对象（部分为三维模型图）。

技巧提示——旧图转换后连接尺寸

对于"旧图转换"后的图形对象，其尺寸标注对象虽说也已经是天正自定义对象，但并没有将几个相邻的对象连接在一起，还是分段的，这时用户可以使用"尺寸标注｜尺寸编辑｜连接尺寸"命令，将其加以连接，如图 13-50 所示，从而才是真正意义上的天正标注对象。

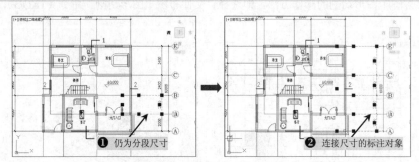

图 13-50 转换的尺寸需要连接

步骤③ 其中读者可以为当前工程设置统一的三维参数，转换完成后，针对不同的情况进行对象编辑，这时放大转换后的三维图形效果，会发现一些门窗的墙体并不符合要求，如图 13-51 所示。

步骤④ 在左侧的俯视图中，选择下侧的墙体对象，拖动墙体的夹点向上至互轴网的交点位置，即可看出该段墙体为一个整体，且右侧的三维效果图中的推拉窗看不见了，如图 13-52 所示。

步骤⑤ 这时用户可以双击该段墙体上的门窗对象，将弹出"门窗"对话框，设置好相应的参数（默认情况下不作修改），只是单击"确定"按钮，则在右侧的三维效果图中可以看见其中的推拉窗效果，如图 13-53 所示。

步骤⑥ 再按照同样的方法，对其一层平面图的其他墙体和门窗对象等进行编辑，如图 13-54 所示。

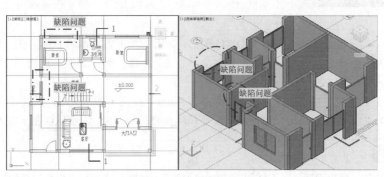

图 13-51　转换后图形的缺陷

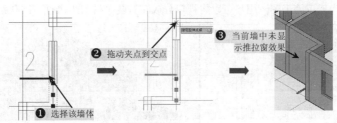

图 13-52　调整墙体

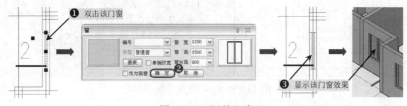

图 13-53　调整门窗

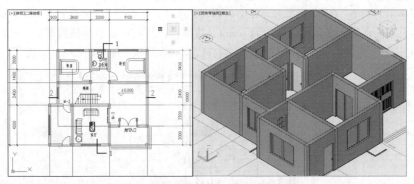

图 13-54　调整好的一层平面图效果

步骤 ⑦ 至此，其别墅的一层平面图已经转换完成，按"Ctrl+Shift+S"组合键，将该文件另存为"旧图转换.dwg"文件。对于其他楼层的转换和调整，用户可自行进行调整。

实例总结

本实例先讲解了天正旧图转换的操作方法，即选择"文件布图｜旧图转换"命令（JTZH），然后讲解了其转换图形后的调整方法。

Example 实例 411　图形导出的操作

素材	教学视频\13\图形导出的操作.avi
	实例素材文件\13\建筑一层平面图_t3.dwg

实例概述

"图形导出"命令，是将最新的天正格式 DWG 图档，导出为天正各版本的 DWG 图，或者各专业条件图，如果下行专业使用天正给排水、电气的同版本号时，不必进行版本转换，否则应选择导出低版本号，达到与低版本兼容的目的。

从 TArch 2013 开始，天正对象的导出格式，不再与 AutoCAD 图形版本关联，解决以前导出 T3 格式的同时图形版本必须转为 R14 的问题，用户可以根据需要单独选择转换后的 AutoCAD 图形版本。

操 作 步 骤

步骤 1 打开"建筑一层平面图.dwg"文件，转换为"西南等轴测"视图和"概念"视觉模式来观察，可以看出该施工图为天正施工图，用户可以将视口分成左右两个视口来进行对比观察，如图 13-55 所示。

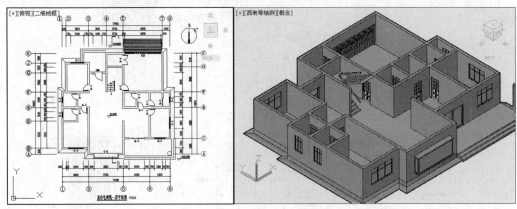

图 13-55　打开的天正图形

步骤 2 在天正屏幕菜单中选择"文件布图 | 图形导出"命令（TXDC），将弹出"图形导出"对话框，设置好导出的类型、CAD 版本号、导出内容、文件名等，然后单击"保存"按钮，如图 13-56 所示。

步骤 3 如果大家的电脑上安装有低版本的 AutoCAD 软件，这时可以启动该版本的 CAD 软件。

步骤 4 按"Ctrl+O"组合键，将前面所导出的文件打开，即可发现该文件为 CAD 文件对象了，如图 13-57 所示。

图 13-56　图形导出操作

图 13-57　使用 AutoCAD 2004 打开的效果

软件技能——图形导出要点

当前图形是设置为图纸保护后的图形时，其"图形导出"命令无效，结果显示 eNotImplementYet。

另外，符号标注在"高级选项"中可预先定义文字导出的图层是随公共文字图层还是随符号本身图层。

实例总结

本实例主要讲解了图形导出的操作方法，即选择"文件布图 | 图形导出"命令（TXDC）。

Example 实例 412　"图形导出"对话框中各参数的含义

实例概述

选择"文件布图 | 图形导出"命令（TXDC）后，会弹出"图形导出"对话框，在其中选择天正对象的保存类型、导出的 AutoCAD 文件版本、图形的导出内容、文件名称、文件保存路径，然后单击"保存"按钮保存导出图形文件，其中各主要设置选项的含义如下。

（1）保存类型。提供天正 3、天正 5、6、7、8、9 版本对象格式转换类型的选择，其中 9 版本表示格式不作转换，选择后自动在文件名加_tX 的后缀（X=3、5、6、7、8、9），如图 13-58 所示。

（2）CAD 版本。从 2013 开始独立提供 AutoCAD 图形版本转换，可以选择从 R14、2000-2002、2004-2006、2007-2009、2010-2012、2013 的各版本格式，与天正对象格式独立分开，如图 13-59 所示。

（3）导出内容。在下拉列表中选择系统按各公用专业要求导出图中的不同内容，如图 13-60 所示。

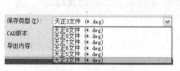

图 13-58　保存类型

图 13-59　CAD 版本

图 13-60　导出内容

● 全部内容：一般用于与其他使用天正低版本的建筑师，解决图档交流的兼容问题。

● 三维模型：不必转到轴测视图，在平面视图下即可导出天正对象构造的三维模型。

● 结构基础条件图：为结构工程师创建基础条件图，此时门窗洞口被删除，使墙体连续，砖墙可选保留，填充墙删除或者转化为梁，受配置的控制，其他的处理包括删除矮墙、矮柱、尺寸标注、房间对象、混凝土墙保留（门改为洞口），其他内容均保留不变。

● 结构平面条件图：为结构工程师创建楼层平面图，砖墙可选保留（门改为洞口）或转化为梁，同样也受配置的控制，其他的处理包括删除矮墙、矮柱、尺寸标注、房间对象、混凝土墙保留（门改为洞口），其他内容均保留不变。

● 设备专业条件图：为暖通、水电专业创建楼层平面图，隐藏门窗编号，删除门窗标注，其他内容均保持不变。

● 配置：默认配置是按框架结构转为结构平面条件图设计的，砖墙保留，填充墙删除，如果要转为基础图，请选择"配置"项，这时将弹出图 13-61 所示的"结构条件图选项"对话框。

实例总结

本实例主要讲解了"图形导出"对话框中主要选项的含义，包括保存类型、CAD 版本、导出内容等。

图 13-61　"结构条件图选项"对话框

Example 实例 413　批量转旧的操作

素材	教学视频\13\批量转旧的操作.avi
	实例素材文件\13\批量转旧*_T3.dwg

实例概述

"批量转旧"命令，是将当前版本的图档批量转化为天正旧版 DWG 格式，同样支持图纸空间布局的转换。在转换 R14 版本时只转换第一个图纸空间布局，用户可以自定义文件的后缀；同样，从 TArch 2013 开始，天正对象的导出格式不再与 AutoCAD 图形版本关联。

在天正屏幕菜单中选择"文件布图 | 批量转旧"命令（PLZJ），在弹出的对话框中配合"Ctrl"和"Shift"

键选择多个文件，选择天正版本和CAD版本，并确定是否添加t3/t7等文件名后缀，然后单击"打开"按钮，随后在弹出的对话框中选择转换后的文件夹，进入到目标文件夹后单击"确定"按钮后开始转换，命令行会提示转换后的结果，如图13-62所示。

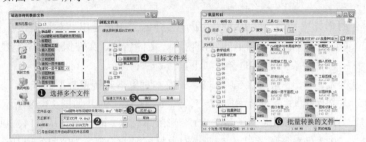

图13-62　批量转旧操作

实例总结

本实例主要讲解了"批量转旧"的操作方法，即选择"文件布图 | 批量转旧"命令（PLZJ）。

Example 实例 414　分解对象的操作

素材	教学视频\13\分解对象的操作.avi
	实例素材文件\13\分解对象.dwg

实例概述

"分解对象"命令，提供了一种将专业对象分解为AutoCAD普通图形对象的方法，墙和门窗对象是关联的，分解墙的时候注意要把上面的门窗一起选中。

例如，打开"建筑一层平面图.dwg"文件，转换为"西南等轴测"视图和"概念"视觉模式来观察，可以看出该施工图为天正施工图，用户可以将视口分成左右两个视口来进行对比观察，如图13-63所示。

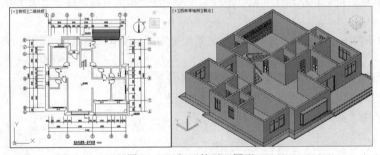

图13-63　打开的天正图形

在天正屏幕菜单中选择"文件布图 | 分解对象"命令（FJDX），根据命令行提示，选取要分解的一批对象，这时分解的效果如图13-64所示。

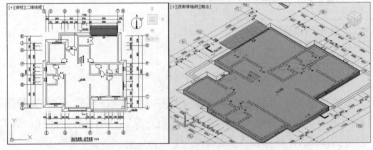

图13-64　分解对象的效果

分解自定义专业对象后，可以达到以下目的。

（1）使得施工图可以脱离天正建筑环境，在 AutoCAD 下进行浏览和出图。

（2）准备渲染用的三维模型。因为很多渲染软件（包括 AutoCAD 本身的渲染器在内）并不支持自定义对象，尤其是其中图块内的材质，特别是要转到 3d Max 中进行渲染时，必须分解为 AutoCAD 的标准图形对象。

软件技能——分解对象的注意事项

（1）由于自定义对象分解后会丧失智能化的专业特征，因此建议保留分解前的模型，把分解后的图"另存为"新的文件，便于今后的修改。

（2）分解的结果与当前视图有关，如果要获得三维图形（墙体分解成三维网面或实体），必须先把视口设为轴测视图，在平面视图中只能得到二维对象。

（3）不能使用 AutoCAD 的 Explode（分解）命令分解对象，该命令只能进行分解一层的操作，而天正对象是多层结构，只有使用"分解对象"命令才能彻底分解。

实例总结

本实例主要讲解了"分解对象"的操作方法，即选择"文件布图 | 分解对象"命令（FJDX）。

Example 实例 **415** 图纸保护的操作

素材	教学视频\13\图纸保护的操作.avi
	实例素材文件\13\图纸保护.dwg

实例概述

"图纸保护"命令，通过对用户指定的天正对象和 AutoCAD 基本对象的合并处理，创建不能修改的只读对象，使得用户发布的图形文件保留原有的显示特性，既可以观察，也可以打印，但不能修改，也不能导出，通过"图纸保护"命令对编辑与导出功能的控制，达到保护设计成果的目的。

操 作 步 骤

步骤 ❶ 在 TArch 2013 环境中，打开"建筑一层平面图.dwg"文件，这是一个可以随便编辑的文件。

步骤 ❷ 接着在天正屏幕菜单中选择"文件布图 | 图纸保护"命令（TZBH），根据命令行提示，选取要保护的图形部分，以回车键结束选择，随后将弹出"图纸保护设置"对话框，在其中设置保护的密码"123"，并单击"确定"按钮，如图 13-65 所示。

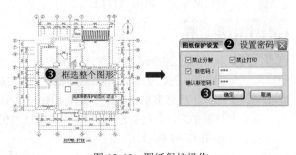

图 13-65　图纸保护操作

软件技能——"图纸保护设置"对话框中各参数的含义

在"图纸保护设置"对话框中，其各选项参数含义如下。

● 禁止分解：勾选此复选框，当前图形不能被 Explode 命令分解。

● 禁止打印：勾选此复选框，当前图形不能被 Plot、Print 命令打印。

● 新密码：首次执行图纸保护，而且勾选"禁止分解"时，应输入一个新密码，以备将来以该密码解除保护。

● 确认新密码：输入新密码后，必须再次键入一遍新密码确认，避免密码输入发生错误。

技巧提示——图形保护密码设置

密码可以是字符和数字，最长为255个英文字符，区分大小写。被保护的图形不能嵌套执行多次保护，更严禁通过block命令建块！插入外部文件除外。为防止误操作或密码忘记，执行图纸保护前请先备份原文件。

读者不能通过另存为DXF等格式导出保护后的图形后再导入恢复原图，会发现导入DXF后，受保护的图形无法显示。

步骤 ③ 按"Ctrl+Shift+S"组合键，将该文件另存为"图纸保护.dwg"文件，即可完成图纸保护的操作。在没有天正对象解释插件安装的AutoCAD下，或者天正建筑软件没有升级到天正建筑当前版本，都无法看到只读对象，要看到只读对象必须升级天正建筑到2013、安装天正建筑2013或者天正插件2013。

步骤 ④ 这时选择该图形对象过后，即可发现该图形对象为一个整体了，如果使用CAD的"分解"命令（X），系统将提示如下提示信息，即表示无法分解。

无法分解 `TCH_PROTECT_ENTITY`

步骤 ⑤ 若用户双击该图纸保护的对象，将提示"输入密码："，只有输入正确的密码（123），这时才能对其图纸对象进行分解操作。只读对象的可分解状态信息是临时的，存盘时不会保存。

步骤 ⑥ 在可分解状态下，双击只读对象进行对象编辑，同样显示"图纸保护设置"对话框，在其中重新设置密码，可以达到更改密码的目的，前提是你知道原有的密码。

实例总结

本实例主要讲解了"图纸保护"的操作方法，即选择"文件布图 | 图纸保护"命令（TZBH），以及讲解了已保护的图纸对象的分解方法。

Example 实例 416 备档拆图的操作

素材	教学视频\13\备档拆图的操作.avi
	实例素材文件\13\别墅施工图_A*.dwg

实例概述

"备档拆图"命令，是把一张dwg中的多张图纸按图框拆分为每个含一个图框的多个dwg文件，拆分要求图框所在图层必须是"PUB_TITLE"。

操作步骤

步骤 ① 在TArch 2013环境中，打开"别墅施工图.dwg"文件，可以看出该图形当前的布置效果，是将该施工图的平面图、立面图、剖面图等放在一个文件之中，且每个图都没有布置图框对象，如图13-66所示。

步骤 ② 在天正屏幕菜单中选择"文件布图 | 插入图库"命令，将弹出"插入图库"对话框，按照前面所讲解的方法，将所定制的"巴山297X210"图框按照1：150的比例插入到"一层平面图"上，如图13-67所示。

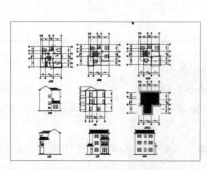

图13-66 打开的文件

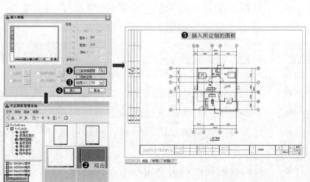

图13-67 插入定制的图框

步骤 3 双击图框对象，将弹出"增强属性编辑器"对话框，在其中修改比例为 1∶150，以及修改图名、图号等信息，如图 13-68 所示。

步骤 4 再参照前面的步骤，将其他施工图也进行相应的布置，以及修改其图框属性值，布置后的整体效果如图 13-69 所示。

步骤 5 按"Ctrl+Shift+S"组合键，将该文件另存为"别墅施工图-A.dwg"文件。

步骤 6 在天正屏幕菜单中选择"文件布图｜备档拆图"命令（BDCT），直接按回车键（表示将当前视图中的所有图框内对象都作为选择的对象），将弹出"拆图"对话框，系统会自动对其进行命名，以及搜索图名、图号（用户可以手工输入图名与图号），并在其中指定存放的路径，然后单击"确定"按钮即可，如图 13-70 所示。

图 13-68　修改图块的属性

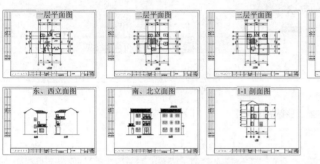

图 13-69　布置其他工程

图 13-70　"拆图"对话框

步骤 7 如果勾选下侧的"拆分后自动打开文件"复选框，这时系统会根据要求自动将这些拆分的文件打开，如图 13-71 所示。

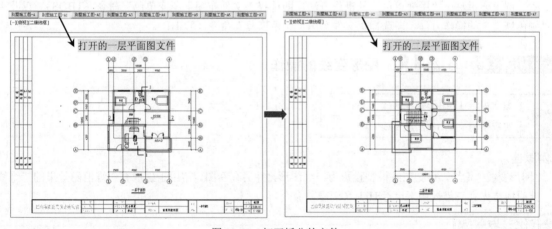

图 13-71　打开拆分的文件

实例总结

本实例主要讲解了"备档拆图"的操作方法，即选择"文件布图｜备档拆图"命令（BDCT）。

Example 实例 417　图变单色的操作

素材	教学视频\13\图变单色的操作.avi
	实例素材文件\13\图变单色.dwg

实例概述

"图变单色"命令，提供把按图层定义绘制的彩色线框图形，临时变为黑白线框图形的功能，适用于为编制印刷文档前对图形进行前处理，由于彩色的线框图形在黑白输出的照排系统中输出时色调偏淡，"图变单色"命令将不同的图层颜色临时统一改为指定的单一颜色，为抓图作好准备。下次执行本命令时会记忆上次用户使用的颜色作为默认颜色。

例如，打开"别墅施工图-A1.dwg"文件，在天正屏幕菜单中选择"文件布图 | 图变单色"命令（TBDS），然后根据命令行提示"1-红/2-黄/3-绿/4-青/5-蓝/6-粉/7-白"，选择要变换的一种颜色，如图 13-72 所示。

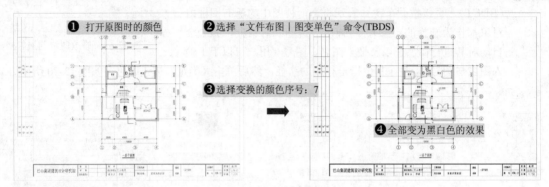

❶ 打开原图时的颜色　❷ 选择"文件布图 | 图变单色"命令(TBDS)

❸ 选择变换的颜色序号：7

❹ 全部变为黑白色的效果

图 13-72　图变单色操作

软件技能——"颜色恢复"的操作

在天正屏幕菜单中选择"文件布图 | 颜色恢复"命令（YSHF），可将图层颜色恢复为系统默认的颜色，即在当前图层标准中设定的颜色。

实例总结

本实例主要讲解了"图变单色"的操作方法，即选择"文件布图 | 图变单色"命令（TBDS），以及讲解了"颜色恢复"的操作方法，即选择"文件布图 | 颜色恢复"命令（YSHF）。

Example 实例 **418** 图形变线的操作

素材	教学视频\13\图形变线的操作.avi
	实例素材文件\13\图形变线.dwg

实例概述

"图形变线"命令，可把三维模型投影为二维图形，并另存新图。常用于生成有三维消隐效果的二维线框图，此时应事先在三维视图下运行 Hide（消隐）命令。

操 作 步 骤

步骤 ❶ 在 TArch 2013 环境中，打开"建筑一层平面图.dwg"文件，转换为"西南等轴测"视图和"二维线框"视觉模式来观察，如图 13-73 所示。

步骤 ❷ 在命令行中执行 CAD 的"消隐"命令（Hide），即可看到消隐后的效果，如图 13-74 所示。

步骤 ❸ 在天正屏幕菜单中选择"文件布图 | 图形变线"命令（TXBX），在弹出的对话框中给出文件名称与路径，再单击"保存"按钮，如图 13-75 所示。

步骤 ❹ 这时命令行提示"是否进行消除重线?（Y/N）:"，若选 Y 则进行消除变换中产生的重合线段，并打开所生成的新文件，这时使用鼠标选择其中的一条线段，即可发现为单一的线条，如图 13-76 所示。

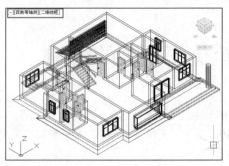

图 13-73　打开的文件

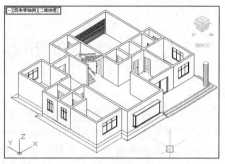

图 13-74　消隐后的效果

图 13-75　给出生成的文件名称

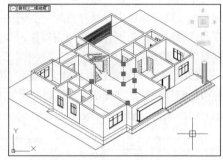

图 13-76　图形变线的效果

实例总结

本实例主要讲解了"图形变线"的操作方法，即选择"文件布图｜图形变线"命令（TXBX），但变线前应将图形转换为等轴测视图，并且执行"消隐"命令（Hide）。

第14章　别墅全套建筑施工图纸的绘制

● **本章导读**

该案例为某别墅建筑施工图纸，这里通过运用 TArch 2013 建筑软件来创建该别墅建筑施工图。

别墅有地下室平面图，其墙高为 2500，内外墙厚为 240，布置有多跑楼梯对象，另外开启有采光井，以便通过该采光井透明玻璃窗采光，其标高为-0.250。

别墅的首层平面图中，其墙高为 3000，内外墙厚为 240，首层有圆弧楼梯对象，布置有多个门窗对象，以及进行了阳台、散水、台阶、坡道等构件的布置，其标高为±0.000。

别墅的二层平面图中，是在首层平面图的基础上来进行创建的，其墙高为 3000，内外墙厚为 240，第二层为双跑楼梯对象，布置有多个门窗对象，其标高为 3.000。

别墅的顶层平面图中，是在二层平面图的基础上来进行创建的，将其中一个房间的外围墙的高度修改为 300，并在此布置栏杆对象，以此作为露台，其标高为 6.000。

各楼层的平面图建立完成之后，即以此来创建一个工程管理文件，再设置图纸集和楼层参数，然后以此来创建立面图和剖面图，最后对其进行布局，其各个工程的平面图效果如图 14-1 所示。

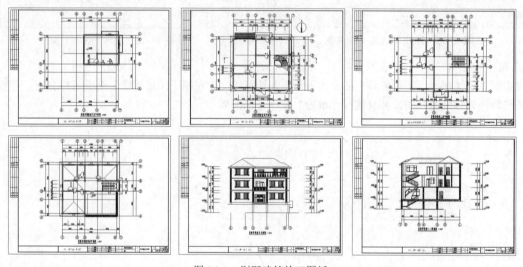

图 14-1　别墅建筑施工图纸

建立好工程文件之后，还可以在工程管理面板中单击"三维模型"按钮![icon]，即可创建本别墅的三维模型图效果，如图 14-2 所示。

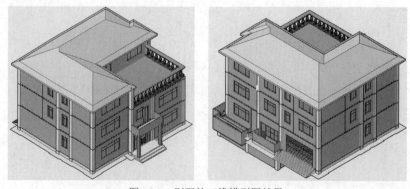

图 14-2　别墅的三维模型图效果

- **本章内容**

  - 别墅地下室文件的创建
  - 别墅地下室轴网的绘制
  - 地下室墙体和柱子的绘制
  - 地下室门窗和楼梯的绘制
  - 地下室地板的创建
  - 地下室的尺寸标注和符号标注

  - 首层墙体和柱子的绘制
  - 首层门窗和楼梯的绘制
  - 首层阳台、台阶和散水的绘制
  - 首层楼板的绘制
  - 首层门窗及工程符号的标注
  - 别墅二层平面图的绘制

  - 别墅屋顶层平面图的绘制
  - 别墅工程管理文件的创建
  - 别墅正立面图的创建
  - 别墅 1-1 剖面图的创建
  - 别墅门窗总表的创建
  - 别墅图纸布局的创建

Example 实例 **419** 别墅地下室文件的创建

素材	教学视频\14\别墅地下室文件的创建.avi
	实例素材文件\14\某豪华别墅地下室平面图.dwg

实例概述

用户在设计或绘制施工图时，首先最重要的一点，就是启动软件，并建立新的文件，以便后期可以直接按"Ctrl+S"键保存文件。

正常启动天正建筑 TArch 2013 软件，系统将自动创建一个"dwg"的空白文档。选择"文件 | 另存为"菜单命令，将该文档另存为"某豪华别墅地下室平面图文件.dwg"文件，如图 14-3 所示。

实例总结

本实例主要讲了别墅地下室文件的创建，即选择"文件 | 另存为"菜单命令。

图 14-3　创建别墅地下室文件

Example 实例 **420** 别墅地下室轴网的绘制

素材	教学视频\14\别墅地下室轴网的绘制.avi
	实例素材文件\14\某豪华别墅地下室平面图.dwg

实例概述

在天正建筑软件中，要绘制建筑施工图，其轴网的绘制为首要步骤，后期所要绘制的墙体、门窗等对象，都是以轴线作为基础的。

操 作 步 骤

步骤 ❶ 接前例，在天正屏幕菜单中选择"轴网柱子 | 绘制轴网"命令（HZZW），弹出"绘制轴网"对话框，按表 14-1 所示的轴网开单数据来创建轴网，如图 14-4 所示。

表 14-1　　　　　　　　　　　　　　　　轴网开间数据

上开间（mm）	3800　2000　3500　1200　3800　600
下开间（mm）	3800　2000　3500　5000　600
左开间（mm）	600　3500　2100　6600
右开间（mm）	6200　2600　4000　600

步骤 ❷ 在轴网尺寸数值键入完成后，单击"绘制轴网"对话框中的"确定"按钮，然后在屏幕绘图区指定轴网插入点即可，如图 14-5 所示。

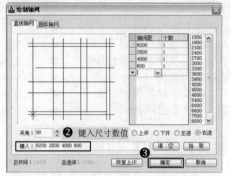

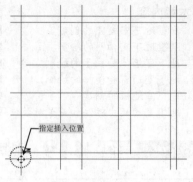

图 14-4 键入开间尺寸数值

图 14-5 插入轴网

步骤 ③ 在天正屏幕菜单中选择"轴网柱子 | 轴网标注"命令（ZWBZ），弹出"轴网标注"对话框，并设置相应的参数，对其上、下、左、右进行轴网标注操作，如图 14-6 所示。

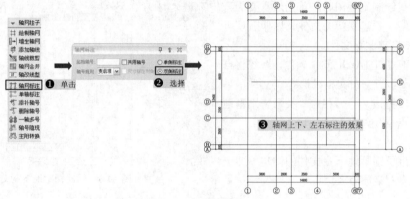

图 14-6 轴网标注的效果

步骤 ④ 最后在标注完的轴网中可以看出，有些轴号因为距离的关系重合在一起了，这里可以用鼠标点选重合的轴号，然后按夹点拖动相应的轴号，将其分开即可，其效果如图 14-7 所示。

步骤 ⑤ 至此，其别墅地下室轴网的绘制已完成，按"Ctrl+S"组合键进行保存。

实例总结

本实例主要讲解了别墅地下室轴网的绘制方法，即选择"轴网柱子 | 绘制轴网"命令（HZZW）；再讲解了轴网的标注方法，即选择"轴网柱子 | 轴网标注"命令（ZWBZ）。

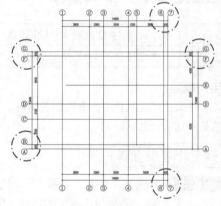

图 14-7 轴号夹点编辑

Example 实例 421 地下室墙体和柱子的绘制

素材	教学视频\14\地下室墙体和柱子的绘制.avi
	实例素材文件\14\某豪华别墅地下室平面图.dwg

实例概述

有了轴网对象，即可在相应的轴线上来绘制墙体，以及在轴网的交点位置绘制柱子对象。

操 作 步 骤

步骤 ❶ 接前例，在天正屏幕菜单中选择"墙体｜绘制墙体"命令（HZQT），弹出"绘制墙体"对话框，设置墙体左、右宽均为 120，高度为 2500，材料为"砖墙"，用途为"一般墙"，并开启捕捉，然后捕捉相应的轴网交点来绘制墙体，如图 14-8 所示。

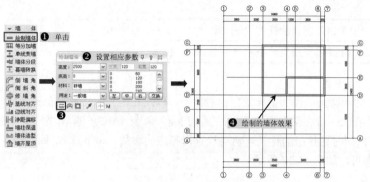

图 14-8　绘制墙体

步骤 ❷ 使用 CAD 的"矩形"命令（REC），在平面图中相应的位置绘制 4400×1000 和 1000×4400 的两个矩形。

步骤 ❸ 在天正屏幕菜单中选择"三维模型｜造型对象｜平板"命令（PB），将上一步所绘制的两个矩形对象进行平板操作，且板厚设置为 100。

步骤 ❹ 再使用 ACAD 的"移动"命令（M），将所创建的平板对象向+Z 轴移动 900mm 的高度位置，如图 14-9 所示。

步骤 ❺ 绘制好平板后，在平板边缘处绘制相应的墙体，墙体高度设置为 1600，然后将绘制的墙体移至与平板上边缘平齐的位置，其效果如图 14-10 所示。

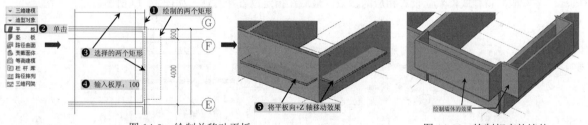

图 14-9　绘制并移动平板　　　　　　　　　图 14-10　绘制相应的墙体

步骤 ❻ 在天正屏幕菜单中选择"轴网柱子｜标准柱"命令（BZZ），弹出"标准柱"对话框，设置柱子横、纵向均为 400，角度均为 0，柱高为 2500，材料为"钢筋混凝土"，形状为"矩形"，然后捕捉相应的轴网交点，插入柱子即可，如图 14-11 所示。

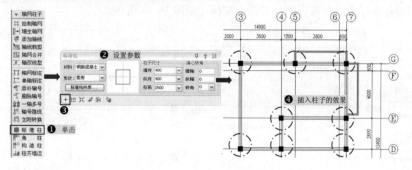

图 14-11　插入标准柱

步骤 7 至此，其别墅地下室墙体和柱子已经绘制完成，按"Ctrl+S"组合键进行保存。

实例总结

本实例先讲解了别墅地下室墙体的绘制方法，再讲解了平板的绘制方法，最后讲解了柱子的布置方法。

Example **实例** **422** 地下室门窗和楼梯的绘制

素材	教学视频\14\地下室门窗和楼梯的绘制.avi
	实例素材文件\14\某豪华别墅地下室平面图.dwg

实例概述

绘制好墙体对象后，即可以在其上布置门窗对象了，以及在相应的位置来布置楼梯对象。

步骤 1 接前例，在天正屏幕菜单中选择"门窗丨门窗"命令（MC），弹出"门窗"对话框，单击"插门"按钮，同时选择门的样式，然后设置门相应的参数，最后选择插入方式并在平面图中指定位置插入即可，如图 14-12 所示。

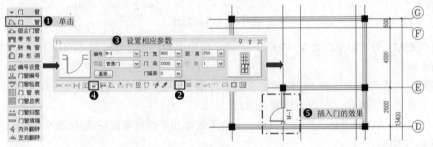

图 14-12　插入门

步骤 2 按照上一步同样的方法，选择"门窗"命令，在弹出的对话框中单击"插窗"按钮，选择相应的窗样式，然后设置相应的参数，最后在指定位置插入窗，如图 14-13 所示。

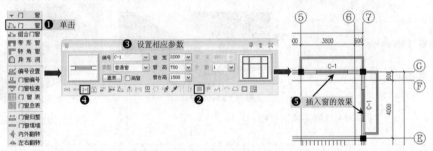

图 14-13　插入窗

步骤 3 在天正屏幕菜单中选择"楼梯其他丨多跑楼梯"命令（DPLT），弹出"多跑楼梯"对话框，设置相应的参数，然后在指定的位置插入楼梯，如图 14-14 所示。

图 14-14　插入楼梯

步骤④ 这里为了方便读者观察效果，可在命令栏中键入"3DO"进
入动态观察模式，即可观察三维效果，如图 14-15 所示。

步骤⑤ 至此，其别墅地下室门窗和楼梯的绘制已完成，按"Ctrl+S"
组合键进行保存。

实例总结

本实例主要讲解了别墅地下室门窗的创建方法，以及楼梯的创建
方法。

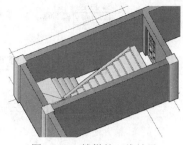

图 14-15　楼梯的三维效果

Example **(实例) 423** 地下室地板的创建

素材	教学视频\14\地下室地板的创建.avi
	实例素材文件\14\某豪华别墅地下室平面图.dwg

实例概述

地下室同样也应该有地板对象，用户可以使用矩形、平板等来创建平板对象。

步骤① 接前例，使用 CAD 的"多段线"命令（PL），沿外墙柱子来绘制一封闭的多段线对象，如图 14-16
所示。

步骤② 在天正屏幕菜单中选择"三维模型｜造型对象｜平板"命令（PB），将上一步所绘制的多段线对
象进行平板操作，将板厚设置为-200，如图 14-17 所示。

图 14-16　绘制的多段线

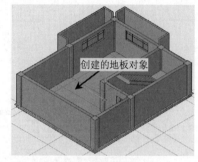

图 14-17　创建的地板

步骤③ 至此，其别墅地下室的地板已经创建完成，按"Ctrl+S"组合键进行保存。

实例总结

本实例主要讲解了别墅地下室地板对象的创建方法，即选择"三维模型｜造型对象｜平板"命令（PB）。

Example **(实例) 424** 地下室的尺寸标注和符号标注

素材	教学视频\14\地下室的尺寸标注和符号标注.avi
	实例素材文件\14\某豪华别墅地下室平面图.dwg

实例概述

别墅地下室的大致效果已经绘制完成了，这时需要对其进行标注，以及创建一些其他的构件。

步骤① 接前例，在天正屏幕菜单中选择"尺寸标注｜门窗标注"命令（MCBZ），根据命令栏提示，点取
一条通过相应门窗的一条直线的两点，以此来进行门窗标注，如图 14-18 所示。

步骤② 在天正屏幕菜单中选择"符号标注｜标高标注"命令（BGBZ），弹出"标高标注"对话框，设置
相应的参数，然后插入平面图指定位置即可，如图 14-19 所示。

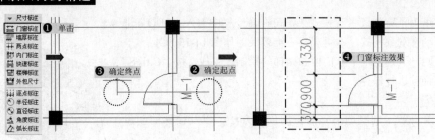

图 14-18　门窗标注

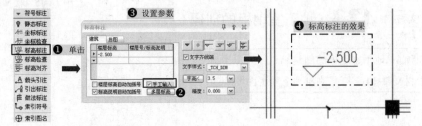

图 14-19　标高标注

步骤 ③ 在天正屏幕菜单中选择"符号标注 | 图名标注"命令（TMBZ），在弹出的对话框中输入相应的图纸名称，其效果如图 14-20 所示。

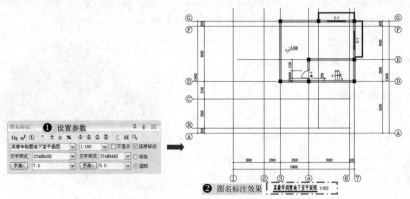

图 14-20　图名标注

步骤 ④ 至此，其别墅地下室平面图的标注已经完成，按"Ctrl+S"组合键进行保存。

实例总结

　　本实例主要讲解了地下室的尺寸和符号标注，包括门窗标注、标高标注和图名标注等。

Example **实例** **425** 首层墙体和柱子的绘制

素材	教学视频\14\首层墙体和柱子的绘制.avi
	实例素材文件\14\某豪华别墅首层平面图.dwg

实例概述

　　可以看出，首层平面图与地下室平面图的轴网是相同的，所以可以找到地下室平面图，对其进行修改和编辑，即可完成对首层轴网的绘制，接下来再绘制某豪华别墅的首层墙体和柱子。

操 作 步 骤

步骤 ① 接前例，按"Ctrl+Shift+S"组合键，将该文件另存为"某豪华别墅首层平面图.dwg"文件。

步骤 ② 将当前的墙、柱子、门窗和相应的尺寸标注等对象删除，只保护轴网和楼梯对象，其效果如图 14-21 所示。

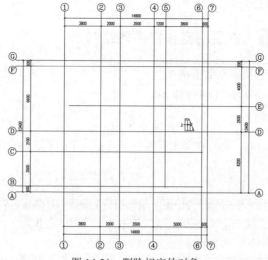

图 14-21　删除相应的对象

步骤 ③ 在天正屏幕菜单中选择"墙体|绘制墙体"命令（HZQT），在弹出的"绘制墙体"对话框中设置相应的参数，然后在指定位置绘制墙体即可，如图 14-22 所示。

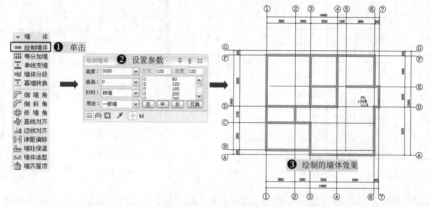

图 14-22　绘制墙体

步骤 ④ 在天正屏幕菜单中选择"轴网柱子|标准柱"命令（BZZ），弹出"标准柱"对话框，设置相应的参数，然后插入 400mm×400mm 的矩形柱子，以及直径为 400mm 的圆形柱子，如图 14-23 所示。

步骤 ⑤ 至此，其别墅首层墙体和柱子的绘制已经完成，按"Ctrl+S"组合键进行保存。

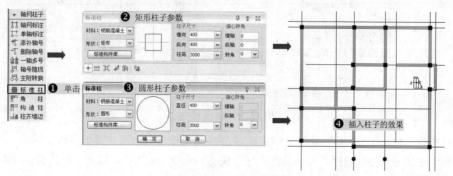

图 14-23　插入标准柱

实例总结

本实例先讲解了别墅首层平面图的创建方法，即将地下室除轴网和楼梯对象以外的对象删除；然后讲解了墙体的创建方法，再讲解了矩形和圆形柱子的创建方法。

Example 实例 426 首层门窗和楼梯的绘制

素材	教学视频\14\首层门窗和楼梯的绘制.avi
	实例素材文件\14\某豪华别墅首层平面图.dwg

实例概述

建筑别墅的首层墙体绘制好后，即可在其上插入门窗对象，并在不同的位置创建楼梯。

操作步骤

步骤 ① 接前例，在天正屏幕菜单中选择"门窗｜绘制门窗"命令（HZMC），然后按表14-2所示的门窗尺寸数据，在弹出的对话框中设置相应的参数，在指定位置插入门窗即可，其效果如图14-24所示。

表 14-2

类型	设计编号	洞口尺寸（mm）	数量	备注
普通门	JLM	4200×2300	1	
	M-2	1600×2200	1	
	M-3	850×2000	1	
	M-4	900×2000	2	
	M-5	800×2000	1	
门连窗	MLC-2	2750×2000	1	
普通窗	C-2	3000×1500	2	
	C-3	1200×1500	2	
	C-4	2100×3000	1	
	C-5	2400×1500	1	
	C-6	900×1500	1	
组合门窗	MLC-1	2700×2000	1	

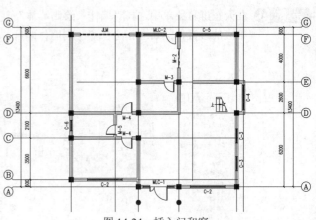

图 14-24 插入门和窗

步骤 ② 接着双击图中的楼梯对象，弹出"多跑楼梯"对话框，修改相应的参数，最后单击"确定"按钮即可，如图14-25所示。

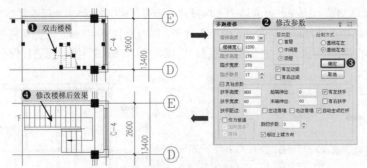

图 14-25 修改楼梯

步骤 ③ 再执行 CAD 的"圆弧"命令（ARC），在图中指定位置绘制两条圆弧曲线。

步骤 ④ 在天正屏幕菜单中选择"楼梯其他｜任意楼梯"命令（RYLT），以上一步所绘制的两条圆弧来创建弧形楼梯对象，如图14-26所示。

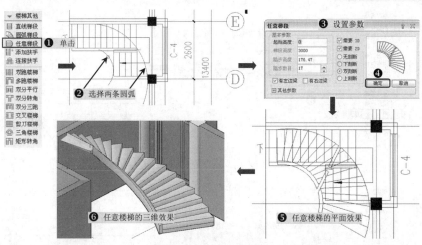

图 14-26　创建任意楼梯

步骤 ⑤ 接着，再执行 CAD 的"多段线"命令（PL），绘制相应的多段线作为栏杆的路径。

步骤 ⑥ 在天正屏幕菜单中选择"楼梯其他｜添加扶手"命令（TJFS），选择上一步所绘制的多段线来生成扶手对象，其扶手的宽度为 60，扶手顶面高度为 900，如图 14-27 所示。

步骤 ⑦ 在其他位置同样创建扶手，并单击"连接扶手"命令，将部分扶手连接即可，其效果如图 14-28 所示。

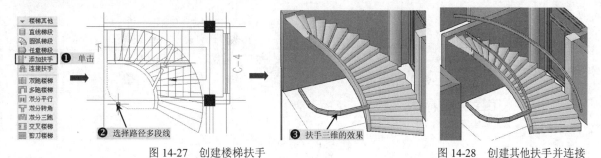

图 14-27　创建楼梯扶手　　　　　　　　　　　　　　　　图 14-28　创建其他扶手并连接

步骤 ⑧ 至此，其别墅首层门窗和楼梯的绘制已经完成，按"Ctrl+S"组合键进行保存。

实例总结

本实例主要讲解了别墅首层平面图中门窗的创建，以及任意楼梯和楼梯扶手的创建。

Example 实例 **427** 首层阳台、台阶和散水的绘制

素材	教学视频\14\首层阳台、台阶和散水的绘制.avi
	实例素材文件\14\某豪华别墅首层平面图.dwg

实例概述

作为首层平面图，少不了有一些台阶、散水、坡道等对象，以及根据需要来绘制阳台对象。

步骤 ① 接前例，在天正屏幕菜单中选择"楼梯其他｜阳台"命令（YT），在弹出的"绘制阳台"对话框中设置相应的参数，按照图 14-29 所示在上侧的 3、4 号轴线之间绘制一阳台。

步骤 ② 在天正屏幕菜单中选择"楼梯其他｜坡道"命令（PD），在弹出的对话框中设置相应的参数，在图中指定插入点来创建一坡道，如图 14-30 所示。

步骤 ③ 在天正屏幕菜单中选择"楼梯其他｜台阶"命令（TJ），在弹出的对话框中设置相应的参数，在图中 3-4 号轴线之间位置绘制台阶，如图 14-31 所示。

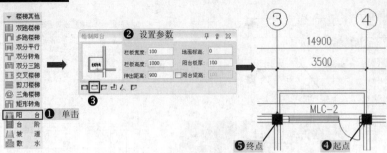

图 14-29　绘制阳台

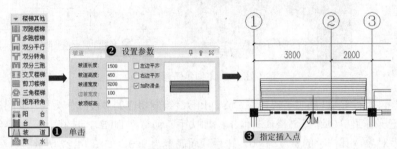

图 14-30　绘制坡道

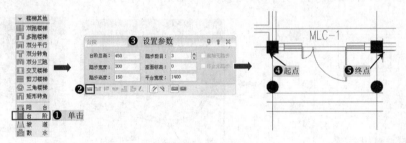

图 14-31　绘制台阶

步骤 4 这里请读者注意，在绘制散水前，应先绘制地下室"通风窗"外围凸出水平地面那部分的墙体，散水对象应该绕过该墙体对象，所以，这里请读者自行绘制相应的墙体，然后再执行"散水"命令，如图 14-32 所示。

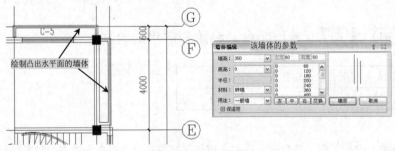

图 14-32　绘制墙体

步骤 5 在天正屏幕菜单中选择"楼梯其他｜散水"命令，在弹出的对话框中设置相应的参数，框选整个施工图对象即可，如图 14-33 所示。

命令：SS	// 执行"散水"命令

步骤 6 至此，其别墅首层平面图的阳台、台阶、坡道、散水等对象已经绘制完成，按"Ctrl+S"组合键进行保存。

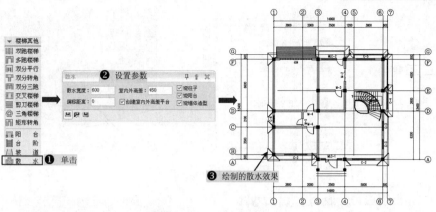

图 14-33　绘制散水

实例总结

本实例主要讲解了别墅首层平面图阶台、台阶和散水的绘制方法，即在天正屏幕菜单的"楼梯其他"下面，选择阳台、台阶、坡道、散水等命令即可。

Example 实例 428　首层楼板的绘制

素材	教学视频\14\首层楼板的绘制.avi
	实例素材文件\14\某豪华别墅首层平面图.dwg

实例概述

待整个首层平面图的对象绘制完成后，即可创建楼板对象，可采用"搜屋顶线"命令来搜索整个首层平面图的轮廓，其他以此轮廓来创建楼板对象。

操 作 步 骤

步骤 ① 接前例，在天正屏幕菜单中选择"房间屋顶 | 搜屋顶线"命令（SWDX），根据命令栏提示，框选整个首层平面图对象，并设置偏移的外皮距离为 0，从而为整个平面图搜索一轮廓线，如图 14-34 所示。

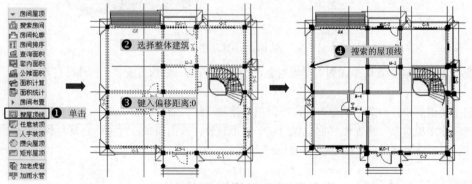

图 14-34　搜屋顶线

步骤 ② 在天正屏幕菜单中选择"三维模型 | 造型对象 | 平板"命令（PB），选择上一步所搜索的屋顶轮廓线，再依次按两次回车键，然后输入板厚为 100，即可创建平板对象，如图 14-35 所示。

步骤 ③ 使用 CAD 的"矩形"命令（REC），在楼梯处指定位置绘制一个矩形对象。

步骤 ④ 双击创建好的楼板对象，根据命令栏提示操作，选择"加洞（A）"选项，最后选择上一步所绘制的矩形对象即可，如图 14-36 所示。

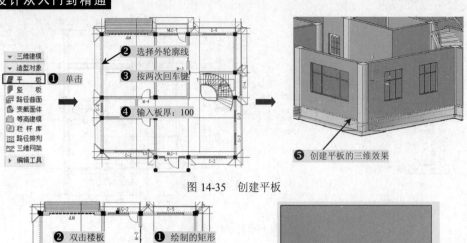

图 14-35 创建平板

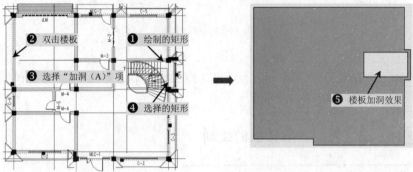

图 14-36 楼板加洞

步骤 5 由于该楼板对象应该在楼层的顶部，这时在天正屏幕菜中选择"工具|位移"命令，根据命令行提示，选择上一步所创建的加洞楼板对象，再选择"竖移（Z）"项，并输入竖移的值为 3000，即将该楼板移至墙的上侧，其最终效果如图 14-37 所示。

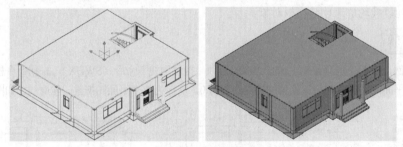

图 14-37 移动楼板

步骤 6 至此，其别墅首层平面图的楼板对象已经绘制完成，按"Ctrl+S"组合键进行保存。

实例总结

本实例主要讲解楼板对象的创建方法，即采用"搜屋顶线"命令来搜索整个首层平面图的外轮廓，使用该轮廓线来创建平板对象，再在楼梯间位置绘制一矩形对象，双击该平板对象，将其与楼梯间的矩形对象进行加洞处理，最后将其楼板向 z 轴位移 3000mm 即可。

Example 实例 **429** 首层门窗及工程符号的标注

素材	教学视频\14\首层门窗及工程符号的标注.avi
	实例素材文件\14\某豪华别墅首层平面图.dwg

实例概述

首层平面图的所有墙体、门窗、构件、楼板等对象绘制完成后，最后应对其细部的门窗进行标注，以及进行标高和剖切符号的标注，最后进行图名和指北针的标注。

操 作 步 骤

步骤 ① 接前例，在天正屏幕菜单中选择"尺寸标注｜门窗标注"命令（MCBZ），使用鼠标过外侧尺寸标注对象和门窗对象来点取内外两点，然后选择要过门窗对象的墙体对象，即可对该方向的门窗尺寸进行标注。

步骤 ② 再重复上一步的方法，分别将其他方向的门窗进行尺寸标注，即完成第三道尺寸标注，如图 14-38 所示。

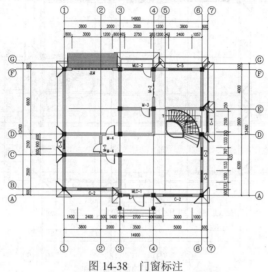

图 14-38　门窗标注

步骤 ③ 在天正屏幕菜单中选择"符号标注｜标高标注"命令（BGBZ），在弹出的对话框中勾选"手工输入"选项，在指定位置输入标高数值，然后在图中指定插入位置即可，如图 14-39 所示。

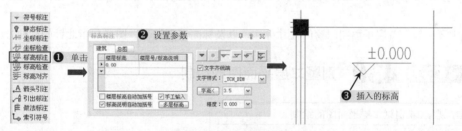

图 14-39　标高标注

步骤 ④ 在天正屏幕菜单中选择"符号标注｜剖切符号"命令（PQFH），在弹出的对话框中设置相应的参数，然后在图中确定剖切符号的起点和终点即可，其效果如图 14-40 所示。

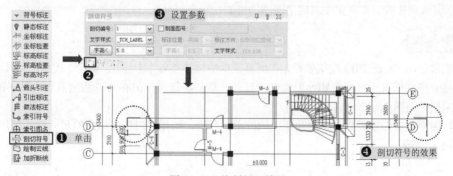

图 14-40　绘制剖切符号

步骤 ⑤ 在天正屏幕菜单中选择"符号标注 | 图名标注"命令（TMBZ），在弹出的对话框中键入图名为"某豪华别墅首层平面图"，在图正中下方插入即可，同时插入"指北针"，其效果如图 14-41 所示。

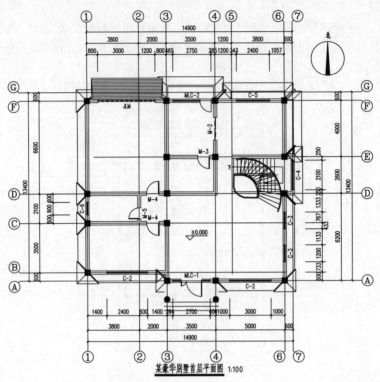

某豪华别墅首层平面图 1:100

图 14-41　标注图名和指北针

步骤 ⑥ 至此，某豪华别墅首层门窗标注和其他构件的绘制已完成，按"Ctrl+S"组合键进行保存。

实例总结

　　本实例主要讲解了首层平面图门窗的尺寸标注，以及标高、剖切号、图名和指北针的标注方法。

Example 实例 430　别墅二层平面图的绘制

素材	教学视频\14\别墅二层平面图的绘制.avi
	实例素材文件\14\某豪华别墅二层平面图.dwg

实例概述

　　从某豪华别墅二层平面图中可以看出，二层平面图与首层平面图的结构大致相同，所以这里打开首层的平面图，进行编辑和修改后即可完成二层平面图的绘制。

操 作 步 骤

步骤 ① 正常启动 TArch 2013 建筑软件，在屏幕菜单中选择"文件 | 打开"命令，找到"实例素材文件\14\某豪华别墅首层平面图.dwg"文件并打开，然后将该文件另存为"实例素材文件\14\某豪华别墅二层平面图.dwg"文件。

步骤 ② 将图中相应图层关闭，并删除相应的散水、台阶、墙体、门窗和相应的尺寸标注等，其效果如图 14-42 所示。

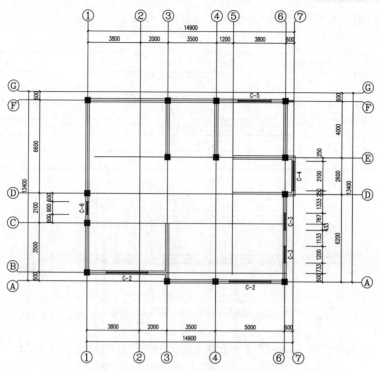

图 14-42　关闭图层和删除相应的图块

步骤 3 在天正屏幕菜单中选择"墙体 | 绘制墙体"命令（HZQT），在弹出的对话框中设置相应的参数，然后在平面图中指定位置绘制相应的 240 墙体即可，其效果如图 14-43 所示。

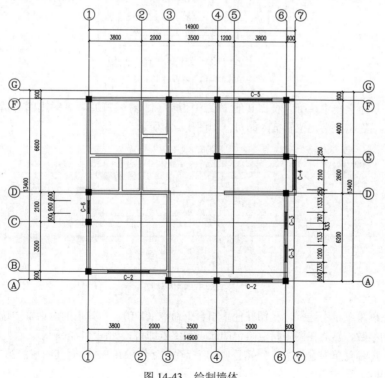

图 14-43　绘制墙体

步骤 4 在天正屏幕菜单中选择"门窗 | 门窗"命令（MC），在弹出的对话框中设置相应的参数，然后依

据表 14-3 所示的尺寸在图中相应位置插入即可，如图 14-44 所示。

表 14-3

类型	设计编号	洞口尺寸（mm）	数量	备注
普通门	M-6	900×2200	3	
	M-7	850×2000	3	
普通窗	C-6	900×1500	2	
	C-7	2200×1500	1	
	C-8	1800×1500	1	
组合门窗	MLC-4	2127×2400	1	

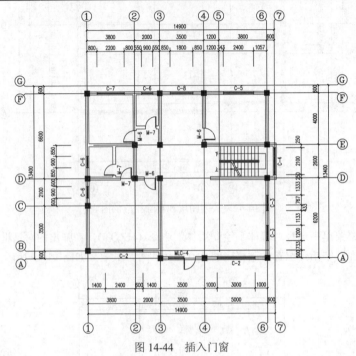

图 14-44　插入门窗

步骤 5 在天正屏幕菜单中选择"楼梯其他｜双跑楼梯"命令（SPLT），在弹出的对话框中设置相应的参数，然后在图中指定位置插入即可，如图 14-45 所示。

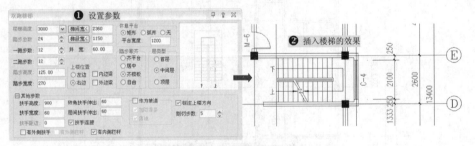

图 14-45　插入楼梯

步骤 6 在天正屏幕菜单中选择"楼梯其他｜阳台"命令（YT），在弹出的对话框中选择阳台样式并设置相应的参数，然后在图中指定阳台的起点和终点即可，如图 14-46 所示。

步骤 7 在天正屏幕菜单中选择"尺寸标注｜门窗标注"命令（MCBZ），对其图形的第三道尺寸进行标注，如图 14-47 所示。

步骤 8 再分别执行"标高标注"和"图名标注"命令，对二层平面图进行标高（3.000）和图名的标注，如图 14-48 所示。

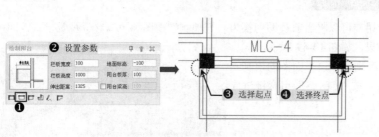

图 14-46 创建阳台

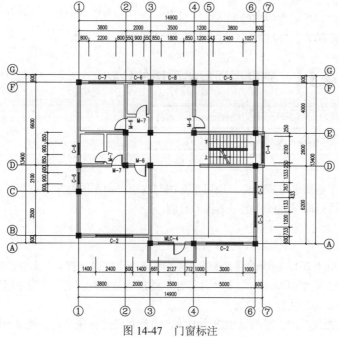

图 14-47 门窗标注

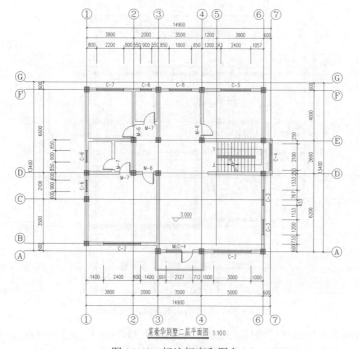

图 14-48 标注标高和图名

步骤 9 这时，用户可以将当前视图切换为"等轴测"视图和"概念"视觉模式，即可看到当前二层图的三维效果，如图 14-49 所示。

步骤 10 至此，其别墅二层平面图的绘制已完成，按"Ctrl+S"组合键进行保存。

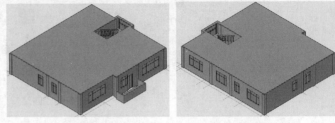

图 14-49 别墅二层三维模型效果图

实例总结

本实例主要讲解了别墅二层平面图的绘制方法，即在首层平面图的基础上，将不需要的部分暂时关闭和删除，然后在内部绘制墙体、插入门窗、插入楼梯等，最后进行尺寸、标高和图名的标注即可。

Example 实例 431 别墅屋顶层平面图的绘制

素材	教学视频\14\别墅屋顶平面图的绘制.avi
	实例素材文件\14\某豪华别墅顶层平面图.dwg

实例概述

从某豪华别墅顶层平面图中可以看出，顶层平面图与二层平面图的结构大致相同，所以这里打开首层的平面图，进行编辑和修改后即可完成顶层平面图的绘制。

操 作 步 骤

步骤 1 正常启动 TArch 2013 建筑软件，在屏幕菜单中选择"文件｜打开"命令，找到"实例素材文件\14\某豪华别墅二层平面图.dwg"文件并打开，然后将该文件另存为"实例素材文件\14\某豪华别墅顶层平面图.dwg"文件。

步骤 2 将图中相应图层关闭，并删除相应的墙体、门窗和尺寸标注等，其效果如图 14-50 所示。

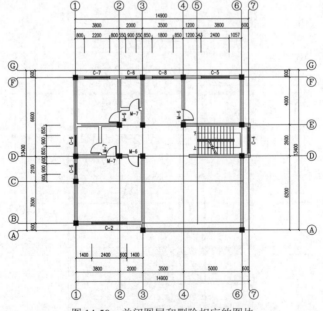

图 14-50 关闭图层和删除相应的图块

步骤 3 在天正屏幕菜单中选择"墙体｜绘制墙体"命令（HZQT），在弹出的对话框中设置相应的参数，然后在平面图中指定位置绘制相应的墙体即可，其效果如图 14-51 所示。

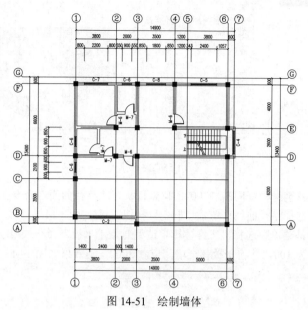

图 14-51　绘制墙体

步骤 4　选择指定的墙体，同时按键盘上的"Ctrl+1"组合键，弹出"特性"成板，在该面板中将墙体高度改为 300，按照同样的方法，将指定的柱子高度也改为 300，将此区域作为露台，如图 14-52 所示。

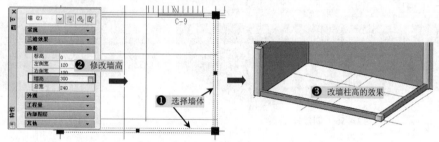

图 14-52　改墙高和柱高

步骤 5　在天正屏幕菜单中选择"门窗 | 门窗"命令（MC），在弹出的对话框中设置编号为"C-9"、窗宽为 2500、高为 1500，在楼梯间的位置插入窗 C-9。

步骤 6　同样，再设置编号为"M-8"的推拉门，其门宽为 1500、高为 2200，然后在图中指定位置插入推拉门，如图 14-53 所示。

步骤 7　使用 CAD 的"多段线"命令（PL），在露台墙高位置绘制一多段线对象。

步骤 8　在天正屏幕菜单中选择"三维建模 | 造型对象 | 栏杆库"命令（LGK），在其中插入一栏杆对象，如图 14-54 所示。

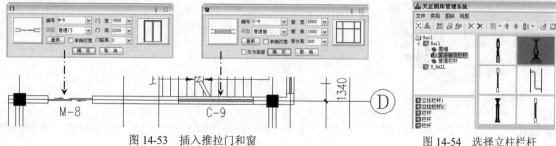

图 14-53　插入推拉门和窗　　　　图 14-54　选择立柱栏杆

步骤 9　在天正屏幕菜单中选择"三维建模 | 造型对象 | 路径排列"命令（LJPL），选择上一步所插入的栏杆对象，再选择前面所绘制的多段线作为路径排列，在此露台位置来布置杆栏对象，如图 14-55 所示。

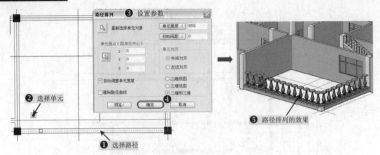

图 14-55　路径排列

步骤⑩ 将该路径曲线移至与栏杆同高 1200 的位置，执行"路径曲面"命令，在弹出的对话框中选择截面样式，然后选择路径曲线，单击"确定"按钮即可，如图 14-56 所示。

步骤⑪ 接着在天正屏幕菜单中选择"三维建模|造型对象|平板"命令（PB），选择创建好的屋顶线，键入板厚数值为 100，并将平板移至墙高位置 3000，其效果如图 14-57 所示。

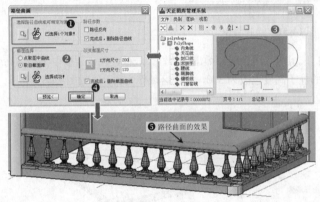

图 14-56　创建扶手

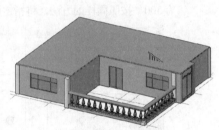

图 14-57　创建平板

步骤⑫ 接下来在楼梯处绘制一个矩形（REC），然后双击楼板对象，在命令栏中选择"加洞（A）"，然后选择矩形对象即可，其效果如图 14-58 所示。

步骤⑬ 双击楼梯对象，在弹出的对话框中，将中间层调整为顶层，单击"确定"按钮即可，其效果如图 14-59 所示。

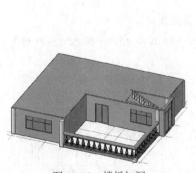

图 14-58　楼板加洞

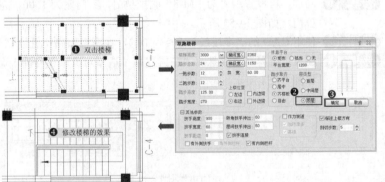

图 14-59　修改楼梯

步骤⑭ 在天正屏幕菜单中选择"房间屋顶|搜屋顶线"命令（SWDX），选择相应的建筑，按空格键确认，并键入偏移距离数值 600，再按空格键结束命令即可，其效果如图 14-60 所示。

步骤⑮ 接着在天正屏幕菜单中选择"房间屋顶|任意坡顶"命令（RYPD），然后根据如下命令栏提示操作，并将绘制好的屋顶移动至墙高距离 3000 即可。

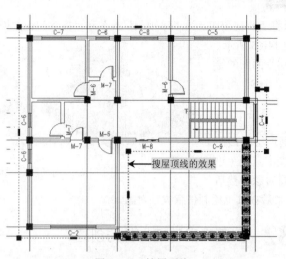

图 14-60　搜屋顶线

命令：RYPD	// 执行"路径排列"命令
选择一封闭的多段线<退出>：	// 选择封闭曲线
请输入坡度角 <30>：**30**	// 键入坡度角度数值 "**30**"
出檐长<600>：**600**	// 键入出檐长数值 "**600**"，并按空格键结束命令，如图 14-61 所示。

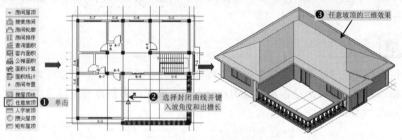

图 14-61　创建任意坡顶

步骤⑯ 最后，执行"标高标注"命令和"图名标注"命令，将图形按照 6.000 的标高标注，在正图形的正下方标注"某豪华别墅顶层平面图"图名，其效果如图 14-62 所示。

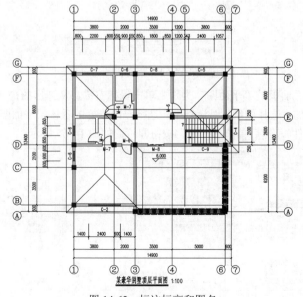

图 14-62　标注标高和图名

步骤 ⑰ 这时，用户可以将当前视图切换为"等轴测"视图和"概念"视觉模式，即可看到当前二层图的三维效果，如图 14-63 所示。

步骤 ⑱ 至此，其别墅顶层平面图的绘制已完成，按"Ctrl+S"组合键进行保存。

实例总结

本实例主要讲解了别墅顶层平面图的创建方法，即在二层平面图的基础上进行"改造"，修改墙体和门窗对象，然后在露台位置绘制栏杆对象，最后在其上绘制任意坡顶对象。

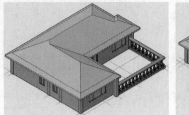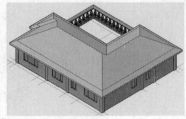

图 14-63 别墅顶层三维模型效果图

Example 实例 432 别墅工程管理文件的创建

素材	教学视频\14\别墅工程管理文件的创建.avi
	实例素材文件\14\别墅工程管理.tpr

概述

把所有绘制的各层平面图组成到楼层中，首先创建工程管理文件，把平面图添加到工程管理中，同时也为以后生成立面图和剖面图做好准备。

操 作 步 骤

步骤 ❶ 在天正屏幕菜单中选择"文件布图 | 工程管理"命令（GCGL），然后在弹出的"工程管理"面板中选择"新建工程"命令，再按照图 14-64 所示操作，将新建的工程管理文件保存为"别墅工程管理.tpr"文件即可。

图 14-64 新建工程

步骤 ❷ 在"工程管理"面板的"平面图"类别上单击鼠标右键，从弹出的快捷菜单中执行"添加图纸"命令，在弹出的"选择图纸"对话框中，选择已绘制好的各楼层平面图文件（配合 Ctrl 键和 Shift 键选择多个文件），然后单击"打开"按钮即可，如图 14-65 所示。

图 14-65 添加图纸

步骤 3 在"工程管理"面板的"楼层标"选项上设置楼层表，将层号设置为 1，层高设置为 2500，在文件尾端单击即可弹出"选择标准层图纸文件"对话框，在对话框中选择已绘制好的"某豪华别墅地下室平面图.dwg"文件，单击"打开"按钮即可；并按同样的操作方法，依次设置其他楼层，如图 14-66 所示。

步骤 4 至此，别墅工程管理文件已创建完成，这时读者可在"工程管理"面板的下拉列表框中选择"保存工程"命令来保存该工程，如图 14-67 所示。

图 14-66　设置楼层表

图 14-67　保存工程

实例总结

本实例主要讲解了别墅工程管理文件的创建方法，首先创建工程管理文件，然后添加所绘制的各楼层平面图文件，再设置各楼层的层号及层高。

Example 实例 433　别墅正立面图的创建

素材	教学视频\14\别墅正立面图的创建.avi
	实例素材文件\14\某豪华别墅正立面图.dwg

实例概述

在前面建立好工程文件，并设置好相关的楼层参数后，即可创建立面图了。下面就来介绍如何创建某豪华别墅的正立面图，随后对该立面图进行简单的修整和编辑，使得立面图更为美观和完整。

操 作 步 骤

步骤 1 在 TArch 2013 屏幕菜单中选择"文件布图 | 工程管理"命令（GCGL），然后在弹出的"工程管理"面板的列表框中选择"打开工程"命令，找到"实例素材\14\别墅工程管理.tpr"文件并打开，如图 14-68 所示。

图 14-68　打开工程

步骤 2 此时，在"平面图"上双击"某豪华别墅地下室平面图"文件，接着按照同样的方法，依次打开其他平面图，其效果如图 14-69 所示。

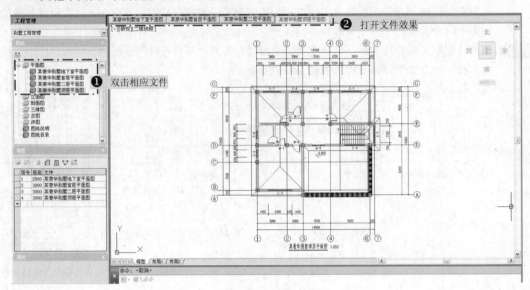

图 14-69　打开的文件

步骤 3 在"工程管理"面板中，单击"建筑立面"按钮 ，或执行屏幕菜单"立面|建筑立面"命令（JZLM），然后根据命令栏提示，选择"正立面（F）"选项，选择图中地下室平面图中的 1、2、3、4、6 和 7 轴线，并按空格键结束选择，在弹出的"立面生成设置"对话框中设置好相应参数，单击"生成立面"按钮，将该文件保存为"某豪华别墅正立面图.dwg"文件，其操作步骤如图 14-70 所示。

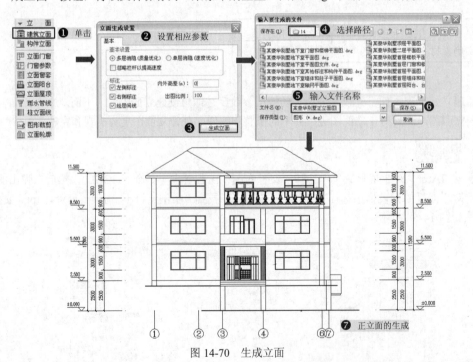

图 14-70　生成立面

步骤 4 在天正屏幕菜单中选择"立面|立面门窗"命令（LMMC），弹出"天正图库管理系统"对话框，选择相应的立面窗样式，单击"替换"按钮 ，弹出"替换选择"对话框，选择"插入尺寸"单选按钮，再在立面图中选择需要修改的窗，从而替换指定的窗效果，如图 14-71 所示。

图 14-71 替换窗

步骤 ⑤ 按照上一步同样的方法，将其他的门和窗也进行替换，然后再选择"立面阳台"命令，在弹出的对话框中选择阳台立面样式，用同样的方法替换图中相应的阳台，其效果如图 14-72 所示。

步骤 ⑥ 在天正屏幕菜单中选择"立面 | 柱立面线"命令（ZLMX），根据命令栏提示，设置起始和包含角均为 180，柱立面线数目为 9，然后在图形的左侧绘制柱立面线效果，如图 14-73 所示。

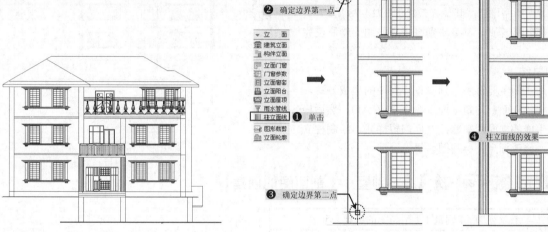

图 14-72 替换其他立面门和立面阳台　　　　图 14-73 创建柱立面线

步骤 ⑦ 同样，为其他立面墙也绘制柱立面线效果，如图 14-74 所示。

步骤 ⑧ 从图中左右两侧的标注对象中可以看出，当前地下室的标高值为 0.000，这不符合要求，其地下室的标高应为-0.250，如图 14-75 所示。

图 14-74 创建其他柱立面线　　　　图 14-75 当前的标高值

步骤 ⑨ 这时，在命令行中输入 UCS 命令，然后使用鼠标将当前的 UCS 坐标值设置在首层平面图的相应位置上，如图 14-76 所示。

步骤 ⑩ 在天正屏幕菜单中选择"符号标注 | 标高检查"命令（BGJC），根据命令行提示，选择"参考当前用户坐标系（T）"项，然后框选视图中的所有标高对象，并按回车键结束，则当前的标高值即按照正确的标高值进行检查并修改，如图 14-77 所示。

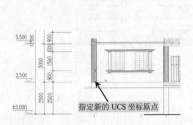

图 14-76　指定新的 UCS 坐标原点

图 14-77　检查并修改后的标高值

步骤 ⑪ 随后，在天正屏幕菜单中选择"符号标注｜图名标注"命令（TMBZ），在正立面图下方标注图名为"某豪华别墅正立面图"，其最终效果如图 14-78 所示。

步骤 ⑫ 至此，某豪华别墅正立面图的绘制已完成，按"Ctrl+S"组合键进行保存。

实例总结

本实例主要讲解了别墅正立面图的生成方法，即选择"立面｜建筑立面"命令（JZLM），然后根据所生成的立面图来修改立面门窗样式、绘制柱立面线、修改标高、标注图名等。

图 14-78　图名标注

Example 实例 **434**　别墅 1-1 剖面图的创建

素材	教学视频\14\别墅 1-1 剖面图的创建.avi
	实例素材文件\14\某豪华别墅 1-1 剖面图.dwg

实例概述

在生成剖面图之前，首先在前面所绘制的任意一层平面图的基础上来绘制一个剖面剖切符号 1-1，即创建剖面图。

步骤 ❶ 在 TArch 2013 屏幕菜单中选择"文件布图｜工程管理"命令（GCGL），然后在弹出的"工程管理"面板中选择"打开工程"命令，找到"实例素材\14\别墅工程管理.tpr"文件并打开。

步骤 ❷ 在"平面图"类别下，分别双击每个平面图文件，并将其首层平面图文件置于当前，如图 14-79 所示。

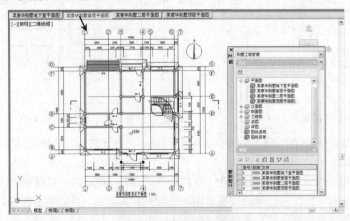

图 14-79　打开的平面图

步骤 ③ 在"工程管理"面板中,单击"建筑剖面"按钮 ▣,或执行屏幕菜单"立面 | 建筑剖面"命令(JZPM),根据命令栏提示,选择首层平面图中的剖切符号 1-1,并选择相应的轴号,按空格键结束选择,在弹出的"剖面生成设置"对话框中设置好相应参数,单击"生成剖面"按钮,将该文件保存为"实例素材\14\某豪华别墅 1-1 剖面图.dwg"文件,其操作步骤如图 14-80 所示。

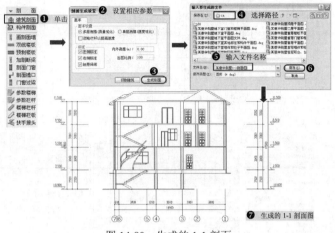

图 14-80　生成的 1-1 剖面

步骤 ④ 将楼层间多余的重合线和多线,利用 CAD 的"删除"(E)命令,对该剖面图进行修剪调整,最终效果如图 14-81 所示。

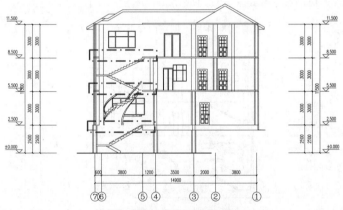

图 14-81　修剪调整剖面图

步骤 ⑤ 在天正屏幕菜单中选择"剖面 | 双线楼板"命令,根据如下命令行提示操作,在标高为 2.500 位置处、楼梯与楼板衔接处绘制相应的双线楼板。

命令: SXLB	// 执行"双线楼板"命令
请输入楼板的起始点 <退出>:	// 指定楼板的起点
结束点 <退出>:	// 指定楼板的终点
楼板顶面标高 <2500>: **2500**	// 确定楼板顶面标高 "2500"
楼板的厚度(向上加厚输负值)<200>: **450**	// 键入楼板厚度数值 "450"

步骤 ⑥ 按照同样的操作方法,在其他位置同样绘制双线楼板,厚度数值为 100,其最终效果如图 14-82 所示。

步骤 ⑦ 在天正屏幕菜单中选择"剖面 | 门窗过梁"命令(MCGL),在视图中选择相应的剖面门窗对象,并键入梁的高度为 100,从而完成门窗过梁的创建,如图 14-83 所示。

步骤 ⑧ 在天正屏幕单中执行"剖面 | 剖面填充"命令(PMTC),分别选择需要填充的边线,然后在弹出的对话框中选择相应的填充样式,其效果如图 14-84 所示。

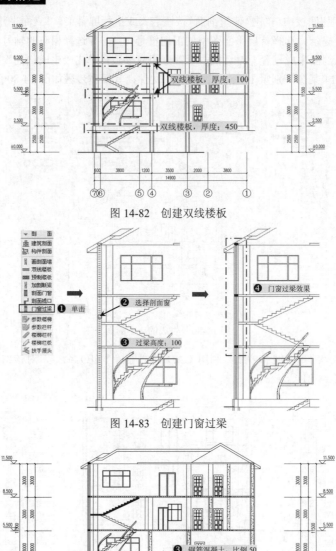

图 14-82　创建双线楼板

图 14-83　创建门窗过梁

图 14-84　剖面填充效果

步骤 ⑨　在天正屏幕菜单中选择"剖面｜楼梯栏杆"命令，按照如下命令行提示来创建楼梯栏杆对象，如图 14-85 所示。

命令：LTLG	// 执行"楼梯栏杆"命令
请输入楼梯扶手的高度 <1000>：**1000**	// 键入楼梯扶手高度"1000"
是否要打断遮挡线(Yes/No)？<Yes>：**Yes**	// 确定要打断遮挡线
再输入楼梯扶手的起始点 <退出>：	// 确定扶手起点
结束点 <退出>：	// 确定扶手结束点

步骤 ⑩　同样，为其他楼层创建栏杆对象。

步骤 ⑪　在天正屏幕菜单中选择"剖面｜扶手接头"命令，按照如下命令行提示来创建扶手接头，如图 14-86 所示。

命令：FSJT	// 执行"扶手接头"命令
请输入扶手伸出距离<0>：**0**	// 键入扶手伸出距离数值"0"
请选择是否增加栏杆 [增加栏杆(Y)/不增加栏杆(N)] <增加栏杆(Y)>：**Y**	// 键入"Y"
请指定两点来确定需要连接的一对扶手！选择第一个角点<取消>：	// 确定第一个角点
另一个角点<取消>：	// 确定另一个角点

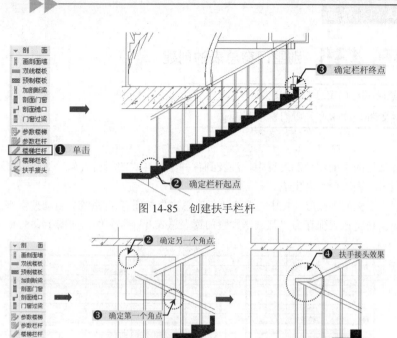

图 14-85 创建扶手栏杆

图 14-86 扶手接头操作

步骤 ⑫ 同样，再为其他楼层创建栏杆对象，以及进行扶手的接头操作。

步骤 ⑬ 按照前面正立面图中标高检查的方法，首先将其 UCS 坐标原点置于首层地面位置，再执行"标高检查"命令，对当前的标高值进行检查。

步骤 ⑭ 执行"符号标注｜图名标注"命令（TMBZ），在图中下方标注图名为"某豪华别墅 1-1 剖面图"，其 1-1 剖面图的最终效果如图 14-87 所示。

步骤 ⑮ 至此，某豪华别墅 1-1 剖面图的绘制已完成，按"Ctrl+S"组合键进行保存。

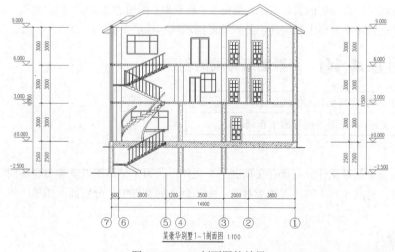

图 14-87 1-1 剖面图的效果

实例总结

本实例主要讲解了别墅 1-1 剖面的创建方法。首先在首层平面图中创建 1-1 剖切符号，执行"立面｜建筑剖面"命令（JZPM），根据要求来生成剖面图，然后将剖面图进行深入处理，即加双线楼板、过门窗过梁、剖面填充等，最后进行标高检查，以及进行图名标注等。

Example 实例 435 别墅门窗总表的创建

素材	教学视频\14\别墅门窗总表的创建.avi
	实例素材文件\14\某豪华别墅门窗总表.dwg

实例概述

在前面别墅各楼层的平面图绘制过程中，涉及到各种不同样式的门窗对象，这些门窗对象的尺寸参数，用户可以通过"门窗总表"命令来生成。

在"工程管理"面板的"楼层"栏中，单击"门窗总表"按钮，系统会自动搜索该工程的所有门窗参数并放入到表格中，再将该表保存为"某豪华别墅门窗表总表.dwg"文件，如图14-88所示。

门窗表

类型	设计编号	洞口尺寸(mm)	数量					图集选用			备注
			1	2	3	4	合计	图集名称	页次	选用型号	
普通门	JLM	4200X2300		1			1				
	M-1	900X2000	1				1				
	M-2	1600X2200		1			1				
	M-3	850X2000		1			1				
	M-4	900X2000		2			2				
	M-5	800X2000		1			1				
	M-6	900X2000			3	3	6				
	M-7	850X2000			3	3	6				
	M-8	1500X2200				1	1				
门连窗	MLC-2	2750X2000				1	1				
普通窗	C-1	2200X750	2				2				
	C-2	3000X1500		2	2	1	5				
	C-3	1200X1500		2	2		4				
	C-4	2100X3000		1	1	1	3				
	C-5	2400X1500		1	1	1	3				
	C-6	900X1500		1	3	3	7				
	C-7	2200X1500			1	1	2				
	C-8	1800X1500			1	1	2				
	C-9	2500X1500				1	1				
组合门窗	MLC-1	2700X2000		1			1				
	MLC-4	2127X2400			1		1				

图14-88 某豪华别墅门窗总表

实例总结

本实例主要讲解了门窗总表的创建方法，即在"工程管理"面板的"楼层"栏中单击"门窗总表"按钮即可，但前提条件是要建立好该工程文件，并设置好图纸集和楼层参数。

Example 实例 436 别墅图纸布局的创建

素材	教学视频\14\别墅图纸布局的创建.avi
	实例素材文件\14\某豪华别墅图纸布局.dwg

实例概述

某豪华别墅的每个图纸文件分别保存在单独一个文件中，为了使该图纸能够布局在同一个文件中，可以创建一个新的文件，将此工程中的所有图形对象，参照到新的文件中，分别插入图框，然后再设置图框的属性并进行布局。

操作步骤

步骤① 在TArch 2013软件中新建一个空白文档，选择"文件|另存为"菜单命令，将该文档另存为"某豪华别墅图纸布局.dwg"文件。

步骤② 在CAD菜单中选择"插入|DWG参照"命令，弹出"选择参照文件"对话框，选择"实例素材\14\某豪华别墅地下室平面图"文件，单击"打开"按钮，然后按照图14-89所示将该文件附着参照到当前视图中。

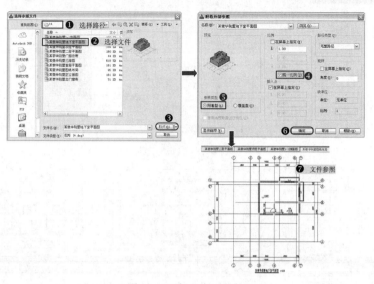

图 14-89　插入参照文件

步骤 ③ 按照上一步的操作方法，插入其他的参照文件，其效果如图 14-90 所示。

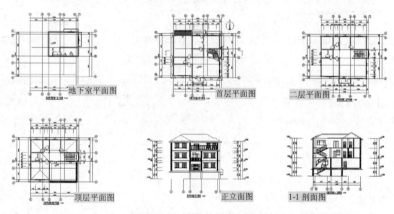

图 14-90　插入其他参照文件

步骤 ④ 在天正屏幕菜单中选择"文件布图丨插入图框"命令（CRTK），在弹出的"插入图框"对话框中选择 A3 横式图幅即可，其效果如图 14-91 所示。

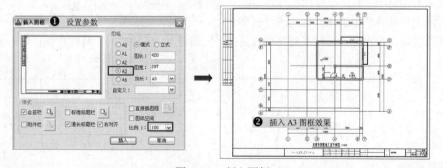

图 14-91　插入图框

步骤 ⑤ 双击插入的图框，将弹出"增强特性编辑器"对话框，这时读者可根据需要对其进行修改操作，然后单击"确定"按钮，如图 14-92 所示。

步骤 ⑥ 使用 CAD 的"复制"命令（CO），将该图框对象分别复制到其他施工图上，使之完全"盖"住施工图，再分别修改相应的图框属性即可，如图 14-93 所示。

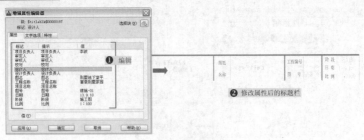

图 14-92　编辑标题栏

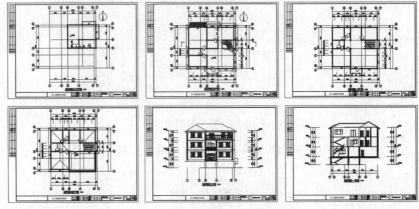

图 14-93　其他图框的布置效果

步骤 ⑦ 接着在 CAD 屏幕菜单栏中选择"插入｜布局｜创建布局向导"命令，按照提示依次进行设置，如图 14-94 所示。

步骤 ⑧ 通过鼠标右键菜单将"布局一"、"布局二"删除，将新创建的"布局 3"改名为"地下室平面图"，如图 14-95 所示。

步骤 ⑨ 右键单击"地下室平面图"布局，从弹出的快捷菜单中选择"页面设置管理器"命令，然后修改该页面的图纸尺寸为 A3，打印比例为 1∶1，如图 14-96 所示。

步骤 ⑩ 接着右击键单"首层平面图"标签，在弹出的快捷菜单中选择"移动或复制"命令，这时会出现"移动或复制"对话框，按照图 14-97 所示的步骤操作即可。

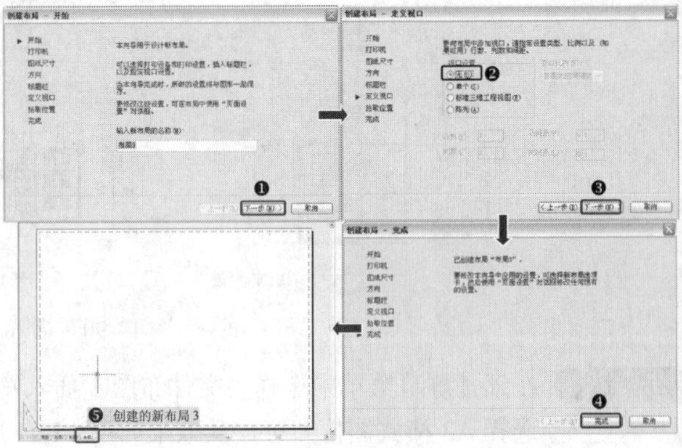

图 14-94　创建新布局

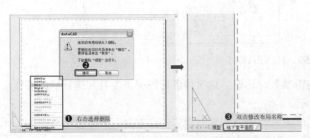

图 14-95　删除布局并修改布局名称

图 14-96　设置页面

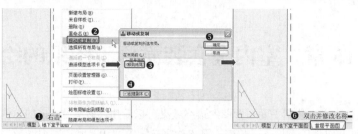

图 14-97　布局复制与修改

步骤 ⑪ 按照上一步的方法进行更名布局操作，然后切换到"模型"窗口，其效果如图 14-98 所示。

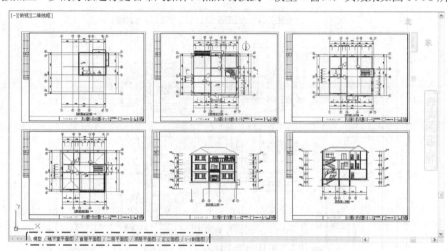

图 14-98　复制并更改布局标签

步骤 ⑫ 再切换到"首层平面图"布局，在空白处单击鼠标右键，选择"定义视口"命令，此时系统会切换到"模型"窗口，通过鼠标捕捉地下室平面图的对角点，并在命令栏键入布局比例为 1∶100，对其进行布局操作，如图 14-99 所示。

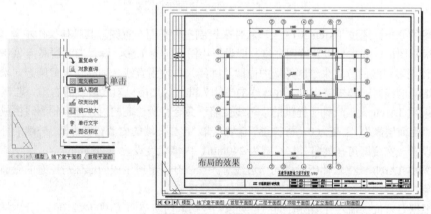

图 14-99　定义的视口

步骤 ⑬ 按照上一步同样的操作方法，将其他平面图的局部进行定义视口操作。

步骤 ⑭ 至此，某豪华别墅图纸布局的操作已完成，按"Ctrl+S"组合键进行保存。

实例总结

　　本实例主要讲解了别墅图纸的布局方法，以 DWG 参照布局的方式进行布局，这样当其他施工图发生变化时，其布局中的图纸对象也会相应变化，其实就是分别将每个工程图全部参照到一个新的 DWG 文件中，并插入 A3 图框，然后再将每个工程图进行单独的布局操作。

第15章 室内全套装潢施工图纸的绘制

- **本章导读**

从图 15-1 所示的住宅室内装潢平面布置图的最终效果可以看出，该室内住宅的总面积为 131.04m², 采用一般砖墙结构，其横墙和纵墙的宽度各不相同，室内净空高度为 2800mm；室内区域划分为客厅、阳台、餐厅、厨房、主卫、书房、主卧室和次卧室等。

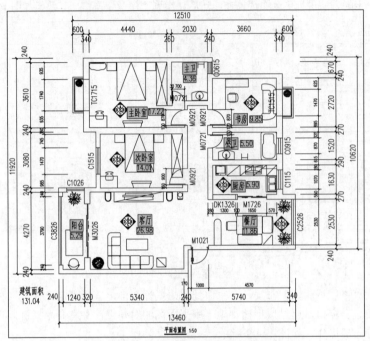

图 15-1 住宅室内装潢平面布置图效果

根据对该图的分析，通过 TArch 2013 天正软件来绘制室内平面布置图，其具体操作步骤如下。

第 1 步，根据图形的要求来设置绘图环境，即设置绘图比例为 1:50，设置当前层高为 2800mm。

第 2 步，使用多段线的方式来绘制外墙的内墙轮廓线，再使用直线、偏移、修剪等方式来绘制内墙轮廓线。在绘制内墙轮廓线时，其横墙应以双线墙线的下侧为准，纵墙应以双线墙线的右侧为准。

第 3 步，采用 TArch 天正软件所提供的"单线变墙"命令将所绘制的内、外墙轮廓线生成砖墙，将砖墙的高度设置为"当前层高"，底高为 0，材料设置为"砖墙"，其外墙的内墙宽度为 0，外墙的外宽和内墙宽度此处可以随意设置一宽度即可（如将外墙设置为 240mm、内墙宽度设置为 260mm）。

第 4 步，采用 TArch 天正软件所提供的"边线对齐"命令，将所生成的墙体与原有的轮廓线对齐，双击相应的墙体对象，从弹出的对话框中来修改不同墙体的厚度。

第 5 步，根据要求依次插入外墙所有的门窗对象，包括入门防盗门（1000×2100），分别插入外墙上的凸窗、推拉窗、落地玻璃窗（该窗底高为 0，高度为 2600mm），然后分别插入每个房间所涉及到的实木平开门对象，其门宽和门垛距离各不相同。

第 6 步，采用"搜索房间"命令来标注每个房间的初始名称及面积；双击相应房间的名称来修改符合要求的名称标注；执行 AutoCAD 的分解命令，将所搜索的房间轮廓对象进行分解操作，从而取消之前所生成的底板对象；通过执行多段线（PL）命令围绕外墙的轮廓点来绘制一封闭区域的多段线，再采用"面积查询"命令对该多段线进行总面积的查询标注，并生成厚度为 120mm 的底板对象。

第 7 步，采用"逐点标注"命令，对图形四周进行一、二道尺寸标注；采用"门窗标注"命令对外围的门窗对象进行标注，从而完成第三道尺寸标注；采用"门窗标注"、"内门标注"、"墙厚标注"等命令，对其内部的门窗、墙体结构等进行尺寸标注；最后在图形的下侧进行图名标注操作。

　　第 8 步，这也是本章最重要的一步，就是对其室内各房间的设施进行布置，在布置之前，首先应将事先准备好的二维、三维、多视图库对象加入其中，这样为后面的相应设施布置打下基础；然后就是采用多视图库的方式分别对各个区域进行布置，在布置的过程中，应根据各图库的特性来进行"转 90（A）/左右（S）/上下（D）/对齐（F）/外框（E）/转角（R）/基点（T）/更换（C）"等操作，以及修改图形的尺寸大小和调整放置的高度。

　　在布置室内各设施的多视图库对象的过程中，用户可以随时切换至等轴测视图、三维概念模式等来观察和调整所插入的图库对象。

　　第 9 步，将各设施图块对象布置在各房间之后，用户可以对其进行墙体、地面、各设施对象等进行附加材质操作，而后即可使用"AA"命令进行渲染操作，其最后的三维效果如图 15-2～15-5 所示。

图 15-2　客厅效果图　　　　图 15-3　餐厅效果图　　　　图 15-4　主卧室效果图　　　　图 15-5　书房效果图

● **本章内容**

- ■ 室内装潢施工图的绘制思路　　■ 室内内外墙体的生成　　　■ 室内详细尺寸的标注
- ■ 室内施工图绘图环境的设置　　■ 室内门窗的插入　　　　　■ 使用天正图库布置室内环境
- ■ 室内墙体轮廓线的绘制　　　　■ 搜索房间并标注名称

Example 实例 437　室内装潢施工图的绘制思路

实例概述

　　采用天正建筑 TArch 2013 软件来绘制室内装潢施工图时，应遵循一定的绘制顺序。

步骤 ① 设置绘图环境，即设置绘图比例和层高。针对室内装潢施工图，将绘图比例一般设置为 1∶50，而层高一般定为客厅室内净高。

步骤 ② 设置外墙（即业主购买房屋的外墙）。首先绘制出外墙的内墙轮廓线，其次使用"单线生墙"命令向外侧生成出带三维的外墙双墙线，最后设置外墙厚。

步骤 ③ 内墙的绘制。在绘制内墙的横墙时（与 *x* 轴平行的墙体），应绘制双墙线下侧的墙体轮廓线；在绘制内墙的竖墙时（与 *y* 轴平行的墙体），应绘制双墙线右侧的墙体轮廓线。

步骤 ④ 使用"单线变墙"命令，将前面所绘制的内墙轮廓线变成带三维的双墙线，其墙厚为内墙厚。

步骤 ⑤ 使用"改墙厚"命令，更改特殊内墙的厚度。

步骤 ⑥ 使用"边线对齐"命令，将墙体对齐到正确的位置。

步骤 ⑦ 根据房屋的结构，绘制并插入不同类型的柱子对象。

步骤 ⑧ 插入门窗对象。应按照实地测量的尺寸插入门窗，门一般采用"垛宽定距"的方法插入，窗一般采用"墙段等分"的方法插入，然后生成"门窗表"，以便做预算之用。

步骤 ⑨ 根据室内结构绘制阳台对象。

步骤 ⑩ 使用"搜索房间"命令标注房间的名称和面积。搜索房间后，更改房间的名称，计算出每个房间的面积，便于预算之用。

步骤 ⑪ 使用"逐点标注"命令进行详细的尺寸标注。

步骤 ⑫ 使用天正图库，对每个房间内的布置情况进行相应图块的布置，如有需要，可布置多视图图块对象（即三维模型图）。

步骤 ⑬ 对每个房间的室内布置的图块名称、地材、室内标高等进行文字标注说明。

步骤 ⑭ 三维信息的查询。进入到三维视图中,选择"对象查询"命令,可以获取墙体的三维信息,主要用于计算墙面涂料的计算。

专业技能——建筑与室内装潢施工图的区别

图 15-6 所示为某别墅的底层建筑平面图,图 15-7 所示为某室内装潢施工图的平面布置图。从这两幅图可以看出,用户在绘制建筑平面图时,应使用轴线网进行定位;而在绘制室内装潢施工图时,则使用墙线进行定位。

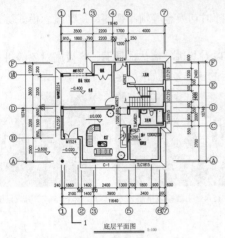

图 15-6　建筑平面图

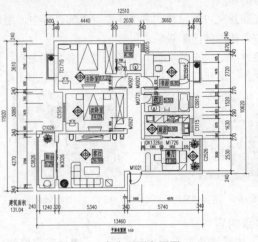

图 15-7　室内平面布置图

实例总结

本实例主要讲解了使用天正建筑软件来绘制室内装潢施工图的绘制顺序,以及建筑与室内装潢施工图的区别。

软件技能——本实例的绘制步骤和效果

本实例素材文件主要采用天正建筑 TArch 2013 软件来绘制室内装潢平面布置图。首先绘制墙体的轮廓线;采用"单线变墙"命令生成墙体对象,并对墙体宽度和对齐方式进行修改;插入相应的门窗对象;再对其房间进行名称标注,以及进行详细的逐点尺寸标注操作;最后就是布置每个房间的三维实施对象,这也是本章的重点,其最终的效果如图 15-8 所示。

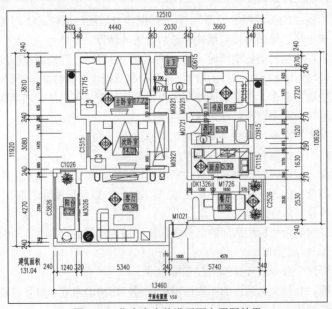

图 15-8　住宅室内装潢平面布置图效果

Example (实例) **438**　室内施工图绘图环境的设置

素材	教学视频\15\室内施工图绘图环境的设置.avi
	实例素材文件\15\住宅装潢平面布置图.dwg

实例概述

　　该室内装潢施工图中，应设置绘图比例为 1：50，并设置其层高为 2800mm。

步骤 ① 正常启动 TArch 2013 天正建筑软件，软件自动建立一个空白的 dwg 文档，执行"文件│另存为"菜单命令，将该空白文档保存为"实例素材文件\15\住宅装潢平面布置图.dwg"文件。

步骤 ② 在天正屏幕菜单中选择"设置│天正选项"命令（TZXX），将弹出"天正选项"对话框，设置当前比例为 1：50，当前层高为 2800mm，然后单击"确定"按钮，如图 15-9 所示。

软件技能——绘图比例的快速设置

　　用户也可以使用鼠标在界面左下角的"比例"位置单击，从弹出的快捷菜单中选择 1：50，从而快速设置绘图比例，如图 15-10 所示。

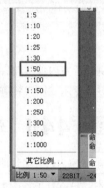

图 15-9　设置绘图环境　　　　图 15-10　快速设置绘图比例

实例总结

　　本实例主要讲解了室内施工图绘制环境的设置，即选择"设置│天正选项"命令，从弹出的"天正选项"对话框中进行设置。

Example (实例) **439**　室内墙体轮廓线的绘制

素材	教学视频\15\室内墙体轮廓线的绘制.avi
	实例素材文件\15\住宅装潢平面布置图.dwg

实例概述

　　用户在绘制外墙的轮廓线时，应以外墙的内墙轮廓点来绘制；在绘制内墙的横墙时，应绘制双线墙线下侧的墙体轮廓线；在绘制内墙的竖墙时，应绘制双线墙线右侧的墙体轮廓线，其具体操作步骤如下。

步骤 ① 接前例，在 CAD 的菜单中，执行"格式│图层"菜单命令，新建"临时轮廓线"图层，其图层的颜色为"红色"，线型为"ACAD_ISOO4W100"，即为点划线，并将该图层设置为当前图层，如图 15-11 所示。

　　　　✓ 临时轮廓线　　💡　☼　🔓　■ 红　ACAD_ISO04W100　——— 默认
图 15-11　新建"临时轮廓线"图层

步骤 ② 执行 CAD 的"多段线"命令（PL），从左上角确定起点，然后依次向右、向下、向左、向上来绘制外墙的内墙轮廓线，如图 15-12 所示。

步骤 ③ 再使用 ACAD 的直线、偏移、修剪等命令，绘制内墙的横墙和纵墙轮廓线，如图 15-13 所示。

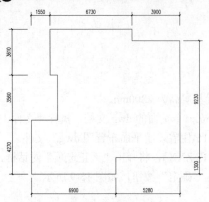

图 15-12　绘制外墙的内轮廓线

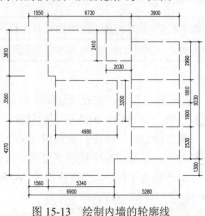

图 15-13　绘制内墙的轮廓线

软件技能——线型比例的设置

　　为了使所绘制的墙体轮廓线显示出点划线效果，用户可以执行 ACAD 的"格式 | 线型"菜单命令，将其线型的比例因子设置为当前绘图比例，即 50。

实例总结

　　本实例主要讲解了室内墙体轮廓线的绘制方法，即使用 ACAD 的多段线命令来绘制外轮廓线，再通过直线、偏移、修剪等命令来绘制内轮廓线。

Example 实例 440 　室内内外墙体的生成

素材	教学视频\15\室内内外墙体的生成.avi
	实例素材文件\15\住宅装潢平面布置图.dwg

实例概述

　　根据图形的要求，各段外墙厚度不同，有 240mm、320mm、340mm 之分；内墙厚的厚度也不相同，有 260mm、270mm、360mm 之分。采用 TArch 2013 的"单线变线"命令来生成墙体对象时，其外墙外侧宽以 240mm、外侧宽以 0mm、宽墙宽为 260mm 为准，然后修改墙厚即可。

步骤 ① 接前例，执行"分解"命令（X），将前面所绘制的墙体轮廓线进行打散操作。

步骤 ② 在天正屏幕菜单中选择"墙体 | 单线变墙"命令（DXBQ），弹出"单线变墙"对话框，按照图 15-14 所示来设置相关参数，然后使用鼠标框选所有轮廓线。

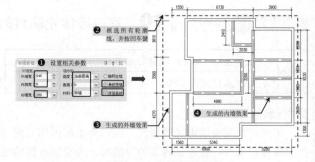

图 15-14　单线变墙操作

步骤 ③ 双击相应的墙体对象，弹出"墙体编辑"对话框，根据不同墙体的厚度来设置左宽或右宽值，设置墙宽后的效果如图 15-15 所示。

步骤 ④ 在天正屏幕菜单中选择"墙体 | 边线对齐"命令（BXDQ），在"请点取墙边应通过的点或[参考点（R）]<退出>:"提示下选择指定的轮廓线，在"请点取一段墙<退出>:"提示下选择指定墙体的一侧边线，从而将指定的墙体边线对齐，如图 15-16 所示。

步骤 ⑤ 再按照相同的方法，对其他墙体进行边线对齐操作，如图 15-17 所示。

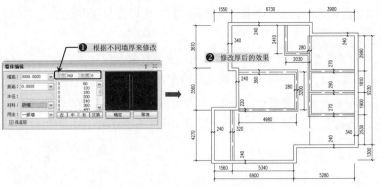

图 15-15　修改墙体厚度

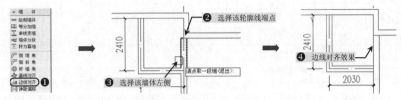

图 15-16　墙体边线对齐操作

步骤 6 由于之前的墙体结构还有待进一步的完善处理，所以用户可以按照前面相同的方法，先绘制轮廓线，再绘制墙体，再对墙体进行边线对齐操作，从而完成整个墙体的绘制，如图 15-18 所示。

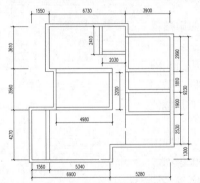

图 15-17　边线对齐后的墙体

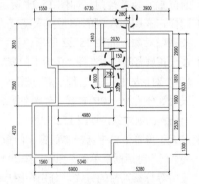

图 15-18　完善后的墙体

实例总结

本实例主要讲解了室内外墙体及生成方法，即选择"墙体|单线变墙"命令（DXBQ），再使用"墙体|边线对齐"命令（BXDQ）将指定的墙体对象进行对齐操作。

Example 实例 441　室内门窗的插入

素材	教学视频\15\室内门窗的插入.avi
	实例素材文件\15\住宅装潢平面布置图.dwg

实例概述

根据图形的要求，其入户门采用 1000mm 宽的防盗门，入各个房间安装有不同宽度的实木平开门，其他位置安装有玻璃推拉门，以及安装有凸窗效果。

步骤 1 接前例，在"图层控制"下拉列表框中，将"临时轮廓线"图层关闭，并将"0"图层设置为当前图层。

步骤 2 在天正屏幕菜单中选择"门窗|门窗"命令（MC），从弹出的"门"对话框中单击"插门"按钮

🖽来设置入门防盗门的相关参数，然后在入户门的位置安装防盗门，如图 15-19 所示。

软件技能——调整门窗方向

设置好防盗门的相关参数后，此时命令行提示为"点取门窗大致的位置和开向（Shift-左右开）<退出>: "，这时用户可以在键盘上按"Shift"键来改变门的开启方向。

步骤 ③ 同样，再为其他房间安装平开实木门，其门宽度各有不同，如图 15-20 所示。

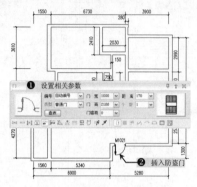

图 15-19　插入入户防盗门

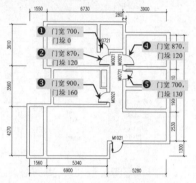

图 15-20　插入其他实木门对象

步骤 ④ 在天正屏幕菜单中选择"门窗｜门窗"命令（MC），从弹出的"门"对话框中单击"插门"按钮🖽来设置入厨房的两扇推拉门的相关参数，然后在入厨房的位置安装推拉门，如图 15-21 所示。

步骤 ⑤ 同样，在图形左侧的位置插入宽度为 2970mm 的四扇推拉玻璃门对象，如图 15-22 所示。

步骤 ⑥ 在天正屏幕菜单中选择"门窗｜门窗"命令（MC），从弹出的"门"对话框中单击"插凸窗"按钮🖾设置凸窗的相关参数，采用等分插入凸窗的方式，分别在图形左上侧和右上侧的墙体上插入凸窗对象，如图 15-23 所示。

步骤 ⑦ 在天正屏幕菜单中选择"门窗｜门窗"命令（MC），从弹出的"门"对话框中单击"插窗"按钮🖾设置插窗的相关参数，采用等分插入窗的方式，分别在图形的指定位置插入窗，如图 15-24 所示。

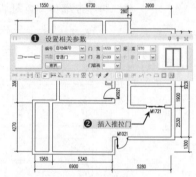

图 15-21　插入厨房推拉门

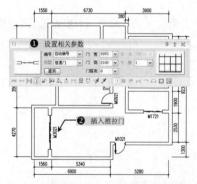

图 15-22　插入客厅推拉门

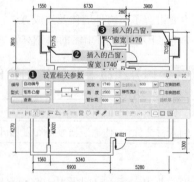

图 15-23　插入凸窗

步骤 ⑧ 在天正屏幕菜单中选择"门窗｜门窗"命令（MC），从弹出的"门"对话框中单击"插窗"按钮🖾设置塑钢落地玻璃窗的相关参数，采用等分插入和墙垛的方式，分别在图形左下侧的阳台位置插入落地玻璃窗，如图 15-25 所示。

步骤 ⑨ 根据图形的要求，在图形右下侧位置应对墙体进行处理。执行"直线"命令（L），在图形的右下侧位置绘制相应的轮廓线段，如图 15-26 所示。

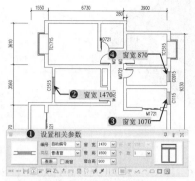

图 15-24 插入推拉窗

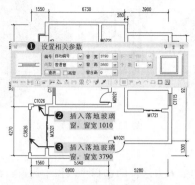

图 15-25 插入落地玻璃窗

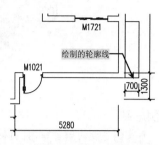

图 15-26 绘制的轮廓线

步骤 ⑩ 使用鼠标选择相应的墙体对象，拖动墙体的夹点，将其横墙水平向右拖到相应的垂点位置，并将指定的纵墙向右侧移动，如图 15-27 所示。

步骤 ⑪ 在天正屏幕菜单中选择"门窗|门窗"命令（MC），从弹出的"门"对话框中单击"插窗"按钮 设置塑钢落地玻璃窗的相关参数，采用等分插入和墙垛的方式，分别在图形右下侧的阳台位置插入落地玻璃窗，如图 15-28 所示。

步骤 ⑫ 另外，在图形右上侧的主卫位置，应补插一扇窗，以及在下侧的厨房位置，将指定的墙体开洞口，以便于摆放酒柜台，效果如图 15-29 所示。

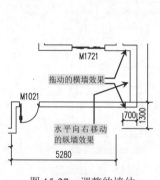

图 15-27 调整的墙体

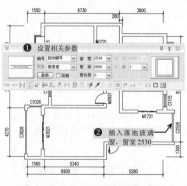

图 15-28 插入落地玻璃窗

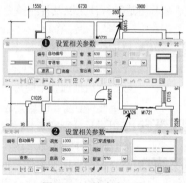

图 15-29 补窗和开洞

细心的读者可能会发现，在次卧位置有一小矩形区域，该区域的墙体没有开启洞口，考虑到该区域没有多大的用途，所以用户可以将该墙体删除，从而增加房间的面积，如图 15-30 所示。

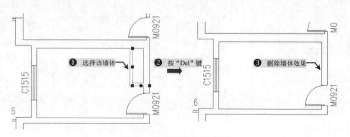

图 15-30 删除多余墙体

步骤 ⑬ 通过前面的操作，已经将其墙体及门窗等对象绘制完毕，用户可以切换到"西南等轴测"视图和

"概念"模式来观察三维模型效果，如图 15-31 所示。

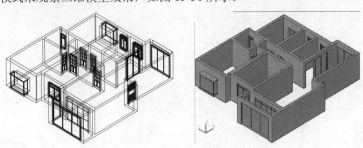

图 15-31　三维模型效果

实例总结

本实例主要讲解了室内门窗的插入方法，即选择"门窗｜门窗"命令（MC），选择不同的门窗类型，以及修改尺寸和插入方式，在不同位置来进行布置即可。

Example 实例 **442** 搜索房间并标注名称

素材	教学视频\15\搜索房间并标注名称.avi
	实例素材文件\15\住宅装潢平面布置图.dwg

实例概述

目前其房间的整体结构已经绘制完毕，用户应对其各个房间的面积、名称等进行标注，以及标注整个房间的总面积，主要用于后期的预算之用。

步骤 ① 接前例，在天正屏幕菜单中选择"房间屋顶｜搜索房间"命令（SSFJ），弹出"搜索房间"对话框，根据要求设置相关参数，然后框选整个图形对象并按回车键结束，最后在图形的左下侧位置单击来确定总面积的标注位置，如图 15-32 所示。

步骤 ② 使用鼠标分别双击标注的房间名称，并修改为指定的名称对象，如图 15-33 所示。

步骤 ③ 从当前图形所搜索的房间可以看出，由于客厅、餐厅和过道是连通的，所以在搜索房间操作时，将其作为了一个整体来搜索，所以应将其删除，如图 15-34 所示。

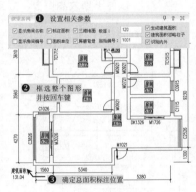

图 15-32　搜索房间

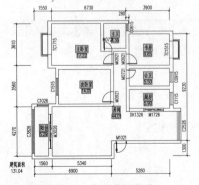

图 15-33　修改房间名称

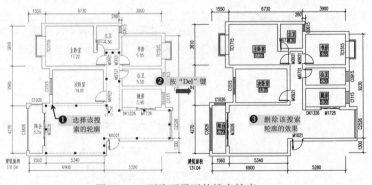

图 15-34　删除不需要的搜索轮廓

步骤 ④ 执行"多段线"命令（PL），沿着客厅的相应轮廓点来绘制一封闭的多段线，同样沿着餐厅的轮廓点来绘制另一封闭轮廓线对象，如图 15-35 所示。

步骤 5 在 TArch 2013 屏幕菜单中，执行"房间屋顶 | 面积查询"命令，弹出"面积查询"对话框，设置好相关参数，使用鼠标选择客厅的封闭轮廓线对象，并指定名称及面积的标注位置在其中心位置；同样对餐厅也进行名称及面积标注，如图 15-36 所示。

步骤 6 同样，使用鼠标分别标注客厅和餐厅位置的名称，修改名称为"客厅"和"餐厅"，然后将前面所绘制的封闭多段线对象删除，如图 15-37 所示。

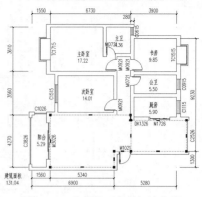

图 15-35　绘制的两条封闭轮廓线

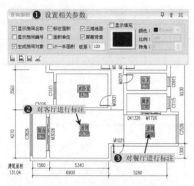

图 15-36　对客厅和餐厅进行面积标注

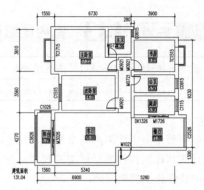

图 15-37　修改名称及删除多段线

技巧提示——搜索房间的目的

前面的"搜索房间"和"查询面积"，主要是为了标注每个房间的名称和面积，但是由于对其每个房间的底板进行了绘制，所以开启门窗洞口的位置是漏空的，用户进入三维模型效果即可以看出，如图 15-38 所示。

步骤 7 执行"分解"命令（X），将前面所搜索的房间轮廓对象进行打散处理，这时在三维模式下可以看出该房屋没有底板对象了，如图 15-39 所示。

图 15-38　通过三维查看有漏空效果

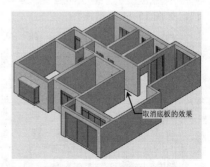

图 15-39　取消底板的效果

步骤 8 执行"多段线"命令（PL），围绕外墙的外轮廓来绘制一封闭的区域对象，如图 15-40 所示。

步骤 9 在天正屏幕菜单中选择"房间屋顶 | 面积查询"命令，弹出"面积查询"对话框，设置好相关参数，并设置板厚为 120mm，使用鼠标选择上一步所绘制的封闭多段线对象，然后依次按回车键，从而建立了底板对象，如图 15-41 所示。

实例总结

本实例主要讲解了各个房间的面积、名称的标注操作。

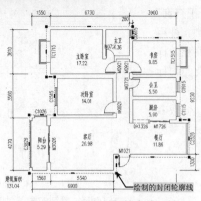

图 15-40 绘制封闭轮廓线区域

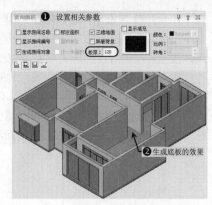

图 15-41 生成底板的效果

Example 实例 443 室内详细尺寸的标注

素材	教学视频\15\室内详细尺寸的标注.avi
	实例素材文件\15\住宅装潢平面布置图.dwg

实例概述

在绘制完整个室内住宅的各个墙体、门窗等构件后，还应对其相应构件进行详细的尺寸标注，从而使后期的装修施工更加明确。

步骤 ① 接前例，在天正屏幕菜单中选择"尺寸标注|逐点标注"命令（ZDBZ），按照图 15-42 所示对图形的上侧进行逐点标注。

步骤 ② 按照相同的方法，分别对图形右侧、下侧和左侧的墙体进行逐点标注，如图 15-43 所示。

步骤 ③ 同样，再使用"逐点标注"的方法对其图形的上下、左右最外侧的尺寸进行标注，如图 15-44 所示。

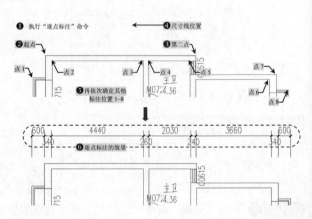

图 15-42 逐点标注效果

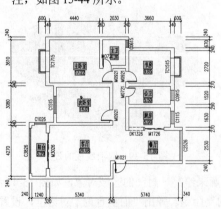

图 15-43 逐点标注其他墙体的效果

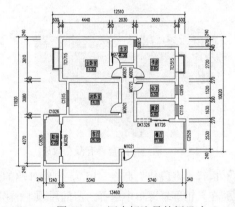

图 15-44 逐点标注最外侧尺寸

步骤 ④ 在天正屏幕菜单中选择"尺寸标注｜门窗标注"命令（MCBZ），在左下侧阳台位置处的落地玻璃窗右侧指定起点，在左侧确定终点，然后按回车键结束，从而对该落地玻璃窗进行尺寸标注，如图 15-45 所示。

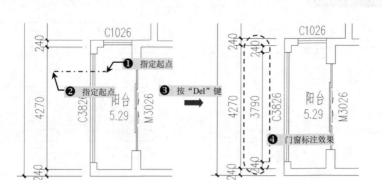

图 15-45　对落地玻璃窗进行尺寸标注

步骤⑤ 按照相同的方法，对外围四周的其他门窗对象进行门窗标注操作，如图 15-46 所示。

技巧提示——调整标注的比例

由于在进行门窗标注时，其标注对象较多、较紧密，这样一些标注数据就会挨得较紧，这时用户可以选择所有的门窗标注对象，按"Ctrl+1"键，在弹出的"特性"面板中将其"出图比例"调整得小一些（60），如图 15-47 所示。

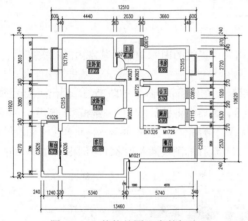

图 15-46　其他外围门窗的标注

图 15-47　调整尺寸的出图比例

步骤⑥ 在天正屏幕菜单中选择"尺寸标注｜门窗标注"命令（MCBZ），对图形内的门窗等对象进行尺寸标注，如图 15-48 所示。

步骤⑦ 在天正屏幕菜单中选择"尺寸标注｜尺寸编辑｜取消尺寸"命令（QXCC），使用鼠标将多余的尺寸标注对象取消，从而使图形简洁、明了，如图 15-49 所示。

步骤⑧ 在天正屏幕菜单中选择"符号标注｜图名标注"命令（TMBZ），弹出"图名标注"对话框，输入图名称为"平面布置图"，设置比例为"1：50"，然后使用鼠标在图形的正下方位置单击，从而标注图名，如图 15-50 所示。

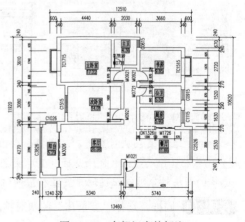

图 15-48　内部门窗的标注

实例总结

本实例主要讲解了室内装潢工程图中内部细节尺寸的标注方法，以及图名的标注。

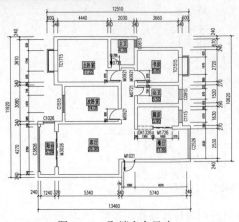

图 15-49　取消多余尺寸

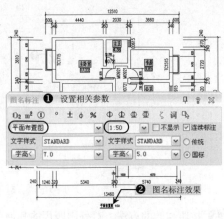

图 15-50　图名标注

Example 实例 444　使用天正图库布置室内环境

素材	教学视频\15\使用天正图库布置室内环境.avi
	实例素材文件\15\住宅装潢平面布置图.dwg

实例概述

前面已经绘制完室内建筑平面图了，接下来使用天正提供的图库功能对其室内的相关家具、洁具、厨具、地材等进行布置。

步骤 ❶ 接前例，在天正屏幕菜单中选择"图块图案 | 通用图库"命令（TYTK），弹出"天正图库管理系统"对话框，执行"图库 | 多视图库"菜单命令，窗口中将显示相应的三维模型缩略图，如图 15-51 所示。

步骤 ❷ 首先来布置客厅的相应实施。在图库中选择"转角沙发"对象并双击，将弹出"图块编辑"对话框，不做修改，以默认参数为基准，使用鼠标将其选择的图块插入到客厅下侧相应位置，如图 15-52 所示。

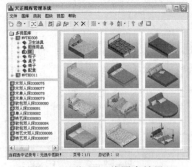

图 15-51　打开三维图库效果

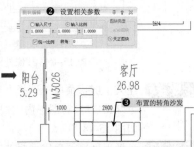

图 15-52　布置客厅沙发

技巧提示——插入图块对象的编辑操作

用户在布置图块对象时，可根据命令行的提示"点取插入点[转 90（A）/左右（S）/上下（D）/对齐（F）/外框（E）/转角（R）/基点（T）/更换（C）]<退出>:"，对其进行旋转、左右上下翻转等操作，使所选择的图块对象能够正确地布置在相应的位置。

步骤 ❸ 同样，选择"方茶几"图块对象，布置在厅沙发上侧位置；选择"地柜"，布置在沙发右侧，如图 15-53 所示。

步骤 ❹ 同样，布置盆景对象在沙发的左侧，布置地柜在客厅的上侧，以此作为电视柜效果，如图 15-54 所示。

步骤 ❺ 同样，在客厅的上侧再布置液晶电视、音箱和饮水机对象，布置时应注意设置相应的比例，从而完成整个客厅的布置效果，如图 15-55 所示。

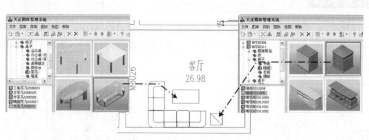

图 15-53　布置茶几和地柜

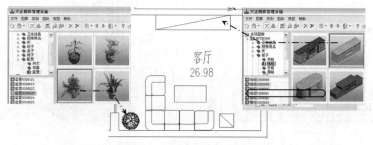

图 15-54　布置盆景和电视柜

技巧提示——插入液晶电视进行位移

　　由于液晶电视是放置在电视柜之上的，所以应将电视机垂直向上移动，移动的距离即为电视柜的高度（大致为 650mm）。

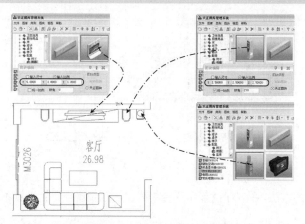

图 15-55　布置电视、音箱和饮水机

步骤 6 使用鼠标将当前窗口的下侧边界线向上拖动，从而分成上下两栏，再向左拖动窗口右侧边界线，从而将整个大窗口分割成四个小视口，如图 15-56 所示。

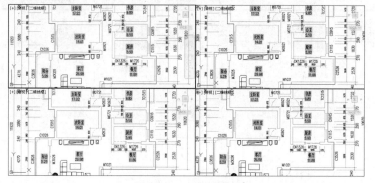

图 15-56　分割的视口

步骤 7 在每个视口的左上侧单视视图模式和线框模式下分别调整每个窗口的不同效果。

步骤 8 执行"移动"命令（M），将前视图中客厅的液晶电视垂直向上拖动大致 650mm，使液晶电视在电视柜之上，如图 15-57 所示。

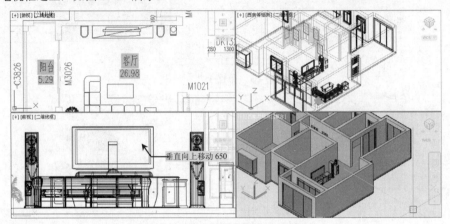

图 15-57　调整视口效果并移动电视

技巧提示——通过"特性"面板修改墙高

　　为了更好地观察客厅布置的家具效果，用户可以将客厅下侧的墙体对象高度设置为 600mm。选择该墙体对象，按"Ctrl+1"键打开"特性"面板，修改墙高为 600 即可，如图 15-58 所示。

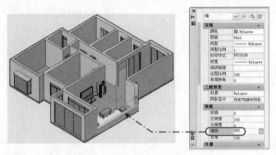

图 15-58　修改墙高

步骤 9 按照前面相同的方法，在餐厅位置布置餐桌椅、盆景、酒柜等，并设置不同的比例效果，如图 15-59 所示。

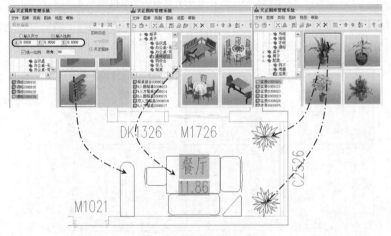

图 15-59　布置餐厅

技巧提示——布置图块对象的编辑

　　当用户所布置的设施尺寸不符合要求时，可以右键单击该设施对象，从弹出的快捷菜单中选择"对象编辑"命令，然后从弹出的对话框中来精确设置其尺寸，如图 15-60 所示。

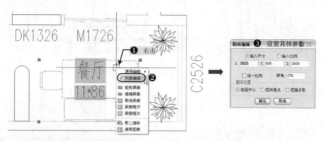

图 15-60　修改布置的对象

步骤 ⑩ 按照前面相同的方法，在厨房中布置双门厨地柜（750×600×800）、洗菜池（900×600×800）等，如图 15-61 所示。

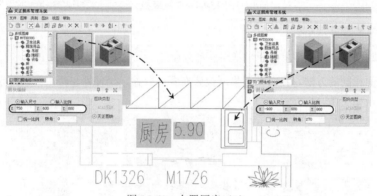

图 15-61　布置厨房（1）

步骤 ⑪ 同样，再在厨房中布置燃气灶、抽油烟机、吊柜、洗衣机等，如图 15-62 所示。

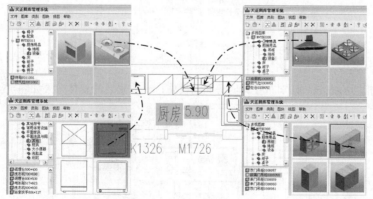

图 15-62　布置厨房（2）

步骤 ⑫ 由于燃气灶应置于地柜之上，抽油烟机应置于燃气灶之上并悬空，吊柜应置于该层顶部，所以用户可以按照前面的方法，将视图置于前视图，执行"移动"命令（M），将燃气灶垂直向上移动 800mm，将抽油烟机和吊柜垂直向上移动 2500mm，如图 15-63 所示。

步骤 ⑬ 由于在厨房的左下侧开有一矩形洞口（1300×270），这里可以布置一藏柜，用于存放米、油、干货等之类的食品，由于该藏柜是自制的，在此用户可以使用图库中的一吊柜来代替，并修改相应的尺寸（1300×270×2600）即可，如图 15-64 所示。

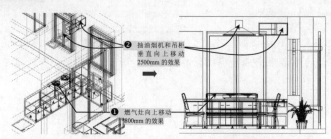

图 15-63　将厨具向上移动

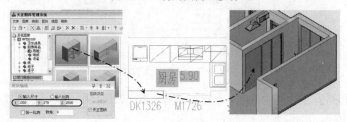

图 15-64　布置藏柜

技巧提示——藏柜旋转的目的

此时的藏柜应旋转 180°，不然藏柜门在厨房的外侧了。

步骤 ⑭ 按照前面相同的方法，在公共卫生间位置布置洗脸盆、坐便器、浴缸等，并设置不同的比例和旋转操作，如图 15-65 所示。

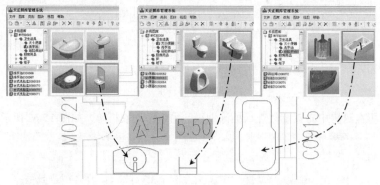

图 15-65　布置公卫

步骤 ⑮ 再按照相同的方法，分别布置其他房间的设施，其布置后的整体效果如图 15-66 所示。

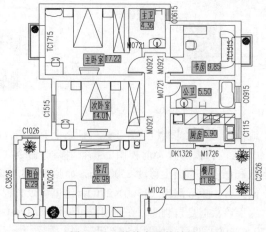

图 15-66　整体布置的效果

步骤 16 在天正屏幕菜单中选择"图块图案 | 通用图库"命令，弹出"天正图库管理系统"对话框，选择"图库 | 二维图库"菜单命令，打开天正的二维图库对象。

步骤 17 在左侧的项目类型中选择"其他符号 | 内视符号 1：50"选项并双击，然后使用鼠标分别在每个房间的指定位置单击，从而进行内视符号的标注，如图 15-67 所示。

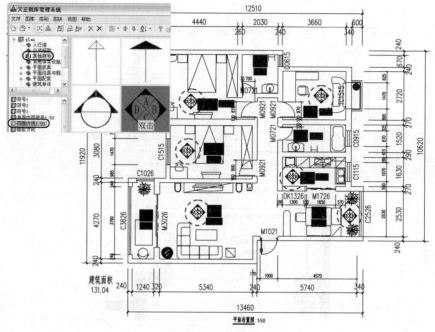

图 15-67　布置的内视符号

步骤 18 至此，该住宅室内装潢施工图的平面布置图已经完成，用户可按"Ctrl+S"键对其进行保存。

技巧提示——客厅立面图效果预览

如果用户要通过 TArch 2013 天正软件来生成各房间的立面图、剖面图和详图，可以参照其他相关的图书来编辑，在这里给出客厅 A、B、D 立面图的相关效果，以便让用户自行通过 TArch 2013 天正软件来进行绘制，如图 15-68～15-70 所示，用户可以打开光盘中"实例素材文件\15\客厅立面图效果.dwg"文件来参照绘制。

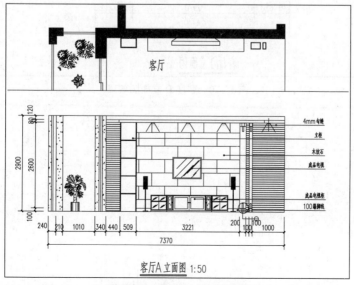

图 15-68　客厅 A 立面图效果

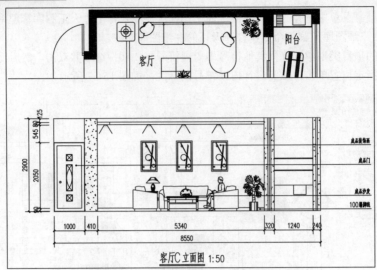

图 15-69　客厅 C 立面图效果

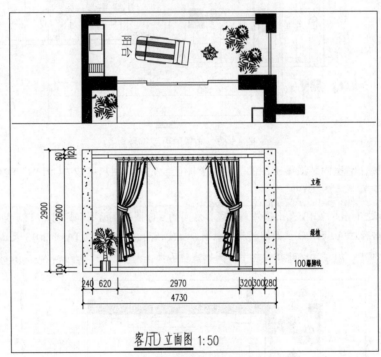

图 15-70　客厅 D 立面图效果